1000MW超超临界火电机组系列培训教材

REGONG KONGZHI FENCE

热工控制分册

长沙理工大学 华能秦煤瑞金发电有限责任公司 组编

中国电力出版社

CHINA ELECTRIC POWER PRESS

内 容 提 要

为确保 1000MW 火电机组的安全、稳定和经济运行,提高运行、检修和技术管理人员的技术素质和管理水平,适应员工岗位培训工作的需要,华能秦煤瑞金发电有限责任公司和长沙理工大学组织编写了《1000MW 超超临界火电机组系列培训教材》。

本书是《1000MW 超超临界火电机组系列培训教材》中的《热工控制分册》。全书共十一章,详细介绍了1000MW 超超临界机组主要热工控制系统的控制方法、控制原理、特性与运行知识等,内容包括热工控制系统的总体介绍、机组协调控制系统、锅炉炉膛安全监控系统、顺序控制系统、汽轮机数字电液控制系统、旁路控制系统、汽轮机安全监视及保护系统、辅助设备控制系统、分散控制系统和现场总线控制系统等。

本书可作为 1000MW 及其他大型火电机组的岗位培训和继续教育的教材,供从事 1000MW 及其他大型火电机组设计、安装、调试、运行、检修等工作的工程技术人员和管理人员阅读,也可作为高等院校相关专业师生的学习参考资料。

图书在版编目(CIP)数据

1000MW 超超临界火电机组系列培训教材.热工控制分册/长沙理工大学,华能秦煤瑞金发电有限责任公司组编.—北京:中国电力出版社,2023.7(2024.1重印)

ISBN 978-7-5198-7447-6

Ⅰ.①1… Ⅱ.①长…②华… Ⅲ.①火电厂—发电机组—超临界机组—热工控制系统—技术培训—教材 Ⅳ.①TM621.3

中国国家版本馆 CIP 数据核字(2023)第 054351 号

出版发行:中国电力出版社
地   址:北京市东城区北京站西街 19 号(邮政编码 100005)
网   址:http://www.cepp.sgcc.com.cn
责任编辑:赵鸣志
责任校对:黄 蓓 常燕昆
装帧设计:赵丽媛
责任印制:吴 迪

印   刷:北京雁林吉兆印刷有限公司
版   次:2023 年 7 月第一版
印   次:2024 年 1 月北京第二次印刷
开   本:787 毫米×1092 毫米 16 开本
印   张:18.75
印   数:1001—2000 册
字   数:392 千字
定   价:96.00 元

《1000MW 超超临界火电机组系列培训教材》

编写委员会

主　　任	洪源渤					
副 主 任	李海滨	何　胜				
委　　员	郭志健	吕海涛	宋　慷	陈　相	孙兆国	石伟栋
	钟　勇	张建忠	刘亚坤	林卓驰	范贵平	邱国梁
	夏文武	赵　斌	黄　伟	王运民	魏继龙	李　鸿

编写工作组

组　　长	陈小辉				
副 组 长	罗建民	朱剑峰			
成　　员	胡建军	胡向臻	范存鑫	汪益华	陈建华

热工控制分册编审人员

主　　编	彭　亮					
参编人员	曾　竞	朱　颖	刘　晴	郭盛发	刘胜清	文　兵
	李　华	徐　硕	赖雪华	钟旭亮		
审核人员	李　鸿	周育才				

　　电力行业是国民经济的支柱行业。2006 年，首台单机百万千瓦机组投产发电，标志着中国火力发电正式步入百万千瓦级时代。目前，中国的火力发电技术已经达到世界先进水平，在低碳、节能、环保方面取得了举世瞩目的成就。

　　习近平总书记在党的二十大报告中指出："深入实施人才强国战略，培养造就大批德才兼备的高素质人才，是国家和民族长远发展大计。"随着科技的进一步发展和电力体制改革的深入推进，大容量、高参数的火力发电机组因其较低的能耗和污染物排放成为行业发展的主流，火电企业迎来了转型发展升级的新时代，既需要高层次的管理和研究人才，更需要专业素质过硬的技能人才。因此，编写一套专业对口、针对性强的火力发电专业技术培训丛书，将有助于火力发电机组生产人员学践结合，有效提升专业技术技能水平，这也是我们编写出版《1000MW 超超临界火电机组系列培训教材》的初衷。

　　华能秦煤瑞金发电有限责任公司（以下简称瑞金电厂）通过科学论证、缜密规划、辛苦建设，于 2021 年 12 月成功投运了 2 台 1000MW 超超临界高效二次再热燃煤机组，各项性能指标在同类型机组中处于先进行列，成为我国 1000MW 级燃煤机组"清洁、安全、高效、智慧"生产的标杆。尤其重要的是，瑞金电厂发挥"敢为人先、追求卓越"的精神，实现了首台（套）全国产 DCS/DEH/SIS 一体化技术应用的历史性突破，为机组装上了"中国大脑"；并集成应用了 BEST 双机回热带小发电机系统、智慧电厂示范、HT700T 高温新材料、锅炉管内壁渗铝涂层技术、烟气脱硫及废水一体化协同治理、全国产 SIS 系统等"十大创新"技术。瑞金电厂不断探索电力企业教育培训的科学管理模式与人才评价有效方法，形成了以员工职业生涯规划为引领的科学完备的培训体系，培养出了一支高素质、高水平的生产技能人才队伍，为机组的稳定运行提供了保障。

　　为更好地总结电厂运行与人才培养的经验，瑞金电厂和长沙理工大学通力合作，编写了《1000MW 超超临界火电机组系列培训教材》。本套培训教材的编撰立足电厂实际，注重科学性、针对性和实用性，历时两年，经过反复修改和不断完善，力求在内容上理论联系实际，在表述上做到通俗易懂。本套培训教材包括《锅炉分册》《汽轮机分册》《电气设备分册》《热工控制分册》《电厂化学分册》《燃料分册》《脱硫分册》和《除灰分册》等 8个分册，以机组设备及系统的组成为基础，着重于提高生产人员对机组设备及系统的运行、维护、故障处理的技术水平，从而达到提高实际操作能力的目的。

我们希望本套培训教材的出版，能有效促进 1000MW 超超临界火力发电机组生产人员技术技能水平的提高，为火电企业生产技能人才队伍的建设提供帮助；更希望其能够作为一个契机和交流的载体，为推动低碳、节能、环保的 1000MW 超超临界火力发电机组在中国更好更快地发展增添一份力量。

2023 年 4 月

　　当前，加快转变经济发展方式已成为影响我国经济社会领域各个层面的一场深刻变革。在火力发电行业，大容量、高参数、高度自动化的大型火电机组不断增加，1000MW超超临界燃煤机组因其较低的能耗和超低的污染物排放，成为行业发展的主流。为确保1000MW超超临界燃煤机组的安全、可靠、经济及环保运行，机组生产人员的岗位技术技能培训显得十分重要。

　　2021年12月，国家能源局首台（套）示范项目——华能秦煤瑞金发电有限责任公司二期扩建工程全国产DCS/DEH/SIS一体化智慧火电机组成功投运，实现了我国发电领域"卡脖子"核心技术自主可控的重大突破。为将实践和理论相结合并进一步升华，更好地服务于火电企业生产技术人员培训，华能秦煤瑞金发电有限责任公司和长沙理工大学合作编写了《1000MW超超临界火电机组系列培训教材》。本系列培训教材包括《锅炉分册》《汽轮机分册》《电气设备分册》《热工控制分册》《电厂化学分册》《燃料分册》《脱硫分册》《除灰分册》等8册，今后还将根据火力发电技术的发展，不断充实完善。

　　本系列培训教材适用于1000MW及其他大型火力发电机组的生产人员和技术管理人员的岗位培训和继续教育，可供从事1000MW及其他大型火力发电机组设计、安装、调试、运行、检修等工作的工程技术人员和管理人员阅读，也可供高等院校相关专业师生参考。

　　《热工控制分册》共十一章，详细介绍了1000MW超超临界机组主要热工控制系统的控制方法、控制原理、特性与运行知识等，主要内容包括热工控制系统的总体介绍、机组协调控制系统、锅炉炉膛安全监控系统、顺序控制系统、汽轮机数字电液控制系统、旁路控制系统、汽轮机安全监视及保护系统、辅助设备控制系统、分散控制系统、现场总线控制系统等。

　　本书由长沙理工大学彭亮主编，李鸿、周育才审核。

　　本书在编写过程中参阅了同类型电厂、设备制造厂、设计院、安装单位等的技术资料、说明书、图纸，在此一并表示感谢。

　　由于编者水平所限和编写时间紧迫，疏漏之处在所难免，敬请读者批评指正。

编　者

2023年4月

目录

序

前言

第一章　现代大型火力发电机组自动化 ·················· 1

　　第一节　火电机组热工自动化的内容 ·················· 1

　　第二节　火电机组热工自动化的功能 ·················· 4

第二章　1000MW 机组主要控制系统及热工保护 ·················· 10

　　第一节　机组主要控制系统 ·················· 10

　　第二节　机组主要保护 ·················· 13

第三章　机组协调控制系统（CCS） ·················· 15

　　第一节　协调控制系统的基本概念 ·················· 15

　　第二节　单元机组负荷控制对象的特性 ·················· 21

　　第三节　负荷指令与压力指令运算回路 ·················· 24

　　第四节　协调控制系统的分类及运行方式 ·················· 33

　　第五节　超超临界机组的特点及其协调控制 ·················· 45

　　第六节　燃烧控制系统 ·················· 52

　　第七节　给水控制系统 ·················· 63

　　第八节　汽温自动控制系统 ·················· 71

　　第九节　其他控制系统 ·················· 86

　　第十节　二次再热机组控制策略 ·················· 88

第四章　锅炉炉膛安全监控系统 ·················· 98

　　第一节　锅炉炉膛安全监控系统基础知识 ·················· 98

　　第二节　炉膛安全监控系统主要功能及构成 ·················· 102

　　第三节　炉膛安全监控系统相关设备简介 ·················· 105

第四节　炉膛安全监控系统公用逻辑 ································ 109

第五章　顺序控制系统（SCS） ································ 117

第一节　顺序控制概述 ································ 117

第二节　SCS 系统功能 ································ 121

第三节　1000MW 机组顺序控制系统（SCS） ································ 125

第六章　汽轮机数字电液控制系统（DEH） ································ 133

第一节　DEH 系统概述 ································ 133

第二节　数字电液控制系统功能 ································ 135

第三节　汽轮机的负荷和转速控制 ································ 140

第四节　DEH 系统的阀位限制与阀门管理 ································ 152

第五节　汽轮机的自动程序控制（ATC） ································ 154

第六节　给水泵汽轮机电液控制系统 ································ 160

第七章　旁路控制系统 ································ 165

第一节　启动旁路系统 ································ 165

第二节　高、低压旁路控制系统 ································ 172

第八章　汽轮机安全监视及保护系统（TSI&ETS） ································ 183

第一节　概述 ································ 183

第二节　TSI 的基本组成与工作原理 ································ 187

第三节　轴向位移的监视与保护 ································ 188

第四节　机组热膨胀监视 ································ 189

第五节　汽轮机振动监视 ································ 192

第六节　偏心度监视 ································ 195

第七节　机组转速监视 ································ 196

第八节　机组的自动保护 ································ 198

第九节　汽轮机危急遮断系统 ································ 202

第九章　辅助设备控制系统 ································ 207

第一节　水网控制系统 ································ 207

第二节　输煤控制系统 ································ 214

第三节　除灰除渣控制系统 ································ 222

第四节　脱硫脱硝系统 ‥‥‥‥‥‥‥‥‥‥‥‥‥‥‥‥‥‥‥‥‥‥‥‥‥ 235

第十章　分散控制系统(DCS) ‥‥‥‥‥‥‥‥‥‥‥‥‥‥‥‥‥‥‥‥‥‥ 242

第一节　分散控制系统通信网络 ‥‥‥‥‥‥‥‥‥‥‥‥‥‥‥‥‥‥‥ 242

第二节　分散控制系统人机接口 ‥‥‥‥‥‥‥‥‥‥‥‥‥‥‥‥‥‥‥ 244

第三节　分散控制系统分布式处理单元 ‥‥‥‥‥‥‥‥‥‥‥‥‥‥‥ 251

第四节　分散控制系统电源及接地系统 ‥‥‥‥‥‥‥‥‥‥‥‥‥‥‥ 257

第五节　分散控制系统可靠性分析 ‥‥‥‥‥‥‥‥‥‥‥‥‥‥‥‥‥ 263

第十一章　现场总线控制系统(FCS) ‥‥‥‥‥‥‥‥‥‥‥‥‥‥‥‥‥ 267

第一节　概述 ‥‥‥‥‥‥‥‥‥‥‥‥‥‥‥‥‥‥‥‥‥‥‥‥‥‥‥ 267

第二节　FCS 的硬件组成 ‥‥‥‥‥‥‥‥‥‥‥‥‥‥‥‥‥‥‥‥‥‥ 269

第三节　FCS 的软件组成 ‥‥‥‥‥‥‥‥‥‥‥‥‥‥‥‥‥‥‥‥‥‥ 275

第四节　火电厂现场总线控制系统的应用 ‥‥‥‥‥‥‥‥‥‥‥‥‥‥ 281

参考文献 ‥‥‥‥‥‥‥‥‥‥‥‥‥‥‥‥‥‥‥‥‥‥‥‥‥‥‥‥‥‥‥ 286

第一章　现代大型火力发电机组自动化

由于大容量、高参数机组的新技术发展迅速，机组对热工自动化水平的要求越来越高。随着微电子、计算机、网络和通信技术的飞速发展及综合自动化程度的不断提高，促使大型火力发电厂现代热工自动化技术发展迅猛。

火电厂的自动化系统迅速发展，其功能已从单台辅机和局部热力系统发展到整个单元机组的监视与控制，并且随着整个单元机组自动化的不断完善以及电网发展的要求，火电厂热工自动化的功能正和电网调度自动化相协调，提高电网的自动化程度。

第一节　火电机组热工自动化的内容

火电厂自动控制的任务所涉及的专业面相当广泛，除了对锅炉、汽轮机、发电机进行自动控制外，还对各种辅助系统，如除氧器、凝汽器、磨煤机、化学水处理设备等进行相应的控制。由于采用的主机及辅助设备不同，它们的控制方法有较大的区别。又由于采用的控制设备不同，因而使自动化系统的结构更加复杂。不管如何复杂的控制系统，它们的控制目的都是要保证电能生产过程的安全和经济，以及生产的电能要满足一定的数量和质量。要求大型火力发电机组具有进行自动检测、自动控制、顺序控制、自动保护功能。

（一）自动检测

利用检测仪表自动地检查和测量反映生产过程运行情况的各种物理量、化学量以及生产设备的工作状态，以监视生产过程的运行情况和趋势，称为自动检测。

锅炉、汽轮机装有大量的热工仪表，包括测量仪表、变送器、显示仪表和记录仪表等。它们随时显示、记录、计算和变送机组运行的各种参数，如温度、压力、流量、水位、转速等，以便进行必要的操作和控制，保障机组安全、经济运行。

大型机组一般采用巡回检测方式，对机组运行的各种参数和设备状态进行巡测、显示、报警、工况计算和制表打印。

（二）自动控制

利用控制装置自动地维持生产过程在规定工况下进行，称为自动控制。自动控制的目的就是为了使表征生产过程的一些物理量，如温度、压力、流量等保持规定的数值。

锅炉的自动控制主要有：给水自动控制、燃烧过程自动控制（包括燃料控制、送风控制、引风控制、炉膛压力控制）、蒸汽温度自动控制等。大型机组的自动控制系统还应具有丰富的逻辑控制功能，以便根据机组的工作状况，决定机组的运行方式，并能实现全程控制和滑参数控制。

汽轮机自动控制系统以单回路为主，除了转速自动控制系统以外，还有汽封汽压、旁路系统、凝汽器真空与水位等自动控制系统。

1. 自动控制系统的组成

现场自动控制系统大多采用反馈控制系统，即根据控制量偏离给定值的情况，通过自动控制装置按照一定的控制规律运算后输出控制指令，指挥控制机构动作，改变控制量，最后抵消扰动的影响，使控制量恢复到给定值。

自动控制系统由以下几个单元构成：

（1）控制器。输入是控制量与给定值，将两值比较并得到偏差值，经过一定的控制规律进行运算，输出信号给执行器。

（2）执行器。根据控制器送来的指令去推动控制机构，改变控制量。

（3）测量变送装置。作用是测量控制量，并把测得信号转换成易于传送和运算的信号。

简单自动控制系统的组成如图 1-1 所示。

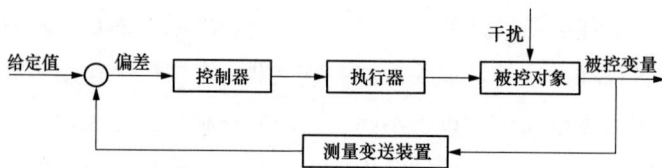

图 1-1   简单自动控制系统的组成

2. 自动控制系统的分类

（1）按控制系统组成的内部结构分类。按控制系统组成的内部结构不同，可分为开环控制系统、闭环控制系统和复合控制系统。

开环控制系统是指控制器与被控对象之间只有正向作用，而无反馈现象，控制器只是根据直接或间接反映扰动输入的信号来进行控制，如图 1-2 所示。在这个系统中，控制器接受了对象输入端的扰动信号 X，一旦有扰动发生，控制器可按照预定的控制规律对被控对象产生一个控制作用 u，以抵消扰动 X 对控制量 Y 的影响。这种控制方式也称为"前馈控制"。从理论上讲，只要对扰动进行的控制量合适，就可能及时抵消扰动的影响，而使控制量不变。但由于没有控制量的反馈，因此，控制过程结束后，不能保证控制量等于给定值。在生产过程自动控制中，前馈控制用扰动补偿的方法来控制控制量的变化十分有效。

闭环控制系统是指控制器和被调对象之间既有正向作用，又有反向联系的系统。由于系统是由控制量的反馈构成闭环回路的，故称为闭环控制系统，如图 1-3 所示。又由于闭环控制系统是按反馈原理工作的，又称为反馈控制系统。闭环控制系统的控制目的是尽可

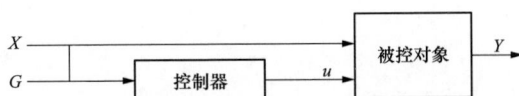

图 1-2　开环控制系统方框图

能减少控制量与规定值之间的偏差，因此，它根据控制量与其规定值的偏差进行，通过不断反馈、控制、最终消除偏差。闭环控制系统是自动控制中最基本的控制系统，但对于延迟较大的对象，控制过程中会出现数值较大、持续时间较长的控制量偏差。

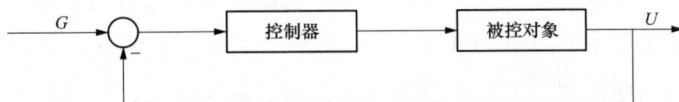

图 1-3　闭环控制系统方框图

在反馈控制的基础上，加入对主要扰动的前馈控制，构成复合控制系统，也称前馈一反馈控制系统，如图 1-4 所示。所谓复合控制，实质上是在闭环系统的基础上用开环通道提供一个时间上超前的输入作用，以提高系统的控制精度和动态性能。当外界扰动 N 作用的控制系统而控制量 R 还没有反映之前，先由前馈补偿装置进行粗调，尽快使控制作用在一开始就能大致抵消 N 的影响，使控制量 C 不至于发生大的变化。如果由于补偿作用不是恰到好处，则通过闭环回路来进行控制。控制效果更好。

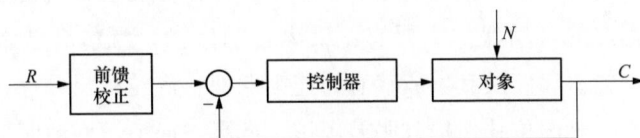

图 1-4　复合控制系统方框图

（2）按给定值变化规律分类。按给定值变化的规律来分，可分为定值控制系统、程序控制系统和随动控制系统。

定值控制系统的规定值在运行中恒定不变，从而使控制量保持恒定。如锅炉的汽压、汽温、水位等控制系统都是给定值控制系统。

程序控制系统的规定值是时间的已知函数。控制系统用来保证控制量按预先确定的随时间变化的数值来改变。如火电厂锅炉、汽轮机的自启停都是程序控制系统。

随动控制系统的规定值是时间的未知函数，只是按事先不确定的一些随机因素来改变的。如在滑压运行的锅炉负荷控制回路中，主蒸汽压力的规定值是随外界负荷而变化的，其变化的规律是时间的未知函数。此控制回路的任务是使主蒸汽压力紧随主压力给定值而变，从而实现机组在不同负荷下以不同的主蒸汽压力进行滑压运行。

按控制系统闭环回路数分为单回路控制系统和多回路控制系统；按系统变化特性分为线性和非线性控制系统。热工生产过程中应用最广泛、最基本的是线性、闭环、恒值控制系统。

（三）顺序控制

根据生产工艺要求预先拟订的程序，使工艺系统中各个被控对象按时间、条件或顺序有条不紊地、有步骤地进行一系列的操作，称为顺序控制。

顺序控制主要用于机组启停、运行和事故处理。每项顺序控制的内容和步骤，是根据生产设备的具体情况和运行要求决定的，而顺序控制的流程则是根据操作次序和条件编制出来的，并用具体装置来实现的，这种装置称为顺序控制装置。顺序控制装置必须具备必要的逻辑判断能力和连锁保护功能。在进行每一步操作后，必须判明该步操作已实现并为下一步操作创造好条件，方可自动进入下一步操作；否则中断顺序，同时进行报警。

锅炉上应用的顺序控制主要有：锅炉点火，锅炉吹灰，送、引风机的启停，水处理设备的运行，制粉系统的启停等。汽轮机的顺序控制主要是汽轮机的自启动和停机。

采用顺序控制可以大大提高机组自动化水平，简化操作步骤；避免误操作，减轻劳动强度；加快机组启停速度。随着高参数、大容量机组的大量应用，我国应用顺序控制装置的水平正逐步提高。

（四）自动保护

当设备运行情况异常或参数超过允许值时，及时发出报警并进行必要的动作，以免发生危及设备和人身安全的事故，自动化装置的这种功能称为自动保护。

随着机组容量的增大，生产系统变得复杂起来，操作控制也日益复杂，对自动保护的要求也越来越高。锅炉的自动保护主要有：灭火自动保护，汽包高低水位自动保护，超温、超压自动保护，辅机启停及其事故状态的连锁保护。汽轮机自动保护主要有：超速保护、润滑油压低保护、轴向位移保护、胀差保护、低真空保护、振动保护等。

火力发电厂生产过程自动化四个方面的主要内容只是人为的划分，实际上在火力发电厂中是紧密联系的，共同维护机组的安全、经济运行。特别是随着单元机组参数的提高、容量的增大，计算机技术的广泛应用，大型单元机组均把锅炉、汽轮机、发电机作为一个不可分割的整体集中控制，实现火电厂生产过程综合自动化。

第二节　火电机组热工自动化的功能

大型火力发电机组具有大容量、高参数的特点，因此，要有相应的自动化功能与之相适应。这些新的自动化功能主要包括计算机数据采集与处理系统（DAS）、模拟量控制系统（MCS）、单元机组协调控制系统（CCS）、机组自启停控制系统（APS）、汽轮机数字电液控制系统（DEH）、锅炉炉膛安全监控系统（FSSS）或燃烧器管理系统（BMS）、旁路控制系统（BCS）、顺序控制系统（SCS）、电气监控系统（ECS）和辅机控制系统等。

（一）数据采集与处理系统

随着火力发电机组单机容量的增大，其热力系统变得更加复杂，在运行过程中必须监视信息量和操作指令量成倍增加。DAS 由过程输入通道和微型计算机组成。在微型计算机的指令下，输入通道从生产过程采集过程变量（模拟量、开关量信号等），并对采集的信号数据进行初步的数据处理（滤波、隔离、A/D 转换、标度变换、线性化处理等）等预处理。必要时对测量值进行精确度补偿计算（如汽包水位的压力、温度补偿，蒸汽流量的压力、温度补偿，给水流量、空气流量的温度补偿，热电偶的冷端补偿及线性化等）。然后将处理后的数据通过数据通信网络送到操作员站。在操作员站对获取的数据进行复杂的数据处理（如性能计算、二次参数计算等），最后通过显示器、打印机和硬拷贝机等设备实现显示、打印制表和拷贝功能。同时，建立实时的分布式数据库供运行人员随时调用所需的信息。操作员站还将实时输出报警信息，并给出操作指导，最大限度地满足操作人员的需要。

DAS 一般通过组态可实现显示、操作、记录和管理等功能。它是一个开环的系统，不直接参与对生产过程的控制。

（二）模拟量控制系统和单元机组协调控制系统

模拟量控制是机组正常运行的工况下，对机组运行参数进行自动、连续地调节，使之维持在规定的范围内，或按一定的规律变化，以控制机组的运行工况。1000MW 机组的模拟量控制系统（MCS）的控制项目包括给水自动控制、燃烧自动控制（包括燃料调节、送风调节和引风调节）、过热器和再热器蒸汽温度调节、汽轮机转速自动控制等。

随着单元机组容量、电网容量的不断增大，以及对电网调频调峰要求的提高，常规控制系统很难满足火电单元机组既要快速响应负荷变化，又要稳定运行参数这两方面的要求。机组负荷的变化必然反映到机前主蒸汽压力的变化，所以必须将锅炉和汽轮机视为一个统一的控制对象进行协调控制。所谓协调控制是指通过回路协调控制锅炉和汽轮机的工作状态，同时给锅炉和汽轮机控制系统发出指令，以达到既快速响应负荷变化的要求，又稳定运行参数的目的。

协调控制系统包括机、炉主控制系统，锅炉的各个自动控制子系统，汽轮机控制系统。机、炉主控制系统是单元机组协调控制系统（CCS）的核心，由负荷管理控制中心（LMCC）和机炉主控制器组成，锅炉各子系统和汽轮机控制系统是 CCS 的执行级。机炉协调控制系统如图 1-5 所示。

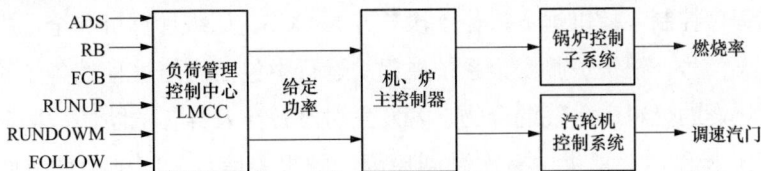

图 1-5　机炉协调控制系统简化框图

负荷管理控制中心的主要任务是确定运行方式，接收和处理负荷指令。CCS 可以无扰地在几种运行方式之间进行切换，以适应机炉不同的工作状态（局部故障、定压运行或滑压运行等），并具有完善的连锁保护，使机组在不超过规定的负荷范围内运行，控制升降负荷速率。

（三）汽轮机数字电液控制系统

汽轮机数字电液控制系统（DEH）具有多种功能，能满足大型机组在各种工况下的要求。DEH 能完成下列任务：

（1）自动检测。完善、可靠、精确的自动检测系统是保证汽轮机安全经济运行的必要条件。高参数、大容量的汽轮机需要检测的参数很多，如汽轮机转速、发电机功率、调节级压力和温度等。特别是汽轮机启停和负荷变化过程中，汽轮机缸体很容易产生较大的温度差和热变形，从而产生较大的热应力，必须进行严密监视，以防越限。

（2）自动保护。当锅炉主、辅机或电力系统出现故障后，一方面能及时发出报警信息，提醒运行人员采取相应的紧急措施；另一方面能遮断汽轮发电机组，保证机组及运行人员的安全，避免事故进一步扩大。大机组汽轮机保护的项目主要有超速保护、低油压保护、低真空保护、轴向位移保护、胀差保护和振动保护等。

（3）自动启停。目前，大功率机组多采用机组寿命管理法，根据转子热应力的大小来确定升/降速的速率。由计算机实现汽轮机自动启停，根据机组运行的进程选择控制策略，既可保证汽轮机安全启停，又可保证汽轮机启停时间最短，减少启动过程的能量损耗，实现最优化启停。

（4）自动调节。汽轮机的自动控制系统在保证机组安全运行的前提下，还必须维护其经济运行。即在额定的功率和转速下工作，提供足够数量的电能，并保证供电质量。所以，控制系统除应具有良好的静态和动态特性外，还应提供灵活多样的控制方式。

（四）锅炉炉膛安全监控系统

锅炉炉膛安全监控系统（FSSS）是大型火电机组自动保护和自动控制系统的一个重要组成部分。其主要功能是保护锅炉炉膛避免发生爆炸事故，对油、煤燃烧器进行遥控或程控管理，也称为锅炉燃烧器管理系统（BMS）。它是一种将锅炉的燃烧控制系统与安全保护系统融为一体的数字式逻辑控制系统。它既向运行人员提供整个燃烧系统的操作手段，又可在锅炉运行的各个阶段对其进行连续的监视、报警和保护。

FSSS 在功能上分为燃烧器控制系统和锅炉安全系统两部分。燃烧器控制系统对进行连续的检测和程序控制，提供远方操作手段，并为 CCS、厂级计算机和全厂报警系统提供燃烧系统的状态信号。锅炉炉膛安全系统在锅炉运行中包括启停过程的各个阶段，预防在锅炉内形成可爆燃的燃料和空气混合物。若发生对设备与人身有危险的故障时，实施主燃料跳闸（MFT）操作，并提供"首次跳闸原因"的报警信息。闭锁由此跳闸条件引起的其他跳闸条件指示。在 MFT 之后，仍需维持炉内通风，进行吹扫，以清除炉膛及锅炉尾部烟道中的燃料、空气混合物。在吹扫结束之前，有关允许条件未满足的情况下，不允许再送燃料至炉膛，如果违反安全程序启动设备，设备将自动停止启动。

FSSS 由控制盘、逻辑系统和现场设备组成。

控制盘安装在集控室的 BTG 盘（发电厂集控室内常规仪表盘）上，盘上有启动各种程序的按钮和信号灯（包括状态信号和反馈信号）。运行人员可在这块操作盘上进行锅炉的启停和正常运行等操作。

逻辑系统是 FSSS 的核心部分，主要完成大量逻辑运算。它包括总体控制部分及油层控制、煤层控制、火焰探测、电源监视和分配几个部分，其中，总体控制部分是 FSSS 的中央层控制系统，接受运行操作盘发出的指令信号及现场输入的状态和反馈信号，管理所有燃料层控制系统，并同厂用计算机、CCS 等系统连接。

现场设备主要包括高能点火器、反馈装置、检测装置等。

（五）旁路控制系统

汽轮机旁路系统一般分为高压旁路（高旁）和低压旁路（低旁）两级。高压旁路为过热器出口蒸汽经减温减压后到再热器进口；低压旁路为再热器出口蒸汽经减温减压后去凝汽器。为了配合锅炉和汽轮机的特定运行规律，旁路控制系统一般具有以下功能：①锅炉启动过程中的汽温、气压控制，避免再热器干烧。②在锅炉气压过高时，减少对空排汽，避免锅炉超压，并回收汽、水。③配合汽轮机实现中压缸启动和带负荷，以减少转子在启动过程中的热应力。④在发电机甩负荷时，维持汽轮机空载运行或带厂用电运行，以便外界故障消除后能及时并网带负荷。

旁路控制系统（BCS）的任务就是在旁路系统中实现上述功能时，自动地控制主蒸汽压力、高旁出口蒸汽及低旁出口蒸汽的压力和温度。在正常情况下，它将按固定值或可变值调节旁路系统蒸汽的压力和温度；在异常情况下，它将起保护作用，快速开启旁路阀门，维持入口压力，保证旁路阀后的蒸汽温度和压力在安全范围内。

汽轮机高压旁路控制的目的就是要用滑参数运行的方法，将锅炉和汽轮机从停运状态（冷态、温态和热态）中快速启动起来。如果电网发生事故，为了事故后能迅速恢复供电，要求机组维持厂用电。在此情况下，汽轮机旁路允许锅炉缓慢降到技术上要求的最小负荷，避免机炉温度的突然下降。当汽轮机跳闸时，应维持锅炉不灭火，控制系统快速开启高、低压旁路，使蒸汽流过过热器和再热器受热面，使汽轮机能随时启动。

汽轮机高压旁路具有抑制锅炉出口蒸汽压力超压的功能。在运行中，包括高压旁路已关闭的工况，如果出现锅炉蒸汽压力超过给定值，控制系统将通过安全回路快速打开高压旁路阀，并连锁开启低压旁路阀，保证蒸汽压力不超过给定值。

汽轮机低压旁路与高压旁路相联系，主要用于在机组启动期间满足锅炉和汽轮机的蒸汽要求，维持汽轮机中压缸启动所需的再热蒸汽压力。在机组甩负荷时，维持机组带厂用电运行，使机组具备快速再带负荷的能力。

低压旁路再热蒸汽压力控制回路的压力给定值与汽轮机负荷相适应，它应正比于汽轮机负荷，并补偿汽轮机内蒸汽自然膨胀的压力值。另外，低压旁路的控制需经凝汽器和减温器的保护限制。限制的目的是要减小旁路阀开度，从而保证凝汽器的安全运行。如凝汽器压力增加时，低压旁路阀开度应减小，以避免凝汽器真空被破坏。当再热蒸汽压力达到一定值时，旁路阀开度应随压力增加而逐渐减小，以避免旁路流量过大超过额定值。

（六）顺序控制系统

顺序控制系统（SCS）又称开环控制系统，是机组自启停控制的重要组成部分。SCS可对送/引风机、给水泵、盘车装置等电厂辅机进行开/关、启/停或程序控制。可对电厂中大量的阀门和挡板进行遥控（顺控），并具有连锁保护功能。它所涉及的面很广，有大量的输入、输出信号和逻辑判断功能。SCS具有下列控制形式：

（1）驱动控制。SCS可在过程接口级提供对所有驱动装置和执行机构的控制。输入到驱动控制接口的指令和设备保护逻辑信号，经指令逻辑处理后，转换成与执行机构输入电路相适应的执行信号，在此过程中，SCS担负指令处理和监视驱动装置的功能。驱动控制接口指令可以是手动指令，也可以是控制室来的自动指令或保护指令信号。指令优先级应满足手动指令优先于自动指令，而保护逻辑信号具有最高优先权。

（2）元件控制。元件控制是一对一的操作，即一个启/停操作对应于一个驱动装置。SCS可完成单个特定驱动装置（阀门或挡板）的顺序控制。

（3）子组控制。子组控制（设备控制）是一种以一个设备为主，将其辅助设备和相关设备包括在内，作为一个整体来控制的形式，如一台风机及其油泵，进、出口挡板等可作为一个子组，由SCS按实际运行条件依次、自动地操作。

（4）功能组控制。电厂按工艺系统的特点，将机组的辅助设备和系统划分为多个执行某一特定功能的组，功能组控制就是对这个特定的组进行自动顺序控制。功能组控制可包含较多的元件控制和子组控制。控制程序可以在集控室内由人工启动，或由机组自启停控制系统的自动指令启动。

另外，在SCS中还包含辅机设备的保护和闭锁功能，以预防故障事件的发生和扩大。闭锁的主要作用是防止或减少控制作用产生不安全的工况，即防止执行不正确的程序或操作。保护是当危及人身安全或设备安全的异常情况出现时，自动切除设备或自动投入设备。

（七）电气监控系统

电气监控系统（ECS）的单元机组部分和公用部分实现几乎全部电气开关量的控制功能，并实时显示各开关的分、合状态和设备状态、报警、电流、电压、功率等模拟量。

ECS具有控制对象相对较少，控制频度低；要求自动保护装置可靠性高，动作速度快；电气系统的连锁逻辑较简单，但电气设备的操作机构复杂的特点。因此，要求控制装置具有很高的可靠性，除了能实现设备正常启停和运行操作外，尤其要能实现实时显示异常运行和事故状态下的各种数据和状态，并提供相应的操作指导和应急处理措施，保证电气系统在最安全、合理的工况下运行。

ECS 主要的监控对象包括发电机—变压器组、发电机励磁系统、机组程序启停系统和厂用电源系统，还对 UPS、厂用 220V 和 110V 直流电源、柴油发电机组等进行监视。

大机组上述七种功能均在 DCS 上得以实现。DCS 具有很好的综合功能，既能实现监视功能（DAS），又能实现控制功能（MCS、SCS、DEH、FSSS、BPC 和 ECS 等）。其监视和控制功能之间可通过通信网络进行数据通信，实现信息共享。

（八）辅机控制系统

对于 1000MW 机组，其全厂辅助生产系统（如化学补给水、净水、煤水处理、化学加药、废水、煤、灰和燃油泵房等）一般均采用程序控制，采用辅助系统集中监控方式。将辅助系统各监控子系统进行联网。水、灰、脱硫、输煤和燃油泵房联网组成辅助生产系统控制网，水系统、灰系统、脱硫系统联网后在机组集控室控制，输煤和燃油泵房联网后最终可在机组集控室监视，脱硫系统的控制系统采用分散控制系统（DCS），其监控点也设在机组集控室，输煤系统和燃油泵房在输煤控制楼集中控制。

第二章 1000MW 机组主要控制系统及热工保护

发电厂的快速发展促使电站的涡轮机和发电设备市场的更新变得更快，传统的发电机组控制系统已经达不到如今发电厂设备运转的控制要求，也正因为如此，具有现代科技先进技术的发电机组的集控运行技术被发电厂广泛采用，一般在发电厂采用以下几种控制方式：

（1）分级阶梯控制模式。通常所说的集中控制结构的操作模式实际上是一个阶梯层次，监视控制和整个系统控制位于不同的位置，每一个位置的结构就做好每一个位置自己承担的工作任务。

（2）分散控制模式。传统发电机组的控制系统采取集中控制，一旦出现事故也会集中发生，为了对这个控制系统进行改进，采用了新的分布式控制系统，就是把发电机组划分成不同的控制部分，每个部分有每个部分的功能，这样即使出现问题，也不会造成集中的问题。

（3）有效的利用相应的通信措施和通信系统来完成综合控制。新的技术、新的工艺、新的科技的出现，计算机通信系统将广泛应用于发电厂的发电机控制，也正是这个原因，发电厂对应用程序的性能也非常重视，不断对新技术进行应用并取得良好的效果。

第一节 机组主要控制系统

一、燃烧管理系统（BMS）

BMS 主要功能：

（1）点火前炉膛吹扫。

（2）点火器自动管理。

（3）油枪自动管理。

（4）燃油泄漏试验。

（5）煤燃烧器自动管理。

（6）二次风、过燃风、中心风挡板联锁控制。

（7）炉膛安全监控。

（8）炉膛火焰监视。

（9）辅机启停和保护。

（10）主燃料跳闸。

（11）减负荷控制。

（12）联锁和报警。

（13）首次跳闸原因记忆。

（14）与上位机通信。

二、模拟量控制系统（MCS）

模拟量控制主要系统：

（1）单元机组协调控制。

（2）机组负荷控制。

（3）机组自动减负荷（RB）。

（4）锅炉燃料控制。

（5）磨煤机优先跳闸。

（6）氧量修正。

（7）炉膛压力控制。

（8）燃烧器二次风量控制。

（9）二次风压力控制。

（10）燃尽风门挡板控制。

（11）中心二次风挡板控制。

（12）燃油压力控制。

（13）磨煤机负荷、风量、温度控制。

（14）空气预热器冷端平均温度控制。

（15）主蒸汽温度控制。

（16）中间点焓值控制。

（17）再热蒸汽温度控制。

（18）储水箱水位控制。

（19）给水流量控制。

（20）暖风器控制。

（21）凝汽器水位控制。

（22）除氧器水位、压力控制。

（23）旁路系统控制。

（24）高压加热器水位控制。

（25）低压加热器水位控制。

（26）辅助蒸汽压力控制。

（27）大机润滑油温、EH 油温、给水泵油温控制。

（28）发电机密封油温、定子冷却水温控制。

（29）发电机氢温控制。

三、协调控制系统（CCS）

（一）CCS 主要功能

（1）接收 AGC 负荷指令，迅速改变给水量和燃料量。

（2）控制锅炉的汽温、汽压及燃烧率。

（3）改善机组的调节特性，增加机组对负荷变化的适应能力。

（4）主要辅机故障时进行 RB 处理。

（5）机组运行参数越限或偏差超限时进行负荷增减闭锁，负荷快速增减及跟踪等处理。

（6）与 BMS 配合，保证燃烧设备的安全运行。

（二）CCS 基本运行方式

（1）汽轮机跟随的运行方式。在这种运行方式下锅炉通过改变燃料量以调节机组负荷，而汽轮机则通过改变调节阀开度以调节主汽压力。

（2）锅炉跟随的运行方式。在这种运行方式下锅炉通过改变燃料量以保持主汽压力不变，而汽轮机则通过改变调节阀开度以调节机组负荷。

（3）协调方式。分为以锅炉跟随为基础机协调方式和以汽轮机跟随为基础协调方式两种。机炉作为一个整体联合控制机组负荷及主汽压力。

四、数字电液调节系统（DEH）

（一）DEH 主要功能

（1）远方挂闸。

（2）汽轮机转速控制。

（3）自动同期控制。

（4）自动带初负荷。

（5）负荷控制。

（6）主汽压控制（TPC）。

（7）主蒸汽压力限制。

（8）负荷与阀位限制。

（9）快速减负荷。

（10）一次调频。

（11）单阀（顺序阀）切换。

（12）阀门校验。

（13）阀门严密性试验。

（14）阀门在线试验。

（15）超速保护及试验。

（16）功率负荷不平衡功能（CIV）。

（17）手动控制。

（18）运行方式选择。

（二）自动调节系统

转速控制。机组只有高中压联合启动一种冲车方式，挂闸使调节保安系统投入，汽轮机复位。转速控制在自动方式下可以设定或修改机组的升速率和转速目标值。

负荷控制。负荷控制是调节级压力修正回路（内环）与功率控制回路（外环）的串级调节系统，通过对高、中压调节阀的控制来调节机组负荷。通过控制阀门开度（阀位控制）和控制实发功率（功率回路控制）的两种控制方式去改变机组的负荷。具有目标负荷、变负荷率、阀位高限、负荷高限、主汽压低限等设定功能。

阀门管理。OPC保护系统。

第二节 机组主要保护

一、机电炉大联锁保护

机电炉大联锁内容包括机跳炉、机跳电、电跳机、炉跳机、发电机断水保护等。

二、汽轮机主要保护

（1）汽轮机超速及自动跳机保护。

（2）汽轮机防进水保护。

（3）汽轮机跳闸联锁。

（4）汽轮机危急跳闸系统 ETS(emergency trip system)。

三、锅炉主要保护

操作员跳闸（操作员将 MFT 按钮按下）。

（1）两台引风机跳闸。

（2）两台送风机跳闸。

（3）炉膛压力高至 +2.5kPa。

（4）炉膛压力低至 -2.5kPa。

（5）全炉膛灭火。

（6）失去所有燃料。

（7）两台空气预热器跳闸延时 15s。

（8）火检探头冷却风压力低低延时 10s(3kPa)。

（9）锅炉总风量小于 20％BMCR。

（10）给水流量低低（490t/h）延时 15s。

（11）给水泵全停。

（12）一次风机全停且任一煤层运行且无油枪投入。

（13）首支油枪推迟（时间 30min）。

（14）首支油枪连续 3 次点火失败。

（15）无煤燃烧器运行时 OFT。

（16）炉膛出口蒸气温度大于 470℃（A 侧或 B 侧两个都高）延时 10s。

（17）再热保护丧失。

（18）汽轮机跳闸。

四、电气主要保护

（1）发电机与励磁变压器电量保护。

（2）主变压器、高压厂用变压器、脱硫变压器、启动备用变压器电量保护。

第三章　机组协调控制系统（CCS）

随着单元机组容量的不断增大，电网容量的增加和电网调频、调峰要求的提高，以及机组自身稳定运行要求的提高，单元机组既要根据电网中心调度所的负荷需求指令和电网的频率偏差参与电网调频、调峰，又要稳定机组自身运行参数。常规的自动控制系统已很难满足这两个方面的要求，因此，必须将汽轮机和锅炉作为一个整体进行控制。机炉的控制特性有相当大的差别，锅炉是一个热惯性大、反应很慢的控制对象，而汽轮机相对地是一个惯性小、反应快的控制对象。协调控制系统就是充分考虑机炉控制特性的差异以及各自的特点，采取某些措施（如引入某些前馈信号、协调信号），让机炉同时按照电网负荷的要求变化，接受外部负荷的指令，根据主要运行参数的偏差，协调地进行控制，从而在满足电网负荷要求的同时，保持主要运行参数的稳定。

第一节　协调控制系统的基本概念

一、单元机组负荷控制的特点

单元机组运行过程中经常出现的最主要的扰动之一是外界电负荷的变化。当电网负荷发生变动时，需要相应地调整电网中运行的发电机组的负荷，即相应地改变汽轮机进汽量，以调整汽轮机的输出功率；相应地改变锅炉的燃烧率以及给水流量，以调整锅炉的负荷。

在单元机组运行过程中，锅炉和汽轮发电机组共同适应外部负荷需要，也要共同保证内部参数（主要是主蒸汽压力）的稳定。单元机组的输出功率与负荷要求是否一致反映了机组与外部电网之间能量供求的平衡关系；而主蒸汽压力则反映了机组内部锅炉与汽轮发电机之间能量供求的平衡关系。只有锅炉燃烧产生的热能与进入汽轮机的蒸汽带走的热能相平衡，主汽压力才能稳定。因此，就单元机组的负荷控制而言，锅炉和汽轮发电机是一个不可分割的整体，是一个联合的被控对象。

锅炉和汽轮发电机在响应外界负荷时的动态特性存在很大差异。在单元机组内部，锅炉和汽轮机是相对独立的对象，它们有各自的调节机构。从控制负荷的角度看，它们的动态特性很不一样。锅炉的动态特性——从燃烧率的改变到锅炉出口压力的改变，惯性很大；而汽轮发电机组的动态特性——从蒸汽流量的改变到输出功率的改变，惯性相对较小。即汽轮发电机负荷响应快而锅炉负荷响应慢,所以单元机组内外两个能量供求平衡关系互相制约,即外部负荷响应性能与内部运行参数稳定性之间存在固有的矛盾。反映在控制特性上,就是单元机组控制对象的两个被调量——机组输出功率和主蒸汽压力的控制之间存在矛盾。

二、协调控制系统及其任务

单元机组的协调控制系统(coordinated control system,CCS)是根据单元机组的负荷控制特点,为解决负荷控制中的内外两个能量供求平衡关系而提出的一种控制系统。单元机组的负荷控制系统把锅炉和汽轮发电机作为一个整体进行综合控制,使其同时按照电网负荷需求指令和内部主要运行参数的偏差要求协调运行,既保证单元机组对外具有较快的功率响应和一定的调频能力,又保证对内维持主蒸汽压力偏差在允许范围内。协调控制系统的主要任务如下:

(1)接受电网中心调度所的负荷自动调度指令、运行操作人员的负荷给定指令和电网频差信号,及时响应负荷请求,使机组具有一定的电网调峰、调频能力,适应电网负荷变化的需要。

(2)协调锅炉、汽轮发电机的运行,在负荷变化率较大时,能维持两者之间的能量平衡,保证主蒸汽压力稳定。

(3)协调机组内部各子控制系统(燃料、送风、炉膛压力、给水、汽温等控制系统)的控制作用,在负荷变化过程中使机组的主要运行参数在允许的工作范围内,以确保机组有较高的效率和可靠的安全性。

(4)协调外部负荷请求与主/辅设备实际能力的关系。在机组主/辅设备能力受到限制的异常情况下,能根据实际情况,限制或强迫改变机组负荷。这是协调控制系统的联锁保护功能。

三、协调控制的基本原则

锅炉燃烧率(及相应的给水流量)改变到引起机组输出电功率变化,其过程有较大的惯性和迟延,如果只是依靠锅炉侧的控制,必然不能获得迅速的负荷响应。而汽轮机进汽调节阀动作,可使机组释放(或储存)锅炉的部分能量,输出的电功率暂时有较迅速的响应。因此,为了提高机组的响应性能,可在保证安全运行(即主蒸汽压力在允许范围内变化)的前提下,充分利用锅炉的蓄热能力,也就是在负荷变动时,通过汽轮机进汽调节阀的适当动作,允许汽压有一定的波动,即释放或吸收部分蓄能,加快机组初期负荷的响应速度;与此同时,根据外部负荷请求指令,加强对锅炉侧燃烧率(及相应的给水流量)的控制,及时恢复蓄能,使锅炉蒸发量保持与机组负荷一致。这就是负荷控制的基本原则,也是机炉协调控制的基本原则。

四、协调控制系统的基本组成

(一) 单元机组协调控制系统的整体结构

单元机组协调控制系统是由负荷管理控制中心（LMCC）、机炉主控制器和相关的锅炉、汽轮机子控制系统组成。如图 3-1 所示。

负荷管理控制中心（LMCC）的主要作用是：对机组的各负荷请求指令（电网中心调度所负荷自动调度指令 ADS、运行操作人员设定的负荷指令）进行选择和处理，并与电网频率偏差信号 Δf 一起，形成机组主/辅设备负荷能力和安全运行所能接受的、具有一次调频能力的机组负荷指令 P_0。P_0 作为机组实发电功率的给定值信号，送入机炉主控制器。

机炉主控制器的主要作用是：接受负荷指令 P_0、实际电功率 P_E、主蒸汽压力给定值 p_0 和实际主蒸汽压力 P_T 等信号；根据机组当前的运行条件及要求，选择合适的负荷控制方式；根据机组的功率（负荷）偏差 $\Delta P = P_E - P_0$ 和主蒸汽压力偏差 $\Delta p = p_0 - p_T$ 进行控制运算，分别产生锅炉负荷指令（锅炉主控制指令）P_B 和汽轮机负荷指令（汽轮机主控制指令）P_T。P_T、P_B 作为机炉协调动作的指挥信号，分别送往锅炉和汽轮机有关子控制系统。

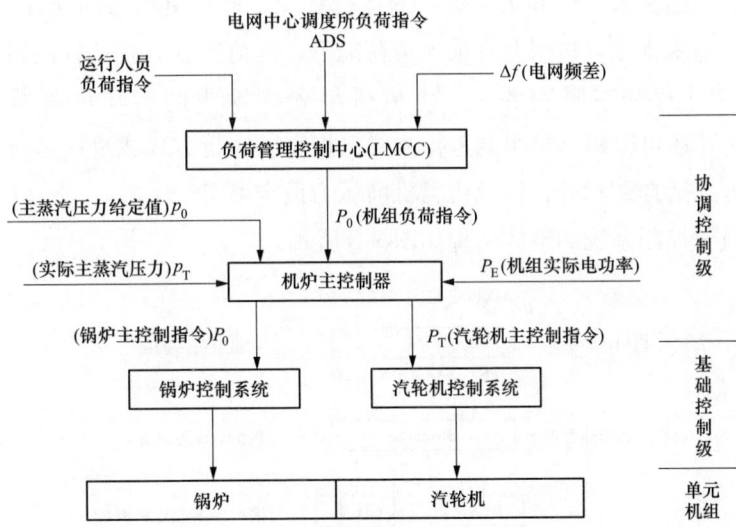

图 3-1 单元机组协调控制系统的组成框架

机、炉的各有关控制系统是对锅炉、汽轮机实现常规控制的有关系统，它们包括燃料量控制系统、送风量控制系统、炉膛压力控制系统、一次风压控制系统、二次风量控制系统、过热汽温控制系统、再热汽温控制系统、给水控制系统、燃油压力控制系统、除氧器的水位和压力控制系统、凝汽器的水位和再循环流量控制系统、直吹式磨煤机（一次风量、出口温度、给煤量）控制系统、发电机氢气冷却控制系统、锅炉连续排污控制系统、电动泵的密封水差压和再循环流量控制系统、汽动泵的密封水差压和再循环流量控制系统以及协调控制系统的支持系统——炉膛安全监控系统（FSSS）和汽轮机数字电液控制系统（DEH）等。这些系统对机、炉主控制指令 P_T、P_B 来说，相当于伺服（随动）系统，它们根据 P_T、P_B 指令，控制锅炉的燃烧率和汽轮机进汽调节阀的开度，维持机炉的能量平衡和参数稳定，保证机组运行的安全性和经济性。

负荷管理控制中心和机炉主控制器是机组控制的协调级，是协调控制系统的核心，有时将其直接称为协调控制系统；而锅炉、汽轮机各控制系统是机组控制的基础级（直接控制级），起着最基本、最直接的控制作用，它们的控制质量直接影响负荷控制质量。

1. 控制回路

根据机组的负荷形式、故障情况、控制要求及机组操作方式构成机组负荷合适的控制方式。机组控制方式有以下几种：锅炉跟随方式（boiler follow mode，BFMODE）；汽轮机跟随方式（turbin follow mode，TF MODE）；协调控制方式（coordinated control system mode，CCS MODE）；手动方式（Manual Mode）；汽轮机手动，锅炉自动方式；汽轮机自动，锅炉手动方式；机组定压运行方式和协调控制下滑压运行方式。

2. 运算回路

1000MW 机组设计有专门的运算回路，能随时监视机组主要辅机设备（如送风机、引风机、一次风机、给水泵、循环水泵等）的运行状况，计算出机组的允许最大负荷能力；能根据外界负荷需求指令，机组允许最大负荷能力，负荷控制方式选择逻辑，机组负荷的闭锁增、闭锁减以及基本限制要求，生成机组允许承担的实际负荷指令（unit load demand，ULD）；还可以根据机组的运行方式（指定压运行方式或滑压运行方式）控制要求及负荷控制方式选择逻辑等，形成机组机前压力设定值 PS。

单元机组负荷控制系统的整体结构如图 3-2 所示。

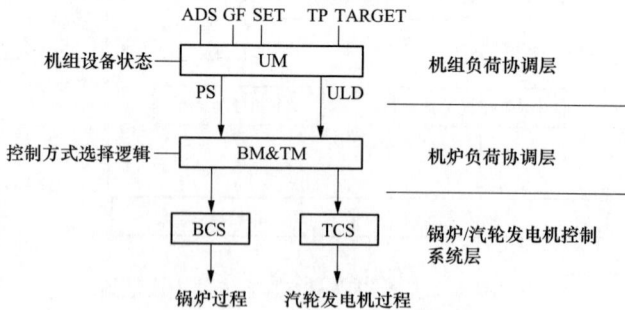

图 3-2   单元机组负荷控制系统结构图

在单元机组负荷控制系统的组成中，锅炉控制系统 BCS 和汽轮机控制系统 TCS 处在最底层，直接控制单元机组的各个过程量，它是负荷控制的基础，称为锅炉和汽轮机控制层。单元机组主控制器 UM 处在最顶层，按照单元机组的控制要求，该层协调负荷能力与外界负荷需求,称为机组负荷协调层。锅炉和汽轮机的协调由锅炉主控制器 BM 和汽轮机主控制器 TM 完成,BM&TM 处在中间层,称为机炉负荷协调层。

(二)负荷指令运算回路组成

负荷指令运算回路由负荷指令计算回路、机组允许负荷能力运算回路、限制回路等几部分组成,如图 3-3 所示。

(1)负荷指令计算回路:该回路能根据 ADS、GF、SET 等负荷需求指令和机组允许最大负荷能力 RUN DEMAND,生成机组可以承受的实际负荷指令 ULD。ULD 具有基本限制、闭锁增、闭锁减及保持功能。

(2)机组允许负荷能力运算回路:该回路根据主要辅机的运行/跳闸状态,或根据系统重要参数偏离设定值的程度生成机组能够承受的允许最大负荷指令 RUN DEMAND,通常称之为返航目标值。

(3)限制回路:当机组的负荷要求超过实际的允许出力时,回路对负荷要求应进行上、下值限制。另外,为了机组运行安全还要对负荷指令的变化率进行限制。

(三)机炉主控制器的组成

机炉主控制器(BM&TM)由锅炉主控制器 BM、汽轮机主控制器 TM 和控制方式管理逻辑三部分组成,其组成如图 3-4 所示。

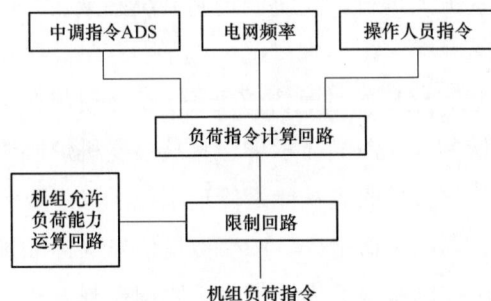

图 3-3 负荷指令运算回路

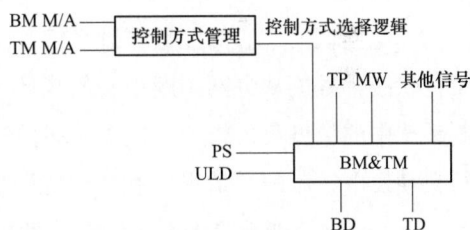

图 3-4 机炉主控制器

锅炉主控制器 BM 和汽轮机主控制器 TM 的功能是互相配合的,它们可以根据 ULD、PS、MW、TP 及控制方式选择逻辑等信号构成具体的负荷控制系统,生成锅炉负荷指令 BD 和汽轮机负荷指令 TD,实现锅炉和汽轮机两侧的能量转换与传输过程的协调。

控制管理的功能是根据 BM M/A 和 TM M/A 的状态,生成控制方式选择逻辑信号。

五、自动发电控制(AGC)

现代电力系统的频率和功率的调整是按负荷变动周期的长短和幅度的大小分别进行调整。对于幅度较小、变动周期短的微小分量,主要是靠汽轮发电机组调速系统来自动调整完成的,即所谓的一次调频。一次调频的特点是由汽轮发电机组本身的调节系统直接调节,因此响应速度最快。但由于调速器为有差调节,对于变化幅度较大、周期较长的变动负荷分量，需要通过改变汽轮发电机组的同步器来实现，即通过平移调速系统的调节静态特性，从而改变汽轮发电机组的出力来达到调频的目的，称为二次调整。当二次调整由电厂运行人员就地设定时称就地手动控制；由电网调度中心的能量管理系统来实现遥控自动控制时，则称为自动发电控制（AGC）。自动发电控制系统示意图如图 3-5 所示。

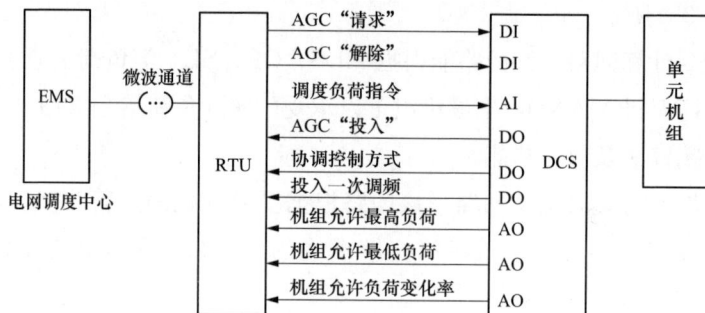

图 3-5 自动发电控制系统示意图

自动发电控制系统主要由电网调度中心的能量管理系统（EMS）、电厂端的远方终端（RTU）和分散控制系统的协调控制系统、微波通道三部分组成。实现自动发电控制系统闭环自动控制必须满足以下基本要求：

（1）电厂机组的热工自动控制系统必须在自动方式运行，且协调控制系统必须在"协调控制"方式。

（2）电网调度中心的能量管理系统、微波通道、电厂端的远方终端 RTU 必须都在正常工作状态，并能从电网调度中心的能量管理系统的终端液晶显示屏上直接改变机炉协调控制系统中的调度负荷指令。机炉协调控制系统能直接接收到从能量管理系统下发的要求执行自动发电控制的"请求"和"解除"信号、"调度负荷指令"的模拟量信号（标准接口为 4～20mA）。能量管理系统能接收到机组协调控制系统的反馈信号：协调控制方式信号和 AGC 已投入信号。

（3）能量管理系统下达的"调度负荷指令"信号与电厂机组实际出力的绝对偏差必须控制在允许范围以内。

（4）机组在协调控制方式下运行，负荷由运行人员设定称就地控制；接受调度负荷指令，直接由电网调度中心控制称为远方控制。就地控制和远方控制之间相互切换应双向无扰。

当前的自动发电控制（AGC）基本上都是电网调度针对每台单元机组直接目标负荷的控制。当电厂中有多台单元机组时，每台机组都需要按上述方式用硬接线将信号与 RTU 相连。单元机组接受 AGC 负荷调度指令的幅度是受其本身运行状态限制的，锅炉允许最低不投油稳燃负荷决定了机组可承受变动负荷的范围；运行中主要辅机投用情况及主要运行参数的状况决定了当时该机组允许承担最大负荷的能力。当辅机故障或主热力参数偏离正常范围达一定程度后，机组可能无法运行在 AGC 方式下。

第二节 单元机组负荷控制对象的特性

一、单元机组系统的分解

研究单元机组的参数控制时，可以将单元机组分解成燃料子系统、空气子系统、烟气子系统、汽水子系统、汽轮机子系统和发电机子系统等；研究单元机组的负荷控制，可以将单元机组分解成锅炉子系统、汽轮发电机子系统和蒸汽管道子系统，如图 3-6 所示。

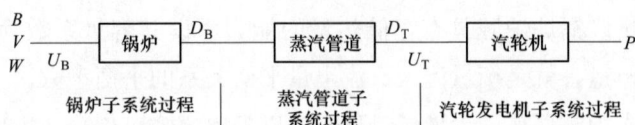

图 3-6 单元机组系统

B—燃烧量；V—风量；W—给水流量；U_B—锅炉燃烧率控制机构；U_T—汽轮机进汽量控制机构；
D_B—锅炉产生的蒸汽流量；D_T—进入汽轮发电机的蒸汽流量；P—汽轮机的输出功率

从控制的角度看，讨论子系统过程，关注是它的输入量、输出量及反应输入输出量平衡关系的参数（简称平衡参数）。同时，为了保证输入量、输出量与平衡参数间的单一关系，还必须清楚各子系统过程中有哪些需要控制在要求值的参数或信号。

二、锅炉子系统

（一）锅炉子系统的组成

锅炉子系统（以直吹式燃烧系统为例），按能量的转换可以分解为以下几个子过程。

（1）磨煤机制粉过程。

（2）炉内燃烧放热过程。

（3）锅内工质吸热过程（烟气对水和蒸汽的传热过程）。

按照上述分解，锅炉子系统的组成如图 3-7 所示。

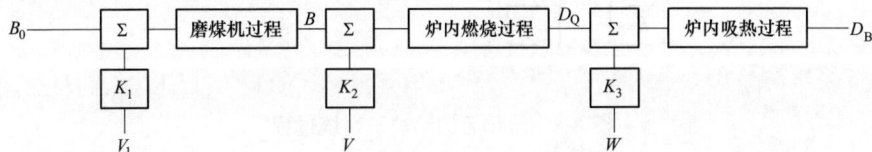

图 3-7 锅炉子系统的组成

B_0—原煤给煤量；V_1—干燥原煤和输送煤粉的一次风量；K_1—系数，使 B_0 与 V_1 保持一定比例；B—煤粉流量，即磨煤机出力；V—进入炉膛的总风量；K_2—系数，使 B 与 V 保持一定比例；D_Q—锅炉工质的总有效吸热量；W—锅炉总给水量；K_3—系数，使 D_Q 与 W 保持一定比例；D_B—锅炉产生的蒸汽量

（二）锅炉子系统过程的特点

（1）磨煤机制粉过程。磨煤机的流入量是原煤量 B_0 与一次风量 V_1 的混合物（重量流量）。如果能随时保持 B_0 与 V_1 的最佳比例关系，则可以直接用 B_0 来表示该混合物流量。磨煤机的流出量是煤粉量 B 与一次风量 V_1 的混合物，即进入炉膛燃烧的燃料量。

磨煤机具有存储煤粉的能力，存储能力的大小用容量系数表示。储存煤粉量的多少用磨煤机的装载量 M_B 衡量，它就是衡量流入、流出量平衡关系的平衡参数。

（2）炉内燃烧放热过程。锅炉炉膛的流入量是煤粉量 B 与总风量 V（一次风与二次风之和）的混合物。如果能随时保持 B 与 V 的最佳比例关系，则可直接用 B 来表示该混合物流量。煤粉燃烧释放出的热量由高温烟气携带传递手工质，工质总的有效吸热量 D_Q 就是燃烧过程的流出量。锅炉炉膛具有存储热量的能力，设其容量系数为 C_B。存储热量的多少用燃烧强度来衡量，就是衡量流入、流出量平衡关系的平衡参数。

另外，煤粉进入炉膛存在一个输送过程，所以炉内燃烧过程存在传输延迟。

（3）锅内工质吸热过程。工质吸热过程的流入量应是工质总的有效吸入量 D_Q 和锅炉的总给水量 W，考虑稳定状态下，总燃料量 B、总给水量 W 和锅炉产生的蒸汽量 D_B 之间存在对应关系。如果能随时保持 B 与 W 的比例关系，则可直接用 D_Q 来表示工质吸热过程的流入量，工质吸热过程的流出量是锅炉产生的蒸汽量 D_B。

工质吸热过程是通过所有受热面进行的，这些受热面连同工质本身均具有很大的热容量。传热过程是一个储热过程，储热量的多少用节流压力衡量，节流压力是衡量流入、流出量平衡关系的平衡参数。

（三）锅炉子系统过程的简化

锅炉子系统是一个带传输延迟的多容过程，该过程可以简化成一个带纯延迟的单容过程。时间常数为 5～10s，延迟为 2～3s。磨煤过程稍慢，其时间常数为 40～50s。最慢的是工质吸热过程，其时间常数最大可达几百秒。因此，可以用一个双容过程或者用一个带纯延迟的单容过程逼近锅炉子系统过程。

现假设用一个带纯延迟的单容过程逼近，简化后的锅炉子系统如图 3-8 所示。

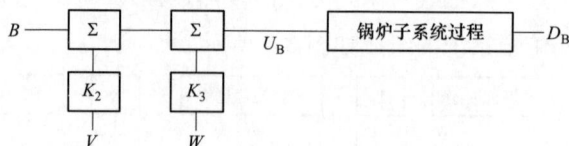

图 3-8   简化后的锅炉子系统过程

子系统的输出量是锅炉产生蒸汽流量 D_B，但锅炉子系统过程输入量应是进入锅炉的燃料量、风量和给水流量。如果锅炉子系统过程中所有需要控制的参数和信号均能控制在要求的设定值上，则进入锅炉的燃料量、风量和给水流量将随时保持按比例变化，它们中的任意一个均可作为锅炉的输入量。为了方便，可将按比例变化的燃料流量、空气流量及给水流量看作一个整体，并称之为锅炉的燃烧率。

锅炉子系统中反映输入量和输出量平衡关系的参数，选取节流压力作为平衡参数。

为了使锅炉子系统中节流压力仅与锅炉燃烧率和锅炉产生的蒸汽流量有关，通常煤粉细度、煤粉含水量、磨煤机通风量、磨煤机出口温度、一次风压、总风量、总燃料量、炉膛压力、炉膛温度、过热蒸汽压力、过热蒸汽温度等主要参数和信号必须随时被控制在设定值上。

三、汽轮发电机子系统过程

(一) 汽轮发电机子系统过程的组成

带中间再热器的大型汽轮发电机组至少有以下储能过程：

(1) 高压缸调节喷嘴室储汽过程。

(2) 再热器储汽过程。

(3) 汽轮发电机储能过程。

汽轮发电机子系统过程可以再分解为相应的子过程，其组成如图 3-9 所示。

图 3-9 汽轮发电机子系统

D_T—进入汽轮发电机的蒸汽流量；D_H—进入喷嘴的蒸汽流量；D_L—进入中低压缸的蒸汽流量；

M_H—汽轮机高压缸产生的蒸汽转矩；M_L—汽轮机中低压缸产生的蒸汽转矩；

M_T—汽轮发电机组的总蒸汽转矩；p_{TH}—喷嘴室蒸汽压力；C_{TH}—喷嘴室储汽容量系数；

n—汽轮发电机转速；C_T—汽轮发电机转子储能容量系数

(二) 汽轮发电机子系统过程的特点

(1) 调节喷嘴室储汽过程。喷嘴室的输入量是进入汽轮机的蒸汽流量 D_T，由汽轮机调速汽门 U_T 控制；喷嘴室的输出量是进入喷嘴的蒸汽流量 D_H，与喷嘴室内的压力 p_{TH} 有关，稳定时为一定值。喷嘴室具有储存蒸汽量的能力，其储存量的多少由平衡参数 p_{TH} 衡量，其储存能力的大小用容量系数衡量。

(2) 高压缸与中低压缸的能量转换过程。汽轮机的高压缸和中低压缸实现的是蒸汽流量到蒸汽转矩的能量转换，由蒸汽冲击汽轮机转子的叶片完成。对于高压缸，其输入量是蒸汽流量 D_T，输出量是高压缸产生的蒸汽转矩 M_H；对于中低压缸，其输入量是蒸汽流量 D_L，输出量是中低压缸产生的蒸汽转矩 M_L，M_H 和 M_L 两个转矩之和构成了汽轮发电机组总的蒸汽转矩 M_T。

(3) 汽轮发电机转子储能过程。汽轮发电机转子储能过程的输入量是机组总的蒸汽转矩 M_T，汽轮发电机转子储能过程的输出量是总的电功率 P，反映输入量与输出量平衡关系的参数是汽轮发电机的转速。

（三）汽轮发电机子系统过程的简化

调节喷嘴室的储汽过程是很快的，其蒸汽容积时间常数很小，为 0.1～0.3s；汽轮发电机转子储能过程也很快，其时间常数为 6～15s。可以用一个双容过程，甚至一个单容过程逼近汽轮发电机子系统过程。现假设用一双容过程逼近，也假设调节喷嘴室储汽过程为比例过程，这样假设后的汽轮发电机子系统过程如图 3-10 所示。

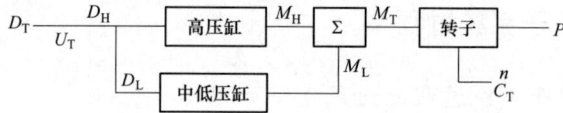

图 3-10　假设后的汽轮发电机子系统

对于汽轮发电机子系统过程，为保证汽轮发电机的转速只与进入汽轮机的蒸汽流量 D_T 和发电机产生的电功率 P 有关，其主要参数和信号必须控制在要求的设定值范围内。

（四）蒸汽管道子系统过程

蒸汽管道子系统过程如图 3-11 所示。

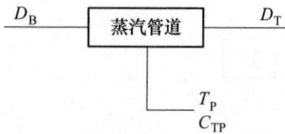

图 3-11　蒸汽管道子系统过程
D_B—锅炉产生的蒸汽量；
D_T—进入汽轮发电机的蒸汽流量；
T_P—机前节流压力；
C_{TP}—蒸汽管道容量系数

蒸汽管道子系统过程的输入量是锅炉产生的蒸汽流量 D_B，蒸汽管道子系统过程的输出量是进入汽轮机的蒸汽流量 D_T。在蒸汽管道子系统过程中，反映输入量与输出量平衡关系的参数，可以选取机前节流压力 T_P。蒸汽管道子系统过程具有储存蒸汽流量或热量的能力，其存储量的多少由平衡参数机前节流压力 T_P 衡量，其存储能力的大小用容量系数 C_{TP} 衡量。

第三节　负荷指令与压力指令运算回路

负荷指令运算回路的任务是根据机组的运行状况，对来自外部的负荷请求信号（ADS负荷指令、人工手动设置指令及频差负荷校正指令）和来自内部的负荷信号（实发功率信号和机组允许最大功率信号）进行选择和处理，生成机组可以接受的目标负荷指令 ULD。

一、负荷设定值的形成

（一）机组处于协调状态

返航指令（或返航目标值）是机组在返航方式下的允许最大负荷能力值。机组的返航方式是指机组的主要辅机设备及其相关系统出现异常情况时，机组负荷指令计算回路的一种工作方式。

1. 异常状况分类

机组的异常情况可以分为两类：①有明确原因，可以进行监测，如一台风机或一台磨煤故障跳闸，这类异常情况称为跳闸型故障；②没有明确原因的，或者产生的原因无法直接进行监测，只能通过间接指标进行判断，如给水泵出力已达 100%，但给水流量实际值比给水流量指令小，且超过了允许范围，这类异常情况称为非跳闸型故障。当机组出现异常状况时，直接影响机组负荷能力的降低。返航请求信号一般由两种请求信号组成：①快速减负荷请求信号（RUN BACK，RB）；②强迫降负荷请求信号（RUN DOWN，RD）。

2. RB 信号的生成

通常 RB 信号由跳闸型故障产生，迫降、迫升由非跳闸型故障产生。RB 信号是重要辅机发生跳闸型故障而产生的。

3. RD 信号的生成

一般 RD 信号是由重要辅机发生非跳闸型故障而产生的，1000MW 机组主要选择燃料量、给水流量、炉膛压力以及总风量作为监测对象进行监视。当其中有设备的实际出力与要求指令偏差过大时，即设备的实际出力达不到指令的要求。

发生 RUN DOWN 的条件如下：

（1）燃料量远小于燃料指令，并且满足下列条件之一：

1）煤主控和油主控均自动且油主控指令达最大值和煤主控指令均达最大值；

2）煤主控自动而油主控手动且煤主控指令达最大值；

3）煤主控手动而油主控自动且油主控指令达最大值。

（2）送风量小于送风量指令，并且满足下列条件之一：

1）两台送风机均自动且阀位指令均达最大值；

2）一台送风机自动且其阀位指令达最大值而另一台送风机手动；

3）两台送风机均手动。

（3）给水量小于给水量指令，并且汽动给水泵调节指令或电动给水泵出口调节阀指令达最大值，负荷指令 RUN DOWN。

（4）炉膛压力大于设定值，并且满足下列条件之一：

1）两台引风机均自动且阀位指令均达最大值；

2）一台引风机自动且其阀位指令达最大值而另一台引风机手动；

3）两台引风机均手动。

（5）一次风压小于设定值，并且满足下列条件之一：

1）两台一次风机均自动且阀位指令均达最大值；

2）一台一次风机自动且其阀位指令达最大值而另一台一次风机手动；

3）两台一次风机均手动。

（二）机组处于非协调方式

机组运行在非协调方式，人工请求 DEH 就地方式，负荷闭锁增或闭锁减，AGC 指令品质坏，RUNBACK，禁止 AGC 远方操作等都将退出远方控制方式。负荷目标值及负荷变化率都由人工设定。

实际负荷设定值如下：

（1）受人工设定的最大负荷、最小负荷设定值的限制。一旦机组的实际负荷指令达到最小限值，则负荷指令将被闭锁（闭锁增/闭锁减）。

（2）向负荷要求指令爬坡。

（3）运行人员可通过操作按钮实现远方控制或就地控制。远方控制接收 AGC 命令。

（4）当发生 RUNBACK 或 RUNDOWN 时，切换到 RUNBACK 目标值。

远方控制方式或通过人工请求，负荷按给定速率向负荷要求指令爬坡。当发生 RUNBACK 或 RUNDOWN、负荷指令被闭锁且 LDC 仍沿被闭锁的方向升/降、LDC 不升也不降或通过人工请求都将退出按给定速率向负荷要求指令爬坡的工况。

当机组运行在基本方式且非旁路模式同时功率信号品质好，或协调方式下，负荷指令跟踪实际功率；当机组运行在基本方式且旁路投入，或汽轮机跟随方式下，负荷指令跟踪锅炉主控输出。

在正常运行方式（旁路未投入），负荷指令处于跟踪工况。

二、ULD 负荷指令运算回路

（一）ADS 遥控方式

1000MW 机组通常采用自动发电控制技术（AGC）来实现机组负荷的远方遥控。AGC 的功能是当用户负荷变化时可自动调整系统的发电出力。

机组能接受 ADS 指令，通常必须满足以下条件：

（1）机组处于协调控制方式，即汽轮机主控和锅炉主控均处于自动方式。

（2）无主变压器跳闸信号产生。

（3）无汽轮机跳闸信号产生。

（4）无主燃料跳闸（master fuel trip，MFT）信号产生。

（5）无 RB、RD 和 RU 信号产生。

（6）ADS 负荷指令与本机指令偏差在允许范围内。

（7）ADS 负荷指令信号正常。

通常 1000MW 机组的 ADS 控制逻辑回路如图 3-12 所示。

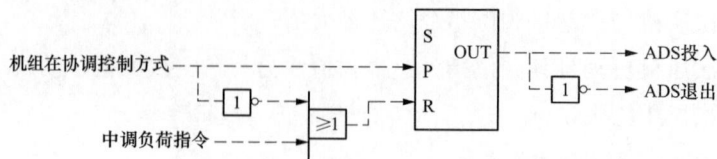

图 3-12 ADS 控制逻辑图

图 3-12 中采用了一个 RS 触发器来实现远方遥控，其输出 OUT 与"S"和"R"端的逻辑关系如表 3-1 所示。

表 3-1　　　　　　　　　　　　RS 触发器逻辑真值表

S	0	1	0	1
R	0	0	1	1
OUT	HOLD	1	0	0

RS 触发器的输出就是 ADS 投入信号，P 为触发器的允许条件输入端。从图 3-12 可以看出：ADS 投入的允许条件是机组负荷控制在协调方式；ADS 退出的条件是机组协调控制方式没有投入或调度负荷信号故障。

（二）初始负荷指令运算

可以把过程分为三部分来分析，首先是初始负荷指令形成回路，如图 3-13 所示。

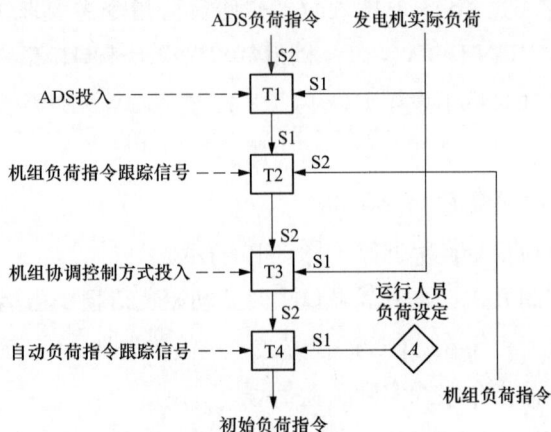

图 3-13　初始负荷指令的形成

从图 3-13 中可以看出：负荷指令来自四个途径，即 ADS 遥控负荷指令、运行人员就地负荷设定、发电机实际功率及机组实际负荷指令。如何从其中选出初始负荷指令涉及跟踪切换问题。跟踪切换是利用切换块 T 及其控制逻辑来实现的，工作原理如图 3-14 所示。当选择信号 S3 为 0 时，输出 A 跟踪 S1；当 S3 为 1 时，输出 A 跟踪 S2。负荷运算跟踪指令的主要作用是使机组负荷指令在不同控制方式之间实现无扰切换。在 1000MW 机组的负荷指令运算回路中，一般引入

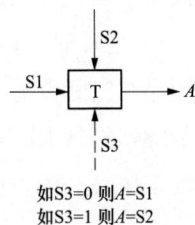

如S3=0 则A=S1
如S3=1 则A=S2

图 3-14　切换块 T

机组负荷指令跟踪和自动负荷指令跟踪两个信号。其逻辑关系如图 3-15 所示。

当下述条件之一满足时，则自动发出机组负荷指令跟踪信号。

（1）有 RUN UP 请求信号；

（2）有 RUN DOWN 请求信号；

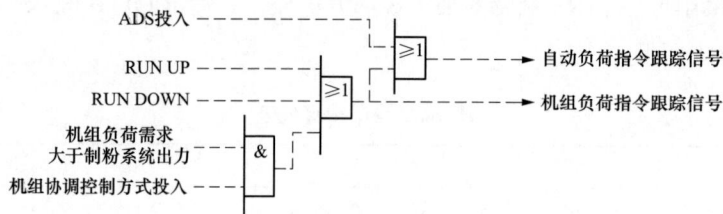

图 3-15　跟踪信号逻辑

（3）机组在协调控制方式且机组负荷需求大于制粉系统出力。当机组不在协调控制方式时，ADS 禁止投入，RUN UP 和 RUN DOWN 信号无效，机组负荷指令跟踪信号和自动负荷指令跟踪信号也是无效的。

当机组处于协调控制方式且 ADS 投入时，自动负荷指令跟踪有效，初始负荷指令跟踪 ADS 负荷指令。如果出现机组负荷指令跟踪请求，则初始负荷指令跟踪机组实际负荷。当机组处于协调控制方式且 ADS 未投入时，初始负荷指令主要取决于机组的运行工况。如果未发生 RUN UP、RUN DOWN 以及机组负荷需求大于制粉系统出力时，则初始负荷指令由运行人员确定。如果机组发生 RUN UP、RUN DOWN 以及机组负荷需求大于制粉系统出力之中任意一种情况，则初始负荷指令跟踪机组实际负荷。

（三）有返航请求时的负荷指令运算

有返航请求时的负荷指令运算回路如图 3-16 所示。

当机组处于协调控制方式且未有返航请求时，初始负荷指令由运行人员手动设定。当有返航请求时，如果此时机组在 AGC 遥控方式，机组首先把 AGC 遥控方式切回到本机控制方式，机组的初始负荷指令跟踪实际负荷信号。

当机组有 RUN UP 请求时，切换器 T5 的输入 S2 由初始负荷指令与常数设定块 A（大约 5MW）相加而成。其作用是在实际负荷指令的基础上加上迫升的负荷率，使机组按每个运行周期加 5MW 的速度上升，直到 RUN UP 请求消除。同样，当机组有 RUN DOWN 请求时，切换块 T6 的输入 S2 由初始负荷指令与常数设定值 5MW 相减而得。其作用是在实际负荷指令的基础上减去迫降的负荷率，使机组按每个运行周期减 5MW 的速度下降，直到 RUN DOWN 请求消除。如果机组没有返航请求，负荷指令运算可以加入频差校正信号。频差信号是可以选择投入的，它决定"调频切除"逻辑信号是否有效。

（四）负荷指令的限制处理

负荷指令的限制处理回路如图 3-17 所示。负荷指令的限制处理主要包括最小负荷限制、最大负荷限制及负荷变化率限制三部分。最大、最小负荷设定一般由运行人员手动设定后通过大值、小值选择器实现。当机组处于协调控制方式且机组负荷需求大于制粉系统出力时，负荷指令跟踪机组实际负荷信号。此时切换块 T8 跟踪输入 S2 的手动设定值。通常这一设定值较小，目的是让负荷迅速下降，直至机组负荷需求小于制粉系统出力。

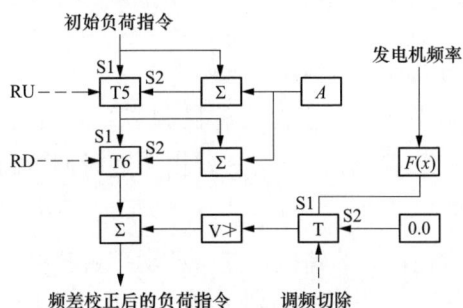

图 3-16　返航请求时负荷指令运算回路

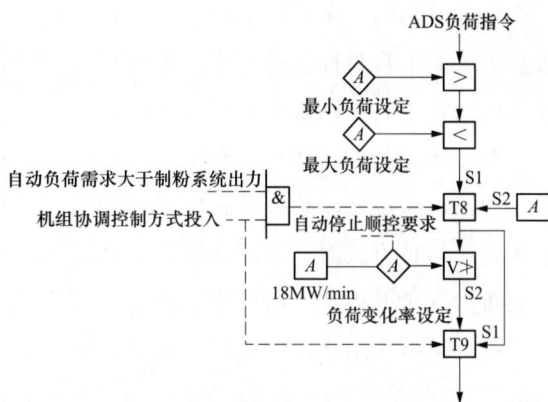

图 3-17　负荷指令的限制处理

切换块 T8 输出的负荷指令还需进行速率限制。从图 3-17 中可以看出：速率限定值来源手动设定的输出，正常情况时，速率限定值为 18MW/min。当出现异常情况时，系统将通过自适应调整块自动调整速率限定值为 30MW/min。

三、压力指令运算回路

(一) 压力指令运算回路的组成

机前压力是单元机组负荷控制的一个十分重要的参数。在 1000MW 单元机组的负荷控制中，机前压力可以维持为定压（称为定压方式，constantine pressure mode），也可与负荷维持某一函数关系（称为滑压方式，variable pressure mode）。

通常压力指令运算回路应包括以下几部分：

(1) 滑压指令生成回路。

(2) 汽轮机调节阀阀位控制回路。

(3) 定压指令生成回路。

(4) 压力指令的高/低值限幅及速率限制回路。

(5) 定压/滑压控制选择回路。

(6) 压力指令跟踪机前实际压力控制回路。

单元机组按定压方式运行时，机前压力维持不变，机组的功率与调节阀的开度保持一一对应关系。单元机组滑压运行时，汽轮机调节阀的开度维持不变（一般在全开位置），机组的功率与机前压力维持对应关系。

(二) 滑压、定压控制方式选择

滑压、定压方式选择逻辑如图 3-18 所示。

从图 3-18 中可以看出：定压方式可以在机组的任意一种控制方式下选择。当操作员按下

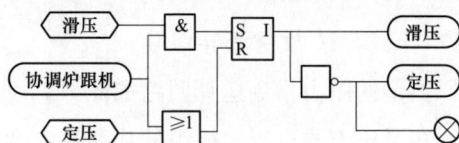

图 3-18　滑压、定压方式选择逻辑

定压投入按钮时，单元机组则按定压方式运行。滑压方式则需要机组在协调方式（或锅炉跟踪方式）下且目标负荷大于一定值（如 300MW）的情况才能选择。当操作员按下滑压投入按钮，单元机组则按滑压方式运行。

与定压运行方式相比，滑压运行方式具有明显的优越性，具体表现如下：

（1）可减少汽轮机调节阀的节流损失。汽轮机调节阀实际上是汽轮机调节级的喷嘴，采用定压运行方式时，节流损失仍然是很大的。如果采用滑压运行方式，由于这时调节阀组是维持在全开位置，所以节流损失可以达到最小。

（2）可减少给水泵的能耗。给水泵是发电厂中能耗较大的辅机，其所耗功率占主机容量的 2%～3%。若采用定压方式运行，当负荷减少时，给水泵由于给水量的减少而使消耗的功率有所降低。采用滑压方式运行时，在同样的情况下，由于给水泵出口压头的进一步下降，使给水泵消耗的功率进一步降低。特别是采用变速给水泵的系统效果更为明显。

（3）可提高机组对负荷的适应性。采用滑压方式运行时，由于设备的热应力和热变形较小，因而有利于机组的快速启停及变负荷运行。需要指出的是滑压运行方式对锅炉的负荷适应性会带来一些不利因素。比如当负荷增加时，锅炉的蓄热量不但不能充分利用，而且因为要提高蒸汽压力，还要额外地消耗一部分热量用来增加锅炉的蓄能，结果延长了锅炉响应负荷的时间。所以对于蓄热大的机组一般不宜采用滑压运行方式。

（4）可使汽轮机保持较高的内效率。机组滑压运行时，主蒸汽的质量流量和压力与机组的功率基本上成比例变化，但主蒸汽温度是不变的。所以滑压方式下，主蒸汽的体积流量将与机组的负荷无关而基本维持不变。由于主蒸汽的体积流量不变，当机组功率变化时，汽轮机各级的压力、温度、焓降及速度比不会发生很大的变化，从而使汽轮机各级的相对内效率维持不变。

在滑压运行方式下，当负荷降低时，主汽压力也将降低，从而使机组的循环效率降低，这是滑压运行方式对机组热效率带来的不利影响。实际应用中应综合考虑汽轮机在高效率下运行的受益和在低循环效率下运行的损失，以便确定一个合适的滑压运行范围。

（5）可改善机组部件的热应力和热变形。在定压运行方式下，汽轮机第一级后的压力和温度与蒸汽流量成比例变化。而在滑压运行方式下，汽轮机各级的压力、温度变化很小，所以滑压运行方式下机组部件的热应力、热变形比定压运行方式下要小得多。

当选取定压方式运行时，阀位设定处于跟踪状态，阀位设定值不起作用。在切换到滑压方式后，必须有滑压有效的确认信号，才能使阀位设定有效。

（三）压力指令运算回路

典型的压力指令运算回路如图 3-19 所示。

按滑压方式运行时机组的功率靠改变机前压力来实现。为了实现滑压运行，必须在保持汽轮机调节阀开度不变的前提下，能生成一个与负荷保持某种关系的压力指令。

（1）滑压运行的基本形式。欲使压力指令与负荷指令保持一定的关系，最简单的方法是

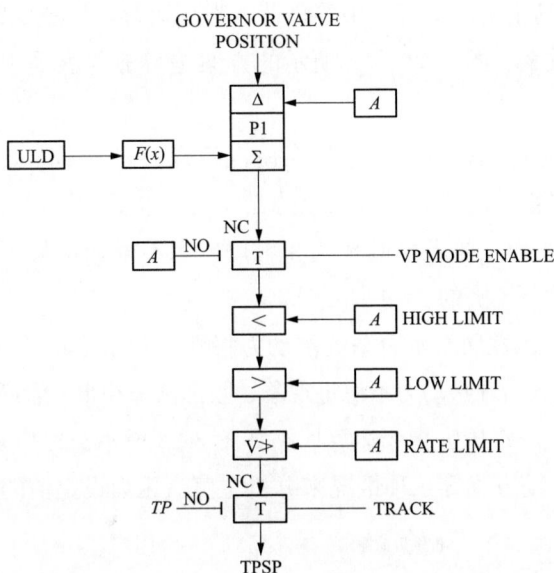

图 3-19 典型的压力指令运算回路

直接以负荷指令代替压力指令。图 3-20 和图 3-21 就是按照这一思想实现的滑压控制系统。

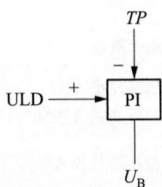

图 3-20 基于 BF 的滑压控制系统

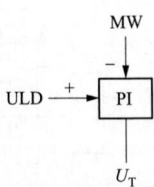

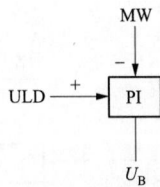

图 3-21 基于 TF 的滑压控制系统

  图 3-20 是基于 BF 的滑压控制系统，图 3-21 是基于 TF 的滑压控制系统。它们以负荷指令作为压力指令，实际上是假定了压力指令 TPSP 与负荷指令成线性函数关系。这是滑压运行的一种形式，称纯滑压运行，如图 3-22（a）所示。

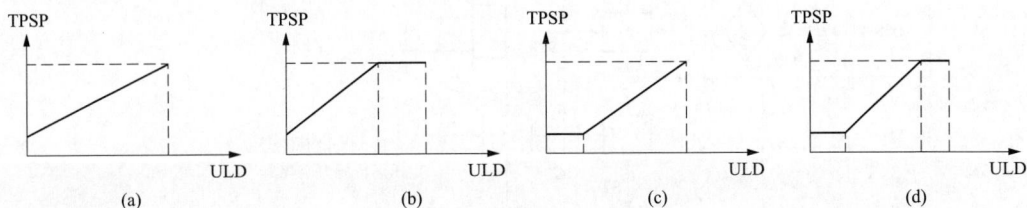

图 3-22 滑压运行的几种方案

实际运行中，除了纯滑压运行外，还有以下几种滑压运行方案：

1）低负荷和中等负荷下滑压运行，高负荷下定压运行，如图 3-22（b）所示；

2）低负荷下定压运行，中等负荷和高负荷下滑压运行，如图 3-22（c）所示；

3）低负荷和高负荷下定压运行，中等负荷下滑压运行，如图 3-22（d）所示。

（2）实际采用的方案。图 3-22（d）所示的方案是目前普遍采用的方案，该方案的主要优点如下。

1）低负荷下采用定压运行方式，虽然会使汽轮机的内效率降低，但由于机组的循环效率未受影响，所以机组总的热效率可以维持在较高的水平。

2）变速给水泵的工作点要求最低转速和出口压力不得低于某一最小值。低负荷下采用滑压运行时给水泵是不经济的。

3）压力过低时的汽水性质对水冷壁的水动力特性不利，尤其对直流锅炉。低压时，汽水比容相差过大，蒸发区出现水动力不稳定现象、膜态沸腾和水平管圈中汽水分层流动。

1000MW 机组的主蒸汽压力指令运算回路如图 3-23 所示。可以从机组处在滑压方式、定压方式及机炉均在手动方式等三种情况来分析主蒸汽压力设定值的形成过程。

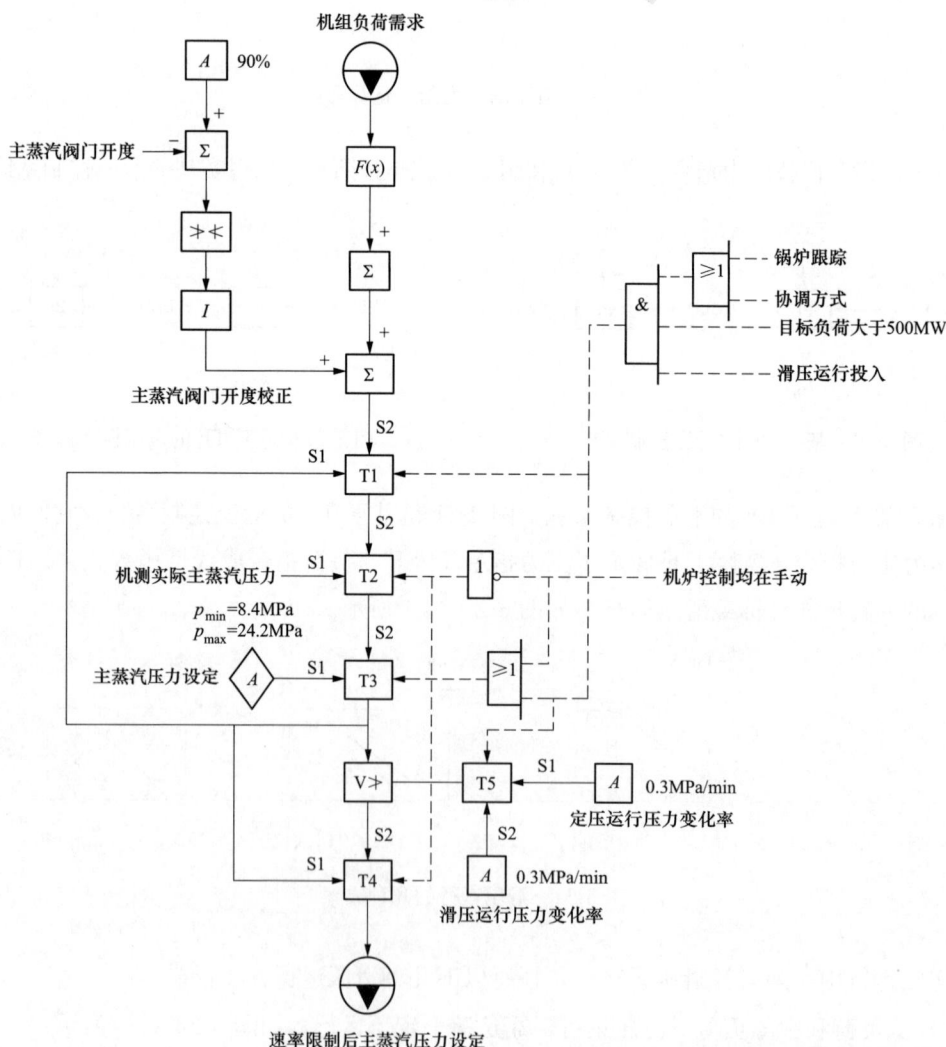

图 3-23　主蒸汽压力指令逻辑

当机组投入滑压方式运行时，调节阀开度维持不变，而压力指令与实际负荷指令有对应的函数关系。从图 3-23 中看出，调节阀开度设定在 90%，它与主蒸汽阀门开度的偏差经过高低限制后，进入纯积分调节器进行调节，输出作为主蒸汽调节阀开度校正指令。它与实际负荷指令经过函数发生器转换后的指令相加成为滑压方式下的主蒸汽压力指令。此时，切换块 T1、T2、T3 的输出同时跟踪输入 S2。

转换后的主蒸汽压力指令，还需进行压力变化率的限制。压力变化率的限定值由切换块 T5 决定，定压方式和滑压方式的压力变化率均设为 0.3MPa/min。当选择定压方式运行时，切换块 T1 跟踪切换块 T3 输出的主蒸汽压力指令，屏蔽滑压方式下的主蒸汽压力指令。此时如果没有机炉控制切手动的信号，则切换块 T3 的输出由操作员设定主蒸汽压力定值。该值经高低限及速率限制后送出。当机炉同时处在手动控制时，切换器 T2 跟踪实际主蒸汽压力且不受压力变化率的限制。

第四节　协调控制系统的分类及运行方式

根据单元机组的容量、控制对象动态特性的特点、控制系统功能要求不同等组成的协调控制系统的方案各异，将这些协调控制系统进行分类，一般有两种分类方法：一种是按反馈回路分，协调控制系统可分为以汽轮机跟随为基础的协调控制系统和以锅炉跟随为基础的协调控制系统；另一种是从能量平衡的观点出发，把协调控制系统划分为直接能量平衡（DEB）和间接能量平衡（IEB）两大类。

一、按反馈回路分类

（一）以汽轮机跟随为基础的协调控制系统

以汽轮机跟随为基础的协调控制系统示意图如图 3-24 所示，它是在机跟炉控制方式为基础上加入一个非线性环节形成的。

机跟炉控制方式的优点在于负荷变化时，机前压力较稳定，不足之处是负荷适应速度较慢，不能充分利用锅炉的蓄热量。要加快这种控制系统的负荷响应，就必须设法利用锅炉的蓄热量，允许汽压在一定范围内波动。为此，通过非线性元件将功率信号引入汽轮机控制回路。当负荷要求 P_0 增大时，功率偏差信号送入锅炉控制器，增大燃烧率。与此同时，通过非线性元件暂时降低主蒸汽压力给定值，汽轮机控制器就发出开大汽轮机控制汽阀的指令，使输出功率 P_E 迅速增加。反之，当减负荷即 $P_0-P_E<0$ 时，减小燃烧率，通过非线性元件增大汽压给定值，汽轮机控制器发出关小汽轮机控制阀的指令，迅速减小输出功率 P_E。从以上分析可以看出，在响应负荷要求指令时，采取了机跟炉协调的控制动作，故称为汽轮机跟随为基础的协调控制。

（二）以锅炉跟随为基础的协调控制系统

以锅炉跟随为基础的协调控制系统示意图如图 3-25 所示，它是在炉跟机控制方式为基础上加入一个非线性环节形成的。

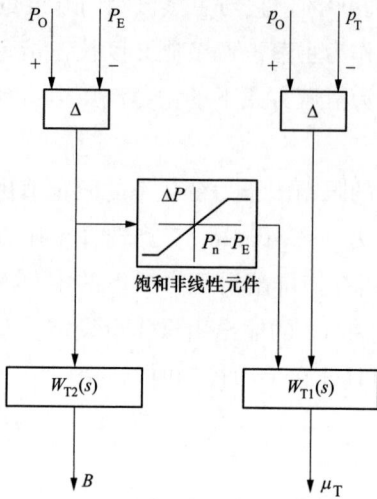

图 3-24　汽轮机跟随方式为基础协调控制系统图

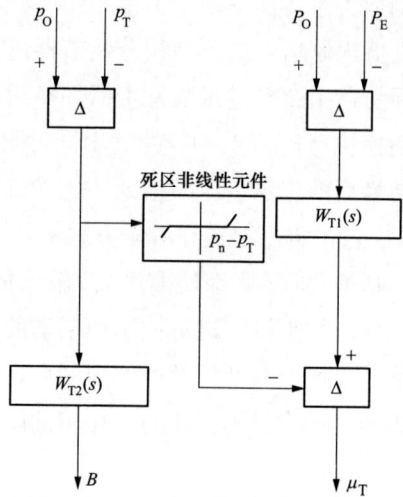

图 3-25　锅炉跟随为基础的协调控制系统

炉跟机控制方式的特点是适应负荷速度快，但机前压力波动较大。为克服机前压力波动过大的不足，增加了死区非线性环节。汽轮机控制阀的开度是依据功率偏差的大小而改变的。增负荷时 $P_O - P_E > 0$，汽轮机控制阀开度 μ_T 增加，而 μ_T 的变化会引起机前压力 p_T 下降，从而使压力偏差 $(p_O - p_T)$ 增大。压力偏差信号通过死区非线性环节加到汽轮机控制器 $W_{TI}(s)$ 入口，作输出补偿。如果压力偏差在死区范围以内，则不对输出进行校正，以使 P_E 尽快响应 P_O。如果压力偏差 $(p_O - p_T)$ 大到越出死区范围，输出补偿将起作用，限制汽轮机控制阀开度的进一步增大，也就是限制过量利用锅炉蓄热，以维持机前压力的稳定。目前，以锅炉跟随为基础协调控制系统得到广泛应用。

二、按能量平衡分类

（一）间接能量平衡（IEB）协调控制系统

IEB 协调控制系统的原理图如图 3-26 所示，系统的特点是用负荷指令间接平衡机炉之间的能量关系。从反馈回路看，属于以汽轮机跟随为基础的协调控制系统。汽轮机控制器 PI 的任务是维持机前压力 p_T 等于给定值 p_O，但在负荷变化过程中，要利用功率偏差信号 $(P_O - P_E)$ 修正汽压给定值，以便利用锅炉的蓄热量。

由图 3-26 可见，汽轮机控制器入口信号的平衡关系为

$$(1+s)P_O - P_E + K_P(p_T - p_O) = 0 \tag{3-1}$$

式中　s——微分算子；

　　　K_P——加法器中比例系数。

稳态时

$$p_T - \left[p_O - \frac{1}{K_P}(P_O - P_E) \right] = 0 \tag{3-2}$$

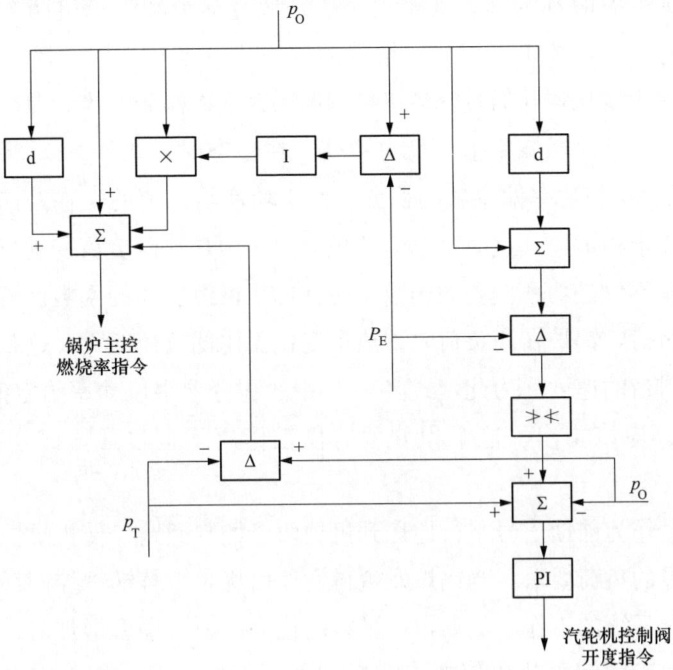

图 3-26　IEB 协调控制系统

　　将式（3-2）中方括号内的部分看作是机前压力 p_T 的实际给定值，该定值是随机组的功率偏差而变化的。由此可见，汽轮机功率控制回路实际上是一个汽压控制系统，功率的偏差信号是汽轮机控制回路的前馈信号，它用来修正给定值。当功率给定值 P_O 增加时，实际压力给定值低于给定值 p_O，也就是说增负荷时，允许机前压力 p_T 下降，控制器将发出开大控制阀指令，增大实发功率，以满足电网的负荷要求。当功率偏差为零时，机前压力 p_T 等于压力定值 p_O。改变比例系数 K_P 可以调整功率偏差对汽压定值校正作用的大小。双向限幅器的作用是限制功率偏差信号的最大值，即限制实际压力给定值的变化范围，以免过量地使用锅炉蓄热量，使机前压力超过允许范围。

　　锅炉燃烧率指令送往锅炉各子系统（燃料和送风系统），由图 3-26 可见，燃烧率指令为

$$P_B = (1+s)P_O + K_{PI}(p_O - p_T) + K_P P_O \frac{1}{s}(P_O - P_E) \tag{3-3}$$

式中　K_{PI}、K_P——比例系数；

　　　　s——微分算子。

　　显然，功率定值 P_O 的比例微分是前馈信号，微分在动态过程中加强燃烧率指令，以补偿机炉之间对负荷响应速度的差异，稳态时汽压偏差信号（$p_O - p_T$）为零，它在动态

过程中有适当修正燃烧率指令的作用。汽压偏差信号反映了使汽压恢复到汽压给定值时锅炉蓄热量变化所需要的燃料量。功率偏差的积分项用来校正燃烧率指令，以保证机组的功率偏差和汽压偏差稳态时都为零，其校正过程是通过锅炉和汽轮机两个控制回路来完成的。当功率偏差存在时，校正（积分）组件的输出连续变化，锅炉燃烧率指令也连续变化，使机前压力发生变化，并通过汽轮机控制回路改变控制阀开度，直到功率偏差和汽压偏差都为零时为止，这时燃烧率指令稳定不变。在稳态时，式（3-3）所示的燃烧率指令中只有功率给定值 P_0 和功率偏差项的积分。由于功率给定值的存在，锅炉的燃烧率指令基本上已与负荷要求相适应，这时功率偏差积分的作用是补偿负荷变动过程中锅炉蓄热量的改变，这个热量不仅是功率偏差的函数，而且也是机组功率的函数。蓄热量与负荷成比例，改变同样的负荷，锅炉在高负荷时蓄热量变化要比低负荷时大，这就希望在高负荷时有较大的改变燃料量的速度。为此，式（3-3）中的积分项乘以功率给定值 P_0，以使积分速度随负荷变化。应该指出，这个积分项的校正作用不宜过强，积分速度以比较缓慢为宜。

功率定值信号作为前馈信号平行地送到机炉两个控制回路，使机炉同时改变负荷，以保证快速响应外界的负荷要求。当锅炉发生自发性内扰时，若锅炉控制系统不能及时消除内扰，将影响协调系统的工作。例如，当燃料内扰使锅炉燃烧率增加时，机前压力及实发功率都将增加，由于中间再热机组功率滞后较大，机前压力的响应比实发功率灵敏，因此，在扰动初期汽轮机控制阀将开大，对汽轮机是一扰动，所以，这种协调控制系统消除锅炉内扰的能力较差。当汽轮机控制阀有扰动时，机前压力与实发功率变化方向相反，一般汽轮机控制回路能较快消除扰动，而锅炉控制回路中，燃烧率指令中的积分校正作用较小，控制阀扰动对锅炉控制回路影响也不大。

（二）直接能量平衡（DEB）协调控制系统

直接能量平衡（DEB）协调控制系统的主要特点如下：

（1）机组的功率由汽轮机控制汽门进行控制，具有炉跟机方式的特点，即机组对外界负荷的响应性好。

（2）采用了一个代表汽轮机组能量需求的信号。这个信号作为机炉间的协调信号，或称为能量平衡信号，控制锅炉的输入能量，保证任何工况下机组内部能量供需的平衡。

1. 以 $(p_1/p_T) \times p_0$ 为能量平衡信号的协调系统

该系统的原理框图如图 3-27 所示，也称为 D1 系统。理论和试验表明，汽轮机第一级压力 p_1 及机前压力 p_T 的比值与汽轮机控制阀门的开度成正比。无论什么原因引起的控制阀开度变化，p_1/p_T 都能对控制阀开度的微小变化做出灵敏的响应。所以，无论在动态还是静态，p_1/p_T 都反映了控制阀的开度，即汽轮机输入的能量。汽轮机能量需求信号可以采用机前压力定值 p_0 与 p_1/p_T 的乘积来给出，即 $(p_1/p_T) \times p_0$。在稳态时由于机前压力 p_T 等于压力定值 p_0，由 $(p_1/p_T) \times p_0$ 表示的信号即简化为 p_1。在稳定工况下，机前压力和汽轮机调节阀开度均为恒定，因而，p_1就代表了进入汽轮机的蒸汽量，即进入汽轮机能量的大小。在动态过程中，由于汽轮机阀位的改变会使p_T偏离给定值。$(p_1/p_T)\times p_O$不等于实际进入汽轮机的能量，而是代表了汽轮机所需的能量。功率控制回路为了及时地使机组输出功率与外界负荷需求相适应，在动态过程中会使汽轮机控制门有一定的过调。以外界负荷指令阶跃上升为例，汽轮机控制阀门开大，增加进汽量，但由于锅炉补充能量不及时，会使p_T下降。只有在动态过程中使汽轮机控制门有一定的过开，才能满足功率需求。此时，能量需求信号$(p_1/p_T)\times p_O$大于功率指令。利用$(p_1/p_T)\times p_O$作为前馈信号，比采用功率指令前馈更为合理，正好符合暂态过程中更多地增加一些锅炉能量的输入，补充被利用了的锅炉蓄能。

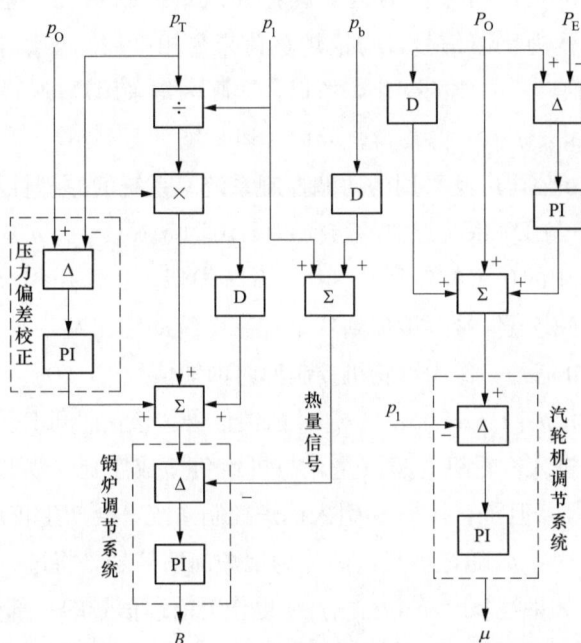

图 3-27 使用 $(p_1/p_T)\times p_O$ 为前馈信号的 DEB 协调系统 (D1)

采用机前压力定值p_O与p_1/p_T相乘，主要是在变压运行工况下，p_O是一个变量。对于定压运行方式，p_O是一个常数，因而，也可以直接使用p_1/p_T作为机组的能量平衡信号。

该系统汽轮机侧的功率控制系统为串级系统。副控制器的反馈信号采用了汽轮机第一级压力p_1。以p_1作为反馈信号的特点是p_1不仅与机组输出功率成正比，而且对汽轮机控制门的动作反应很快，又不受汽轮机控制门非线性特性或死区的影响。另外，p_1作为反馈可以有效地克服锅炉侧扰动对机组输出功率产生的影响。当锅炉侧扰动使p_T产生偏差时，p_1首先变化，此时功率指令不变，副回路动作，消除p_1的变化，保持机组输出功率不变。在功率控制系统中，还采用了比例微分功率定值前馈信号，用以形成汽轮机控制阀的动态过开（关），以增强机组输出功率跟踪功率给定值的能力。

这个系统的重要特点是采用了 $(p_1/p_T) \times p_O$ 信号作为锅炉负荷指令的前馈信号。锅炉负荷指令为

$$P_B = \frac{p_1}{p_T} \times p_O(1+s) + K \frac{1}{s}(p_O - p_T) \tag{3-4}$$

式（3-4）中第一项为 $(p_1/p_T) \times p_O$ 信号的比例微分项，采用微分运算的作用是在动态过程中加强燃烧率指令，以补偿机炉间在响应负荷要求速度上的差异。第二项为汽压偏差积分项，以保证稳态时机前压力偏差为零。可见，这个系统属于以锅炉跟随为基础的协调控制系统。

主控回路给出锅炉负荷指令作为锅炉燃料和风量控制系统的主信号。采用热量信号 $(p_1 + C_b \mathrm{d}p_b/\mathrm{d}t)$ 作为反馈信号，与锅炉负荷指令相平衡。热量信号不仅能反映燃料量的变化，而且能反映燃料品质的变化，所以，实际中常采用热量信号代替燃料量信号。

2. 以 $p_1[1+K(p_O-p_T)]$ 为前馈信号的协调系统

这是美国 Foxboro 公司广泛采用的协调控制系统。系统的原理性框图如图 3-28 所示，记为 D2 系统。采用了与 D1 系统近似的结构，以 $p_1[1+K(p_O-p_T)]$ 作为锅炉负荷指令的前馈信号。D2 系统中的功率控制系统与 D1 系统类似，也采用串级方式，以 p_1 作为副回路的反馈信号。功率定值信号直接加到功率控制系统的输出端，其作用相当于 D1 系统中采用的功率定值微分信号，作为汽轮机控制回路前馈信号。

锅炉控制系统采用 $p_1[1+K(p_O-p_T)]$ 前馈信号。该信号可分为 p_1 和 $p_1 \times K(p_O-p_T)$ 两部分。p_1 代表进入汽轮机的蒸汽量，与机组负荷成正比，所以是一个比较理想的锅炉能量输入前馈信号。但是直接把 p_1 引入锅炉控制系统，会产生正反馈作用。例如，当某种原因引起 p_T 上升时，p_1 随之增高，p_1 作为锅炉前馈信号，将进一步增加燃料量输入，造成 p_T 的继续上升。如果把 $p_1 \times K(p_O-p_T)$ 也作为前馈信号的一部分，则由于 p_T 上升，$p_1 \times K(p_O-p_T)$ 为负值，如果 K 值合适，则与 p_1 产生的正反馈作用相互抵消，可以克服单纯使用 p_1 而出现的正反馈作用对系统的不利影响。工程上取 K 值适当大些是可行的。K 值大些时，$p_1[1+K(p_O-p_T)]$ 对 p_T 的变化是一种负反馈，因而，K 值大些是有利的。

应用 $p_1[1+K(p_O-p_T)]$ 作为锅炉前馈信号，可在外界负荷指令变化时，控制汽门动作，引起 p_1 变化，使锅炉输入能量与机组负荷相平衡。动态过程中如果由于 p_T 的变化引起 p_1 变化，产生了 p_1 的正反馈作用，将由 $p_1 \times K(p_O-p_T)$ 与之相抵消。当外界负荷指令不变，锅炉侧扰动引起 p_T 偏差时，也产生 p_1 的正反馈，同样也由 $p_1 \times K(p_O-p_T)$ 抵消，此时 $p_1[1+K(p_O-p_T)]$ 并不改变。因此，该前馈信号相当于只与汽轮机调节阀开度有关，且机前压力为定值时的汽轮机能量需求信号，即 $(p_1/p_T) \times p_O$。可见，与 D1 系统中的能量平衡信号实质上是一致的。

在图 3-28 中函数发生 $f(x)$ 的作用是将前馈信号转化为数值上与锅炉燃料量、风量相

匹配的信号。$f(t)$ 是一个运算环节，其传递函数是一个实际微分与一阶惯性环节的叠加。微分作用保证前馈信号在机组负荷变化初始阶段有一定过调，对克服锅炉对象惯性有利。惯性作用可使 $f(t)$ 的输出曲线峰值进行前后移动。

与 D1 系统类似，机前压力的最后调整由锅炉压力偏差校正回路实现。对于变压运行机组，通过一定的运算回路，将 p_O 作为一个变量，D2 系统仍然能够适应。

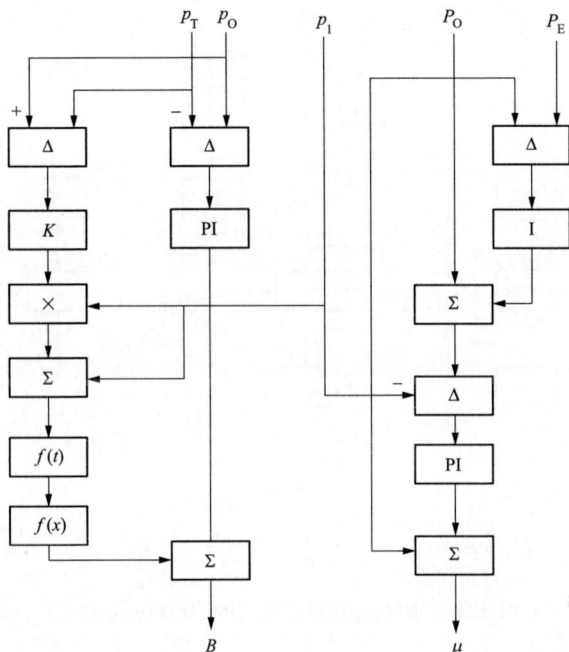

图 3-28 以 $p_1[1+K(p_O-p_T)]$ 为前馈信号的 DEB 协调系统 (D2)

3. 取消主压力控制器的 DEB 协调控制系统

该系统是美国 L&N 公司对 DEB/300 的改进型，命名为 DEB/400。系统框图如图 3-29 所示，记为 D3 系统。该系统直接采用经过动态校正的 $(p_1/p_T)\times p_O$ 作为锅炉负荷指令信号。汽轮机控制系统采用 p_1 作为内回路反馈信号。与 D1 系统相比，D3 系统的主要特点是取消了压力校正控制器，把汽轮机能量需求信号 $(p_1/p_T)\times p_O$ 经过动态补偿，直接作为锅炉指令，送给燃料和风量控制子系统。

燃料控制回路的反馈信号采用热量信号 $(p_1+C_b dp_b/dt)$。其中 p_1 代表了进入汽轮机的能量，即锅炉能量的输出；汽包压力 p_b 的微分代表了锅炉蓄热量的变化。热量信号 $(p_1+C_b dp_b/dt)$ 提供了一种在稳态和动态工况下都适合的燃料量测量方法。在具有中间储粉仓或直吹式汽包锅炉机组中都是简单实用的。

在 D3 系统中，进入锅炉燃料控制器入口的能量偏差信号为

$$\Delta e = \left(\frac{p_1}{p_T}\right) \times p_O - \left(p_1 + C_b \frac{dp_b}{dt}\right)$$

$$= p_1 \times \frac{p_O - p_T}{p_T} - C_b \frac{\mathrm{d}p_b}{\mathrm{d}t}$$

$$= \frac{p_1}{p_T} \times \Delta p_T - C_b \frac{\mathrm{d}p_b}{\mathrm{d}t} \tag{3-5}$$

$$\Delta p_T = p_O - p_T \tag{3-6}$$

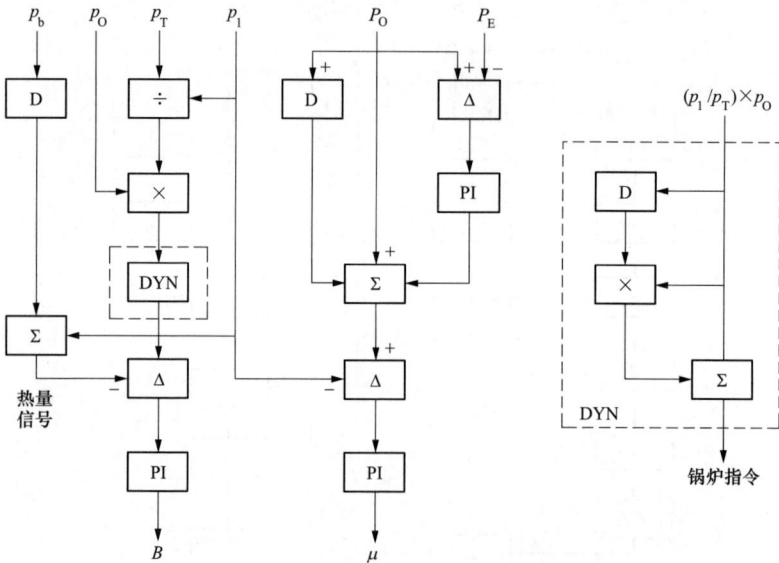

图 3-29　取消主压力控制器的 DEB 协调系统

在静态工况下，$\mathrm{d}p_b/\mathrm{d}t = 0$，有 $\Delta e = (p_1/p_T) \times \Delta p_T$。燃料控制器的积分作用总是消除控制器入口偏差，使 Δe 最终等于零。由于 p_1/p_T 恒不等于零，这就必须使 $\Delta p_T = 0$，即机前压力 p_T 等于给定值 p_O。可见，D3 系统中的燃料控制器具有保持机前压力 p_T 等于给定值的能力，而无须另加压力校正控制器。

在动态过程中，汽包压力的微分信号具有防止 p_T 过调、使过程稳定的作用。例如，由于锅炉内扰作用使 p_T 增高时，$\Delta p_T = p_O - p_T$ 成为负值，$\mathrm{d}p_b/\mathrm{d}t$ 将为正值，燃料控制器入口偏差信号 $\Delta e = \dfrac{p_1}{p_T} \times \Delta p_T - C_b \dfrac{\mathrm{d}p_b}{\mathrm{d}t}$ 为负值，使燃料量输入减少，校正 p_T 的上升。当 p_T 开始回降时，$\mathrm{d}p_b/\mathrm{d}t$ 变为负值，使燃料量得以增加，防止 p_T 出现过调。

取消主压力控制器的 DEB 系统的系统结构不仅有所简化，而且具有利用汽包压力的微分起到使控制过程更加平稳的作用。汽轮机能量需求信号直接作为锅炉指令，与热量反馈信号构成燃料控制信号，可以更为直接、快速地实现机炉之间的动静态能量平衡。

采用以锅炉跟随为基础的直接能量平衡协调控制系统，在快速适应负荷要求和克服系统内部扰动方面，都有比较大的优势，是目前诸多协调方案中较好的一种。

三、协调控制系统的运行方式及其选择

（一）协调控制系统运行方式分类

单元机组协调控制系统的运行方式是指协调主控的运行方式。单元机组的 CCS 系统可根据机、炉的运行状态和承担的负荷控制任务，选择不同的运行方式。

1. 基本（手动）方式（BASE MODE，简称 BASE 方式）

该方式下，锅炉和汽轮机均处于手动控制状态，此时负荷管理控制处于跟踪状态，机前压力由运行人员手动保持，功率指令跟踪机组实发功率，锅炉主控器输出的燃烧率指令跟踪总燃料量。这种运行方式用于机组的启动、停止，或当机组发生 FCB 状态时。

2. 炉跟机、功率可控方式（BOILER FOLLOW MODE，简称 BF 方式）

该方式下，汽轮机负荷控制处于手动状态，由运行值班员手动控制机组功率，锅炉主控器为自动方式，自动维持主蒸汽压力稳定。这种运行方式具有负荷适应快的优点，它可用于机组的正常运行，机组启动时也可用此运行方式。

3. 机跟炉、功率可控运行方式（TURBINE FOLLOW MODE，简称 TF 方式）

该方式下，锅炉负荷控制处于手动状态，运行值班员手动控制机组功率，汽轮机主控器为自动方式，自动维持主蒸汽压力稳定。这种运行方式适应负荷需求的速度慢，故当机组带基本负荷时，可采用这种运行方式。另外，这种运行方式有利于机组稳定运行。

4. 协调控制方式，机、炉负荷控制均处于自动状态（COORDINATE CONTROL MODE，简称 CCS 方式）

当单元机组运行情况良好，机组带变动负荷或基本负荷，可以采用该运行方式。这时机组可参加电网调频，接受中央调度所自动负荷指令及机组值班员手动负荷指令。采用该方式时，锅炉、汽轮机的各自动控制系统都应投入运行，整个机组处于协调控制。

5. 机跟炉、功率不可控运行方式（汽轮机调压方式）

当汽轮机运行正常，锅炉异常而使单元机组的输出功率受到限制时，采用该方式。在这种控制方式下，机组只能维持本身的实际输出功率，而不能接受任何外部负荷指令。此时自动控制的主要目的只是维持锅炉连续运行，以便排除锅炉的部分故障。当锅炉发生RUNBACK 时，锅炉负荷受到限制，迫使机组减负荷运行，此时机组运行方式应采用汽轮机调压方式。另外，在锅炉燃烧系统发生部分故障、锅炉燃烧率受到限制时，也可采用这种运行方式，此时机组负荷决定于实际燃料量的大小。

6. 炉跟机、功率不可控运行方式（锅炉调压方式）

当锅炉运行正常，而汽轮机局部异常，使机组的输出功率受到限制时，采用该方式。在这种控制方式下，自动控制的主要目的是维持汽轮机的稳定运行，机组的输出功率为实际所能输出的功率（即汽轮机所能承担的负荷），不接受任何外部负荷指令。这种运行方式除适用于汽轮机局部异常外，还可适用于机组启动。

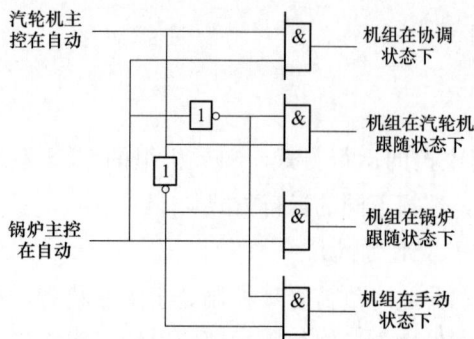

图 3-30　控制方式选择逻辑回路

（二）决定控制方式的逻辑回路

1000MW 单元机组设计的控制方式选择回路如图 3-30 所示。

（1）当汽轮机自动而锅炉手动时，机组处于汽轮机跟随方式。

（2）当汽轮机手动而燃料自动时，机组处于锅炉跟随方式。

（3）当汽轮机侧和燃料侧都为手动时，机组处于手动方式。

（4）当汽轮机侧和燃料侧都为自动时，机组处于协调方式。

机组无 RB 请求时，操作员按下 CCS 炉跟机按钮，则机组处于协调炉跟机方式。

（三）内部逻辑信号分析

汽轮机主控自动和锅炉主控自动分别由汽轮机主控制器 TM 和锅炉主控制器 BM 的手/自动操作站产生。逻辑信号的状态可以由运行人员通过按钮 PB 的选择来实现。

（四）常见机组协调控制方式

常见的机组协调控制方式有以下几种方案：

1. 以锅炉跟随为基础的协调控制方式

该方式是在汽轮机侧控制负荷（输出电功率）P_E、锅炉侧控制主蒸汽压力 p_T 的基础上，让汽轮机侧的控制配合锅炉侧控制 p_T 的一种协调控制方式。以锅炉跟随为基础的协调控制方式如图 3-31 所示。

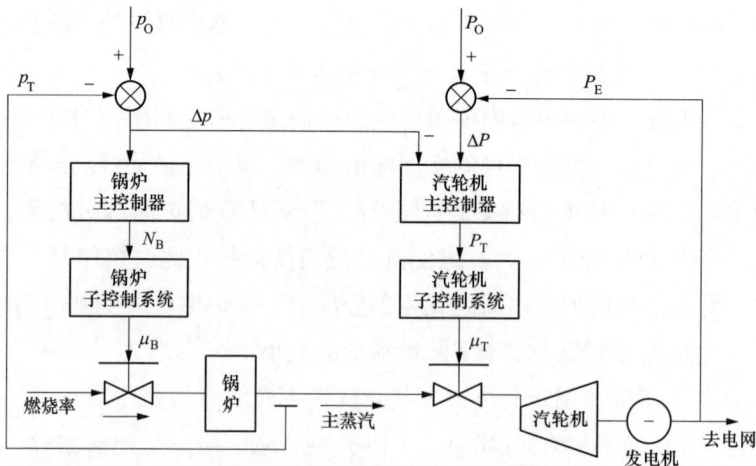

图 3-31　以锅炉跟随为基础的协调控制方式

汽轮机主控制器接受机组负荷指令（功率给定值 P_O）与机组实发功率反馈信号 P_E，当负荷指令 P_O 改变时，汽轮机主控制器立即根据负荷偏差 $\Delta P = P_O - P_E$，改变进入汽轮机子控制系统（即 DEH 系统）的负荷指令 P_T，进而改变进汽调节阀的开度 μ_T 以及进汽流量，使发电机输出的电功率 P_E 迅速与机组负荷指令 P_O 趋于一致，满足负荷的需求。

锅炉主控制器接受主蒸汽压力的给定值 p_O 和机前实际主蒸汽压力的反馈信号 p_T。当汽轮机侧调负荷或其他原因引起主蒸汽压力 p_T 变化时，锅炉主控制器根据汽压偏差 $\Delta p = p_O - p_T$，改变锅炉子控制系统的负荷指令 P_B，从而改变锅炉的燃烧率（及相应的给水流量等），以补偿锅炉蓄能的变化，尽力维持主蒸汽压力 p_T 的稳定。

由于汽轮机侧响应负荷指令 P_O 的速度比较快，即在负荷指令 P_O 改变时，通过改变进汽调节阀的开度 μ_T，可充分利用锅炉的蓄能，使机组的实发功率 P_E 作出快速响应。此时，势必引起主蒸汽压力 p_T 较大的变化，尽管锅炉侧的控制可根据主蒸汽压力的偏差来补偿锅炉蓄能的变化，但由于主蒸汽压力对燃烧率的响应存在着较大的惯性，仍然会使主蒸汽压力出现较大的暂态偏差。为减小主蒸汽压力在负荷过程中的波动，可将主蒸汽压力偏差 Δp 信号引入汽轮机侧的控制之中，以此限制汽轮机进汽调节阀的开度变化，以防止过度利用锅炉蓄能，从而减小了 p_T 的动态变化。

以上利用 Δp 对汽轮机进汽调节阀的限制作用，可减缓主蒸汽压力的急剧变化，但同时减缓了机组对负荷的响应速度。由此可见，该协调控制方式是以降低负荷响应性能为代价来换取汽压控制质量提高的。

2. 以汽轮机跟随为基础的协调控制方式

该方式是在锅炉侧控制负荷（输出电功率）P_E 汽轮机侧控制主蒸汽压力 p_T 的基础上，让汽轮机侧的控制配合锅炉侧控制 P_E 的一种协调控制方式。以汽轮机跟随为基础的协调控制方式如图 3-32 所示。兼顾了负荷响应和汽压稳定两个方面的控制质量。

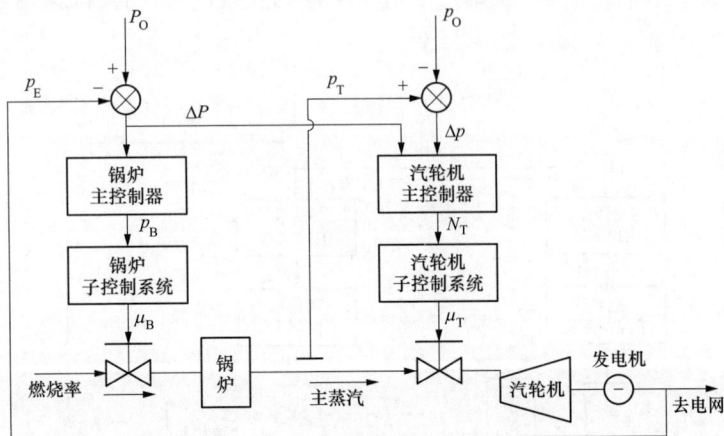

图 3-32　以汽轮机跟随为基础的协调控制方式

锅炉主控制器接受机组负荷指令（功率给定值）P_O 和机组实发功率反馈信号 P_E；当负荷指令 P_O 改变时，锅炉主控制器根据负荷偏差 $\Delta P = P_O - P_E$，改变锅炉子控制系统指令 P_B，从而改变锅炉的燃烧率（及相应的给水流量等），以适应负荷的能量需求。

汽轮机主控制器接受主蒸汽压力的给定值 p_O 和机前实际主蒸汽压力反馈信号 p_T，当锅炉侧调负荷或其他原因引起主蒸汽压力 p_T 变化时，汽轮机主控制器根据汽压偏差 $\Delta p = p_O - p_T$，改变汽轮机子控制系统的负荷指令 P_T，从而改变进汽调节阀的开度 μ_T 及进汽流量，以维持主蒸汽压力 p_T 的稳定。

由于锅炉侧主蒸汽压力对燃烧率的响应缓慢，在负荷指令 P_O 改变时，通过改变燃烧串并不能马上转化为适应负荷需求的蒸汽能量，即不能马上在 Δp 变化上体现出负荷需求。显然，汽轮机侧根据 Δp 不能及时控制输出电功率 P_E 与 P_O 相适应。为提高机组的负荷响应调节阀开度的作用，可提高机组的负荷响应能力，但同时会引起主蒸汽压力较大的动态偏能力，可将负荷偏差信号 ΔP 引入汽轮机侧的控制之中，改变汽轮机进汽阀的开度，在锅炉侧响应负荷的迟缓过程中，暂时利用蓄能使机组迅速作出负荷响应。

以上 ΔP 及时改变汽轮机进汽差，由此可见，该协调方式是以加大汽压动态偏差为代价来换取负荷响应速度提高的。由于这种协调控制方式直接由负荷指令控制燃烧率，可以说它是通过加快锅炉侧的负荷响应速度，使机炉之间的动作达到协调的。其结果同样是兼顾了负荷响应和汽压稳定两个方面的控制质量。

3. 综合型协调控制方式

该方式是上述两种协调控制方式的综合，如图 3-33 所示。

在锅炉跟随为基础或汽轮机跟随为基础的协调控制方式中，只有一个被控且是通过两个控制变量的协调操作来加以控制的，而另一个被控量是单独由一个控制变量来控制的，因而，它们只是实现了"单向"协调。"单向"协调控制在负荷的响应过程中，机组或机炉之间的能量供求仍存在较大的动态失衡现象。为避免这一问题，综合协调控制方式采用的是"双向"协调，即任一被控量都是通过两个控制变量的协调操作加以控制的。

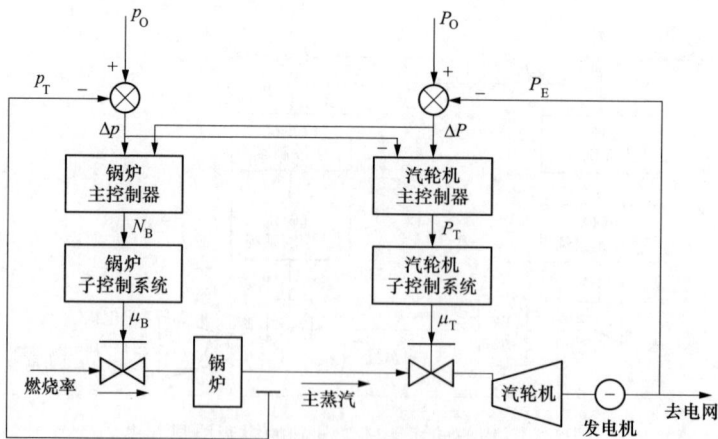

图 3-33　综合型协调控制方式

当负荷指令 P_O 改变时，机、炉主控制器同时对汽轮机侧和锅炉侧发出负荷控制指令，改变燃烧率（及相应的给水流量等）和汽轮机进汽调节阀开度，一方面利用蓄能暂时应付负荷请求，快速响应负荷；另一方面改变进入锅炉的能量，以保持机组输入能量与输出能量的平衡。

当主蒸汽压力产生偏差时，机、炉主控制器对锅炉侧和汽轮机侧同时进行操作，一方面加强锅炉燃烧率的控制作用，补偿蓄能的变化；另一方面适当限制汽轮机进汽调节阀的开度，控制蒸汽流量，维持主蒸汽压力稳定，以保证机、炉之间的能量平衡。

第五节　超超临界机组的特点及其协调控制

一、超超临界机组的特点

随着高性能的金属材料与设备制造技术水平的不断提高，以提高主蒸汽参数为目标的超超临界火力发电机组，越来越多地投入运行。特别是近几年来，国内投产运行的火力发电机组，都是主蒸汽压力在 27MPa、主蒸汽温度 1000℃ 以上的超超临界机组。根据热力学理论，提高蒸汽的初始参数，将有效地提高机组的热效率。

超超临界机组的热效率一般都在 43%～48%，供电煤耗在 260～290g/kWh，比相同容量的常规机组效率提高 5% 左右，可以大幅提高热效率，降低发电煤耗。理论和实践都证明常规超临界机组的效率可比亚临界机组高 2% 左右，而对于高效的超超临界机组，其效率可比常规超临界机组再提高 4% 左右。另外，超超临界机组的水资源可以节约 10% 左右，通过改进燃烧器的结构和配风方式，有效地控制了 NO_x 和 N_2O 的排放，再加上尾部的脱硫装置控制 SO_2 的排放指标，空气污染物排放指标大幅度降低，在当前环境保护的压力下优势明显，是火力发电的首选机型。

超超临界机组处于高温高压状态下运行，对自动控制水平要求越来越高。对高效率、高参数的机组实现自动控制及保护是机组安全、经济运行的基础，超超临界机组运行的稳定性和经济性强烈地依赖于自动控制系统。超超临界机组对自动控制的软、硬件都提出了更高的要求。

超超临界机组主要采用内置式汽水分离器的启动系统，当锅炉蒸汽流量大于最小流量，启动分离器内饱和水全部变为饱和蒸汽，直流锅炉运行在干式方式，即直流控制方式。所以，超超临界机组的控制，包括湿态和干态方式下的超超临界机组的控制策略。

二、大容量单元机组负荷控制的特点

当前，大容量机组已经成为火力发电的主力机型，最近所投产的主力机型大都是百万兆瓦超超临界机组。这不仅是由于大机组的发电容量大、热效率高，同时也是由于大容量机组的环保指标好、单位发电煤耗低，符合当前环保的要求。

(1) 由于当前经济和社会发展的特点，电网用电的负荷峰谷差别变大，大容量机组已不再只承担基本负荷，往往要根据电网调度中心的负荷指令和电网的频率偏差，参与电网

的调峰和调频。这就要求大容量机组必须具备良好的负荷响应能力。

大容量机组采用了高参数，决定了只能使用直流锅炉，锅炉的蓄热量相对较小；而传热环节随容量的增加而增大，锅炉的动态过程变得更长，使得锅炉变负荷的能力下降；而汽轮机为了加快调节速度，必然会加快调节阀门，使得主汽压变化幅度很大。而锅炉运行时要保证主汽压的相对稳定，使得大容量机组的负荷适应能力与汽压的维持矛盾相对较大。

为保证电网的供电质量，提高单元机组的负荷控制水平，用电网调度中心的负荷指令和电网频差信号直接对单元机组的负荷进行控制，单元机组实施协调控制是必要的技术支撑手段。

（2）超超临界采用的是直流锅炉，由于没有汽包环节，给水系统和蒸发过程直接相连，控制对象是多输入、多输出的过程。给水在水冷壁中直接加热蒸发成蒸汽并微过热，在不同的运行工况下，其加热区、蒸发区和过热区之间的界限是变动的。系统运行时将汽水系统统一作为一个过程来控制。为了维持锅炉汽水行程中各点的温度、湿度及汽水各区段的位置在规定的范围内，要求控制系统严格地保持燃烧速率与给水之间的平衡（燃水比）关系、燃烧速率与风量之间的平衡（风煤比）关系。这种平衡关系不仅是稳态下的平衡，而且应尽量保持动态下的平衡，以维持各个运行参数的稳定。

（3）超超临界直流锅炉由于没有储能作用的汽包环节，汽水容积小，使用的金属少，锅炉蓄能小且呈分布特性。这体现在锅炉蓄能小负荷调节的灵敏性好，可以实现机组的快速启停和负荷调节。但是由于蓄能小，在机组负荷发生变动时汽压波动比较大，机组变负荷性能较差，保持汽压稳定比较困难。

（4）直流炉循环工质总质量比汽包炉少，循环速度上升，对象过程反应加快，这就要求控制系统的实时性能更快，控制周期更短，控制的快速性更好。从汽轮机—锅炉协调控制的角度分析，要求协调控制更及时、准确。

（5）在超超临界直流锅炉中，不同工况下各区段工质的比热、比容、热焓与其温度、压力的关系是非线性的，工质传热特性、流量特性呈现很强的非线性。这就要求控制系统要采用有效的控制策略，保证整个负荷变化范围内系统都具备良好的控制品质。

（6）大容量机组普遍采用直吹式制粉系统。给煤量的控制，从给煤、制粉、送粉到燃烧环节，过程长，具有大的纯迟延和响应慢的特性。相比中间仓储式制粉系统，由于储煤少，在要求快速提升负荷时，对制粉系统的要求较高。因此，燃烧系统成为机组负荷控制的重点和关键点。

三、直流锅炉单元机组模型

直流锅炉由于没有汽包，给水经过预热后，在水冷壁直接加热汽化全部变成蒸汽，再经过热器继续加热后，成为满足温度要求的主蒸汽送入汽轮机，见图3-34。这样，燃烧率和给水流量的变化直接影响主蒸汽温度和主蒸汽压力,也会影响主蒸汽流量,改变机组的输出功率。单元机组是三输入三输出的多变量控制系统,见图3-35。如果运行中通过控制燃水比来控制主蒸汽温度,由燃料量 B 代表给水量,那么在输入侧可以将燃烧率和给水合并成锅炉指令,输出侧就可将温度量解除。把直流锅炉单元机组受控对象简化成与汽包炉相同的双出入双输出对象,见图3-36。

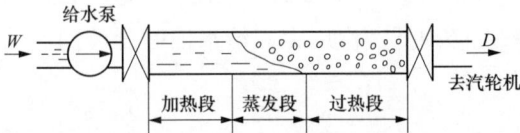

图 3-34 直流锅炉汽水流程示意图

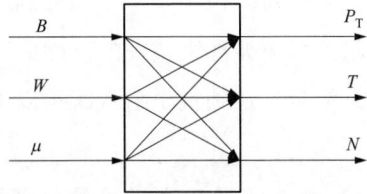

图 3-35 直流锅炉单元受控对象模型

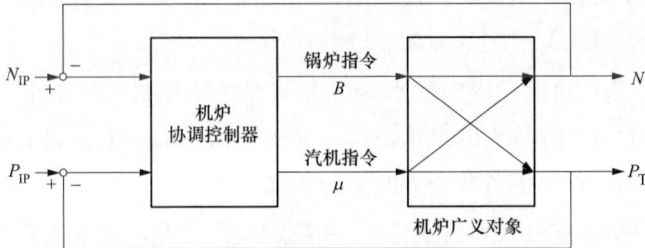

图 3-36 单元机组模型——双输入双输出

四、超超临界压力锅炉模拟量控制特点

(一)超超临界压力锅炉控制与亚临界压力汽包锅炉基本差别

从控制的角度来看,超超临界压力锅炉和超临界压力直流锅炉没有多大差别,因为它们的汽水流程基本相同,其区别主要在于蒸汽压力提高。

在汽包锅炉中,汽包把汽水流程分隔为加热段、蒸发段和过热段三段,这三段受热面的位置和面积是固定不变的。在给水流量变化时,仅影响汽包水位,不影响蒸汽压力和温度,而燃料量变化时,仅改变蒸汽流量和蒸汽压力,对蒸汽温度影响不大。因此,给水、燃烧、蒸汽温度控制系统是可以相对独立的,可以通过控制给水流量、燃烧率、喷水流量分别控制汽包水位、蒸汽压力和蒸汽温度。

超超临界压力锅炉没有汽包,也没有炉水小循环回路。给水是一次性流过加热段、蒸发段和过热段。这三段受热面没有固定分界线,当给水流量或燃料量发生变化时,这三段受热面的吸热比例将发生变化,锅炉出口汽温、蒸汽流量和压力都将发生变化。因此,给水、汽温、燃烧控制系统是密切相关,不能独立的。某一控制系统投入与否将影响另一控制系统的性能,这给控制系统的设计和整定增加了复杂性。

超临界压力锅炉则不同，它没有固定的过热受热面，进入过热受热面的工质热焓也是不固定的，过热蒸汽温度主要决定于燃料量与给水流量之比率，由于只要这个比率正确，受热面吸热量比率总能自动调整到要求的状态，因此，可以在很宽的负荷范围内得到要求的蒸汽温度。

所有锅炉都要有一个在最低燃烧率时最小的水冷壁给水流量，以防止水冷壁过热。对汽包炉，是通过汽包和水冷壁间强制或自然循环来保证的；对超临界锅炉，用启动旁路系统和少量给水再循环来实现的。因此，在超临界机组启动和低负荷运行期间，在汽轮机负荷（蒸汽流量）达到最小给水流量以前，控制系统必须把蒸汽压力和给水控制延伸到启动旁路系统阀门。

（二）超超临界压力锅炉控制要点

超超临界压力锅炉在稳定运行期间，必须维持某些比率为常数，在变动工况时必须使这些比率按一定规律变化，以便得到稳定的控制。而在启动和低负荷运行时，要求大幅度地改变这些比率，以得到宽范围的控制。这些比率是：

（1）给水流量/蒸汽流量：因为给水系统和蒸汽系统是直接连通的，给水流量和蒸汽流量比率的偏差过大将导致较大的汽压波动，又由于超超临界锅炉存储能力较小，给水流量与蒸汽流量的比率，在锅炉负荷变动时必须限制。

（2）热量输入/给水流量（即煤水比）：在稳定运行工况，煤水比必须维持不变以保证过热器出口汽温为设计值。在变动工况下，煤水比必须按一定规律改变，以便既充分利用锅炉蓄热能力，又按要求增减燃料，把锅炉热负荷调到与新的机组负荷相适应的水平。

（3）喷水流量/给水流量：超超临界压力锅炉仅能够瞬时快速改变汽温，但不能始终起到维持汽温的作用，因为过热受热面的长度和热焓都是不固定的。为了保持通过改变喷水流量来校正汽温的能力，控制系统必须不断地把喷水流量和总给水流量之比恢复到设计的百分数比率范围内。

由于机炉之间严重耦合和强烈的非线性特点系统要比超临界汽包炉更复杂，在启动工况下要求更多地采用变参数、变定值控制技术，控制功能应在前馈技术的基础上完成。

五、超超临界压力机组协调控制系统

超超临界压力机组的蓄热能力相对较小，因而表现出锅炉跟随系统的局限性。解决这个问题需改进协调控制系统。和超临界压力汽包锅炉机组一样，超超临界压力机组的协调控制系统的基本目标是将锅炉和汽轮发电机作为一个整体操作运行。锅炉和汽轮机的控制指令，既应考虑稳态偏差，也要考虑动态偏差。为了在机组负荷变化时机炉同时响应，机组负荷指令要作为前馈信号分别送到锅炉和汽轮机的主控系统，以便将过程控制变量（机组发电量、蒸汽压力、烟气含氧量、炉膛风量和蒸汽温度）维持在一个可接受的限度内。

图 3-37 所示为一个以直接能量平衡 DEB 原理为基础的超超临界压力机组的协调控制

系统框图。负荷需求信号直接发送到汽轮机调节汽门确定开度，以对目标负荷快速响应，同时由直接能量平衡信号作为锅炉侧的负荷前馈信号立即动作给水流量来调整锅炉出力。也就是说，代表发电量命令的负荷信号虽直接发送到汽轮机调节汽门，但有效地改变机组发电量的途径则是改变锅炉的能量输出。

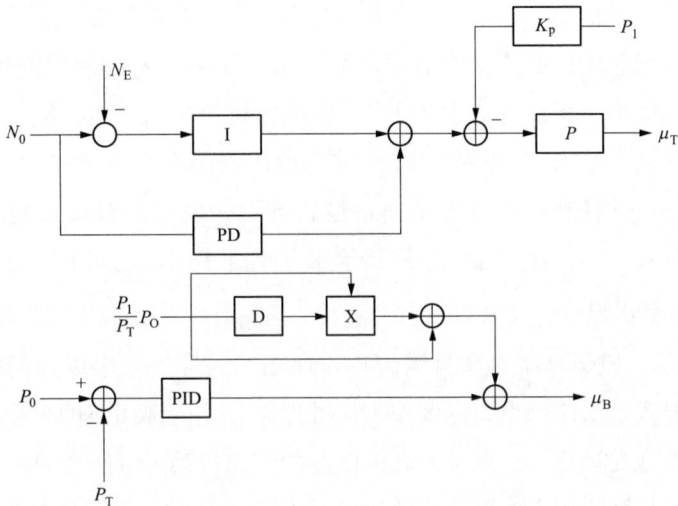

图 3-37　能量直接平衡协调控制系统 DEB

如果在所要求的输出和实际的发电量之间存在偏差，则将偏置锅炉和汽轮机命令，重新校正由于循环系统变化后的系统。同样，节流压力偏差用来校正蒸汽生成量和蒸汽使用量之间的平衡。为补偿锅炉和汽轮机不同的响应时间，这两个偏差信号作为一个过渡过程变量使用，以便于利用锅炉蓄能变化使汽轮机快速响应，从而使发电量偏差减到最小。

协调控制系统设计不仅要完成定压运行，而且还要完成滑压运行。超临界直流锅炉的压力由汽轮机阀门控制，开始这个阀门作为滑压调节阀门方式运行。汽轮机阀门控制的唯一变量就是节流压力。对于大多数超临界机组，这个压力约为27MPa。在正常运行（大于30%）时，这些阀门用于控制锅炉压力。阀门关小压力升高，阀门开大压力降低。

在定压运行时，机组启动后的全部负荷范围内，协调控制系统将节流压力调整到一个固定的设定点：机组负荷升高时，汽轮机调速汽门开大。在负荷产生瞬时波动时，定压运行方式使锅炉有能力在不对过多的过程变量进行调整的情况下更有效地作出反应。

在滑压运行方式下，节流压力按负荷呈直线斜率变化，汽轮机调速汽门在整个直线斜率调节范围内固定在一个精细调整的开度位置（正常时为90%开）。10%的裕量允许用来缓冲机组负荷的变化。汽轮机调速汽门的位置在机组负荷按照负荷需求变化率而改变时会受到暂态影响。锅炉侧的主要回路如下。

（一）锅炉负荷要求

锅炉负荷要求来自如图 3-38 所示的能量需求运算，并经 PID 控制作用以维持主蒸汽压力，能量要求信号经过修正。在锅炉基本方式下，锅炉负荷要求由运行人员手动预置，并且锅炉基本跟踪算法为负荷指令提供变化率和限制功能。当在锅炉基本方式下运行时，这个跟踪算法也为升负荷和降负荷工况时提供负荷的再平衡功能。在负荷按斜线变化时，主蒸汽压力值可以由运行人员调整。

在将锅炉负荷要求命令用于给水、燃料和空气流量控制时，要经过 RB 运算和负荷限制调节器，以确保紧急状况下能修改锅炉负荷要求。如果机组的运行负荷水平高于由 RB 运算监视的辅机的能力，系统将会发生 RB。这些辅机包括送风机、锅炉给水泵、锅炉给水前置泵和凝结水泵。给水/燃烧率命令限制控制器用来保持给水燃烧率需求之间的平衡。根据这个运算所采取的任何校正动作将通过逻辑与锅炉基本跟踪或汽轮机调速器控制策略（取决于运行方式）结合在一起，去维持给水和燃烧率需求之间的平衡。

（二）燃烧率需求命令

如图 3-38 所示，燃烧率命令来自锅炉负荷命令，并经一个串级控制回路修正以维持过热器出口平均温度，水冷壁出口温度作为这种控制方式内部回路的一个过程变量。过热器出口汽温设定点是受运行人员调整的高限限制的汽轮机第一级压力的函数。

一个自适应调整算法用来按照具体的热量对 PID 运算的内部回路修改比例系数并重新设置增益。汽轮机第一级压力前馈具有斜率调整功能并用在 PID 运算的外环。在使用燃烧率命令对燃料和风量进行控制之前，一个命令限制控制器用来保持燃料与风量之间的平衡；根据这种运算所采取的任何一个校正动作将通过逻辑运算后与锅炉负荷限制控制器相连，以维持给水和燃烧率之间的平衡。

（三）蒸汽温度控制

直流锅炉从水到饱和蒸汽再到过热蒸汽是一个闭合回路，实际上，整个锅炉的受热面划分为炉膛受热面部分和过热器受热面部分。这两部分受热面在运行中的受热区域经常会发生改变，所以蒸汽温度控制和锅炉控制必须融合在一起。通过使用并行的流量控制回路，锅炉负荷命令改变燃料、助燃空气和给水流量。这个命令信号是由协调控制系统提供的。通过调整风量和燃料量的比例控制锅炉燃烧。对于四角喷燃炉的磨煤机组，蒸汽温度控制通过控制燃烧器摆角和对过热器、再热器喷水减温得以实现。超临界压力直流锅炉的过热器出口温度由燃烧率控制，燃烧率升高时过热器出口温度升高，燃烧率降低时过热器出口汽温降低。虽然这是一种很有效的控制过热器汽温的办法，但对于平稳运行来说，其校正温度偏差的响应时间太长。为在工况瞬变时获得对蒸汽温度控制的快速响应，采用了常规的在过热器各级之间使用喷水减温的并行控制，但最终温度控制还是通过平衡燃烧率和给水量完成的。

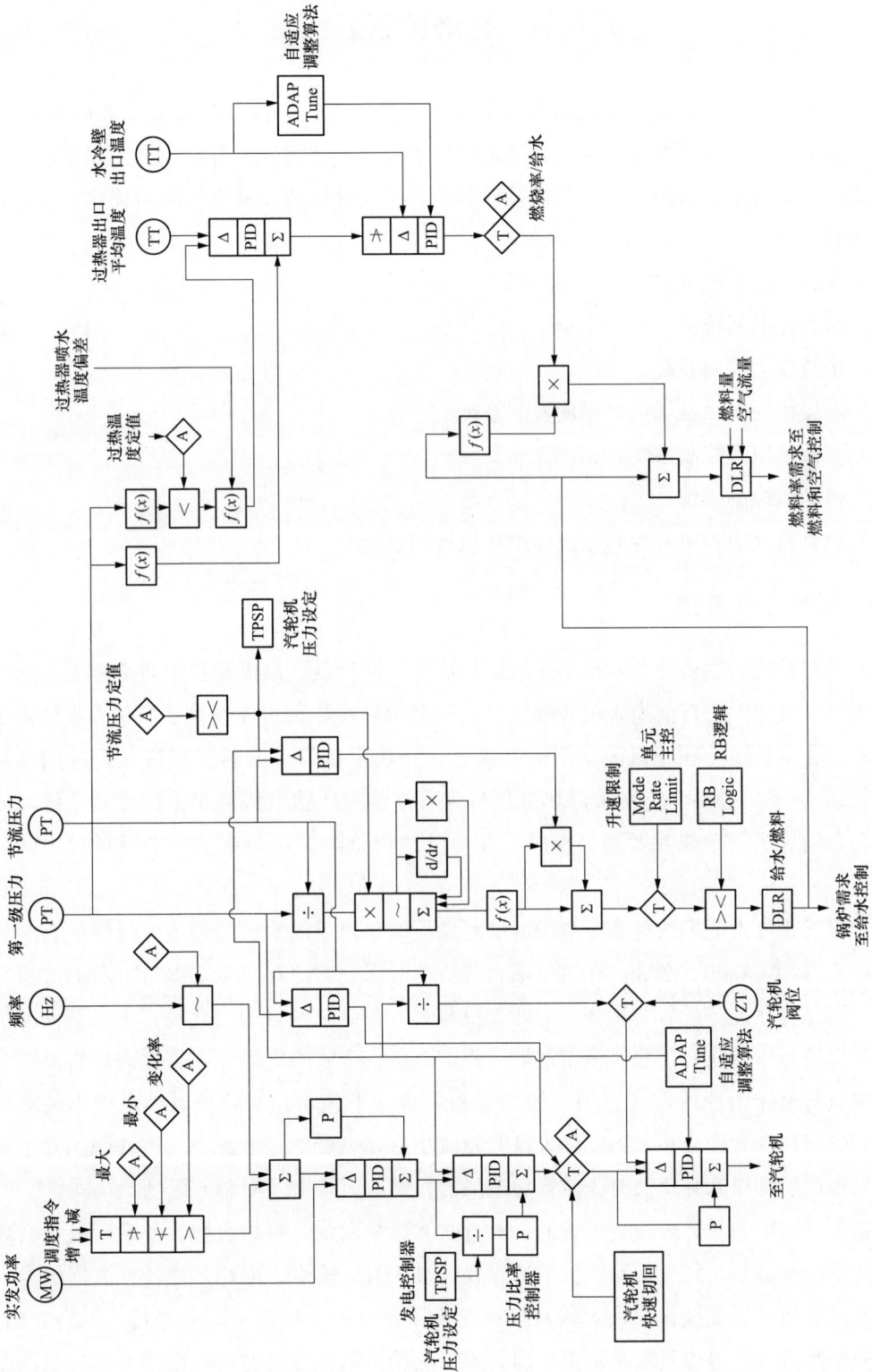

图 3-38 直接能量平衡 DEB 原理为基础的超超临界压力机组的协调控制系统框图

第六节　燃烧控制系统

在协调控制系统中，主控系统的协调指挥作用要由机、炉各子控制系统来具体执行，才能最终完成整个系统的控制任务。在锅炉侧最主要的子控制系统就是燃烧控制系统。大型火电机组锅炉大多是采用直吹式制粉系统向锅炉供应煤粉的。燃烧控制系统又主要包括以下子控制系统：

(1) 燃料控制系统；

(2) 风量控制系统；

(3) 炉膛压力控制系统；

(4) 磨煤机一次风量和出口温度控制系统；

(5) 一次风压力控制系统；

(6) 辅助风控制系统；

(7) 燃料风（周界风）控制系统和燃尽风控制系统等。

一、燃料控制系统

燃料控制系统的主要任务是控制进入锅炉炉膛的燃料量，以满足机组负荷需求。燃煤锅炉的燃煤量直接测量目前尚未很好解决。同时煤质如发热量、挥发物、灰分、水分等也是个变量，很难在线检测。目前常用的办法是采用热量信号来间接代表进入炉膛的燃料量（包括油）。燃料控制系统通常以热量信号为反馈信号，执行级为多输出控制系统，同步控制各台给煤机的转速或者磨煤机的负荷，以达到总给煤量与锅炉需求燃料量之间的平衡。

锅炉煤量指令由锅炉负荷指令和经温度补偿后的总风量经小选后形成，以保证安全风煤比，保证锅炉燃烧的安全性。在机组增、减负荷时保证有充足风量，保持一定的过量空气系数，即总能保证"过氧"燃烧。当增加负荷时，在原总风量未变化前，小选器输出仍为原锅炉煤量指令，只有当总风量增加后，锅炉煤量指令才随之增加，直至锅炉煤量指令既与锅炉负荷指令相一致，又达到新的煤量和风量的平衡。在减负荷时，由于小选器作用，锅炉煤量指令立即减小，到实际煤量开始减小后，风量指令才减小。这样就达到了升负荷时先加风后加煤和降负荷时先减煤后减风的目的。风煤交叉限制原理见图 3-39。

直接测量锅炉的总燃煤量是困难的。对直吹式燃烧系统，锅炉总燃煤量常用测量给煤机的转速来间接测量。给煤机所给出的原煤要经过研磨、输送、燃烧才能转变为锅炉输入热量，从给煤机给煤量变化到锅炉输入热量变化需要有一个过程，即有迟延；另一方面，燃煤品质、水分含量等也是随机变量，即燃煤发热量是随机变化的，因而燃料量（包括燃油量）与锅炉输入热量间不能精确对应。为解决这些问题，需采用补偿回路，有两种补偿

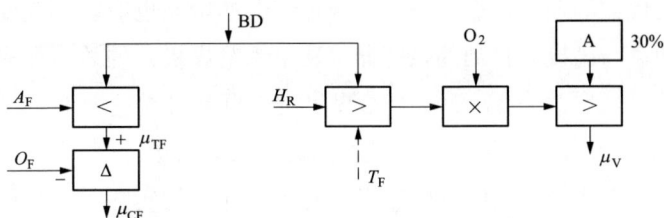

图 3-39　风煤交叉限制原理图

BD—锅炉负荷指令；μ_{TF}、μ_{CF}、μ_V—总燃料量指令、煤量指令、总风量指令；

A_F、O_F、T_F、H_R—总风量、燃油流量、总燃料量、热量信号；O_2—氧量校正量

方法：

（1）燃油流量由函数 $f_1(x)$ 把油流量信号转换成额定负荷的百分比；煤量由给煤机转速信号经磨煤机模型，$f(t)$ 补偿后输出

$$T_F = f_1(x) \cdot O_F + \sum_{i=1}^{n} n_i f(t) \tag{3-7}$$

式中　　T_F——总燃料量；

　　　　O_F——燃油流量；

　　　　n_i——给煤机 i 的转速；

　　　　$f(t)$——磨煤机模型；

　　　　$f_1(x)$——油流量转换函数。

（2）采用动态和热值补偿回路。

1）煤量测量中的动态补偿。煤量测量的动态补偿由两个煤量变送器选择一路送入补偿回路，随给煤机启、停而产生或消失的逻辑信号控制补偿回路的工作。给煤机投入时补偿回路按惯性环节规律工作，其传递函数为

$$W(s) = \frac{F(s)}{f(s)} = \frac{1}{\delta s + 1} \tag{3-8}$$

式中　　$f(s)$——动态补偿前的煤量信号；

　　　　$F(s)$——动态补偿后的煤量信号。

2）燃料信号的热值补偿。燃料量的热值补偿环节用积分调节器的无差调节特性来保持燃料量信号与锅炉蒸发量之间的对应关系。锅炉蒸发量用经过修正的汽轮机第一级后压力信号代表，它和总燃料量信号之差经积分运算后送到乘法器去对燃料信号进行修正。为防止负偏差使积分器发生阻塞，积分器的起始输出调为 50%，使对正、负偏差都能校正。经热值修正后的燃煤量信号和油流量信号相加作为锅炉总燃料量。

3）多输出控制系统的增益（GAIN）自动补偿。燃料控制系统为多输出控制系统，燃料量控制信号同时送往各台给煤机的控制回路。由于系统有 n 台给煤机（1000MW 机组一般有 6 台给煤机），只要有一台给煤机投入自动，则燃料控制系统就处于自动状态。随着

投入自动的给煤机台数的变化，燃料控制系统控制器的增益也应随之改变，即称之为变增益控制器，它的增益与已投入自动的执行器（这里为给煤机）的总台数成反比。如只有一台给煤机投入自动时，增益为1，而n台给煤机投入自动时增益为$1/n$。

4）操作员的手动设置。对于多台给煤机这样的多输出控制系统，各台给煤机接受的是同一个控制指令。由于给煤机特性的差异，各台给煤机的实际出力往往也有差异。为了平衡各台给煤机的负荷或有意识地调整各台给煤机的负荷分配，系统设置了操作员的手动偏置。

二、风量控制系统

保证燃料在炉膛中充分燃烧是风量控制系统的基本任务。在单元机组锅炉的送风系统中，一、二次风各用两台风机分别供给。一次风通过制粉系统并带煤粉入炉膛。一次风的控制涉及制粉系统和煤粉喷燃的要求，各台磨煤机的一次风量要根据各台磨煤机的工况分别控制。所以这里的风量控制主要是二次风控制。

风量控制系统一般设计为串级控制系统，主调为氧量校正，副调为风/煤比。其控制系统的设计构思是副调首先保持一定的风/煤比，再由主调的氧量校正做精确的细调。为了保证锅炉燃烧的安全性，在机组增、减负荷时，保证有充足的风量，保持一定的过量空气，在整个控制过程中始终保持"总风量大于或等于总燃料量"，系统设计了风煤交叉限制回路（见图3-39）。

（一）风量测量系统

A、B二侧送风量（二次风量）和各台磨煤机的风量（一次风量）分别测量，总加后得到锅炉总风量。为了提高风量测量的可靠性，风量变送器要考虑冗余，至少要用双变送器二取一或三个变送器三取中。变送器的输出要经温度补偿和开方后送加法器总加。

（二）氧量校正

为保证燃烧的安全和经济，需控制一定的过量空气系数α。控制烟气含氧量可以达到控制过量空气系数的目的。氧量校正系统采用PI无差控制规律，保持氧量为给定值。而氧量定值则应是锅炉负荷的函数。这里可用汽轮机第一级压力、主蒸汽流量或热量信号来代表锅炉负荷。选用适当的函数转换可保证氧量定值与负荷之间的最佳关系。由于燃料（煤量）控制系统和风量控制系统在升降负荷过程中能同步协调动作，氧量只起着细调的作用，故氧量校正应整定得较慢。

（三）风量控制系统的保护功能

（1）风量测量的偏差监控。风量测量一般采用两只或三只差压变送器，差值报警器监视变送器的工作，当其相互间偏差超过规定值时，说明至少有一只变送器故障，则由逻辑信号将风量控制切为手动。

（2）炉膛压力高于一定值（如1000Pa）或送风机将进入喘振区（失速）时，风量控制系统闭锁增；炉膛压力低于一定值（如−1000Pa）时，风量控制系统闭锁减。

（3）当出现下列情况之一时，氧量校正控制切换到手动：

1）氧量控制偏差过大；

2）代表锅炉负荷的汽轮机第一级压力（或蒸汽流量或热量信号）测量偏差超过规定值；

3）锅炉总风量小于最小值（如小于30％额定风量）；

4）风量控制在手动状态。

（四）风门控制

每一层燃烧器两侧均各有1个"燃烧器中心风调节风门"，用于调节各层燃烧器中心风管压力。C层燃烧器助燃风调节风门。每一层燃烧器两侧各有1个二次风调节风门，用于调节各层燃烧器二次风箱压力。其设定值为锅炉指令的函数。

炉膛前、后墙，左、右侧各有1个燃尽风电动调节风门，用于调节燃尽风流量，其设定值为"燃烧指令"与"风量指令"的乘积。

三、炉膛压力控制系统

平衡通风式锅炉，通常由两台引风机保持锅炉炉膛压力略低于外界大气压力（如−20Pa）。炉膛压力控制系统为带送风前馈的单级控制系统。为了提高炉膛压力控制系统的可靠性和提高调节品质，通常采用以下措施：

（1）炉膛压力测量采用三个压力变送器，系统中用中值选择器从三个变送器输出中取中值作为测量值。对这些变送器的工作设有监控逻辑，当有一只压力变送器发生故障时，炉膛压力控制系统由自动切到手动。

（2）以送风指令（送风机控制挡板位置）为前馈信号，使送、引风机协调动作。如参数调整适当，当外界负荷变动时，送风量和引风量控比例动作，基本上维持炉膛压力衡定，炉膛压力本身起细调作用。

（3）当炉膛压力低一值时，形成升禁止信号，限制引风机导叶进一步打开，只能关小；同时将炉膛压力低一值信号引至送风机系统，闭锁送风机导叶关小，只能开大。当有SCS强降信号来时，强制关小引风机导叶。

（4）当炉膛压力高一值时，形成降禁止信号，限制引风机导叶进一步关小，只能打开；同时将炉膛压力高一值信号引至送风机系统，闭锁送风机导叶开大，只能关小。当有SCS强升信号来时，强制开大引风机导叶。

（5）MFT发生，引风挡板开度在原开度值下迅速关小一个开度，该关小开度是负荷的函数，经过一定时间后，引风挡释放到正常的炉膛压力控制。

（6）由于炉膛压力信号总是带有小幅度的噪声干扰信号，直接采用这样的测量信号会引起引风机导叶动作过于频繁，不利于机组安全运行。而如果对炉膛压力信号进行惯性滤波，又增加了炉膛压力测量值的反应时间，使调节变得不灵敏。因此，宜采用调节器内的死区来改善调节性能。死区设置一般推荐为 0.02kPa 左右（可根据具体工程设定）。

（7）引风机失速时，以固定速率关小一个固定开度。

（8）防内爆功能。当锅炉主燃料跳闸（MFT 动作）时，由于熄火引起炉膛压力大幅度下降，引起内爆。为了防止这种情况的发生，用 MFT 动作信号引发一组逻辑动作，直接前馈到两台引风机的伺服机构。在 MFT 动作后，两台引风机调节挡板先自动向关的方向动作，直至两台引风机调节挡板的开度之和达到原先"记忆"的某一位置或时间已到某一定（如 6s）时；接着两台引风机的调节挡板再自动向开的方向动作，直至两台引风机调节挡板的开度之和达到原先"记忆"的某一位置或时间已到定（如 20s）时，则引风机的一组防内爆逻辑动作结束。

四、磨煤机控制系统

（一）磨煤机控制系统概述

磨煤机控制系统包括磨煤机风量控制系统和磨煤机出口温度控制系统。1000MW 机组一般为中速磨直吹制粉系统，它的锅炉配置有 6 台磨煤机，则有 6 套完全一样的磨煤机风量控制系统和磨煤机出口温度控制系统。控制策略有：

（1）每台磨煤机配有冷风、热风调节风门和总风调节门。用总风调节门控制磨煤机的风量；用冷风调节风门和热风调节风门共同（用差动方式）控制磨煤机出口温度。磨煤机负荷变化，需调节风量时，开大或关小总风调节门以满足磨煤机风量的需求，而热风调节风门和冷风调节风门保持相对位置不动，即仍保持原有的冷、热风量的比例不变，则磨煤机出口温度也基本上不变。当煤种、煤质变化需调节磨煤机出口温度时，差动调节热风调节风门和冷风调节风门。当需降低磨煤机出口温度时，则按比例同时开大冷风调节风门，关小热风调节风门；由于冷、热风调节风门是按比例差动的，因而对整个通风管道系统来说阻力未发生变化，因而总的风量维持不变。这样的磨煤机风门配置对磨煤机风量和出口温度的控制相互之间是"解耦"的，控制系统易于调整。

（2）每台磨煤机只配置冷风调节门和热风调节门。其磨煤机风量和磨煤机出口温度控制原理框图如图 3-40 所示。

为了提高磨煤机一次风量和出口温度控制系统的可靠性，通常温度和风量的测量分别采用两只变送器，当有一只变送器故障时报警。如选中作被调量的一只变送器故障，则系统自动切为手动并报警。温度和流量测量若采用三个变送器时，则被调量采用三选中。磨煤机一次风量的测量值用磨煤机进口温度和压力进行补偿，补偿公式为

$$q_{m1} = K\sqrt{\frac{p\Delta p}{T}} \tag{3-9}$$

式中 q_{m1}——一次风流量，t/h；

Δp——差压，Pa；

p——风压（绝对压力），kPa；

T——风温，K；

K——流量系数。

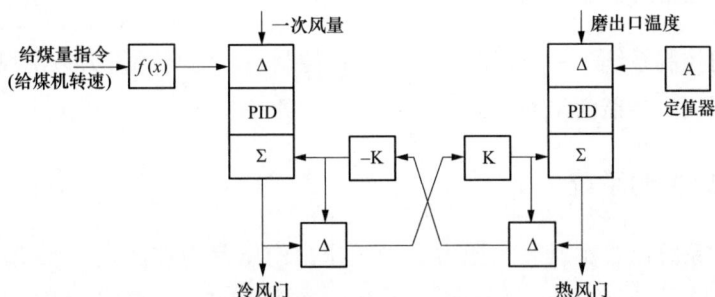

图 3-40　磨煤机风量和出口温度控制原理框图

风量定值由对应于该磨煤机的给煤量指令（常用为给煤机转速）通过函数 $f(x)$ 加一个偏置产生；出口温度定值由操作员手动给定。

（二）双进双出钢球磨煤机控制

双进双出钢球磨煤机的控制包括以下内容：

（1）负荷控制。双进双出钢球磨煤机的出力不是靠调整给煤机来控制，而是靠调整通过磨煤机的一次风量进行控制的。在双进双出钢球磨煤机中，不管磨煤机的负荷如何，它的风煤比始终保持恒定，在此情况下，要改变磨煤机负荷，只需加大一次风阀的开度，风的流量和带出去的煤粉流量就会同时增加，因此，这种磨煤机的响应速度较快。

（2）煤位控制。磨煤机内必须要保持一定的煤位以取得最佳的研磨效果，因此，需要对给煤机的转速进行连续控制。煤位信号可以用磨煤机进出口压差来表征，它是磨煤机内部粉尘浓度的反映，磨煤机内部煤越多则压差越高。

磨煤机煤位控制可以用煤位信号直接控制给煤机转速的单冲量控制回路，也可以采用三冲量控制系统。采用三冲量控制系统时，三冲量分别为磨煤机煤位、磨煤机一次风量和给煤机转速反馈信号。

给煤机转速反馈（每台磨煤机有两台给煤机，取平均转速）以微分形式进入调节器，构成控制系统的内环，稳态时该信号消失；一次风量信号作为一个带双重微分的前馈信号，只要磨煤机的负荷一有变化趋势，该信号即迅速使给煤机转速跟随变化，以立即适应负荷的需求，稳态时该信号消失。

调节回路输出要去控制两台并列运行给煤机的转速，要采用转速平衡回路来实现两台给煤机转速的同步。

（3）总风量控制。由于双进双出钢球磨煤机稳定的风煤比，在低负荷时会导致低风速。因此，为保证管路中煤粉输送通畅，无论磨煤机的负荷如何，磨煤机的附加风量（旁路风）始终应维持最佳风速。该控制回路设计以最小风流量为控制定值。

（4）出口温度控制。磨煤机出口的风粉温度一般应保持在70～90℃较高范围内，以使研磨过程正常进行。温度调节按不同比例控制磨煤机进口冷风和热风挡板的开度。

五、一次风压力控制系统

一次风压力控制系统为一单回路调节系统，控制系统的测量值为一次风母管与炉膛的差压，设定值为锅炉负荷的函数。

六、辅助风控制系统

辅助风控制系统以二次风风箱压力和炉膛压力的压差为被调量，风箱/炉膛压差的定值取为负荷的函数。辅助风控制系统为一单冲量多输出控制系统，控制系统输出同时控制各层的辅助风挡板。在运行时各层磨煤机的负荷可能各不相同，需要不同的配风，因此，每层辅助风门都设有一个操作员偏置站。

七、燃料风（周界风）控制系统和燃尽风控制系统

燃料风（周界风）控制系统为比值控制系统，燃料风风门的开度由相应的给煤机转速决定，燃料风风门的开度为其相应的给煤机转速的函数。

燃尽风控制系统也为比值控制系统，燃尽风风门的开度为锅炉负荷的函数。

八、水/燃比（WFR）控制

超超临界变压运行的直流锅炉，在控制上与汽包炉的区别非常大，其燃烧与给水的自动控制更为复杂。如果给水/燃料比（WFR）失调，将严重影响各个受热面的温度，主蒸汽温度超调很大，严重影响机组的运行安全。

超超临界直流锅炉正常运行时，中间点温度即汽水分离器入口（水冷壁出口）的蒸汽温度，是反映燃料和水关系变化最灵敏的地方，处于微过热状态。当WFR发生变化时，中间点温度就会偏离设定点。锅炉运行中，只有将中间点温度控制在一定范围内，才可以认为锅炉汽水系统中的相变点界面被基本固定住。给水和燃料保持了一定的比例关系，才能保证过热汽温在可控的范围内。水/燃比成为汽温控制的主要调节手段。炉膛处于稳态燃烧时，水/燃比等同于水/煤比。所以，水/燃比也会被称作水/煤比。

超超临界锅炉在超临界压力范围运行时，水冷壁实际上相当于过热器，对过热蒸汽温度变化特性影响最大的首先是水煤比。

调节水煤比的关键首先是控制中间点的温度。因为超临界以上锅炉水冷壁中工质温度的变化与过热器类似，因此，水冷壁多吸收热量就等于过热器多吸收热量，而不像汽包锅炉那样，水冷壁多吸收热量反映出来的参数变化首先是压力变化，温度变化并不剧烈。

（一）水/燃比指令（WFRDEMD1）形成回路

水/燃比的控制，是通过中间点的温度偏差来进行调节的。给水/燃料比率指令形成回路如图 3-41 所示。该回路通过控制进入炉膛的燃料量来调节锅炉水冷壁出口温度，与机组负荷相适应。有两种控制方式：

（1）当锅炉湿态方式运行时，DRYMODE＝0，锅炉的主蒸汽压力由燃料量控制。这种运行方式类似于汽包炉，湿蒸汽在汽水分离器里分离，饱和蒸汽通过过热器是为了保护过热器和再热器。主蒸汽温度仅由过热器喷水流量控制。因此，锅炉湿态方式运行时，调整给水/燃料比率来控制主蒸汽压力。

（2）当锅炉处于干态方式运行时，DRYMODE＝1，此时汽水分离器入口处的介质完全处于干态，介质以完全干态的方式进入过热器，因此，给水/燃料比指令控制汽水分离器入口蒸汽的过热度。这种运行方式就是直流炉方式，给水量决定主汽压。

该机组的锅炉有 2 只立式汽水分离器 A 和 B，每只汽水分离器入口处安装 4 组温度测量装置，每组有 2 个测点，测点信号选择处理后，通过加法器 $\Sigma 1$ 后取均值作为汽水分离器的入口温度。该温度通过加法器 $\Sigma 2$ 与主蒸汽饱和温度（TSAT）相减，得到汽水分离器入口蒸汽过热度（SHRWI）。

分离器入口蒸汽过热度设定值，是机组负荷的函数，它是由负荷指令（LDD）经过函数功能块 $f_1(x)$ 和某一惯性环节 LEADLAG 后产生的。经由加法器 $\Sigma 3$ 得到汽水分离器入口蒸汽过热度的偏差值，它与负荷指令 LDD 经函数功能块 $f_2(x)$ 后输出的变负荷增益系数相乘，得到负荷修正的分离器入口处过热度偏差值。

LDD 经过函数器 $f_3(x)$ 后与末级过热器出口蒸汽温度偏差（TFSODEV）相乘，得到了负荷修正的末级过热器出口蒸汽温度偏差。该偏差值作为前馈信号，与修正的分离器入口过热度偏差值进入加法器 $\Sigma 4$ 相加。实际上这相当于一个加权计算。这样得到的值再经过变增益修正计算［其放大倍数为负荷指令经过函数器 $f_4(x)$ 修正后的值］后，再经过稳态/动态变增益切换（稳态和动态运行时其放大倍数不同，通过切换器 T1 自动选择放大倍数值），最终得到一个温度综合偏差值。

温度综合偏差值还要进行高低限幅。如果 WFR 偏高，那么该综合偏差值与设定值经过小选器，选择其中的较小值；如果 WFR 偏低，那么同样的，选择该值与设定值中的较大值。经过上述处理后的温度综合偏差值，进入水煤比控制器 PID，经过 PID 控制运算后，与前馈信号（FF）相加，得到水燃比指令 1（WFRDEMD1）。

前馈信号（FF）由三部分组成：经过负荷指令修正后的分离器入口过热蒸汽过热度的偏差信号；经过负荷指令修正后的末级过热器出口蒸汽温度偏差信号；负荷变化时给水/燃料比前馈信号（WFRFF）。三者之和经过增闭锁回路时，信号经过小选器只能减不能增。同样，经过减闭锁回路时，信号经过大选器只能增而不能减。前馈信号使得调节加快，在分离器入口蒸汽超温、末级过热器出口蒸汽超温时，能快速调节水燃比，进而调节

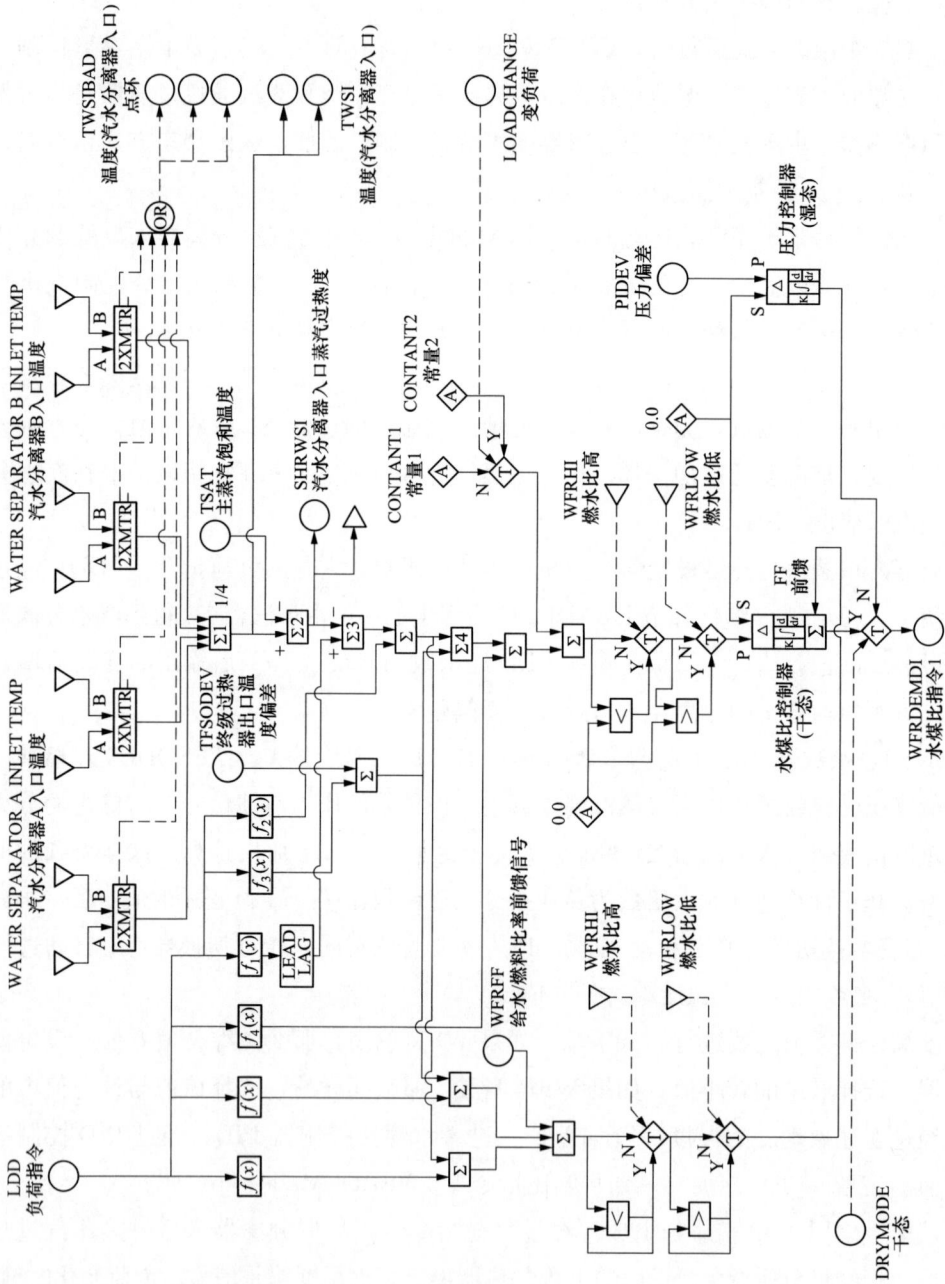

图 3-41　给水/燃料比率指令形成回路

燃料量，抑制蒸汽温度的继续超高。当负荷变化时，也可以通过前馈来调整 WFR，适应水燃比随负荷的变化，以维持汽温的稳定。

其中，机组运行在干态时，给水/燃料比率前馈信号（WFRFF）为四个信号的叠加值：经过负荷指令 LDD 校正后的水冷壁出口温度偏差，一级、二级和三级过热器出口温度偏差。当机组运行在湿态时，WFRFF=0。

（二）水/燃比（WFR）控制回路

水燃比指令经过回路 1 的控制运算后，送入水燃比指令控制回路，如图 3-42 所示。

（1）手/自动切换。水燃比指令 1（WFRDEMD1）经过手/自动站。如果 WFR 控制是自动，则切换器 T1 选择 WFRDEMD1 为控制输出信号；如果 WFR 控制切手动，则切换器 T1 选择手操站的输出信号，其值由运行人设定。

（2）超温控制。当没有发生水冷壁金属超温时，即与门 AND 输出为"0"时，超温切换器 T2 选择由切换器 T1 输出的信号；当超温时 AND 输出为"1"时，T2 选择由加法器 Σ1 输出的水/燃比超驰控制信号。

右边回路是水/燃比超驰控制回路。当发生水冷壁金属超温时，通常会采取迅速减少送入炉膛的燃料量，即加大水燃比的方法来处理，防止过热引起水冷壁爆管。水/燃比超驰控制回路可以实现超温时水燃比的快速调节。

水/燃比超驰控制回路，实现了超温加大水/燃比的功能。当超温发生时，将 PID 逐步加大的输出信号，叠加在当前的水/燃比 WFR1 之上，使得水/燃比输出 WFR 逐步加大，直到解除超温为止。

当发生下列情况之一时，超温与门 AND 输出为"1"：

1）水冷壁出口温度高；

2）两个水冷壁材料温度测点只要有一个点超温。

（3）燃料控制切手动。T2 输出的信号再经过切换器 T3。当燃料转手动控制的时候，T3 输出汽轮机跟随方式下燃料量指令偏差（TFDDEV）信号。

当一级过热器出口温度偏高，T1SOHI=1，或汽水分离器出口温度偏高，TWSOHI=1 时，或门 OR1 输出为 1 时，T4 输出水煤比低限（WFRLL）值给为 WFR；当或门输出为 0 时，WFR 的值则为 T3 输出值。

以下任一情况发生时，WFR 控制切手动，WFRTOMAN=1：

1）当锅炉干态运行时，分离器出口温度点坏；当锅炉湿态运行时，选择的压力点坏；

2）锅炉输入指令点质量检测为坏点；

3）主燃料跳闸发生，MFT=1；

4）燃料手动，FUELAUTO=0；

5）锅炉输入湿态，BIWET=1，且 DEH 压力控制投入。

以下任一情况发生时，水冷壁材料温度点 1 超温，WWMATELTEMPHI1=1：

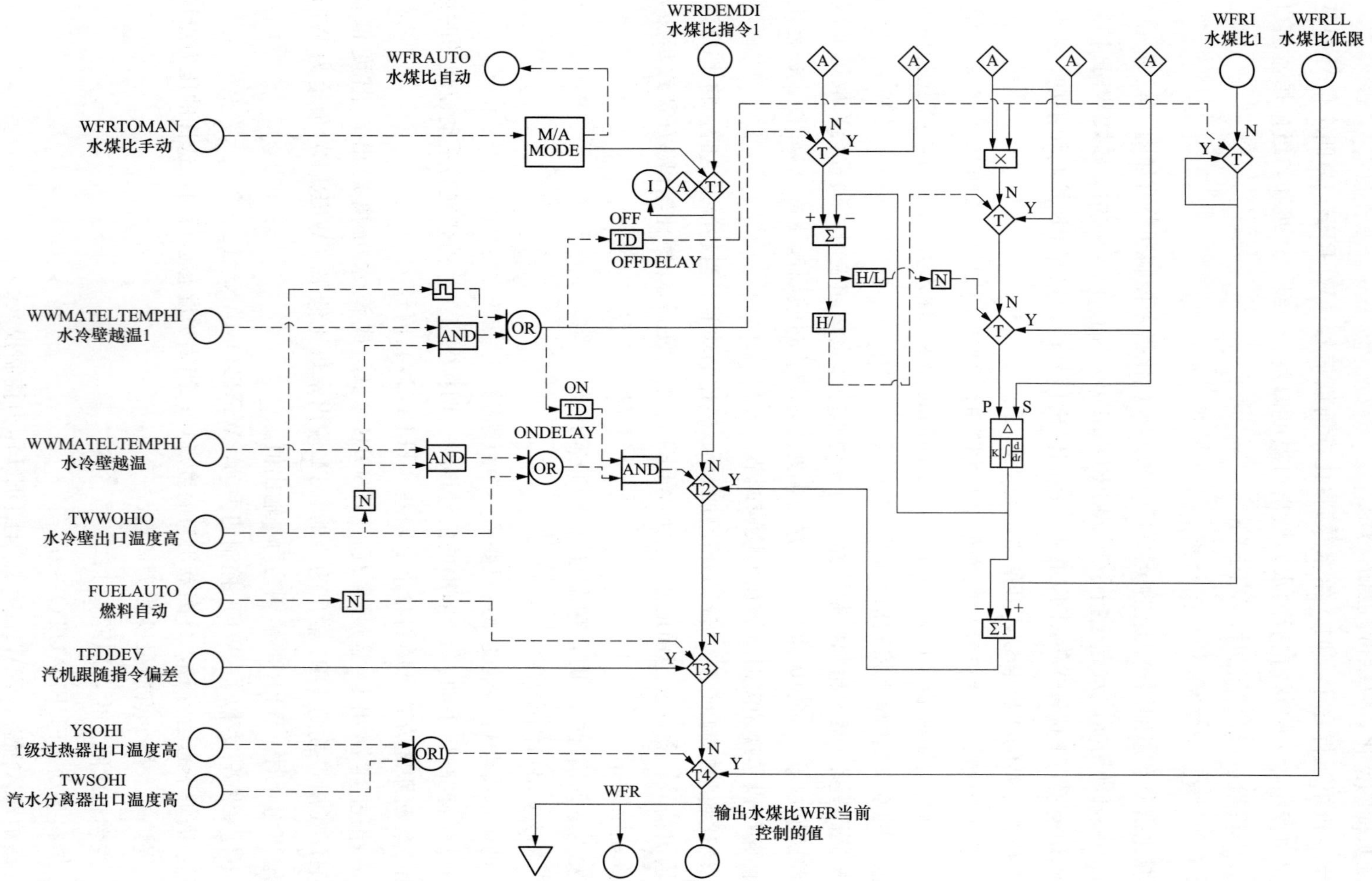

图 3-42 水燃比 WFR 指令控制回路

1）水冷壁后墙温度测点 1 温度高；

2）水冷壁分隔墙温度测点 1 温度高；

3）水冷壁出口温度测点 1 超温；

4）水冷壁前墙温度过热度超高；

5）水冷壁侧墙温度过热度超高。

以下任一情况发生时，水冷壁材料温度高，WWMATELTEMPHI＝1：

1）水冷壁前墙温度过热度超高；

2）水冷壁后墙水温高；

3）水冷壁分隔墙温度高

4）水冷壁出口温度高；

5）水冷壁侧墙温度过热度超高。

第七节　给水控制系统

超临界以上机组均为直流锅炉，直流锅炉的显著特点是没有汽包，直流锅炉是一个多输入、多输出的控制对象，锅炉给水控制系统的主要任务不再是控制汽包水位，而是以汽水分离器出口温度或熔值作为表征量，在低负荷时保持给水流量不低于锅炉最低要求给水流量，在锅炉进入直流运行方式时，保证给水量与燃料量的比例不变，满足机组不同负荷下给水量的要求。

一、给水控制系统组成与任务

给水系统将给水从除氧器水箱送至锅炉省煤器进口联箱，在这个过程中给水通过三级高压加热器，进行给水加热，以提高机组的循环效率。给水系统还为锅炉过热器、再热器的喷水减温器和汽轮机高压旁路系统的减温装置提供减温水。给水系统与锅炉启动系统相连，在机组启动时向锅炉启动系统供水。给水系统还与凝结水系统的密封水泵出口管道相连，在凝结水压力低时，由密封水泵向给水泵提供密封水，此密封水从给水泵出来汇集密封水回收水箱后排入汽轮机疏水扩容器。给水系统还与凝结水系统的锅炉上水管道相连。典型的大容量火电机组的给水系统如图 3-43 所示。

机组配备有两台 50%BMCR 汽动给水泵和一台 30%BMCR 的电动给水泵。

（一）汽动给水泵

由变速汽轮机拖动的锅炉给水泵（汽动给水泵），每台汽动给水泵配有一台同轴给水前置泵。配 2×50% 容量汽动泵，优点是一台汽动泵故障时，备用电泵自动启动投入后仍能带 80% 以上负荷运行。给水泵出口设有最小流量再循环管道并配有相应的控制阀门等，确保在机组启动或低负荷工况流经泵的流量大于其允许的最小流量，保证泵的运行安全。

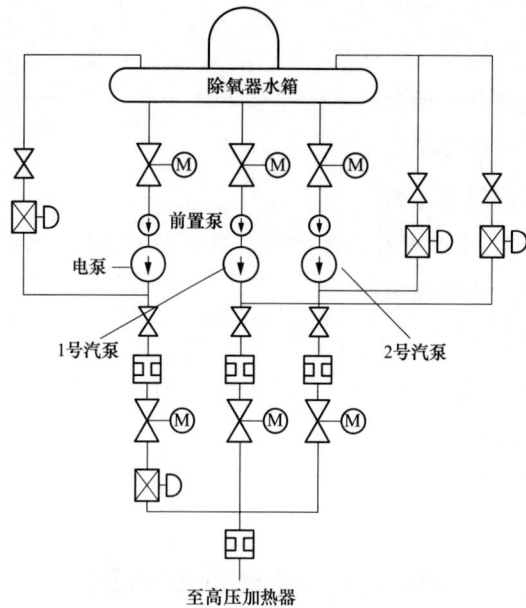

图 3-43　大容量火电机组的给水系统

每根再循环管道都单独接至除氧器水箱。

给水总管上装设 30％容量的调节阀，以增加机组在低负荷时的流量调节的灵敏度。机组正常运行时，给水流量由控制给水泵汽轮机或电动泵液力偶合器的转速进行调节。

（二）电动给水泵

液力偶合器调速的电动给水泵，作为启动和备用，前置泵与主泵用同一电动机拖动。在机组启动时，电动给水泵以最低转速运行，用其出口管道旁路上的气动调节阀控制给水流量，当机组负荷上升，给水流量加大时，以给水控制系统的信号控制给水泵的转速，对给水流量进行调节，直至汽动给水泵投入，停止电动给水泵运行，使其处于备用状态。

（三）控制任务

给水流量控制系统主要包括给水流量测量、给水流量指令的形成回路、给水泵转速控制回路、给水泵出口阀控制回路、给水泵再循环阀控制回路五个子模块。它们的作用分别简单介绍如下：

给水流量测量回路为了较精确的测量并计算总的给水流量；

给水流量指令的形成回路、给水泵转速控制回路目的是控制锅炉总给水流量以满足当前锅炉输入指令的要求；

给水泵出口阀控制回路、给水泵再循环阀控制回路的目的是保证给水泵工作在安全区域内。

二、给水控制系统对象动态特性

图 3-44 为干态运行时给水流量 W 扰动下，主蒸汽流量 D，主蒸汽压力 p，主蒸汽温度 t，输出功率 P 的阶跃响应曲线。

由于水是不可压缩的，所以给水流量的变化瞬间即可影响加热段各受热面内工质流量。但蒸汽是可压缩的，给水流量扰动对蒸发段和过热段蒸汽流量的直接影响是有一定的迟延的。燃料量未变，加热段和蒸发段都将变长。锅炉内部工质储量将增

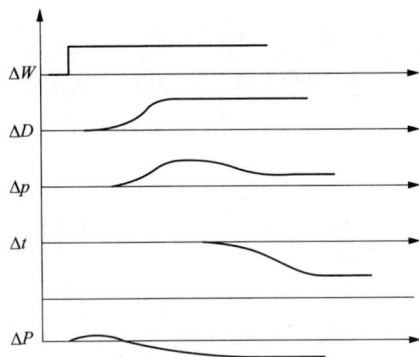

图 3-44 给水流量扰动下阶跃响应曲线

多，使蒸发量暂时小于给水量。在最初阶段，蒸汽流量是逐渐增加的，但在最终稳定状态下，蒸发量必将等于给水量。由于锅炉给水增加时燃料量未变，则燃水比减小，出口温度下降，但因为金属的蓄热作用，蒸汽温度下降有较大的延迟。

给水流量扰动最终改变各受热面积比例，过热汽温呈现的较大稳态偏差反映燃水比例的改变，最初由于蒸汽流量的增加，造成蒸汽压力随着上升，之后由于蒸汽温度的下降而下降。汽轮机功率最初由于蒸汽流量增加而增加，随后又由于蒸汽温度下降而减小。最终由于工质总吸热量几乎不变，而蒸汽流量增加造成排汽损失增加从而使汽轮机功率稍低于原有的功率。

三、给水控制系统

（一）给水流量的测量回路，如图 3-45 所示。

（1）给水流量测量。从图 3-45 中可以看出，为了测量的准确，在省煤器入口选取三个流量测量点，因为给水的质量与水的密度有关，给水的密度又受温度的影响较大，所以测量值经过温度的修正，再经过开方运算，最终在三值中取中值，经过滤波环节输出的便是锅炉的总给水流量。

（2）总喷水量计算。因为采用了三级喷水减温对主蒸汽温度控制的方法，所以锅炉的总给水流量应包括进入锅炉水冷壁的流量加上总的喷水量，喷水减温器所用水来自省煤器出口，所以在计算总的喷水量时也要引入温度修正，所用温度值即为省煤器出口给水温度值，通过分别对三级经温度修正的喷水流量进行开方运算后求和便得到了总的喷水量。

（3）省煤器出口温度的偏置计算。关于省煤器出口温度的偏置设定，是给水流量控制系统回路的一个输入信号，它是由省煤器出口压力通过函数模块得到相应压力下的饱和温度，再叠加上偏置裕量以保证省煤器的安全。

（二）给水流量指令的形成

给水流量指令影响的因素。主要分两种情况：一是在机组稳定运行时，给水流量指令

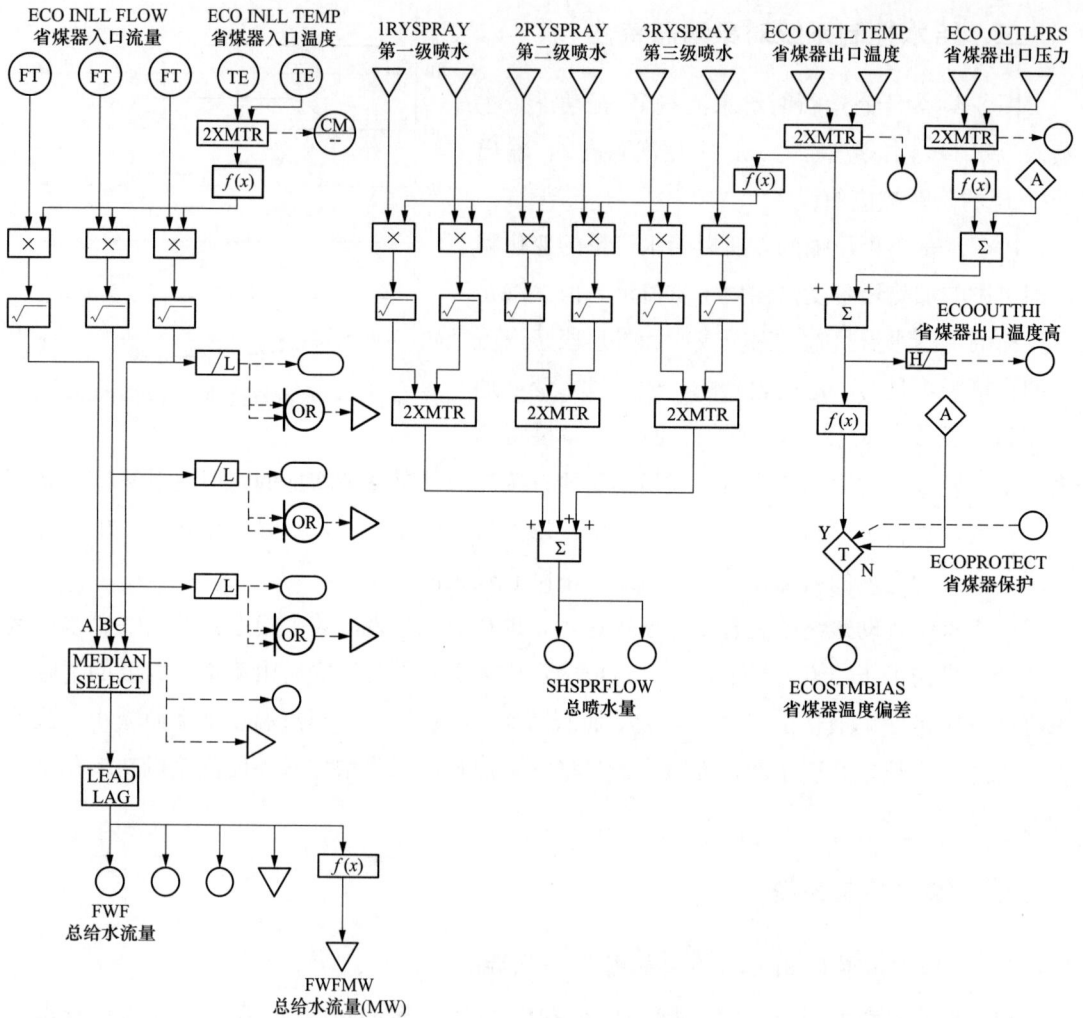

图 3-45 给水流量的测量回路

主要由锅炉输入指令来决定；二是在机组启动或者变负荷的条件下，锅炉输入指令下的给水流量受到燃料量的影响，要保证合适的水燃比。为了保护锅炉受热面的安全，给流量要始终高于锅炉的最小流量。低负荷时，分离器在湿态方式下运行，进入分离器的蒸汽随负荷降低湿度增加，使水煤比较高，所以在低负荷锅炉湿态运行时，给水流量应增加偏置信号（FWBIASIN）和喷水量偏置信号（SPYBIASIN）。

给水流量指令形成回路如图 3-46 所示。给水流量指令由 3 部分组成。给水流量的主指令是锅炉输入指令 BID 的函数，若任意一台泵投自动，则叠加上负荷变化时送给给水的前馈信号。当存在给水偏差时，再加上给水偏差值。偏差值由运行人员设定。

当负荷改变且交叉限制信号（CROSSLMTIN）为 1 时，给水流量指令的上下限受到来自锅炉总燃料量信号（TFF）的限制，利用总燃料量通过函数关系求取给水量，在此基础上加、减由于负荷变动而设定的值得到给水的上下限值。然后通过大选器和小选器，用

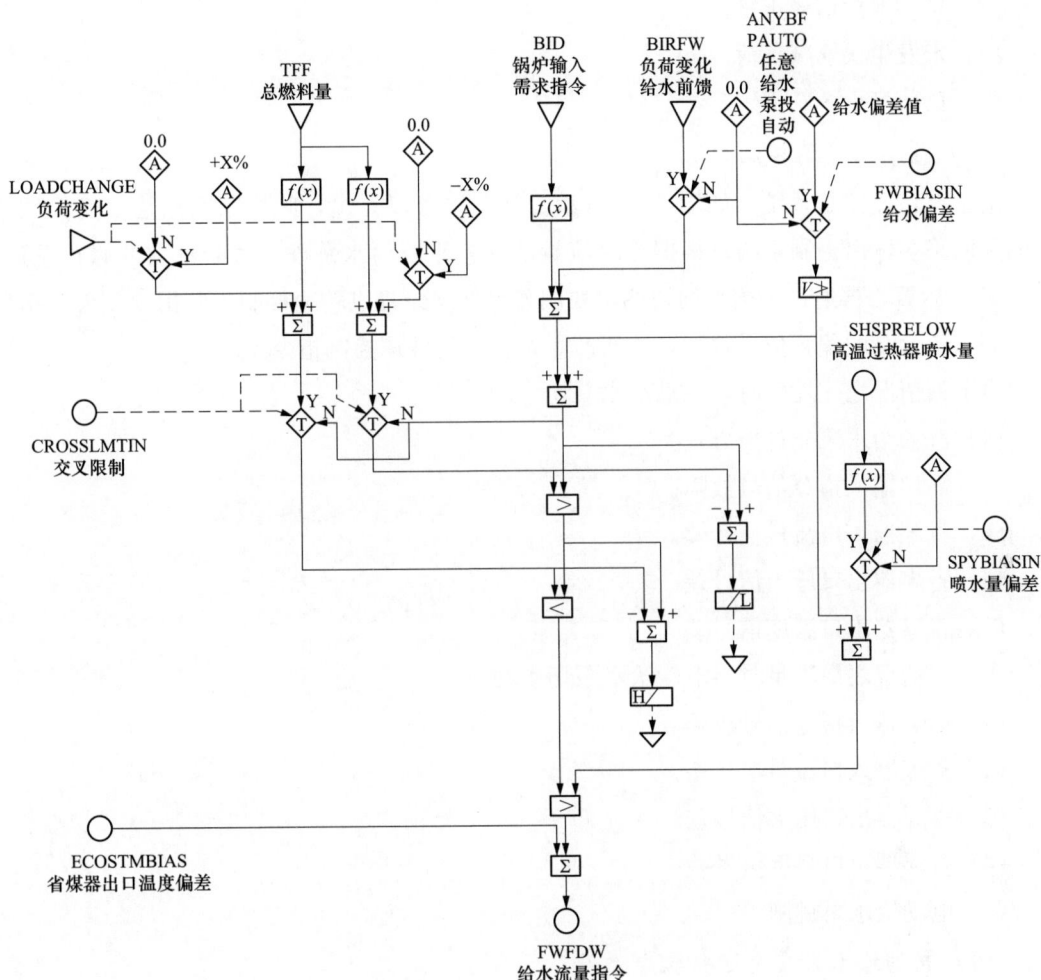

图 3-46 给水流量指令形成回路

给水上下限值对前面计算的给水流量指令进行限值。除此之外，给水量还受到最小给水流量的下限限制。锅炉最小给水流量是通过过热器的总喷水量（SHSPRFLOW）经函数计算，加上给水偏差得到的。原因在于过热器的喷水管道是锅炉省煤器出口的分支，所以存在一定的函数关系。

当喷水流量信号正常且锅炉湿态运行时，逻辑信号喷水偏差（SPYBIASIN）为1，锅炉最小给水流量选择过热器喷水流量经函数模块输出，否则采用操作人员设定值。

为了避免省煤器内的水发生汽化，给水流量需要再加上省煤器温度偏差信号值以增大给水量。

当下列条件均满足时，交叉限制逻辑信号（CROSSLMTIN）为1。

（1）锅炉输入指令信号正常。

（2）给水流量信号正常。

（3）总燃料量信号正常。

（4）未发生快速减负荷。

（5）负荷高于 300MW。

（三）给水泵转速控制系统

给水泵转速控制系统，如图 3-47 所示。从图中可以看出，此控制回路是一变比例增益的单回路多输出控制系统。根据给水流量的偏差乘以给水泵投自动的台数的修正系数，进行 PID 运算，再通过平衡与增益调整块向各台给水泵提供转速控制公共指令。公共指令再分别与各台泵的偏置信号叠加，从而产生每台泵的转速控制指令。

当下列情况之一发生时，汽动给水泵切手动。

（1）汽动给水泵非遥控方式。

（2）锅炉输入指令信号故障。

（3）省煤器入口流量信号差。

（4）省煤器出口压力信号差。

（5）省煤器出口温度信号差。

当下列情况之一满足时，电动给水泵切手动。

（1）锅炉输入指令信号故障。

（2）省煤器入口流量信号差。

（3）省煤器出口压力信号差。

（4）省煤器出口温度信号差。

（5）电动给水泵跳闸。

（四）电动给水泵安全运行控制系统

为了保证泵的安全经济运行，泵必须工作在安全工作区内，如图 3-48 所示。

安全工作区域是由泵的最小流量曲线（上限特性）、最大流量线（下限特性）、锅炉允许最高给水压力、最低给水压力、泵的最高转速和最低转速包围。

泵的最小流量曲线表示泵在不同转速下必须满足的最小流量，因为若低于这个流量，泵内由于机械能做功产生的热量不能及时带走，使得给水加热并汽化从而导致泵内汽蚀。

泵的最大流量曲线表示泵在不同转速下允许的最大流量，若高于这个流量，泵内静压最低值将低于给水温度下的饱和压力，这样会导致给水发生汽化，也会造成泵内汽蚀。

因此，变速泵的给水控制系统，在调节给水量的同时也要兼顾泵的安全工作。一般采用的保护措施包括当工作点快接近最小流量曲线或在最小流量曲线左侧时，为了保证泵的安全运行，应及时打开泵出口至除氧器管路上的再循环调节阀，使泵出口的部分水通过再循环阀回流到除氧器中，加大泵的水流量。即工作点由 a_1 移动到 b_1，在保证所需的泵出口压力的条件下，使泵进入最小流量右侧的安全工作区。

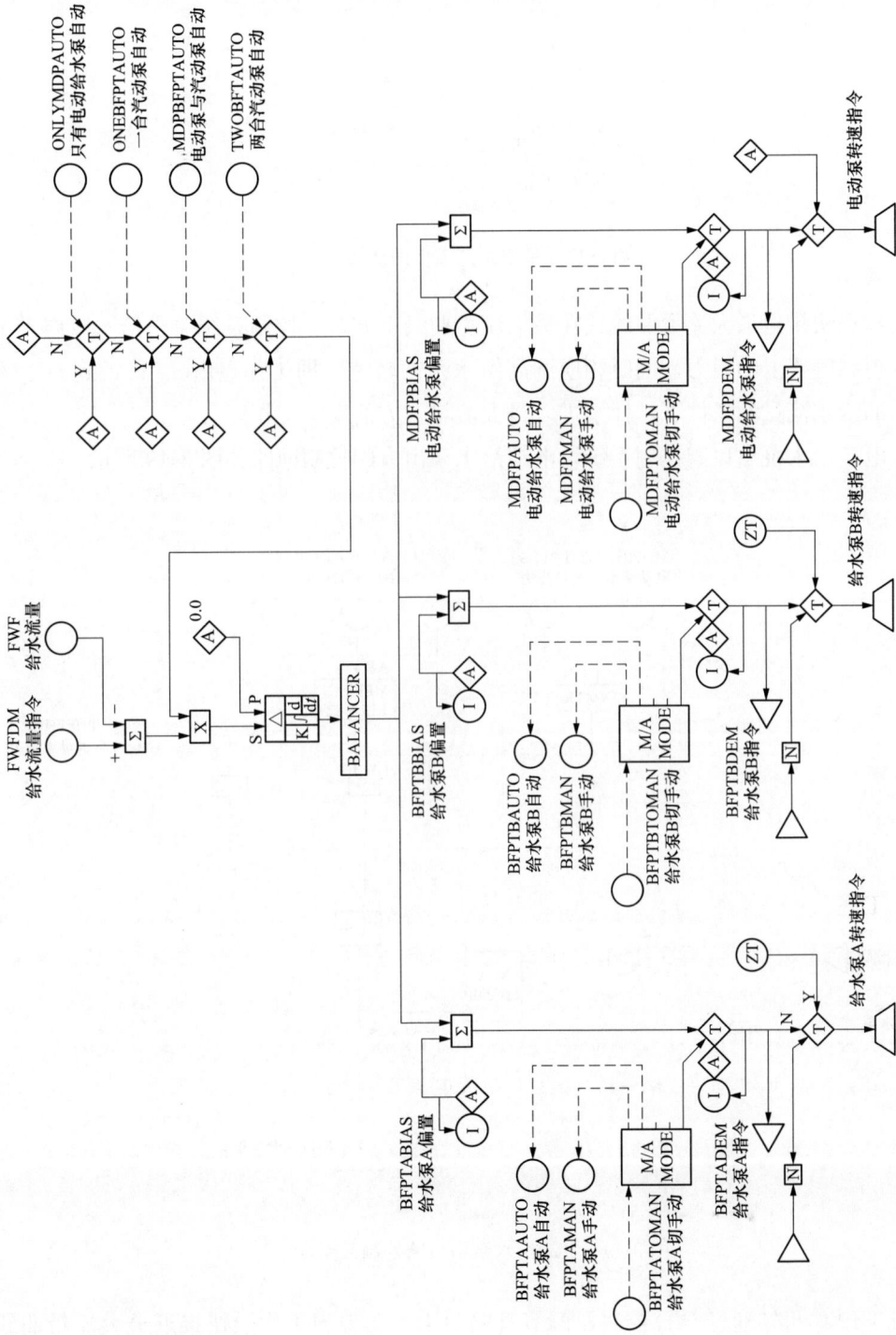

图 3-47 给水泵转速指令形成回路

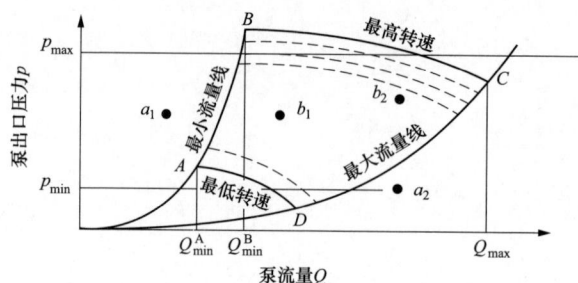

图 3-48 泵的安全工作曲线图

当工作点快接近最大流量曲线或在最大流量曲线下方时，控制系统关小给水管路上的调节阀，提高管路上的阻力，同时相应调高给水泵的转速。即工作点由 a_2 移动到 b_2，在保证所需的给水流量的条件下，使泵进入最大流量上方的安全工作区。

（1）电动给水泵出口阀控制系统，电动给水泵出口阀控制回路如图 3-49 所示。

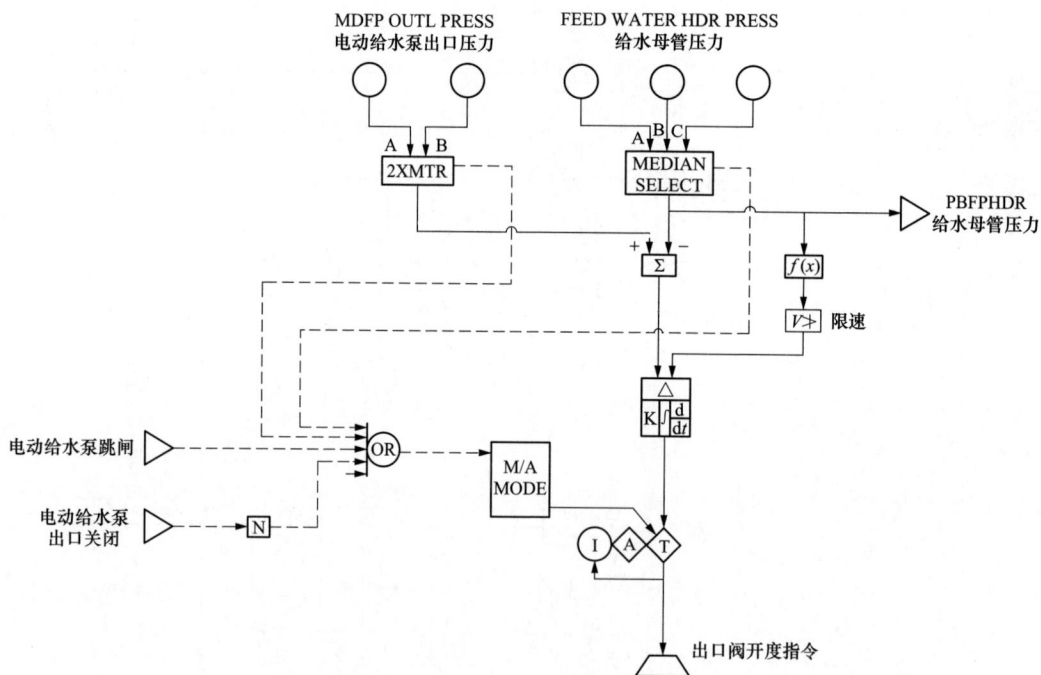

图 3-49 电动给水泵出口阀控制回路

从图 3-49 中可知通过 PID 控制器调节管路阻力，实现当工作点快接近最大流量曲线时泵的安全运行，PID 的测量值输入为管路阻力测量值，通过电动给水泵出口压力减去给水母管的压力测量值得到，设定值是通过给水母管的压力值通过函数模块得到的。

下列情况之一满足时，电动给水泵出口阀控制系统切手动：

1）电动给水泵出口压力测量信号故障。

2）给水母管的压力测量信号故障。

3）电动给水泵跳闸。

4）电动给水泵出口阀关闭。

（2）给水泵再循环流量控制系统。给水泵再循环流量控制回路如图 3-50 所示。

从图 3-50 中可以看出，给水泵再循环流量控制指令，是通过给水泵的入口流量信号值函数模块得到的，在此回路中有两个不同的函数模块 f_x，这两个函数模块保证在增大给水泵入口流量和减少给水泵入口流量的不同变化方向上，开阀和关阀的流量切换点不同，大、小值选择块作用是对再循环阀的开度进行上、下限限制。

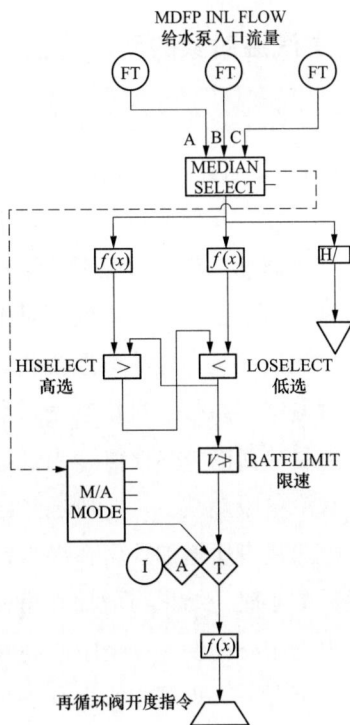

图 3-50　给水泵再循环流量控制回路

第八节　汽温自动控制系统

一、概述

超临界、超超临界机组大多采用一次中间再热，因此，汽温控制系统包括过热汽温控制系统和再热汽温控制系统两部分。

过热汽温控制系统的主要任务是保证过热器出口温度在允许值范围内，以确保机组运行的安全性和经济性。若主汽温过高，可能造成过热器、蒸汽管道和汽轮机的高压部分金属高温损坏，主汽温过低，会降低全厂的热效率，同时会使通过汽轮机最后几级的蒸汽湿度增加，引起叶片磨损，因而主汽温的上下限一般保持额定的偏差。当汽温变化过大时，将导致锅炉和汽轮机金属管材及部件的疲劳，还将引起汽轮机汽缸和转子的胀差变化，甚至产生剧烈振动，危及机组的安全，所以有效精准的控制策略是十分必要的。

再热汽温控制的主要任务是为了提高机组的循环热效率及防止汽轮机末级带水，同时保证处在高温烟气区的再热器不致损坏。再热汽温的动态特性与主汽温的动态特性趋势一致，所以本节只对主汽温动态特性进行介绍。

二、主汽温对象的动态特性

（一）影响过热汽温的主要因素

（1）燃料/给水比（煤水比）。只要燃料/给水的比值不变，过热汽温就不变。只要保持适当的煤水比，在任何负荷和工况下，直流锅炉都能维持一定的过热汽温。

（2）给水温度。正常情况下，给水温度一般不会有大的变动；但当高压加热器因故障退出运行时，给水温度就会降低。对于直流锅炉，若燃料不变，由于给水温度降低，加热段加长、过热段缩短，过热汽温会随之降低，负荷也会降低。

（3）过量空气系数。过量空气系数的变化直接影响锅炉的排烟损失，同时影响对流受热面与辐射受热面的吸热比例。当过量空气系数增大时，除排烟损失增加、锅炉效率降低外，炉膛水冷壁吸热减少，造成过热器进口温度降低、屏式过热器出口温度降低；虽然对流过热器吸热量有所增加，但在煤水比不变的情况下，末级过热器出口汽温有所下降。过量空气系数减小时，结果与增加时相反。若要保持过热汽温不变，则需重新调整煤水比。

（4）火焰中心高度。火焰中心高度变化的影响与过量空气系数变化的影响相似。在煤水比不变的情况下，火焰中心上移类似于过量空气系数增加，过热汽温略有下降；反之，过热汽温略有上升。若要保持过热汽温不变，也需重新调整煤水比。

（5）受热面结渣。煤水比不变的调节下：炉膛水冷壁结渣时，过热汽温有所降低；过热器结渣或积灰时，过热汽温下降明显。前者发生时，调整煤水比即可；后者发生时，不可随便调整煤水比，必须在保证水冷壁温度不超限的前提下调整煤水比。

对于直流锅炉，在水冷壁温度不超限的条件下，后四种影响过热汽温因素都可以通过调整煤水比来消除；所以，只要控制、调节好煤水比，在相当大的负荷范围内，直流锅炉的过热汽温可保持在额定值，这个优点是汽包锅炉无法比拟的；但煤水比的调整，只有自动控制才能可靠完成。

超超临界机组过热蒸汽温度调节是以调节煤水比为主，作为粗调，用一、二级、三级减温水作细调，微调。中间点温度校正煤水比。

对于直流锅炉，其喷水减温只是一个暂时措施，要保持稳定汽温的关键是要保持固定的煤水比。其原因是：从图 3-51 可以看出，直流炉 $G = D$，如果过热区段有喷水量 d，那么直流炉进口水量为 $(G-d)$。如果燃料量 B 增加、热负荷增加，而给水量 G 未变，这样过热汽温就要升高，喷水量 d 必然增加，使进口水量 $(G-d)$ 的数值就要减少，这样变化又会使过热汽温上升。因此，喷水量变化只是维持过热汽温的暂时稳定（或暂时维持过热汽温为额定值），但最终使其过热汽温稳定，主要还是通过煤水比的调节来实现的。而中间点的状态一般要求在各种工况下为微过热蒸汽。

（二）直流锅炉微过热汽温（中间点温度）动态特性

过热蒸汽温度能正确反映燃水比例的改变，但存在较大的迟延，通常为 400s 左右；

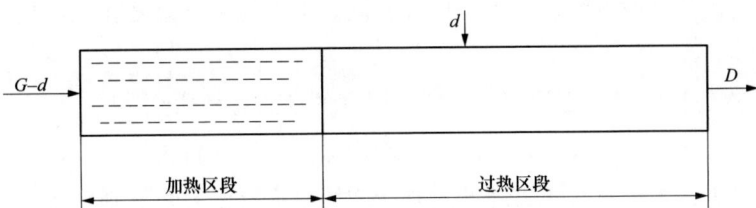

图 3-51 超临界压力锅炉工作示意图

因此，不能以过热蒸汽温度作为燃水比例的反馈控制信号，通常采用微过热汽温作为燃水比例的校正信号。因此，微过热汽温的动态特性具有特殊的重要性。微过热汽温又称为中间点温度。图 3-52 为不同负荷下中间点温度在燃料量、给水量阶越扰动下的动态特性曲线。

由图 3-52 中可以看出当燃料量增加时，中间点温度开始阶段由于金属要蓄热，所以存在一定的延迟，接着开始上升，这是由于燃料量增加，锅炉炉膛温度水平提高，炉内辐射换热增强，水冷壁中加热区段变短，过热区段变长，由于给水量没有变化，管内饱和压力几乎没有变化，所以导致中间点温度升高，最终稳定在更高的温度水平上。

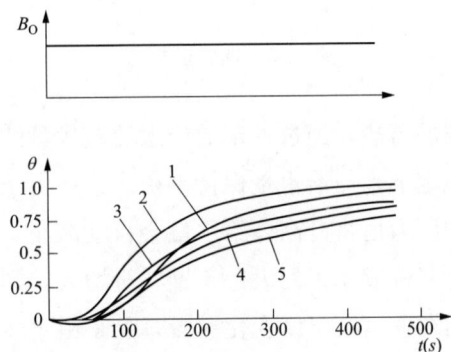

图 3-52 燃料量扰动

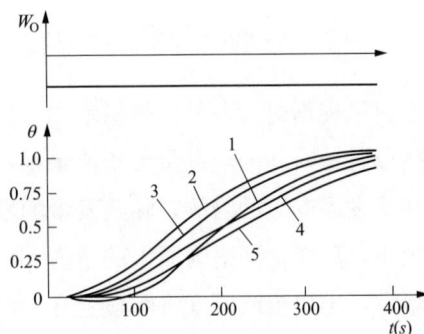

图 3-53 给水量扰动

从图 3-53 可知，当给水量增加时，由于管壁蓄热和管内储质不会阶跃变化，所以在起始阶段存在一定的延迟，虽然由于给水的增加会导致加热段变长，过热段变短，但给水量的增加带给管内饱和压力升高，从而导致饱和温度升高，汽温随焓值变化的放大系数明显减小，而受汽压变化的影响很大，从而导致中间点温度也是升高的。图中也反映了在不同负荷下其动态特性存在差异，但大体趋势基本一致。

（三）过热蒸汽温度对象的动态特性

典型的扰动信号主要有汽轮机调节阀开度、燃料量扰动和给水量扰动。由于超超临界运行状态分干态运行和湿态运行两种方式，在这两种情况下主汽温度的动态特性有较大差异，所以分类说明。

（1）干态运行时主汽温度的动态特性。在干态运行时汽水分离器被切除，所以其动态特性与不带分离器的一般直流锅炉动态特性相同。下面为主汽温度在三种典型扰动下的阶跃响应曲线。

图 3-54 为汽轮机阀门开度扰动下主蒸汽温度的动态特性曲线。

当汽轮机调节阀突然开大时，蒸汽量急剧增加，由于燃料放热未变，蒸汽压力将迅速下降。给水流量也将由于蒸汽压力降低而有所增加。蒸汽压力降低则饱和温度降低，锅炉金属和工质释放储热，产生附加蒸发量。随后，蒸汽流量将逐渐减少，最终与给水流量相等，因为燃料量保持不变，而给水量略有增加，故锅炉主汽温度稍微降低。如果只从燃料与工质的热平衡角度考虑，在最初蒸汽流量显著增大时，蒸汽温度应显著下降，但由于过热器金属释放蓄热所起的补偿作用，故出口蒸汽温度并无显著变化，并且过热器出口温度变化存在一定的延迟。

图 3-55 为燃料量扰动下主蒸汽温度的动态特性曲线。

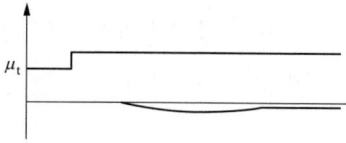

图 3-54　汽轮机调节阀开度扰动

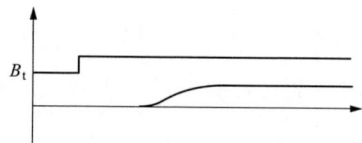

图 3-55　燃料量扰动

燃料量突增时，各处传热量增加，但由于金属的蓄热，经过一定的延迟后蒸发量才增大。所以有短时间的蒸发量大于给水量，随后又稳定下来与给水量保持平衡。这是由于加热段和蒸发段变短的缘故，随蒸发量的增大，锅炉压力也将升高，给水量会自动减小。给水量减小，蒸发量回落为原来的量值大小，给水也回调成原来的大小。燃料量增大，则燃水比增大，出口蒸汽温度将明显上升，但在变动初期，蒸汽温度变化缓慢，只是由于蒸发量和管壁金属储热的作用，过热蒸汽的温度变化存在延迟，并且延迟较长。

图 3-56 为给水量扰动下主蒸汽温度的动态特性曲线。

给水量增大时，蒸汽流量也会增加。但燃料量未变，加热段和蒸发段都将变长。锅炉内部工质储量将增加，使蒸发量暂时小于给水量。在最初阶段，蒸汽流量是逐渐增加的，但在最终稳定状态时，蒸发量必将等于给水量。由于锅炉给水增加时燃料量未变，燃水比减小，过热蒸汽温度下降。但由于金属的蓄热作用，蒸汽温度的下降有些时滞。

（2）湿态运行时主汽温度的动态特性。在湿态运行时，为了防止过热器入口蒸汽带水，汽水分离器投入运行。此时在扰动下的动态特性受到汽水分离器的影响，并且影响较大。以下为湿态运行方式下三种典型扰动的主汽温度的动态特性曲线。

图 3-57 为汽轮机阀门开度扰动下主蒸汽温度的动态特性曲线。

当汽轮机调节阀突然开大时，蒸汽压力降低，蒸汽饱和温度下降，进入分离器的蒸汽干度减小。蒸汽流量和汽轮机功率短时上升随后下降，并略高于原来的水平。过热蒸汽温度也由于蒸汽流量先短暂增大而最终减少导致过热汽温先短暂减小而后基本恢复。

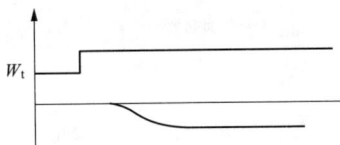

图 3-56 给水量扰动

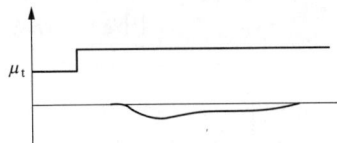

图 3-57 汽轮机调节阀开度扰动

图 3-58 为燃料量扰动下主蒸汽温度的动态特性曲线。

当燃料量突然增加时,进入分离器的蒸汽干度增大而使蒸发量提高,蒸汽压力也将升高。蒸汽压力提高虽使饱和蒸汽焓上升,蒸汽干度进一步增大,但是蒸汽流量显著增加,并导致过热蒸汽温度下降。

图 3-59 为给水量扰动下主蒸汽温度的动态特性曲线。

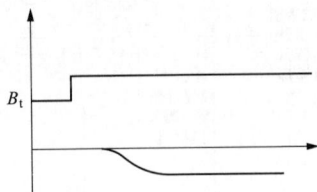

图 3-58 燃料量扰动

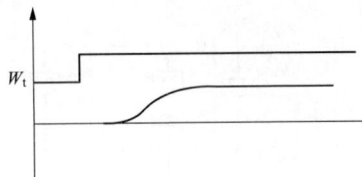

图 3-59 给水量扰动

当给水量增加时,由于进入水冷壁的冷水增多,炉膛放热量没变,蒸发量减小,主汽压压力将降低。过热蒸汽温度将因蒸汽流量减小而上升。

三、主汽温控制系统

锅炉主汽温度受到许多因素的影响,特别是在机组负荷动态变化时,仅靠水燃比来调节汽温是远远不够的,通常需要设置多级喷水减温来进一步调整主汽温度。超超临界的锅炉受热面较长,一般设计有三级喷水减温。超超临界直流锅炉过热器分为四级,按蒸汽流程分别为低温过热器、分隔屏过热器、屏式过热器、末级过热器。在此四级过热器之间分别布置喷水减温器。过热汽温采用以控制水煤比为主调,三级喷水减温为细调的方法,为了消除各级过热器两侧吸热量和汽温的偏差,每级喷水减温器分 A、B 两侧布置,过热器喷水减温工艺流程如图 3-60 所示,两侧调节系统完全相同,以下均对 A 侧的控制回路给予说明。

(一)第一级过热蒸汽喷水减温控制系统

第一级过热蒸汽喷水减温控制系统如图 3-61 所示。

(1)二级过热器出口温度设定值计算。一级减温控制系统的目的是使二级过热器出口蒸汽温度稳定,从图 3-61 中可知二级过热器出口温度设定值,是机组负荷通过函数模块再通过限速模块得到的值加上设定补偿值,在迅速减负荷条件下,需要通过限速模块得到,

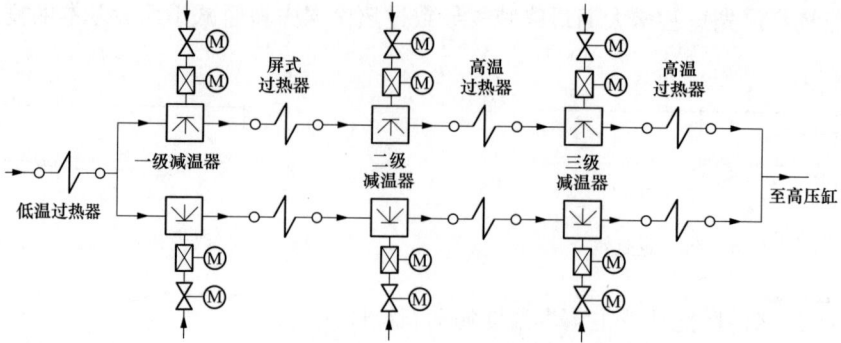

图 3-60 过热器三级喷水减温原理图

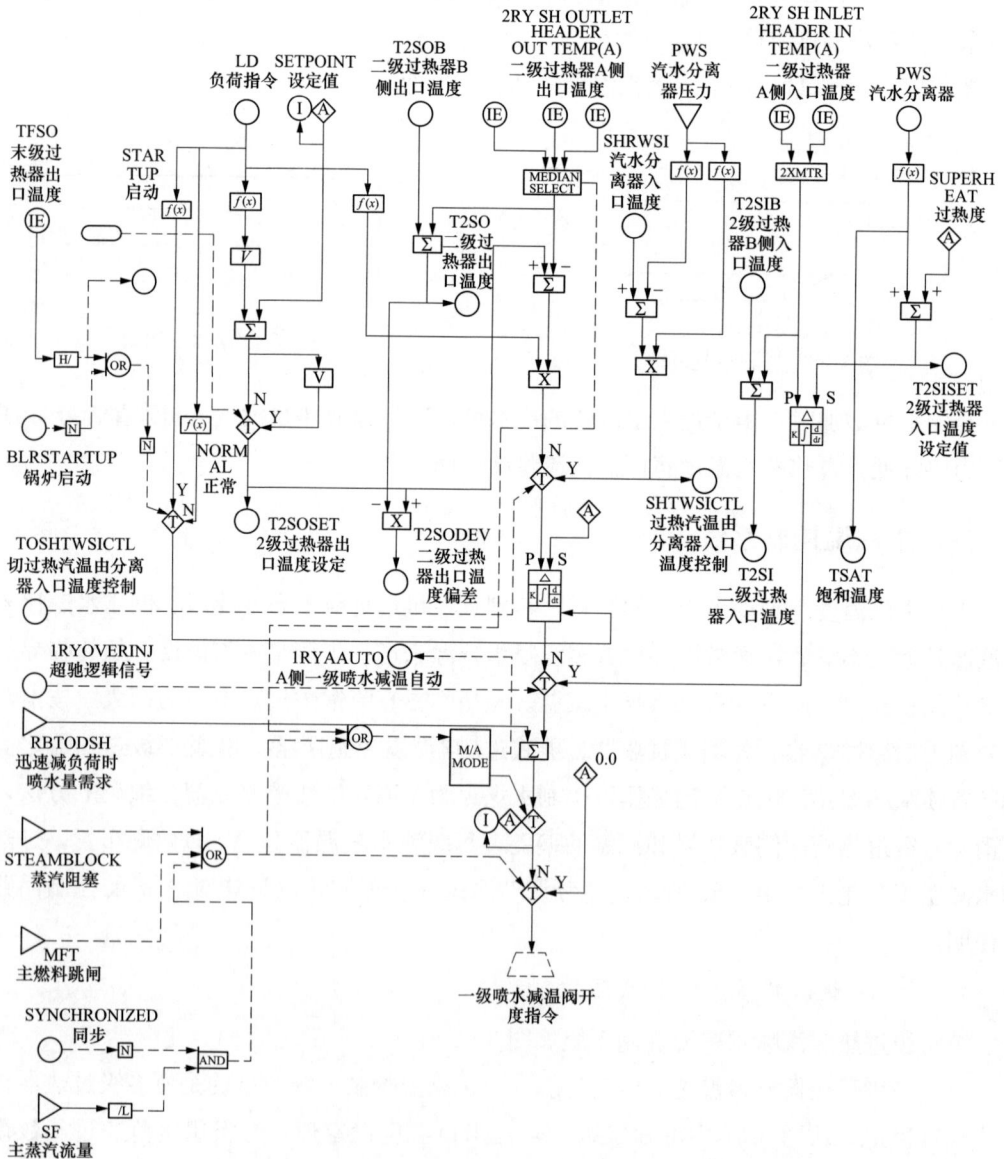

图 3-61 第一级过热蒸汽喷水减温控制系统

即为机组负荷的函数值。加入限速模块主要是防止负荷变动速度过大，导致减温器的阀门动作超过其最高动作允许速度。

（2）前馈信号。一级过热器喷水控制系统是前馈加反馈的控制策略。前馈信号通过机组负荷在不同条件下选取不同的函数功能块得到，在锅炉启动或末级过热器蒸汽出口温度低的条件下选择锅炉启动（BLRSTARTUP）函数模块，在非锅炉启动状态下和末级过热器蒸汽出口温度高于限定值时选择正常函数（NORMAL）模块。

（3）PID控制及其输入。第一级减温水控制器，根据二级过热器A侧出口温度的测量值与设定值的偏差进行PID运算。在迅速减负荷时再加上一修正值，输出调节指令，对于二级过热器出口温度的测量，从图3-61中可以看出，为了减小测量偏差以及由于管内温度场分布不均所带来的影响，选取三个测量点，通过中间值选择模块取其中间值。二级过热器出口温度设定值减去前面求取的中间值再乘以负荷修正系数，最终送到PID调节器。第二级过热器出口蒸汽温度值等于A侧中间值与第二级过热器B侧出口蒸汽温度的平均值，二级过热器出口温度设定值减去此平均值即为第二级过热器出口蒸汽温度偏差值。

（4）分离器入口温度控制回路。在干态运行方式下，为了保证汽水分离器入口温度能控制在饱和温度以上，系统增设了分离器入口温度控制回路，当干态值为1，且水煤比偏离正常值0.1以上时，系统切到分离器入口温度控制，汽水分离器工作在饱和态附近，温度和压力有对应的函数关系，通过分离器的压力求取饱和温度，汽水分离器的入口温度减去此饱和温度再乘以压力修正系数，通过PID调节器对第一级喷水减温阀开度进行控制。

（5）超驰保护回路。为了防止二级过热器入口蒸汽温度低于相应压力下的饱和温度，系统还设计了超驰保护回路以防止一级喷水调节阀开度过大。当以下条件均满足时：

超驰逻辑信号（1RYOVERINJ）等于1。

机组同步信号（SYNCHRONIZED）为1。

汽水分离器压力大于20MPa。

二级过热器入口温度与对应压力下的饱和温度的偏差小于下限设定值时。

这时一级喷水减温调节阀切到二级过热器入口温度控制回路，根据二级过热器入口温度偏差调节一级喷水减温调节阀开度。二级过热器A侧入口温度测量点有两个，取其一减去第二级过热器入口温度设定值，作为PID输入，第二级过热器入口温度设定值由通过汽水分离器的压力求取的饱和温度加上过热度得到。第二级过热器入口温度同样是由A、B两侧的测量值求均值得到。

（6）切手动逻辑。当下述条件之一成立时，强制关闭一级喷水调节阀且一级喷水减温控制站切到手动方式。

1）蒸汽阻塞（STEAMBLOCK）。

2）主燃料跳闸（MFT）。

3）第二级过热器A侧出口温度测量信号差。

4）同步值为0，主蒸汽流量（SF）偏低。

（二）第二级过热蒸汽喷水减温控制系统

第二级过热蒸汽喷水减温控制系统如图3-62所示。

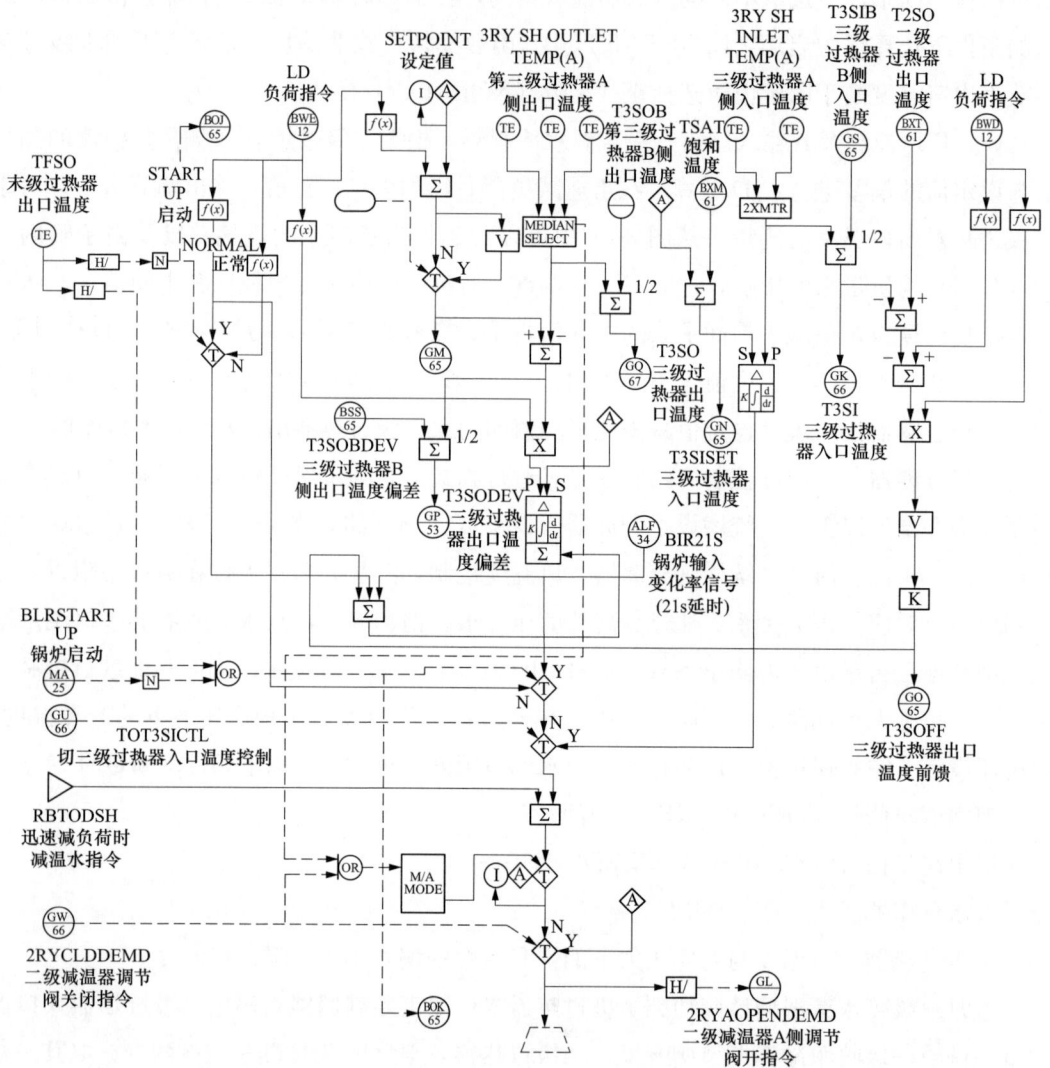

图 3-62　第二级喷水减温控制系统

从图3-62中可知原理基本与一级减温控制相同，所以对其原理完全相同之处简单论述，重点说明其差异，二级减温控制系统的目的是使三级过热器出口蒸汽温度稳定，三级过热器出口蒸汽温度的设定值也是采用机组负荷经函数模块得到。

（1）前馈信号。二级减温控制系统同样设计成前馈加反馈的形式，与一级减温控制系统不同的是，由于三级过热器及以后各级过热器管道越来越长，管内总的储能储质越来越多，导致出口蒸汽温度的控制延迟越来越大，所以，为了减少气温控制的延迟，加入了多路前馈信号，其中包括以下方面：

与一级减温器类似，前馈信号在机组启动和正常运行两种不同条件下，由机组负荷分别选择不同的函数模块得到。

从锅炉能量平衡的角度，根据机组负荷的升降来调节喷水减温阀，图 3-62 中将锅炉输入变化率信号（BIR21S）作为前馈信号，使喷水减温器阀门可以提前动作，从而大大地减小了温度控制的延迟。

以二级过热器出口与三级过热器入口温度差的偏差作为前馈信号，二级过热器出口与三级过热器入口温度差的设定值是机组负荷的函数。

（2）三级过热器入口蒸汽温度控制系统。调节器根据三级过热器出口温度偏差进行 PID 运算，自动调节二级喷水减温阀开度，为防止三级过热器入口蒸汽温度低于相应压力下的饱和温度，系统同样设计了三级过热器入口蒸汽温度控制系统，当以下条件都满足时，二级喷水减温控制切换到三级过热器入口温度控制系统，调节器根据三级过热器入口温度偏差输出调节作用，控制二级喷水减温调节阀开度，使三级过热器入口温度不低于相应压力下的饱和温度。

1）三级过热器入口温度与对应压力下的饱和温度偏差小于下限值时。

2）三级过热器入口温度测量信号差时。

3）汽水分离器压力大于 20MPa。

4）汽水分离器压力测量信号差。

5）同步信号为 1。

（3）切手动逻辑。当下述条件之一满足时，二级喷水减温控制切换到手动方式。

1）蒸汽阻塞。

2）主燃料跳闸。

3）同步信号为 0 并且蒸汽流量低时。

（4）温差控制。值得注意的是在本级喷水减温控制中使用了温差前馈方案，对于第二级喷水减温器位于屏式过热器和高温过热器之间，属于混合型过热器，由于具有辐射特性的屏式过热器与高温对流过热器随负荷变化的汽温静态特性方向相反，若采用第一级喷水减温的控制方案，势必会造成负荷变化时减温喷水分配不均，两级喷水量相差过大，引入这种前馈可以消除和减小二级喷水量的差异，这与按温差控制的分段控制系统有异曲同工之妙。

（三）第三级过热蒸汽喷水减温控制系统

第三级减温喷水控制如图 3-63 所示，其作用是稳定锅炉主汽温度。

（1）主调节及其输入。从图 3-63 中可看出该控制回路采用了串级控制系统，主调节器通过锅炉过热器出口温度的偏差进行 PID 运算，调节第三级喷水减温阀使锅炉出口主蒸汽温度稳定在允许范围内，同样为了消除由于温度场的分布不均产生的温差，锅炉 A 侧过热器出口温度测量点选取三个，取其中间值，为了消除 A、B 两侧的差异，再加上末级过热器 B 侧出口温度值，最后求其均值得到主蒸汽温度值，锅炉过热器出口温度的偏差就等于末级过热器出口温度设定值减去上面求得的温度值，与前面两级喷水减温控制所不同的是锅炉过热器出口温度的偏差又减去了由三级过热器出口与末级过热器入口温度差的偏差值计算出的末级过热器出口温度前馈值，以此作为主调节器的输入。汽温度的设定值是锅炉负荷的函数，并且加入了运行人员的手动偏差。

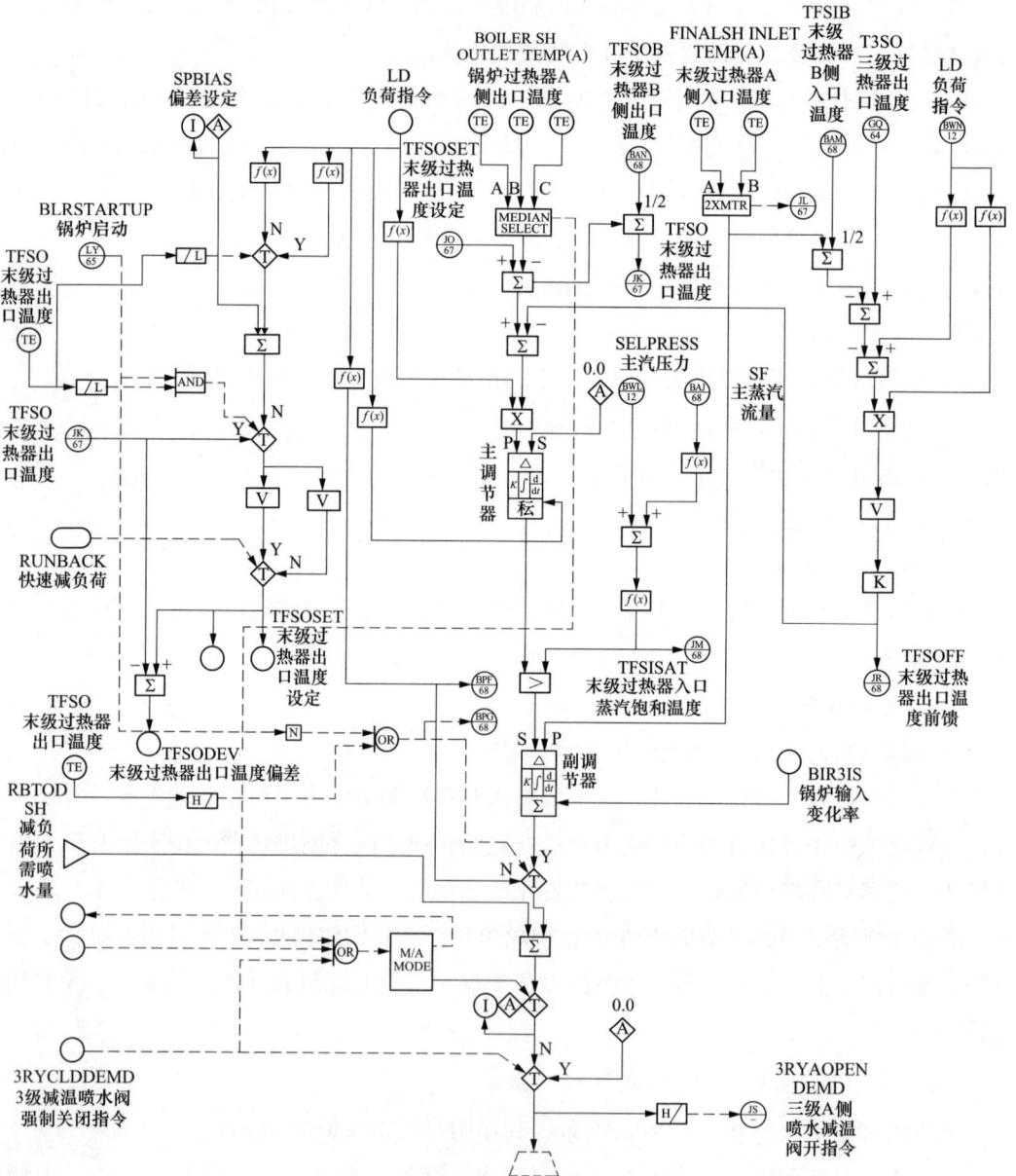

图 3-63 第三级喷水减温控制系统

（2）副调节及其输入。副调节器的输入为末级过热器入口温度，为了防止三级喷水减温器后的蒸汽进入饱和状态，当末级过热器入口蒸汽的饱和温度高于主调节器的输出值，即末级过热器入口蒸汽设定点温度时，副调节器的输入由主调节器的输出切换到末级过热器入口蒸汽的饱和温度上，从而限制了三级喷水减温阀开度过大而导致末级过热器入口蒸汽温度低于相应压力下的饱和温度。

（3）前馈信号。为了改善调节品质，三级喷水减温控制系统也采用了多路前馈信号，从图3-63中可以看出主要有两路，一路由机组给定负荷信号经函数模块直接送到主调节器的前馈通道，另一路以锅炉输入变化率作为副调节器的前馈信号。

在自动调节过程中，副调节器先根据锅炉输入变化率的前馈作用和末级过热器入口温度偏差动作，粗调三级喷水减温阀的开度，以快速适应负荷变化时汽温控制的需要，主调节器将锅炉出口主蒸汽温度调节到设定值上，起细调作用。

（4）逻辑信号。以下条件之一满足时，三级喷水减温控制切手动。

1）锅炉出口温度测量信号故障。

2）末级过热器入口温度信号故障。

3）三级减温调节阀强制关闭。

当下列条件之一满足时，三级减温调节阀强制关闭。

1）蒸汽阻塞。

2）主燃料跳闸。

3）同步信号为0，同时主蒸汽流量低时。

四、再热汽温的控制方式

再热蒸汽温度控制系统的目的是将再热蒸汽温度控制在允许范围内，并且在机组甩负荷、低负荷、汽轮机事故跳闸时保护再热器不超温，使机组安全经济运行。

再热蒸汽温度调节可以采用控制烟气侧、蒸汽侧两方面进行，具体方法有以下几种：

（1）控制燃烧器摆角。

（2）控制尾部烟道的烟气挡板改变通过再热器烟气的份额。

（3）利用锅炉排烟进行烟气再循环。

（4）喷水减温。

以上控制方法都或多或少存在不足之处，如控制燃烧器摆角即改变火焰中心高度，这样做最大的缺点是使锅炉燃烧工况改变，影响了炉内传热状况，也改变了过热器的吸热量，势必会造成其他控制系统跟随其同时动作。过热器、再热器出口烟气分配挡板通常布置在相互隔开的尾部烟道中，利用挡板开度来控制改变流经两通道中的烟气流量，在改变通过再热器烟气的份额的同时也改变了通过过热器的烟气份额，也会造成过热器传热量变化，利用烟气再循环会使排烟损失增大，喷水减温控制之所以列在最后，是因为喷水减温在再热气温控制中作为紧急喷水，是一种辅助手段，之所以不用其作为控制手段是从经济性角度考虑的，再热器喷水减温会严重降低机组的经济性。

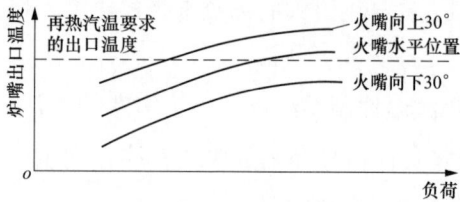

图 3-64　燃烧器摆动角度对炉膛
出口烟温的影响

相比上述几种再热蒸汽温度控制方法的优缺点，改变烟气挡板位置和调整燃烧器摆角的方法较好，一般作为较常用的调节手段。

通过改变燃烧器倾斜角度来改变炉膛火焰中心的位置和炉膛出口的烟气变化，达到控制再热汽温的目的。燃烧器摆动角度对炉膛出口烟温的影响如图 3-64 所示。

燃烧器上倾时可提高炉膛出口烟气温度，燃烧器下倾时可以降低炉膛出口烟气温度，因此，改变燃烧器倾角能够控制再热汽温。例如，低负荷时可通过上倾燃烧器提高再热汽温使其维持给定值。

采用烟气挡板需把尾部烟道分成两个并联烟道，在主烟道中布置低温再热器，旁路烟道中布置低温过热器。在低温过热器下面布置省煤器，调温挡板则布置在工作条件较好的省煤器下面。主、旁两侧挡板的动作是相反的，即再热器侧开，过热器侧关。

五、再热汽温控制系统

超超临界机组的再热汽温动态特性与主汽温动态特性类似，在此不再赘述。其控制系统由闭环控制烟气挡板和开环控制燃烧器摆角的联合控制方式组成：

以开环控制燃烧器摆角控制作为粗调；

闭环控制烟气挡板控制作为细调；

发生情况时采用事故喷水减温控制。

再热器分为两级，中间设置喷水减温控制，以下对各种调节方式予以逐一介绍。

（一）燃烧器摆角控制系统

燃烧器摆角控制回路如图 3-65 所示。

从图 3-65 中可以看出此超超临界锅炉有两层燃烧器，每层 4 个，控制每个燃烧器的方式都完全相同，都是开环控制回路，利用锅炉输入变化率加上机组负荷修正、机组负荷经函数模块、燃烧器摆角偏差三者值的和直接控制燃烧器角度。当六台给煤机和油枪都未投入运行时，燃烧器摆角置 50%（水平位置）逻辑信号输出为 1，此时直接切换到 50% 设定值控制燃烧器置于水平位置。

当下述条件之一满足时，燃烧器角度控制切手动。

（1）给煤机和油枪都未投入运行。

（2）锅炉输入指令信号质量差。

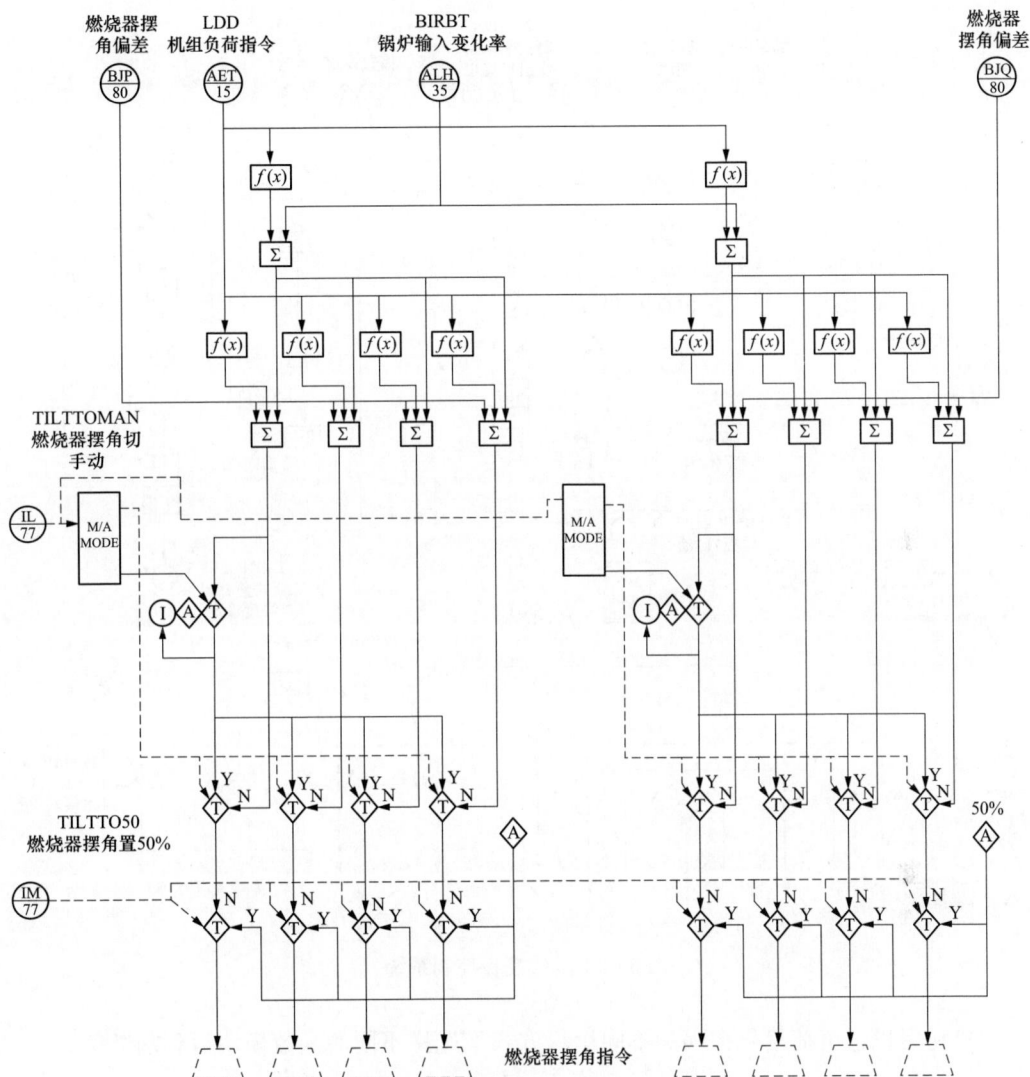

图 3-65 燃烧器摆角控制系统

（二）过热器、再热器出口烟气挡板控制系统

挡板 1 和挡板 2 的控制方法完全相同，这里只介绍挡板 1 的控制回路，如图 3-66 所示。

烟气挡板控制是带有三路前馈信号的单回路 PID 控制系统，利用二级再热器蒸汽温度偏差乘以负荷修正系数送入 PID 进行运算，输出值再经函数模块进行挡板开度控制。再热蒸汽设定值是由机组给定负荷信号经函数模块再经 PID 运算得到的，除此之外在计算再热蒸汽设定值时还考虑了再热器喷水偏差的影响，即进行挡板喷水协调控制。

三路前馈信号分别来自以下三个方面：

（1）再热蒸汽温度偏差经负荷信号校正作为前馈。

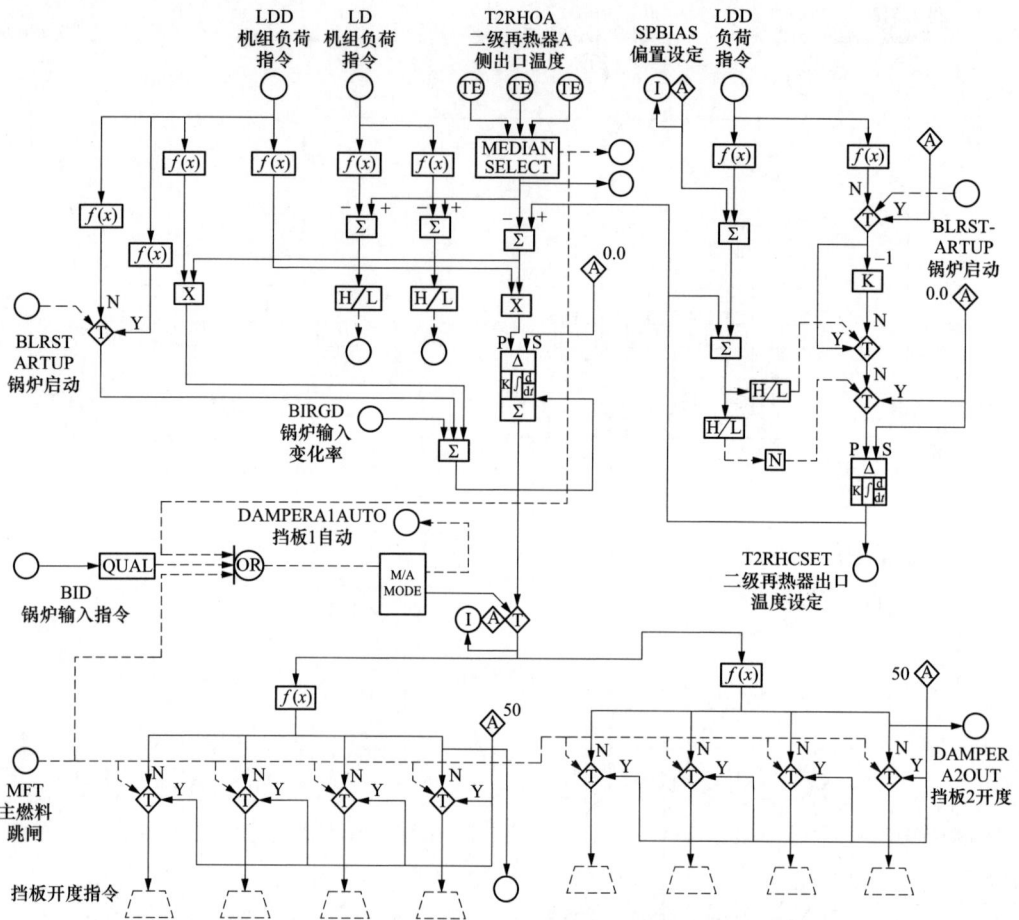

图 3-66 烟气挡板控制系统

（2）利用机组负荷信号在锅炉不同运行方式下选择不同的函数模块得到前馈值。

（3）锅炉输入变化率信号。

当下述条件之一满足时，烟气挡板控制切手动：

（1）再热汽温测量信号故障。

（2）锅炉输入指令信号质量差。

（3）主燃料跳闸，当主燃料跳闸时，烟气挡板自动置于 50％的位置上。

（三）再热汽温喷水减温控制

超超临界机组的再热蒸汽温度控制，优先选择调节烟气挡板位置和燃烧器摆角，在其调到极限位置时，或者发生事故前两种调节方式来不及调节时，为了保护再热器喷水减温控制才投入使用。

超超临界机组设有 A、B 两个再热汽温喷水调节阀，控制回路完全相同，现只对 A 阀进行说明，其控制回路如图 3-67 所示。

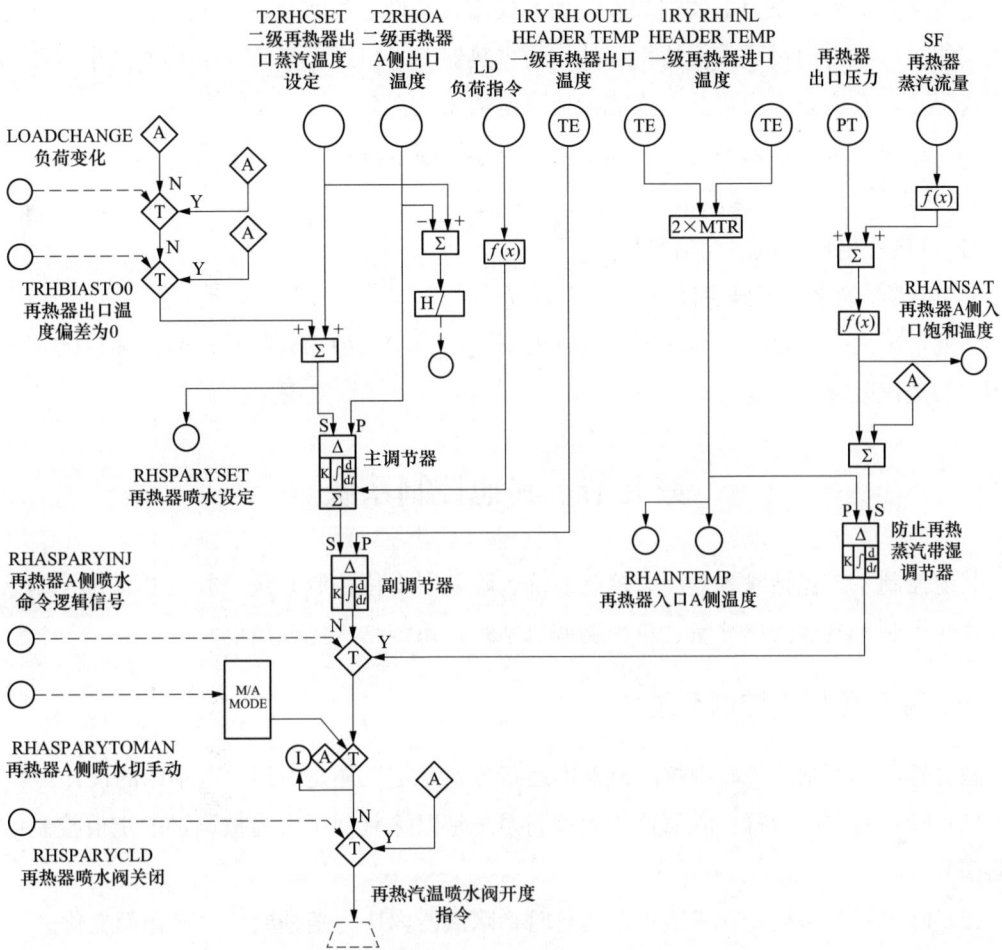

图 3-67 再热汽温喷水减温控制系统

（1）主控制回路。此控制回路设计成带前馈作用的串级控制系统，前馈信号由锅炉负荷指令经函数功能块后产生，作为主调节器的前馈信号，主调节器的输出与前馈信号和作为副调节器的给定值信号，副调节器的输入测量值为第一级再热器出口蒸汽温度。副调节器首先根据第一级再热器出口蒸汽温度偏差进行 PID 运算粗调再热器喷水减温阀的开度，以快速适应负荷变化的需要，主调节器根据再热蒸汽的温度偏差细调喷水减温阀使得再热蒸汽温度稳定在允许范围内。

（2）一级再热器进口温度控制系统。与过热蒸汽喷水减温控制类似，为了防止再热蒸汽带湿，系统设计了防止再热蒸汽进入饱和状态的保护控制回路。当机组同步后，汽水分离器的出口压力在 20MPa 以上，如果出现再热器入口的蒸汽温度接近相应压力下的饱和温度时，逻辑信号再热器喷水命令输出为 1，再热器喷水减温阀将切换到一级再热器进口温度控制系统。

对于一级再热器进口温度控制回路，PID 控制器的测量值为一级再热器入口温度，设定值是由再热器入口压力下的饱和温度加上操作人员设定的常数 A 得到，饱和温度是通过再热器的入口压力通过函数模块得到的，而再热器的入口压力则等于再热器的出口压力加上管道阻力，管道阻力由再热蒸汽流量通过函数模块得到。

（3）逻辑信号。下列情况之一满足时，再热器喷水减温控制切手动。

1）再热器入口蒸汽温度信号故障。

2）再热器出口蒸汽温度信号故障。

3）再热器喷水减温阀关闭。

下列情况之一满足时，再热器喷水减温阀关闭：①锅炉输入指令信号故障。②主燃料跳闸。③蒸汽阻塞。

第九节　其他控制系统

其他控制系统包括除氧器压力控制系统、除氧器水位控制系统、凝汽器水位控制系统等。这些控制系统多为单冲量、单回路调节系统，系统结构比较简单。

一、除氧器压力控制系统

除氧器压力控制系统，根据除氧器的运行方式是定压还是滑压，有不同的设计：

（1）除氧器定压运行。除氧器压力控制系统是以除氧器压力为被调量的定值控制的单回路调节系统。

（2）除氧器滑压运行。机组正常运行时，除氧器内压力随抽汽压力变化而变化。

在机组启动初期，除氧器由辅汽系统供汽，由除氧器压力调节阀维持除氧器定压运行。当机组负荷升高，切换为四抽供汽后，压力调节阀全关，除氧器滑压运行。定压运行时，总是将除氧器压力定值固定为 p_{min}。如启动初期除氧器压力低于允许的最低压力 p_{min}，则调节阀指令不允许超过设定的限值，保持一个较低的开度（10%～20%）进行暖除氧器。

当机组由辅汽供汽切换为四抽供汽后，随着除氧器压力的升高，压力定值跟随实际压力变化，并且总比实际压力低，调节阀逐渐关闭直至全关，除氧器转为滑压运行。在机组正常运行过程中，发生机组跳闸情况时，除氧器压力急剧下降。如压力下降的速率大于设定的速率时（0.05MPa/min），因压力设定值的下降速率受到速率限制模块的限制，压力定值将逐渐大于实际压力，经 PID 运算后，逐渐打开压力调节阀，防止除氧器压力下降过快而发生"闪蒸"现象。

二、除氧器水位控制系统

除氧器水位控制通常设计为全程控制系统，通过控制进入除氧器的主凝结水流量来维持除氧器水位。

在机组启动和低负荷运行时，给水流量小，由单冲量调节系统控制除氧器水位；当给水流量超过一定数值后，则由三冲量调节系统控制。三冲量分别为除氧器水位、给水流量、凝结水流量。如某 1000MW 机组，除氧器水位采用全程控制系统，当给水流量小于 210t/h 时采用单冲量水位调节系统，当给水流量大于等于 210t/h 时切换到三冲量水位调节系统。为了提高正常运行时除氧器水位控制的调节品质，在一些 1000MW 机组上除氧器水位控制采用了前馈—反馈复合控制系统，启动和低负荷时仍采用单冲量控制系统。单冲量控制和前馈—反馈控制之间为相互跟踪、无扰切换。前馈—反馈复合控制方式中的前馈信号由所有进出除氧器的工质流量信号组成，这些流量信号包括主凝结水流量 g_5、凝结水回流量 g_4、高压旁路减温水流量 g_3、过热器减温水流量 g_2、给水流量 g_1。它们中的任何一个发生变化都会影响除氧器水位。要使除氧器水位保持稳定，应使进出除氧器的工质保持平衡。取前馈信号为 x，令 $x = g_5 - (g_1 + g_2 + g_3 + g_4)$。若 $x = 0$，说明进出除氧器的工质平衡，除氧器水位基本稳定；若 $x \neq 0$，表明进出除氧器的工质不平衡，此时不等除氧器水位变化，即去改变进入除氧器的凝结水流量，提前消除扰动，克服控制对象惯性大（由于除氧器水容积大，从工质不平衡到除氧器水位变化要有一个延时过程）给除氧器水位控制带来的不利影响，提高水位调节品质。

某 1000MW 机组，在主凝结水管路上设计了两只并联的调节阀门，通流量分别为 30% 和 70% 最大凝结水量。在小流量时，即当控制器输出较小时，用小阀控制；控制器输出达 30% 时，小阀开足；控制器输出超过 30% 时小阀保持全开，大阀开始开启。这样用大小两只阀分段控制，降低了调节速度，调节过程较为平稳，从而提高了系统的可靠性。

三、凝汽器水位控制系统

凝汽器水位控制系统一般设计为单冲量调节系统，通过调节凝汽器补水调节阀来控制凝汽器热井水位为一定值。凝汽器热井水位测量由于是真空容器，若采用常规单室平衡容器则需要设一根补水管，平时少量补水以维持正压头参比水柱；目前很多已改用带远传毛细管配件的膜盒式差压变送器或其他检测方法。

采用带远传毛细管配件的差压变送器可以用远传检测头直接在被测点检测，将感受到的压力通过毛细管传递到变送器膜盒内进行测量。

远传配件的选择，包括远传检测头的形式、毛细管长度及充灌液的品种等，都要根据实际应用的需要，结合制造厂可配供产品样本来进行，一般选择螺纹式或法兰式安装形式，毛细管尽可能短，以减小响应时间，变送器应安装在位于或低于下取压孔的位置，充灌液应能适应所使用最高、最低环境温度。

有的电厂采用微波（雷达）测量仪来检测，此时需配置外接测量筒，将测量仪安装在测量筒上检测，也可取得良好效果。

四、除氧器水位和凝汽器水位的协调控制

由于除氧器水位和凝汽器水位之间存在耦合，两者各自采用单回路调节时互相影响严重，很难长期稳定运行。不少工程将系统设计为两者协调控制方式，可以获得良好的控制效果。采用协调控制方式时，一般需增设缓冲水箱，即补水先进入缓冲水箱，再经缓冲水箱进入凝汽器，同时凝结水管上有一路回水回到缓冲水箱。这时，凝汽器再循环阀控制凝结水泵最小流量，用凝结水调节阀和缓冲水箱出水阀分别控制除氧器水位和凝汽器热井水位，凝结水至缓冲水箱的回水阀作保护用。当凝结水压力过高、除氧器或凝汽器水位过高时，打开回水阀。平时该阀全关，以节省凝结水泵电耗。

五、高压加热器水位控制

设定值由人工设定。

正常时通过调节高压加热器水位调节阀的开度控制高压加热器的水位。当高压加热器水位过高时，同时通过调节高压加热器紧急疏水阀的开度控制高加水位。控制回路手动时，水位设定值跟踪实际水位。投入自动后，可由运行人员设定。高压加热器紧急疏水阀调节器的设定值比正常水位设定值高。

调节器 PV 与 SP 偏差、阀位与指令偏差超限、水位信号无效、来自 SCS 的高压加热器解列信号将使调节器 M/A 站切手动。

六、低压加热器水位控制

正常时通过调节低压加热器水位调节阀的开度控制低压加热器的水位。当低压加热器水位过高时，同时通过调节低压加热器紧急疏水阀的开度控制低压加热器水位。控制回路手动时，水位设定值跟踪实际水位。投入自动后，可由运行人员设定。低压加热器紧急疏水阀调节器的设定值比正常水位设定值高。

低压加热器疏水调节器 PV 与 SP 偏差、阀位与指令偏差超限、水位信号无效、来自 SCS 的低压加热器解列信号将使调节器 M/A 站切手动。

第十节   二次再热机组控制策略

一、协调控制策略

（一）协调控制方案

控制回路主要由四部分组成：

（1）由机组负荷要求形成的控制回路，该信号分别至汽轮机主控和锅炉主控，属于控制结构的第一层。

（2）由锅炉主控输出形成燃料量、给水量、总风量控制回路，属于燃料、给水、送风的主干控制回路。

（3）由于主干控制回路存在差异，不能精确控制，由相应 PI 调节回路对其进行补充修正。如压力控制回路、中间点温度控制回路、烟气含氧量控制回路。

（4）当负荷变化时，由于控制对象的惯性影响，以上的控制回路不能完全满足控制要求，需要相应的预估控制回路对其进行进一步补充。

二次再热超超临界机组的协调控制策略是一种 BID+BIR 的控制策略。

（1）当稳定负荷时，由 BID 实现机组的协调控制，这时 BIR 信号为"0"；

（2）当负荷变化时，由 BID+BIR 共同实现机组协调控制。BIR 作为协调预估信号参与机组协调控制。

BIR 的特点：实际负荷变化率。

（1）当稳定负荷时，由 BID 实现机组的协调控制，这时 BIR 信号为"0"；

（2）当负荷变化时，BIR 信号就是通过 DCS 运算得出的时间负荷变化率。当负荷升高时，BIR>0；当负荷降低时，BIR<0。

（3）通过 BIR 信号，提供给协调控制系统的系统预估信号。

二次再热机组协调控制方案见图 3-68。

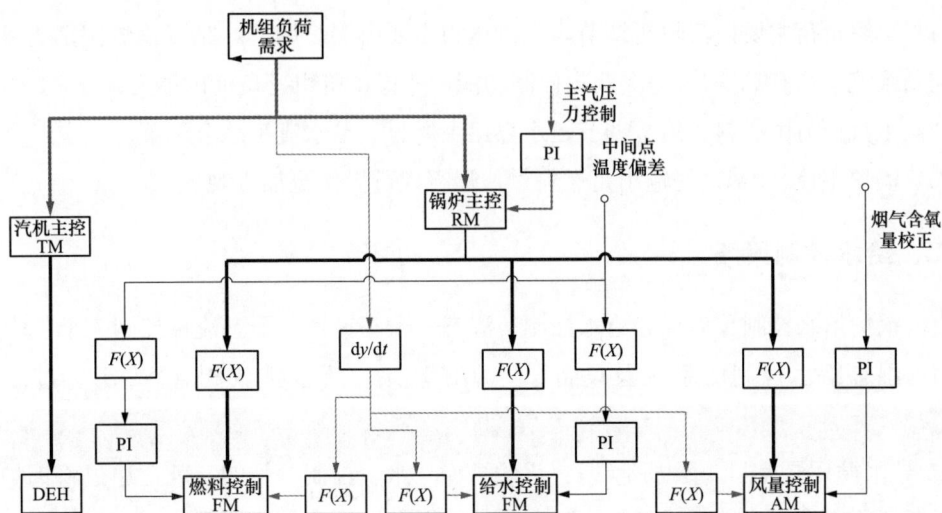

图 3-68 二次再热机组协调控制方案

（二）机组负荷禁增、禁降功能

（1）当机组出现禁增、禁降条件时，相应方向的负荷变化率将强制切换到零，这时机组负荷只允许向不受限制的另一方向变化。

（2）如果相应的子控制回路重新回到控制范围，该项限制将不再起作用。负荷改变恢复正常。

（3）机组的负荷禁增、禁降功能是协调控制的补充和限制。当协调控制系统控制能力越限时，该功能动作，对系统控制质量进行限制，防止无限扩大。

当机组出现以下情况时，进行禁增：①电网频率高；②机组负荷达到上限；③机组主汽压力过低；④给水流量达到上限；⑤给煤量达到上限；⑥引风机、送风机的出力达到上限；⑦一次风出力达到上限；⑧磨煤机的出力达到上限。

当机组出现以下情况时，进行禁减：①电网频率达到低限；②机组负荷达到低限；③机组主汽压力偏差过高；④机组燃烧指令达到低限；⑤送风机、引风机、一次风机的出力达到低限。

（三）协调控制的 RB 控制功能

（1）当机组发生 RB 时，协调控制方式将变为 TF 方式，而锅炉主控处于自动跟踪方式，其跟踪目标是 RB 的目标值。

（2）当机组发生 RB 时，锅炉主控输出指令将根据预先设定的 RUN BACK 目标值和 RUN BACK 速率强制下降。

（四）协调控制方案的特点

（1）机组负荷主要由汽轮机调节，主汽压力主要由锅炉调节，是以锅炉跟随为基础的协调控制系统；具有 AGC、一次调频控制功能；考虑了机组变负荷的能力。

（2）主汽压力由燃料、给水调节，水煤比由燃料、给水流量综合调节。

（3）锅炉主控（BM）的输出是燃料量，运行人员操作更加直观。

二、给水控制策略

直流锅炉给水控制分为湿态给水控制、湿态—干态转换、干态流量控制三个阶段。

（1）湿态给水控制的系统及设备：炉水循环泵、疏水排放阀（WDC）、过冷水调节阀。

1）炉水循环泵控制（见图 3-69）：锅炉再循环水量控制的目的，就是通过将锅炉在湿态运行期间所产生的疏水再循环，达到回收热量提高锅炉效率的效果。

2）疏水排放阀（WDC）控制（见图 3-70）：用于控制汽水分离器储水箱液位。由于储水箱水位波动大，利用闭环调节不能满足要求，必须采用开环的控制策略，使阀门快速动作，以满足要求。

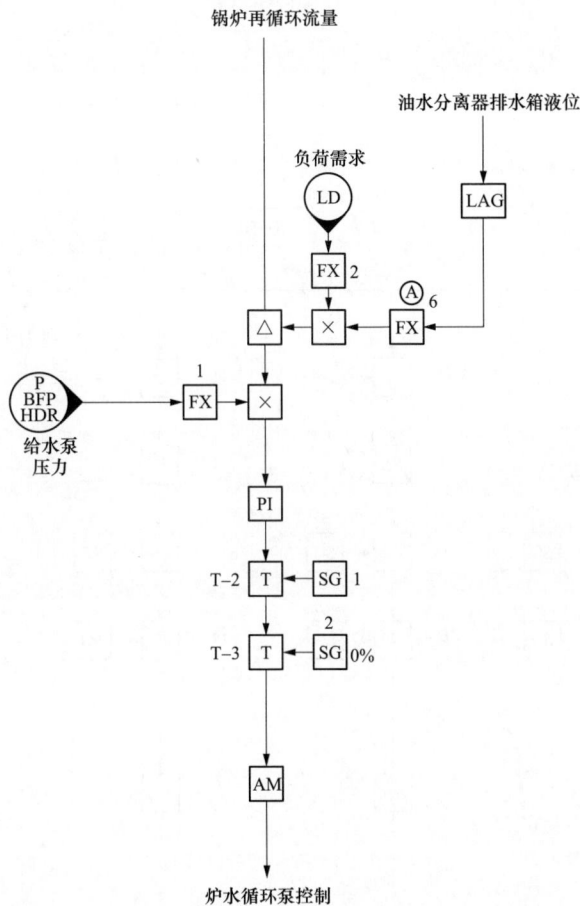

图 3-69　炉水循环泵控制

3）过冷水调节阀控制（见图 3-71）：在湿态方式运行期间，通过该调节阀维持1％MCR～3％MCR 的过冷水量以冷却分离器疏水，确保进入 BCP 泵的是非饱和水。

（2）干态给水控制的系统及设备：给水流量控制、暖管阀控制、省煤器保护。

1）给水流量控制（见图 3-72）：给水控制的任务是控制总给水流量，以满足锅炉输入指令。总给水流量在省煤器入口测量。

为了避免省煤器汽化现象的发生，在给水流量指令上还加上经保证省煤器出口一定过冷度计算给出的正偏置，以增加给水流量。保证锅炉一定的过热度。

2）BCP 暖管疏水排放阀控制（见图 3-73）：在锅炉再循环泵热备用疏水排放调节阀也用于控制水分离器储水箱液位。该阀门只在锅炉干态方式运行时开启，将 BCP 暖管疏水引起的分离器液位上涨而需要排放的水排放到二级过热器减温水管路。在锅炉湿态方式运行期间，该阀始终关闭。

3）省煤器汽化保护（见图 3-74）：如果由于负荷 RB、甩负荷等，锅炉压力瞬间减少

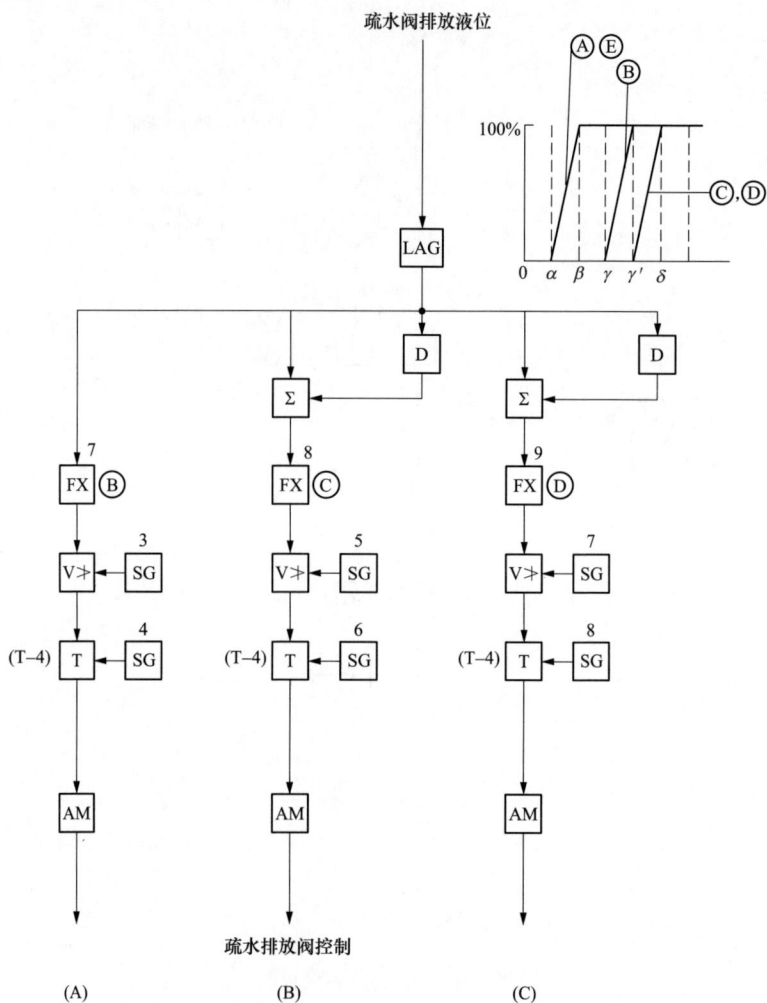

图 3-70   疏水排放阀控制

时，省煤器侧的水有可能蒸发，因为省煤器水温会大于在此压力下水的过热温度，导致省煤器汽化。

三、水煤比控制策略

（一）常规的水煤比控制方案

（1）煤跟水方案（见图 3-75）：当由锅炉主控确定给水流量后，水煤比的控制由燃料量调节。典型应用：以三菱公司提出的方案为主，应用于玉环电厂、营口电厂等。

（2）水跟煤方案（见图 3-76）：当由锅炉主控确定燃料量后，水煤比的控制由给水流量调节。典型应用：以欧美的方案为主，应用于沁北电厂、太仓电厂、广东红海湾电厂等。

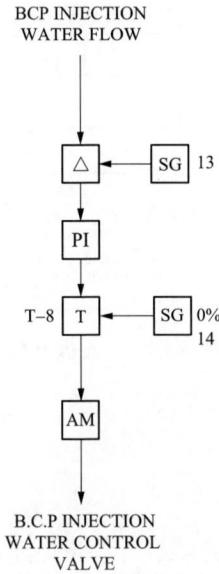

图 3-71 过冷水调节阀控制

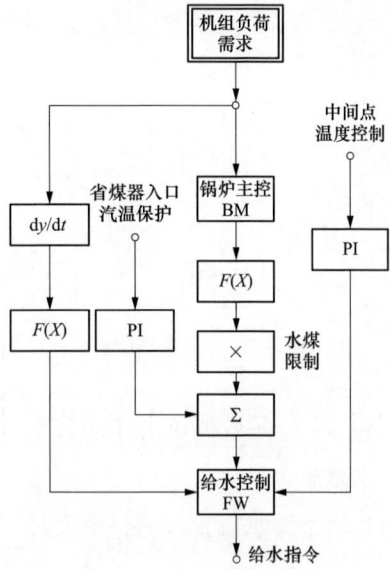

图 3-72 给水流量控制

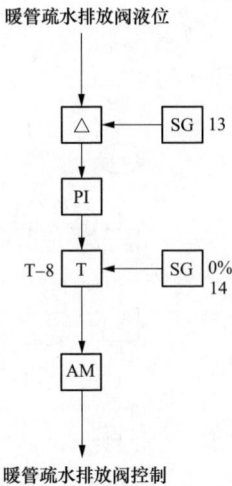

图 3-73 暖管疏水排放阀控制

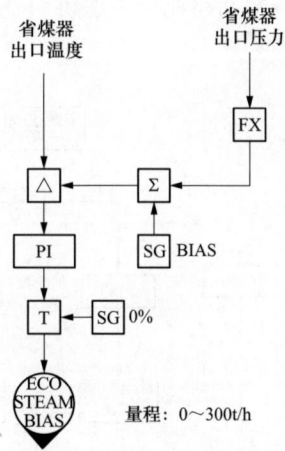

图 3-74 省煤器汽化保护

两种方案的特点：

（1）煤跟水方案：该方案的缺点是中间点温度控制精度差，不利于锅炉过热汽温和壁温控制。其优点是主汽压力稳定。其缺点在直吹式制粉系统的锅炉中表现尤为明显。

（2）水跟煤方案：该方案的优点是中间点温度控制精度高，有利于锅炉过热汽温和壁温控制。其缺点是主汽压力控制效果相对较差。

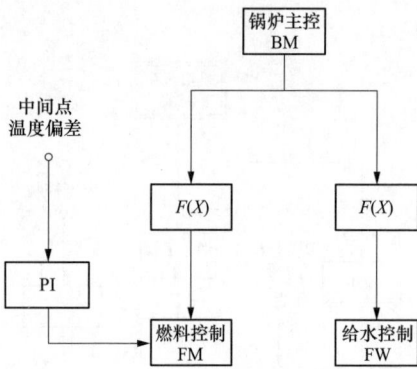

图 3-75　煤跟水方案

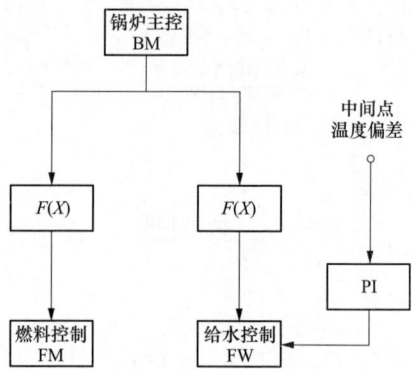

图 3-76　水跟煤方案

（二）二次再热机组水煤比控制方案

基本思想：

（1）由于给水流量、燃料量变化对中间点温度响应特性存在差异，充分利用了二者的优点。通过燃料量、给水流量联合调整，实现对中间点温度的控制。通过这种控制方式，达到中间点温度、过热汽温、主汽压力更加精确控制的目的。

（2）中间点温度设定值智能给定，可以有效防止锅炉超温、低温情况发生，中间点温度控制图见图 3-77。

（3）控制回路充分考虑机组变负荷工况和 RB 工况。

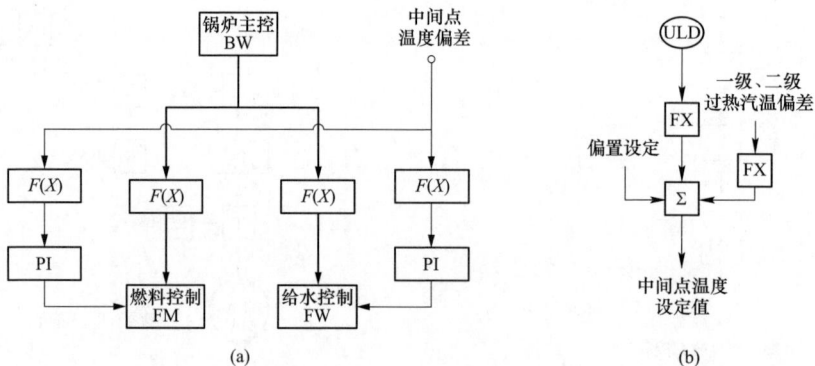

(a)

(b)

图 3-77　中间点温度的控制

四、过热汽温控制策略

（一）中心思想

将中间点温度控制、一级减温水控制（见图 3-78）、二级减温水控制（见图 3-79）合为一体考虑，保证锅炉各段壁温，锅炉出口过热汽温正常。

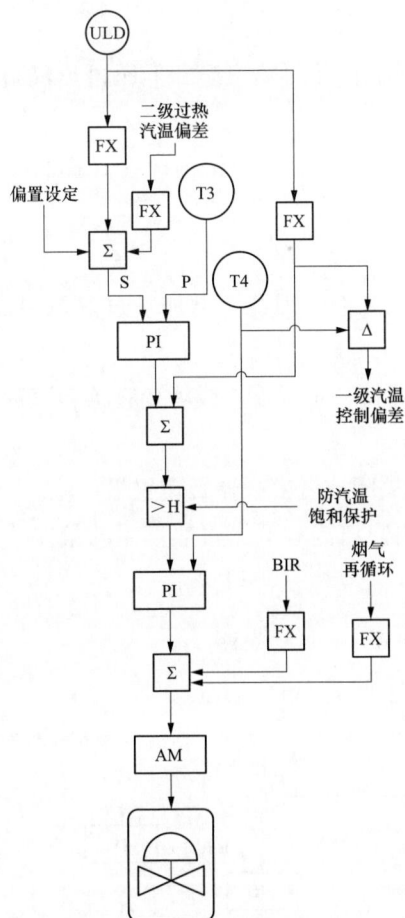

图 3-78 一级过热汽温控制

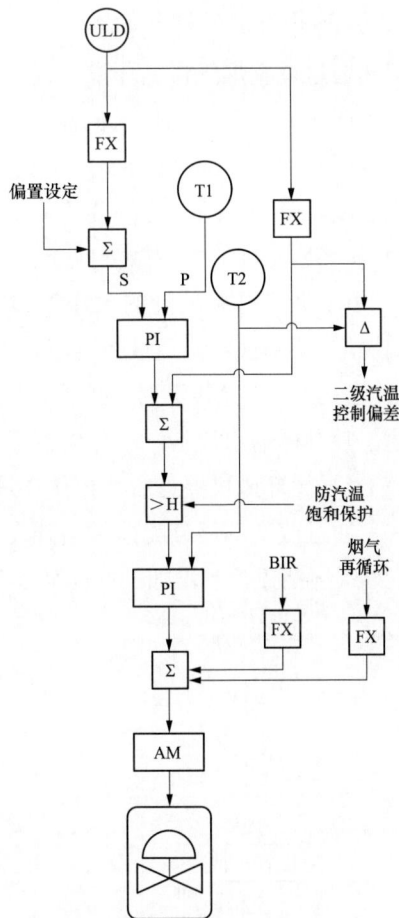

图 3-79 二级过热汽温控制

（二）控制思路

（1）采用串级控制方式，目的是提高汽温控制精度。

（2）负荷变动及 RB 工况。

（3）考虑烟气再循环对汽温的影响。

（4）防止蒸汽进入饱和状态，蒸汽进水。

五、再热汽温控制策略

（一）高低压再热汽温的布置

分为低温再热器和高温再热器，两级布置。在两级再热器之间布置有事故喷水装置。一级再热器和二次再热器布置形式相同。

（二）再热汽温的调节手段

主要手段：烟气挡板＋烟气再循环；辅助手段：摆动燃烧器；事故和变负荷：喷水减温。

（三）再热汽温的调节方式

（1）通过调整烟气再循环量，改变总吸热量，控制高压再热汽温和低压再热汽温之平均值，见图 3-80。对再循环风机控制增加的回路如下：

1）增加负荷变化时的前馈。当负荷变化时，再循环风机出力提前改变，提高控制系统响应速度。分为负荷变化率和负荷线性函数两种。

2）喷水后温度的导前微分前馈。

3）由于烟气再循环量的大小对过热汽温有很大影响。因此，增加了过热汽温高/低时，闭锁增/减烟气再循环量控制回路。

4）当锅炉发生 MFT 后，再循环风机出口挡板保持一定开度，或者变频器转速置一固定转速。其具体输出值是汽水分离器压力的函数。

5）当再循环风机停运后，再循环风机出口挡板关闭或者变频器转速置最小位。

（2）通过改变烟气分配挡板的开度，控制高压再热汽温和低压再热汽温的偏差。见图3-81，对烟气挡板控制增加的回路如下：

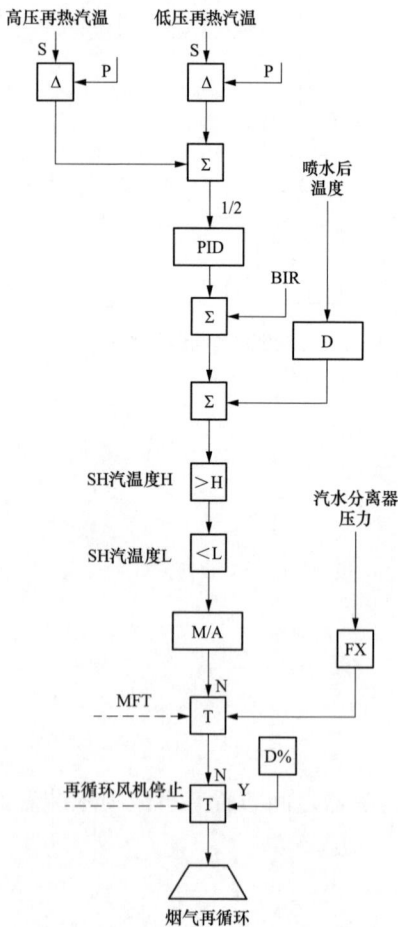

图 3-80　调整烟气再循环量控制方式

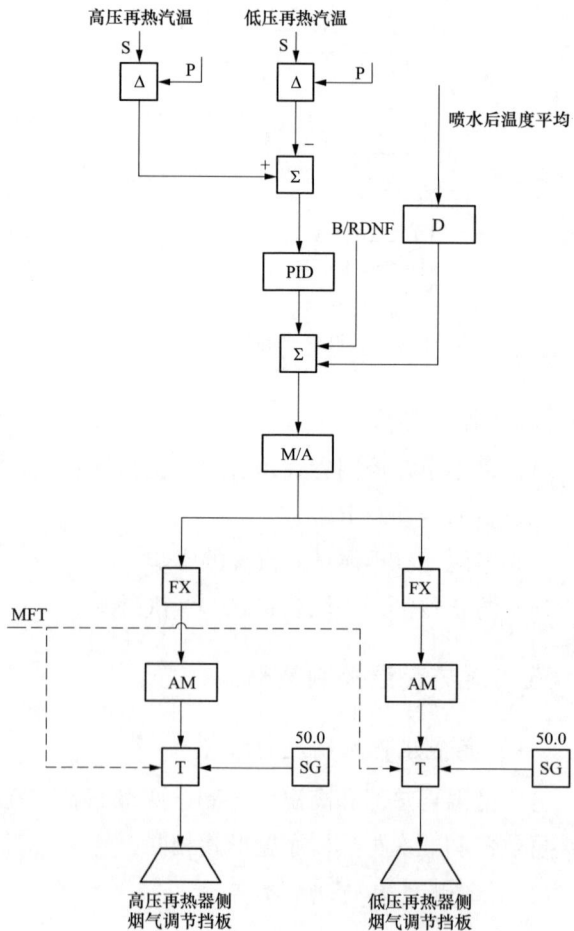

图 3-81　改变烟气分配挡板开度控制方式

1)当锅炉发生 MFT 后,烟气挡板强制开至 50%开度,保证两侧烟气分布均匀。

2)增加负荷变化时的前馈回路。当负荷变化时,烟气挡板提前改变,提高控制系统响应速度。分为负荷变化率和负荷线性函数两种。

3)喷水后温度的导前微分前馈。

(四)再热汽温辅助控制

(1)燃烧器摆动调节。见图 3-82。

(2)保护逻辑:

1)当过热汽温或者再热汽温高时,禁止燃烧器向上摆动。

2)当过热汽温或再热汽温低时,禁止燃烧器向下摆动。

3)当锅炉 MFT 时,燃烧器处于水平位置。

(五)再热汽温事故喷水控制(见图 3-83)。

(1)控制方式:导前微分+PI 控制。

(2)补充回路:

1)负荷变化时的前馈控制。

2)当锅炉 MFT 时或者 RB 时,强制关至"0"。

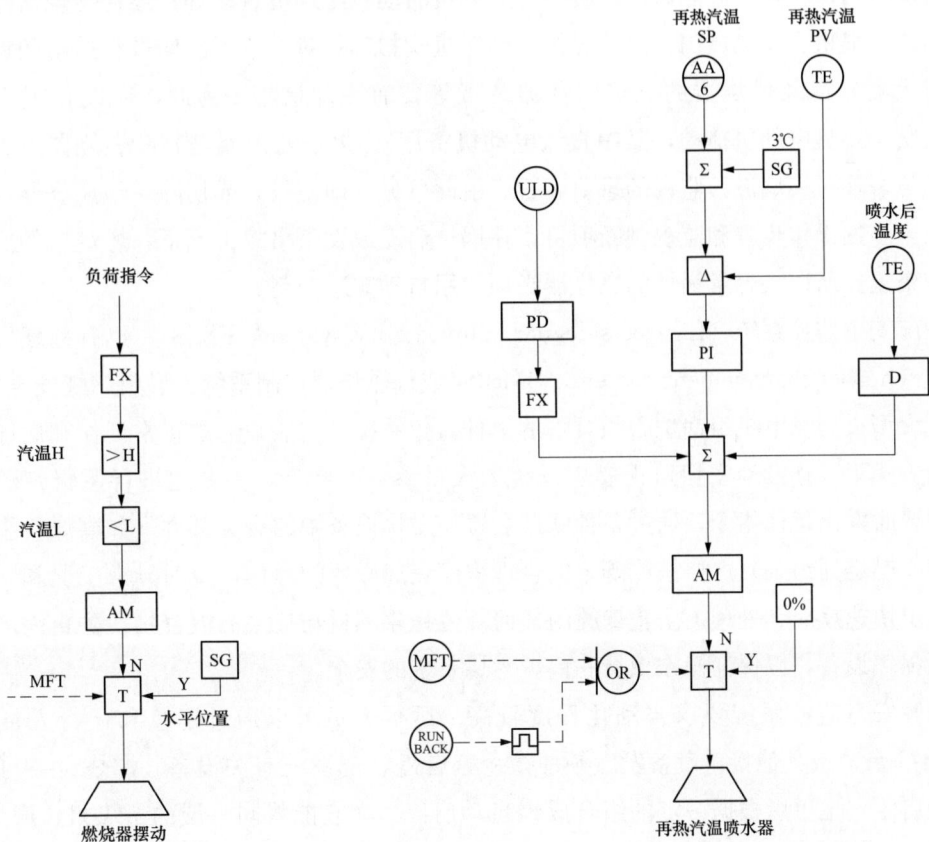

图 3-82 燃烧器摆动调节

图 3-83 再热汽温事故喷水控制

第四章　锅炉炉膛安全监控系统

第一节　锅炉炉膛安全监控系统基础知识

一、炉膛安全监控系统的地位

大容量锅炉需要控制的燃烧设备数量比较多，有点火装置、油燃烧器、煤粉燃烧器、辅助风（二次风）挡板、燃料风（周界风）挡板等，不仅类型复杂，而且它们的操作过程也复杂。例如：点火油枪的投入操作包括点火油枪推进、开雾化蒸汽（或雾化空气）门、开进油门等；停用操作包括关进油门、油枪吹扫、油枪退出等。煤粉燃烧器的投入操作包括开磨煤机出口挡板、开热风门、暖磨、磨煤机启动、给煤机启动等；煤粉燃烧器停用操作包括停给煤机、关热风门、停磨煤机、磨煤机吹扫等。对一般不能伸进和迟出的点火装置（点火器）以及燃烧器的火焰监视器装置等要有冷却措施，为此，还设置了冷却风机（由交、直流电动机拖动，其中直流电动机备用）。火焰监视器是判断燃烧器点火、熄火成功与否及对火焰进行监视的重要装置。由此可见，即使投入或切除一组燃烧器，也需要有相当多的操作步骤和监视判断项目，在锅炉启动或发生事故工况下，燃烧器的操作工作更加繁复。所以大容量锅炉的燃烧器必须采用自动顺序控制。

炉膛安全监控系统（furnace safeguard supervisory system，FSSS），也有称燃烧器管理系统（burner management system，BMS），或称燃烧器控制系统、燃料燃烧安全系统，是现代大型火力发电机组锅炉必须具备的一种监控系统。它能在锅炉正常工作和启停等各种运行方式下，连续地密切监视燃烧系统的大量参数与状态，不断地进行逻辑判断和运算，必要时发出运作指令，通过各种联锁装置使燃烧设备中的有关部件（如磨煤机组、点火器组、燃烧器组等）严格按照既定的合理程序完成必要的操作，或对异常工况和未遂性事故做出快速反应和处理。防止炉膛的任何部位积累燃料与空气的混合物，防止锅炉发生爆燃而损坏设备，以保证操作人员和锅炉燃烧系统的安全。

炉膛安全监控系统要求自动化程度较高；运行人员可以通过键盘和运行人员控制盘（BTG 盘）或其他接口设备发出各种指令，启停燃烧系统有关设备。燃烧设备可以分别单独启停，也可以根据一定的组合成组自动启停。如它能将同一层的给煤机、磨煤机、有关风门挡板及其他辅助设备一起组成一个自动系统，运行人员只需发出启动某台磨煤机的指令，当所要求的许可条件都满足时，系统将自动按照适当的时间程序进行一系列动作；另外，也能将难备投入运行的所有磨煤机层组合一起，运行人员只要发出一个启动指令，系统将所有磨煤机层按顺序逐层自动投入运行。无论是自动启停或遥控操作单台设备的启停，系统逻辑通过各种安全连锁条件保证这些设备及整个系统的安全，防止危险情况的发生。

按照美国防火协会标准设计的炉膛安全监控系统，功能多，控制范围广，而且与控制对象密切相关，即不但与锅炉结构、燃烧器布置、制粉系统、油系统、点火器及它们的运行方式等有关，而且与一次仪表取样点、火焰检测器的安装位置、执行机构的工作性能等都有直接关系。因此，炉膛安全监控系统是根据不同的控制对象和不同的控制要求来确定它的功能的。一般来说，炉膛安全监控系统应由设计院、运行单位和锅炉制造厂共同研究，并选择配套设备、风机、测点布置和合适的执行机构，以提高炉膛安全监控系统的工作可靠性。

如今，炉膛安全监控系统与协调控制系统（CCS）一起被视为现代大型火力发电机组锅炉控制系统的两大支柱。

二、炉膛安全监控系统的构成与作用

炉膛安全监控系统一般可分为燃烧器控制系统、燃料安全系统和炉水循环泵控制三大部分。各部分及其作用简介如下：

（一）燃烧器控制系统（burner control system，BCS）

BCS 的主要作用是连续监视运行，控制点火及暖炉油枪，对磨煤机、给煤机等制粉设备实现自启停或远方操作，分别监视油层、煤层及全炉膛火球火焰。当吹扫、点火和带负荷运行时，控制风箱挡板位置，以便获得炉膛所需的空气分布。同时还提供状态信号到模拟量控制系统（MCS）、计算机监视系统（CMS）、旁路控制系统（BPS）及汽轮机控制系统（TCS）等。

（二）燃料安全系统（fuel safety system，FSS）

FSS 的主要作用是在锅炉运行的各个阶段，包括启停过程中，预防在锅炉的任何部分形成一种可爆燃的气粉混合物，防止炉膛爆炸。在对设备和人身有危险时产生主燃料跳闸（main fuel trip，MFT）信号，并提供"首次跳闸原因"的报警信号，以便事故查找和分析。MFT 信号发出后，切除所有燃烧设备和有关辅助设备，切断进入炉膛的一切燃料。MFT 以后仍需维持炉内通风，进行跳闸后的炉膛吹扫，清除炉膛及尾部烟道中的可燃混合物，防止炉膛爆炸。

（三）炉水循环泵控制（boiler circulation pumps，BCP）

BCP 的主要作用是保证炉水循环泵的正常工作。例如三台炉水循环泵中应保证至少有一台泵运行，若不能维持最后一台泵的运行，则发出 MFT 信号，实行紧急停炉。炉水循环泵控制不是炉膛安全监控系统的标准功能，且与前面两部分控制有较大的独立性，彼此之间联系更小。

三、炉膛安全事故的原因及预防

炉膛爆炸在电厂中是一种重大恶性事故，由此引起的损失是巨大的。锅炉爆炸是一种在极短时间内发生异常猛烈的炉内爆燃过程。炉膛爆炸包括内爆和外爆两种。当炉膛压力过高或过低超过炉膛结构所能承受的压力时，炉膛就产生外爆或内爆的恶性事故。

（一）炉膛外爆

在锅炉的炉膛、烟道和通风管道中聚集了一定数量的可燃混合物，这些混合物同时被点燃成为爆燃，俗称"打炮"，严重的爆燃即为爆炸。当炉膛爆炸时，如果炉膛压力骤增，超过炉膛结构所承受的压力，使炉膛向外坍塌，叫炉膛外爆。

在正常情况下，送入炉膛的燃料立即被点燃，燃烧后生成的烟气也随时排出，炉膛和烟道内没有可燃混合物积存，因而就不会发生爆炸。但如果运行人员操作不当，设备或控制系统设计不合理，或者设备和控制系统出现故障等，就有可能发生爆炸。从理论上分析，只有同时具备下列三个条件才有可能发生爆炸：

（1）有燃料和助燃空气的积存。

（2）燃料和空气的混合物达到了爆炸的浓度。

（3）有足够的点火能源。

上述三者必须同时存在，缺一不可。当这三个条件中有一个不存在时，就不会发生爆炸。在锅炉工作时不可能没有燃料和空气的混合物，也不可能没有点火能源，因此，防止爆炸主要是设法防止可燃混合物积存在炉膛和烟道中。

（二）炉膛内爆

当炉膛压力过低，其下降幅值超过炉墙结构所能承受的压力时，炉墙就会向内坍塌，这种现象称为炉膛内爆。

引起炉膛内爆的原因大致有以下两个方面：

（1）引风量大于送风量，造成介质质量的减少。如引风机产生较大负压头，使引风量大于送风量；控制系统误动作或运行人员操作失误，打开运行着的引风机挡板，同时关闭送风机挡板等。

（2）炉膛瞬间"火焰消失"或"灭火"，引起炉膛温度下降。

上述两方面的原因都能造成负压过大，当超过锅炉结构能承受的限度时，便发生炉膛内爆。

（三）防止炉膛爆炸的措施

1. 防止炉膛爆炸的原则性措施

防止可燃混合物积存，就可防止炉膛爆炸。经验证明，大多数炉膛爆炸发生在升火和暖炉期间，在低负荷运行或在停炉熄火过程中也发生过，对于不同的运行情况要采用不同的防止方法。从原则上来看，只要做到下面几点就可以防止爆炸：

（1）在总燃料与空气混合物进口处有足够的点火能源，点火器的火焰要稳定，具有一定的能量而且位置恰当，能把总燃料点燃。

（2）当有未点燃的燃料进入炉膛时，持续的时间应尽可能缩短，使积存的可燃混合物容积只占炉膛容积的极小部分。

（3）对于已进入炉膛的可燃混合物应尽快冲淡，使之超出可燃范围，并不断地把它吹扫出去。

（4）当送入的燃料只有部分燃烧时，应继续冲淡，使之成为不可燃混合物。

2. 升火暖炉期间的注意事项

升火暖炉期间的炉膛是冷的，这时还没有预热空气，这期间要启动的设备和进行的操作很多，很容易发生误操作。点火器的火焰是炉膛的第一个火焰，在点燃点火器之前应保证炉膛与烟道内没有积存的可燃混合物。因此，升火的第一步工作就是用空气吹扫炉膛与烟道，将任何积聚的燃料吹扫出去，同时还要防止燃料流入炉膛和烟道，为能达到吹扫目的，吹扫时要有一定的换气量和一定的空气流速，一般要求换气量不少于炉膛容量的 4 倍空气量，而空气流量应不小于额定负荷时空气流量的 25%，以免被吹扫的燃料又沉积下来。

过去的升火吹扫为：首先打开各燃烧器的调风门，用额定风量的 25% 进行吹扫，吹扫完毕后，除要点燃的燃烧器外，所有的调风门均关闭。这种吹扫方式的缺点是当主燃烧器送入的燃料未能点燃时，可能积存在炉膛中，而且操作也较多。近来改用所谓"调风门开启"的点火方式，在吹扫时所有燃烧器的调风门打开，保持不少于 25% 的空气流量，在点火暖炉期间所有调风门仍开启，仍保持 25% 的空气流量，工作中燃烧器的空气流量至少为理论空气量，暖炉期间的燃料一般不超过额定燃料量的 10%，而空气量则不小于 25%，即使送入的燃料未被点燃，也将被冲淡成为不可燃的混合物，因而避免爆炸。

点火暖炉期间所用的燃烧器的数目应尽可能少些，每只燃烧器的燃烧率不应太低，这样使火焰稳定，操作简化，也可减少误操作，但为了使炉膛均匀加热，也应有足够的燃烧器在工作，使整个炉膛截面能充满火焰。

点火时最危险的情况为点火器已点着，但能量过小，不足以把主燃烧器点燃，这时火焰检测器认为是有火焰的（点火器火焰），而实际上主燃烧器并未点燃。一个能量不大的点火器也可能点燃主燃烧器，但点火迟延时间过长，在这期间送入的燃料未点燃而积存在炉膛中，待主燃烧器点燃后又会把积存的燃料一起点燃，形成爆炸。可见点火器的能量和位置应特别注意，尽可能缩短主燃烧器的点火时间。一般认为如在 10s 内未能点燃就应切断燃料，重新吹扫，然后再重新点火。

燃用煤粉的锅炉，点火初期常有压力跳动，这种压力跳动实际上是小能量的爆炸。实测发现，炉膛压力跳动同送入磨煤机的煤量有关，增大磨煤机的给煤量将使炉膛点火时的放热量增大，短时间内炉膛压力升高，增大磨煤机的空气量将使炉膛介质的质量增多，也会有短时间的压力升高，因此，为了点火工况稳定，避免炉膛压力跳动，最初送入主燃烧器的燃料量和空气量应由小逐渐变大，这在燃烧气体和液体燃料时是很容易做到的，但对于燃烧煤粉的锅炉，由于气粉混合物的流量过低，会引起煤粉在煤粉管道中积存，为防止煤粉积存，增加空气量又会使煤粉浓度太低，影响着火，因此，点火初期，要求在保证一定气粉混合物浓度和流量情况下，使给煤量和送风量由小逐渐增大。

3. 火焰中断

不论在什么情况下，如果燃烧器的火焰熄灭，应立即切断燃料，否则进入的燃料将积存在炉膛中，时间越长，进入的燃料就越多，可能形成严重的爆炸。任一燃烧器的火焰熄灭，应立即切断该燃烧器的燃料，如全部火焰熄灭，应立即切断全部燃料。

许可迟延时间的长短同炉膛设计有关，炉膛容积发热强度高时，容积比值 V_r/V 增大快，许可迟延时间就小，许可迟延时间超出人工操作的可能性，就要求由灵敏的自动保护装置进行操作。这样的自动装置应包括火焰检测系统、逻辑系统和燃料阀门机构等。这些装置各有本身的迟延时间，但迟延时间的总和应在许可时间迟延时间之内。

此外，还应看到在火焰熄灭后只考虑切断燃料还是不够的，因为还有其他无法控制的因素使燃料继续进入炉膛。如：

（1）在燃料阀门与燃烧器之间有一段管段，燃料切断后管道中积存的燃料仍继续进入炉膛。

（2）燃料阀门关闭后仍漏入燃料。

（3）如果火焰的熄灭是由于空气不足引起的，则切断燃料后空气仍将继续流入，有可能使积存的燃料成为可燃混合物，因此，在设计时应使燃料阀与燃烧器之间的管道尽可能短些，但对于直吹式磨煤系统，管道和磨煤机内存煤的数量是相当大的，一般采用在切断燃料的同时，进行炉膛吹扫。

第二节　炉膛安全监控系统主要功能及构成

（一）炉膛安全监控系统主要功能

目前，不同 DCS 厂家的 FSSS 产品较多，在设计思想和设计方法上虽然不完全相同，但功能基本一致，都要确保锅炉安全、经济、稳定的运行。分为燃烧器管理和锅炉安全监控功能。FSSS 的具体功能如下：

（1）炉膛吹扫。FSSS 系统设置了点火前炉膛吹扫功能，是由于锅炉停炉后，炉膛里会堆积或残留了燃料，这会给重新点火带来危害。炉膛吹扫是保证正常点火的前提条件。在吹扫许可条件满足后，由运行人员启动一次为时 5min 的炉膛吹扫过程，系统设置了大量的联锁条件，锅炉如果不经吹扫，就无法进行点火。同时，必须满足 5min 的吹扫时间，如果因为吹扫许可条件失去而引起吹扫中断，必须等待条件重新满足后，再启动一次5min 的吹扫，否则锅炉无法点火。

吹扫时应先启动回转式空气预热器。启动点火前的吹扫应保证炉膛内有足够的风量，一般采用 30%～40%的额定空气量。然后再按顺序启动引风机和送风机各一台。

（2）燃油投入许可及控制。在锅炉完成吹扫后，FSSS 将开始对投油点火进行必要检查，如炉膛吹扫是否完成、油系统泄漏试验是否成功、油源条件是否满足、油枪和点火枪机械条件是否满足等。上述条件经确认满足以后，FSSS 向运行人员发出点火许可信号，一旦运行人员发出点火指令后，系统对将要投入的燃油层进行自动控制，内容包括：总油源、汽源打开，编排燃烧器启动顺序，油枪点火器推进，油枪阀控制，点火时间控制，点火成功与否判断，点火完成后油枪的吹扫，油层点火不成功跳闸等。

（3）主燃料投入许可及控制。系统成功地进行了锅炉点火及低负荷运行之后，即开始对投入煤粉所必备的条件进行检查。主要包括：锅炉运行参数是否合适，煤粉点火能量是否充足，燃烧器工况，磨煤机是否已准备好等。待上述诸方面条件满足后，系统向运行人员发出投煤粉允许信号。当运行人员发出投粉指令后，系统开始对将要启动的煤层进行自动程序控制，内容包括编排设备启动顺序、控制启动时间、启动各有关设备、监视各种参数、启动成功与否判断、煤层自动启动、不成功跳闸等。系统还对煤层正常停运进行自动程序控制。

（4）持续运行监视。当锅炉进入稳定运行工况以后系统全面进入安全监控状态。系统通过装置在锅炉各个部分的敏感元件，如压力开关、限位开关和火焰检测器等提供的信号对炉膛燃烧工况及其他关键运行参数进行连续监测，不论在什么时候，只要有异常情况出现，FSSS 系统将发出声光报警，提醒运行人员立即采取措施，以避免可能引起的跳闸事故。在某些情况下运行人员来不及反应，FSSS 系统自动启动跳闸逻辑。

（5）特殊工况监控。当发生 RUNBACK-负荷返回和 FCB -快速降负荷时，FSSS 立即与 MCS 配合，尽快将锅炉负荷减下来。

"负荷返回（run back，RB）"是由主要辅机故障引起的锅炉急剧减负荷的特殊工况，当发生这种情况时，FSSS 迅速将锅炉燃料减到与锅炉运行的辅机负荷能力相匹配的值，同时将汽轮机的负荷调整到该目标值。故障辅机不同，目标值也不同，FSSS 减燃料速率也不相同。

"快速减负荷（fast cut back，FCB）"是由汽轮机或发电机侧故障引起的停机不停炉或带厂用电运行的工况。

（6）紧急跳闸。锅炉在运行中若出现了某些运行人员无法及时作出反应的危急情况时，系统将进行紧急跳闸。如出现炉膛熄火、燃料全中断等情况时，FSSS 将启动主燃料跳闸（main fuel trip，MFT），同时记录和显示事故过程以便于事故追忆。FSSS 还向运行人员提供手动启动主燃料跳闸等手段。发出主燃料跳闸信号后，FSSS 将切除所有燃料设备和有关辅助设备，切断进入炉膛的一切燃料。主燃料跳闸后仍需维持炉内通风，故需要进行吹扫以清除炉膛以及尾部烟道中的可燃性混合气体。吹扫结束前，在有关允许条件未满足的情况下，不允许再送燃料之炉膛。

（7）跳闸后炉膛吹扫。锅炉紧急跳闸时，炉膛在一瞬间突然熄火，残留大量的可燃性混合物，而且温度很高，很可能引起炉膛爆炸。因此，FSSS 在锅炉跳闸的同时启动炉膛吹扫，吹扫时间也是 5min。与点火前吹扫不同的是，跳闸后的炉膛吹扫被自动启动且许可条件数目大为减少。如果是由送、引风机全停引起的锅炉跳闸，系统将全部的烟、风挡板开至最大，利用自然通风冷却炉膛。

（二）炉膛安全监控系统系统设备组成

炉膛安全监控系统组成通常包含控制台、逻辑控制系统、执行机构和检测元件四个部分。如图 4-1 所示。

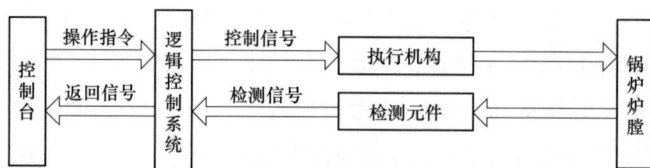

图 4-1　FSSS 系统设备组成

FSSS 的控制台包括运行人员控制盘、就地控制盘、系统模拟盘等。

逻辑控制系统是 FSSS 的核心。FSSS 按照需要对受控制的设备进行控制组态，按照组态流程进行控制。FSSS 的逻辑控制系统由于设备多而变得比较复杂。如图 4-1 所示，逻辑控制系统一方面接受运行人员的操作指令，另一方面接受检测元件检测的实时状态信息。逻辑控制系统综合运行人员的操作指令和检测信号，进行一系列的逻辑运算后，给出结果信号去驱动执行机构动作。FSSS 的动作会引发机组其他控制系统的动作。

执行机构也称驱动装置，是 FSSS 系统中的执行设备。包括各种电磁阀、控制阀、点火枪的驱动机构、各种挡板的驱动装置、给煤机的电机控制器等。

检测元件是 FSSS 的基础，其主要作用是将反应燃烧系统状态的各种参数转换为 FSSS 可接受的信号。如各种位置的限位开关；反映压力、温度、流量是否正常的传感器；压力开关、温度开关、流量开关等；监视炉膛火焰的火焰检测器等。

目前国内投运的炉膛安全监控系统，主要有美国（CE）公司的炉膛安全监控系统，美国福尼（Forney）公司 ASF-1000 型燃烧器管理系统，日本三菱公司的自动燃烧器控制系统（DABS），美国贝利公司基于 N-90，INFI-90 分散控制系统的燃烧器的管理系统等，以及国内厂家生产的燃烧器管理系统。逻辑控制系统是炉膛安全监控系统最主要、最关键的设备，因此，不同类型炉膛安全监控系统的差异主要体现在逻辑控制系统上。FSSS 系统的逻辑控制系统有继电式、逻辑组件式、以微处理器为中心的计算机式、可编程控制器（PLC）式以及在 DCS 上实现等。目前，大型锅炉 FSSS 主要采用后面一种实现方式。

用 DCS 实现的 FSSS，其通信和处理速度都得到了很大的提高。FSSS 在未进入 DCS 时，需要一套单独的系统进行管理，这样运行及检修人员在操作和维护上很不方便。将 FSSS 纳入 DCS 后可充分利用 DCS 强大的数据打印、操作、画面调入、网络连接等功能，有利于数据资源的共享，便于维护管理，方便运行人员操作。

第三节　炉膛安全监控系统相关设备简介

一、检测元件

检测元件是检测炉内燃烧和燃料空气等系统状态的装置，如炉内有无火焰、空气，燃油的压力、温度，以及阀门、挡板开、关的情况等。

检测元件主要有压力开关，用于反应燃油、空气及炉膛压力，当其超过规定的允许值时，压力开关会使机组跳闸。FSSS 用到的压力开关信号主要有炉膛压力高、低，冷却压力低，油箱压力低等。温度开关，主要有油箱油温、一次风温等。流量开关，主要是炉膛空气流量、二次风流量等。行程开关用于限制阀门和挡板的行程，以保证锅炉运行在规定的安全限度内，如阀门是开的还是关的，油枪是进到位还是未到位等。火焰检测器主要用于监视炉膛有无火焰，分有油火焰和煤火焰。

检测元件通常与一些反馈装置相连接，在某些情况下，报警点设置值略高或低于跳闸点，以提醒运行人员将发生事故的状况。如果运行人员未能及时进行纠正事故倾向，则在情况恶化之前，超限信号送入 FSSS 使机组自动跳闸或通过逻辑产生其他适当的作用。

显然，保持检测元件处于良好的工作状态极端重要，检测元件的故障将导致不必要的停炉跳闸。检测元件投入使用之前应进行严格的检查，保证满足运行要求。投入使用后，要定期进行校验。必须保持敏感元件的清洁度，还应提供足够的冷却空气。当 FSSS 系统出现故障时，应首先检查现场设备。

二、锅炉跳闸 MFT

机组跳闸盘上有主燃料跳闸（MFT）按钮、油跳闸（OFT）按钮、煤层跳闸按钮，分别用于进行主燃料、油燃料、煤层的跳闸。通常，主燃料跳闸简称 MFT，是锅炉安全保护的核心内容，是 FSSS 系统中最为重要的安全功能。当出现任何危及锅炉安全运行的危险工况时，MFT 动作将快速切断所有油和煤的输入，以保证锅炉安全，避免事故发生或限制事故的进一步扩大，并记忆引起主燃料跳闸的第一原因。由于正常工作的机组停炉所造成的损失较大，故无论是从发电角度还是从设备寿命角度上看，都应极其慎重对待 MFT。FSSS 设计时应遵循最大限度的消除可能出现的误动作及完全消除可能出现的拒动作设计原则。可触发 MFT 的信号都应冗余设置，或采用三选二逻辑进行优选。对于两个输入信号，从防拒动的角度考虑应将其"或"起来使用，而从防误动的角度考虑应将其"与"起来。当机组正常运行时 MFT 逻辑应处于待机状态，机组出现异常时，要求 MFT 逻辑能迅速正确动作。MFT 逻辑要求有高度的可靠性和最高的权威性，应能排除其他系统和运行人员的干扰，确保设备及人身安全。控制逻辑如图 4-2 所示。

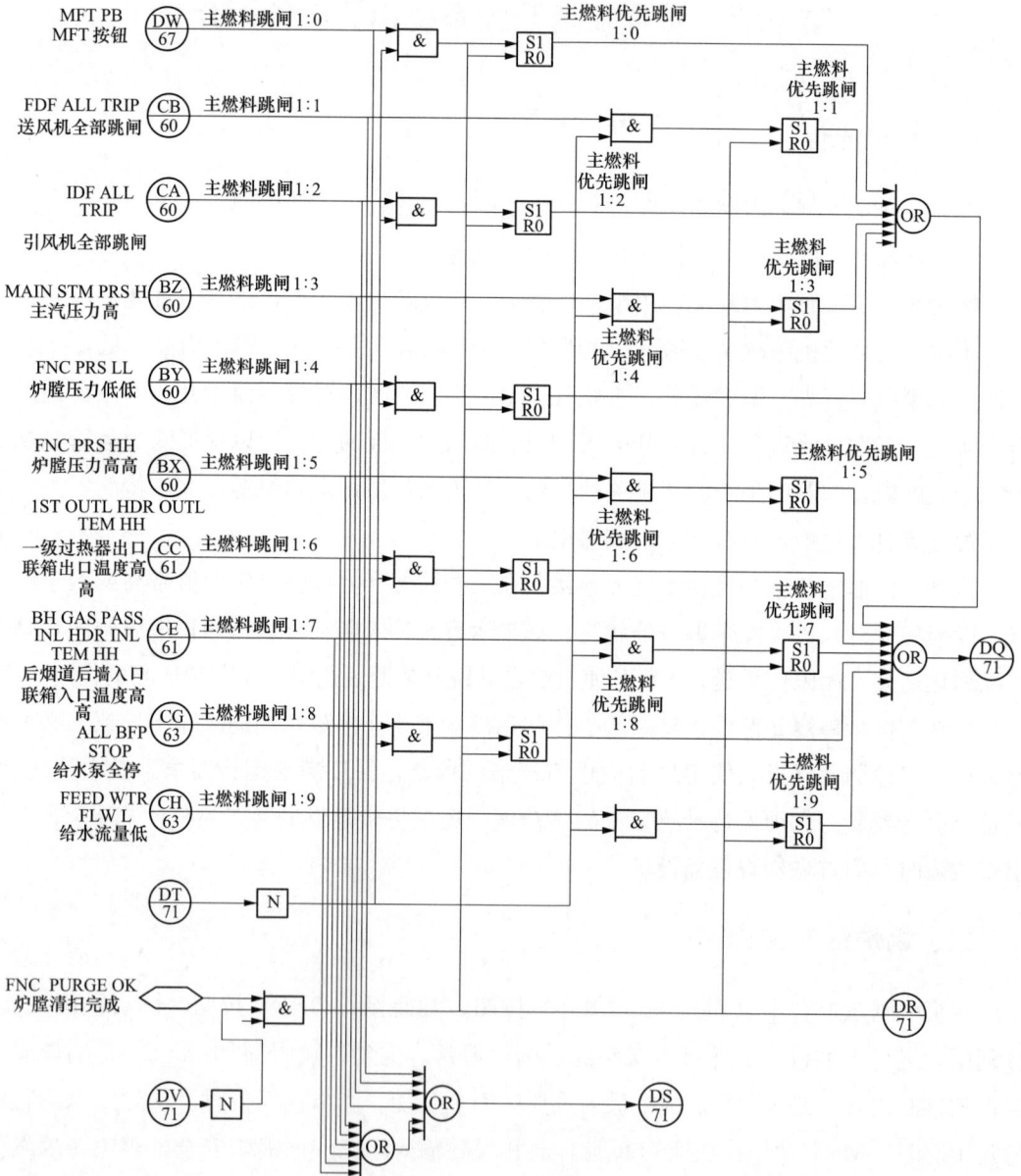

图 4-2　MFT 逻辑控制

MFT 保护逻辑由跳闸条件、保护信号、跳闸继电器及首出记忆等组成。保护逻辑是根据机组特点而设计的，可靠的保护系统必须以可靠信号为基础，保护系统中所有信号必须由专用检测元件及变送器送来，独立于其他保护系统。为了取得较高的可靠性，保护系统必须尽量选用转换环节少、结构简单而工作可靠的变送器。对重要信号，要采用多个检测信号优选后再输入保护系统。任何控制系统都可能发生故障，FSSS 是保证锅炉安全运行的最后屏障，FSSS 一旦发生误动作或拒动都会带来重大的损失。

MFT 设计成软、硬两路冗余，当 MFT 条件出现时，软件会送出相应的信号来跳闸相关的设备，同时 MFT 硬继电器也会向这些重要设备送出一个硬接线跳闸信号。如 MFT 发生时逻辑会通过相应逻辑输出信号关闭主跳闸阀，同时 MFT 硬节点也会送出信号直接关闭主跳闸阀。这种软硬件互相冗余的方式有效地提高了 MFT 动作的可靠性，此功能在 FSSS 跳闸继电器柜内实现。

目前，生产 FSSS 的厂家，其逻辑系统的设计依据基本上是 NFPA 标准。NFPA 认为锅炉本身重大事故的发生总是由以下两种原因之一造成的：一是水/煤比例失调；二是锅内过程内部不平衡，造成风、煤、烟比例不正常。这三种工况超过一定限度时，会使锅炉受热面损坏或炉膛爆燃，严重时可能使锅炉报废。这三种工况的产生有锅炉内扰因素和外扰因素，有主观因素，也有客观因素，但所有因素中起决定作用还是对锅炉缺乏必要的监控保护。在上述三种故障状态刚发生时，避免对锅炉本体设备造成重大损失的最有效手段，就是快速切断进入炉膛的全部燃料。

而对于燃油控制来讲，对油层及单个油燃烧器的启、停控制可以由 FSSS 自动进行，或由运行人员根据机组的运行工况，在 OIS 上手动进行。在 OIS 的操作画面上，有各油层程序启动/程序停运。另外，在紧急情况下，运行人员还可以在 OIS 上进行各油层的紧急停油操作，同时，停运该油层的所有油燃烧器。

锅炉经过炉膛吹扫，并且所有油点火条件全部满足后，锅炉才能点火启动。点火从油燃烧器开始，由下往上逐层点火。油燃烧器只能依靠自己所属的高能点火器进行点火，不允许依靠其他煤燃烧器的火焰进行点火。其控制分为油层控制和单独控制。而油层控制以"层"为单位进行油燃烧器的控制。无论是四角切圆的燃烧器布置方式，还是前后墙对冲式的燃烧器布置方式，一个油层包括四只油燃烧器。这种控制方式就是将四只燃烧器编成一组来进行控制，这样可以提高燃烧器控制系统的自动化程度，减少运行人员的操作点和监视点，降低劳动强度。油层控制在控制逻辑中处于承上启下的中间位置，接收上层控制逻辑的控制指令，编排本层中四只燃烧器的启动/停止顺序，然后按照逻辑要求分别向四只油燃烧器发出启动/停止指令，并发出油层操作的结果。

机组在正常运行的过程中，当遇到某些紧急情况需要迅速切断全部油燃料或部分油燃料，这时靠正常停油燃烧器是不能满足要求的，只能采取紧急停油，即油跳闸阀（oil fuel trip，OFT）。OFT 跳闸逻辑如图 4-3 所示。

油燃料跳闸，该信号由以下三个信号之一触发：即所有油角阀未全关，进油母管压力

CJ
41

OIL TRIP
油跳闸
ALL OIL BNR TRIP
所有油燃烧器跳闸

OR

INL OIL HDR STOP VLV CLD
油入口联箱停止阀门关闭

MFT
主燃料跳闸
EA
7.2

A COAL LAY RUN
A煤层运行

B COAL LAY RUN
B煤层运行

OR

DI
51
B

C COAL LAY RUN
C煤层运行

D COAL LAY RUN
D煤层运行

E COAL LAY RUN
E煤层运行

F COAL LAY RUN
F煤层运行

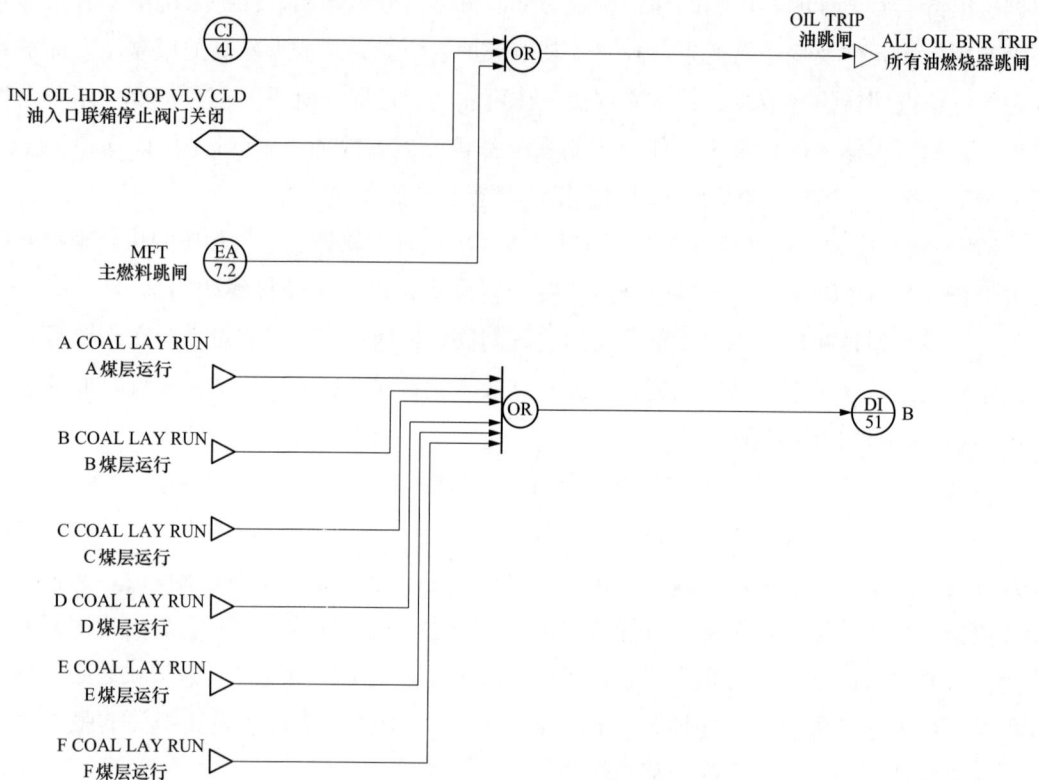

图 4-3　OFT 跳闸逻辑

低（三取二）；供油母管跳闸阀关；MFT 发生。FSSS 逻辑连续监视不同的 OFT 条件，如果其中任一个满足，FSSS 就会跳闸 OFT 继电器。OFT 继电器是单线圈继电器，当 OFT 跳闸后，有首出跳闸原因显示，当 OFT 复位后，首出跳闸记忆清除。

对于油燃烧器由运行状态变成停运状态，既可由程序停运来实现也可通过 OFT 途径来实现，但这两种停运办法的发生工况、条件及其连锁的动作是相差很大的。程序停油是在正常工况下，按照需要有次序地停运行中的某一油层的油燃烧器。在程序停油层的过程中，考虑到停某油层时会对其周边系统扰动，停油层应按照一定的顺序来进行。OFT 则是一种针对机组运行过程中发生的特殊工况所采取的紧急措施，此时对油层的控制完全是从机组安全角度来考虑的。当油层的运行危及机组安全时，运行人员可手动或由油层控制逻辑自动跳油层。在跳油层时，无论油燃烧器的就地/远方开关在什么位置，都会同时停该油层所有在运行的油燃烧器。OFT 跳闸的条件；运行人员跳闸；MFT，OFT 跟随MFT；主跳闸阀未打开；燃油调节阀后进油压力低跳闸，该信号至少持续 3s，并且与"有任一油阀不在关状态"信号做"与"运算后产生；雾化蒸汽压力低跳闸，该信号至少持续 3s，并且与"有任一油阀不在关状态"信号做"与"运算后产生。

以下条件全满足后将复位 OFT 继电器：①MFT 已复位；②无 OFT 跳闸条件存在；

③OFT 继电器已跳闸；④单个油阀关闭；⑤主跳闸阀关闭；⑥运行人员打开主跳闸阀指令；⑦油泄漏实验成功。当 OFT 发生后，连锁以下设备动作：跳闸 OFT 硬继电器；跳闸所有油燃烧器；关闭主跳闸阀。

OFT 同样设计成软、硬两路冗余，其工作原理与 MFT 相似。

而煤层控制逻辑完成磨煤机、给煤机等制粉系统设备的启动、停止的顺序控制，并在正常运行时密切监视给煤层的重要参数，必要时切断进入炉膛的煤粉，以保证炉膛安全。因此，它不仅要考虑煤粉的爆燃性质，还与磨煤机、给煤机的工作要求密切相关。有些保护逻辑和操作步骤不是为了防爆，而是为了保证磨煤机的正常运行，如润滑油系统等。当煤层的点火能量建立起来之后，操作员就可以进行煤层投入的操作。煤点火的允许条件适用于所有煤层。如果煤点火的条件不满足，则任何煤层均不允许点火，煤燃烧器投入以层为单位进行，这是由于每台磨煤机出口的六个挡板是联开、联关的。

三、驱动装置

驱动装置安装于现场被控对象附近，用于控制和隔离进入炉膛的燃料和空气，燃烧系统驱动装置包括电动和气动的阀门、挡板驱动器以及电动机驱动器等。运行人员通过逻辑控制系统监控这些装置。由于 FSSS 系统是逻辑控制系统，因此，逻辑控制系统给这些驱动装置的指令不是开就是关；不是投入就是退出。

燃料系统驱动装置有的采用交流电驱动，有的用直流电驱动；它可以设计为给予能量跳闸或不给予能量跳闸两种类型，对于大型燃煤电厂通常采用给予能量跳闸类型。这种类型的跳闸系统打开阀门时需要提供能量，关闭阀门时同样需要提供能量，不提供任何能量时阀门位置不变。从而防止了因电源消失而跳闸，保证系统的安全。

保证这些驱动装置处于良好的工作状态的重要性是十分明显的，因 FSSS 的指令和安全连锁要靠这些驱动装置来执行和实现。因此，必须对所有现场设备进行定期监视、检查和测试，并保证这些设备的清洁，不让这些设备粘上灰尘和油污。设备停运后，要定期活动所有的阀门和挡板。

FSSS 系统仅完成锅炉及其辅机的启停控制，监视和报警保护功能，保证锅炉的安全运行，不具备调节功能。调节功能由协调控制系统来实现。

第四节　炉膛安全监控系统公用逻辑

一、FSSS 控制逻辑

逻辑控制系统是 FSSS 的核心，所有运行人员的指令都通过逻辑控制系统来具体实现，所有执行元件和检测元件的状态都通过逻辑系统进行连续检测。FSSS 根据运行人员的操作指令和锅炉炉膛传出检测信号进行逻辑运算，只有在逻辑系统验证满足一定的安全允许条件时，才将运算结果用于驱动执行机构，用于操作相应的被控对象，如燃烧系统的燃料阀门、风门挡板等。逻辑控制对象完成操作之后，经检测再由逻辑系统发出返回信号到运行人员控制盘或 LCD，告知运行人员设备操作运行状况。当出现危及设备和机组安全运行情况时，逻辑控制系统自动发出停有关设备的指令。逻辑控制系统采用分层控制的方式，即对每一层分别进行控制，这样大大提高了系统整体的可靠性和可用率。

FSSS 控制逻辑保护范围主要是与燃烧直接相关的设备，如磨煤机、给煤机、油燃烧器、点火枪、油阀等设备。为了使燃烧设备正常工作，FSSS 也要控制与它们相关的辅助设备。除了控制功能以外，FSSS 还包括状态指示、操作指导、事件记录等辅助功能，随着 FSSS 功能的增加和复杂化，对帮助指导方面功能的要求也越来越高。在进行 FSSS 设计时，必须遵循一些设计标准。

FSSS 的控制范围一般分为公用部分、燃油系统、制粉系统三个部分，这三个部分的控制逻辑相应称为公用控制逻辑、燃油系统控制逻辑和煤层控制逻辑。公用控制逻辑部分包括锅炉安全保护的全部内容，即油泄漏试验、炉膛吹扫、主燃料跳闸与首出原因记忆、点火条件、RB 等。公用控制逻辑还包括 FSSS 公用设备的控制，燃油控制逻辑包括对各油燃烧器投、切控制及层投、切控制。燃煤控制逻辑包括各制粉系统的顺序控制及单个设备的控制。

二、公用逻辑

FSSS 包括锅炉安全保护及燃烧器控制两部分内容，是 DCS 系统的主要控制部分之一。其中公用逻辑部分是 FSSS 的核心，包括整个锅炉安全保护的监控及执行、FSSS 辅机控制、FSSS 内部及与其他系统接口，它在保护锅炉本体的同时控制那些不属于每层煤或每层油的部分设备，不对每一层煤或油发出具体的设备操作指令，而只发出原则性指令，如油、煤层点火允许等，同时，还对涉及锅炉整体的保护要求发出有关指令，如炉膛吹扫指令、MFT、RB 等。FSSS 公用控制逻辑部分包括以下几个部分的内容：

（一）油泄漏试验

检漏是十分重要的，因为如果阀是漏的，则吹扫条件中的油阀关闭等条件都没有意义，所以在锅炉进行炉膛吹扫前必须做油泄漏试验，检查油跳闸阀和油回油阀或油燃烧器阀是否泄漏，以保证在阀关闭时无油漏入炉膛。油跳闸阀和油回油阀是所有油燃烧器与油源之间的两个隔离阀，因此，对这两个阀门的控制实际上是控制整个油泄漏的关键。

在油泄漏试验准备条件下，以下条件需同时满足：

（1）任意一个煤燃烧器在运行且 MFT 继电器复位，或者 MFT 继电器跳闸。

（2）OFT 继电器跳闸。

（3）油箱回油阀关闭。

（4）油箱跳闸阀关闭。

（5）所有油燃烧器角阀关闭。

在试验的过程中，若在油泄漏试验准备条件满足的情况下，可以从 LCD 上启动油泄漏试验。程序发出打开油回油阀指令，3s 后自动关闭该阀，若压力高信号发出，说明跳闸阀泄漏，这时停止试验，先进行检修处理；否则，继续进行。90s 后，发出对管路加压信号，打开油跳闸阀进行系统加压，3s 后自动关闭。若发出油泄漏试验压差高信号，说明回油阀或角阀泄漏，否则正常，试验结束。

（二）炉膛吹扫

锅炉在点火前，必须进行炉膛吹扫，这是锅炉防爆过程中基本的保护措施。在锅炉对流烟井、烟道和将烟气送至烟囱的引风机等处均有可能积聚大量的可燃物，当这种可燃物与适当比例的空气混合，遇到点火源时，即可能引燃而导致炉膛爆燃。炉膛吹扫的目的是将炉膛内的残留可燃物质清除掉，以防止锅炉点火时发生爆燃。

锅炉在停炉后，在炉膛里会积聚杂物，绝大部分是燃料混合物，所以在锅炉点火前要向炉膛吹入足够的风量，把这些混合物带走，以防在点火时发生爆燃。吹扫必须满足基本条件。

（1）所有进入炉膛的燃料被切断。

（2）炉膛内不存在火焰。

（3）吹扫空气流量必须保证在 5min 内把炉膛内可能存在的可燃混合物清除掉，一般规定吹扫流量大于 30% 的额定风量。

在启动过程中，在允许条件满足的情况下，操作员启动吹扫指令，吹扫开始计时，5min 内允许条件不满足，吹扫自动中断，5min 时间到后吹扫自动结束。如图 4-4 所示。

当吹扫条件满足后，在 LCD 上指示"吹扫准备就绪"信号，这时操作员就可以启动吹扫。使用图 4-4 就可完成炉膛吹扫过程。当一次风允许条件满足后，自动请求吹扫信号，并发出"吹扫准备好"信号以提示运行人员，运行人员在 LCD 上发出炉膛吹扫指令或由机组自启停系统（APS）发出启动命令后，炉膛吹扫开始，LCD 上指示"吹扫进行"，吹扫计时器开始倒计时，时间为 300s，在界面上指示器以递减方式指示吹扫计时。为了使炉膛吹扫彻底、干净，吹扫过程必须在 30% 以上额定风量下持续 5min。FSSS 持续监视吹扫允许条件，当一次吹扫条件或二次吹扫条件之一不满足时，自动中止炉膛吹扫程序，发出"吹扫中断"信号。当所有吹扫条件全部满足并且持续 300s，吹扫完成。同时，在 LCD 上显示"吹扫完成"，吹扫结束。"炉膛吹扫成功"信号是复位 MFT 的必要条件，当 MFT 发生时，通过一个 MFT 脉冲信号用以清除"炉膛吹扫成功"信号。而且，炉膛吹扫指令也可复位"炉膛吹扫成功"信号。

（三）点火允许条件

FSSS 的基本功能之一就是对燃烧器的投入许可条件进行判断。锅炉类型、燃烧器布置的方式等差异使得机组的点火允许条件不尽相同，如图 4-5 所示。

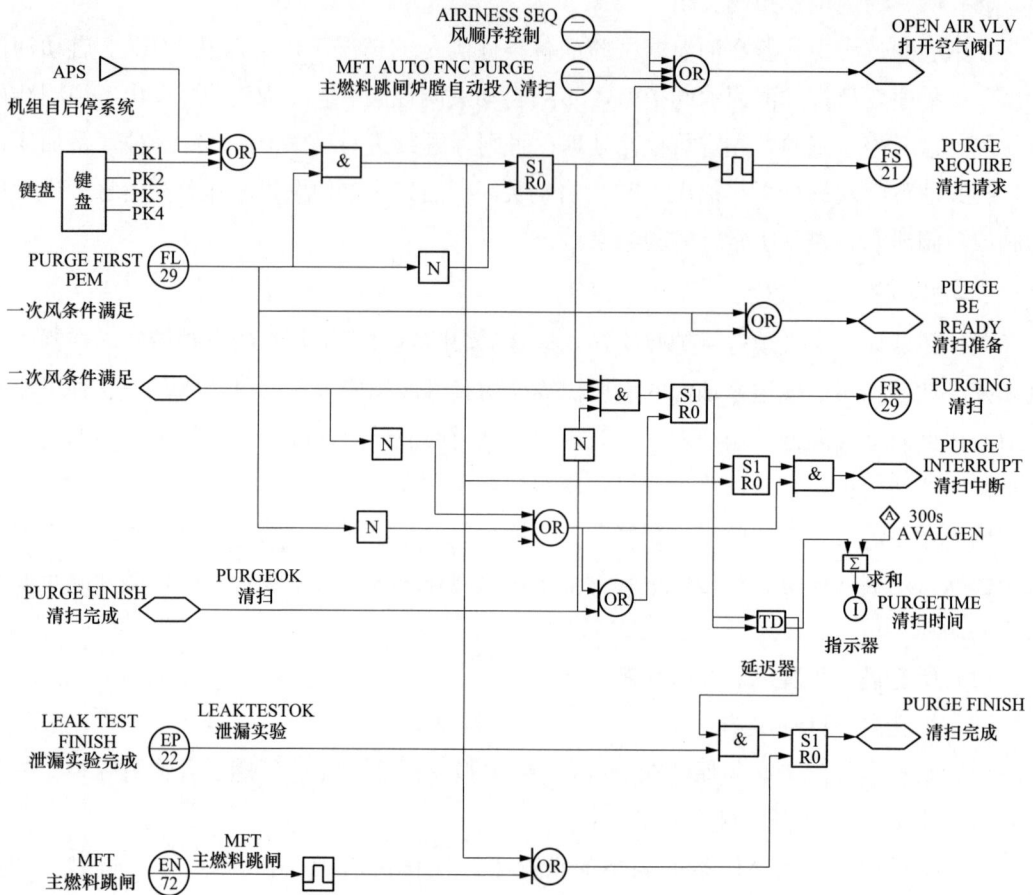

图 4-4 炉膛吹扫逻辑

1. 启动油点火允许

以下条件全部满足，产生"启动油点火允许"信号：

（1）火检风、炉膛压差正常；

（2）风量大于 30%，MFT 复位，OFT 已复位；

（3）燃油压力正常，雾化气压力正常；

（4）主跳闸阀开状态。

2. 点火油点火允许

以下条件全部满足，产生"点火油点火允许"信号：

（1）MFT 复位；

（2）火检风、炉膛压差正常；风量大于 30%，采用 HIGHLOWMON 算法来实现风量的监视，HIGHLOWMON 算法用于高低信号监视，并具有复位死区，当输入值（IN1）大于高限值（HISP）或小于低限值（LOSP）时 HIGHLOWMON 输出（OUT）TRUE，只有当输入值小于高限值减去死区或大于低限值加上低限点死区时，信号才复位；

（3）MFT 复位；

（4）OFT 已复位，主跳闸阀开状态，初始点火允许。

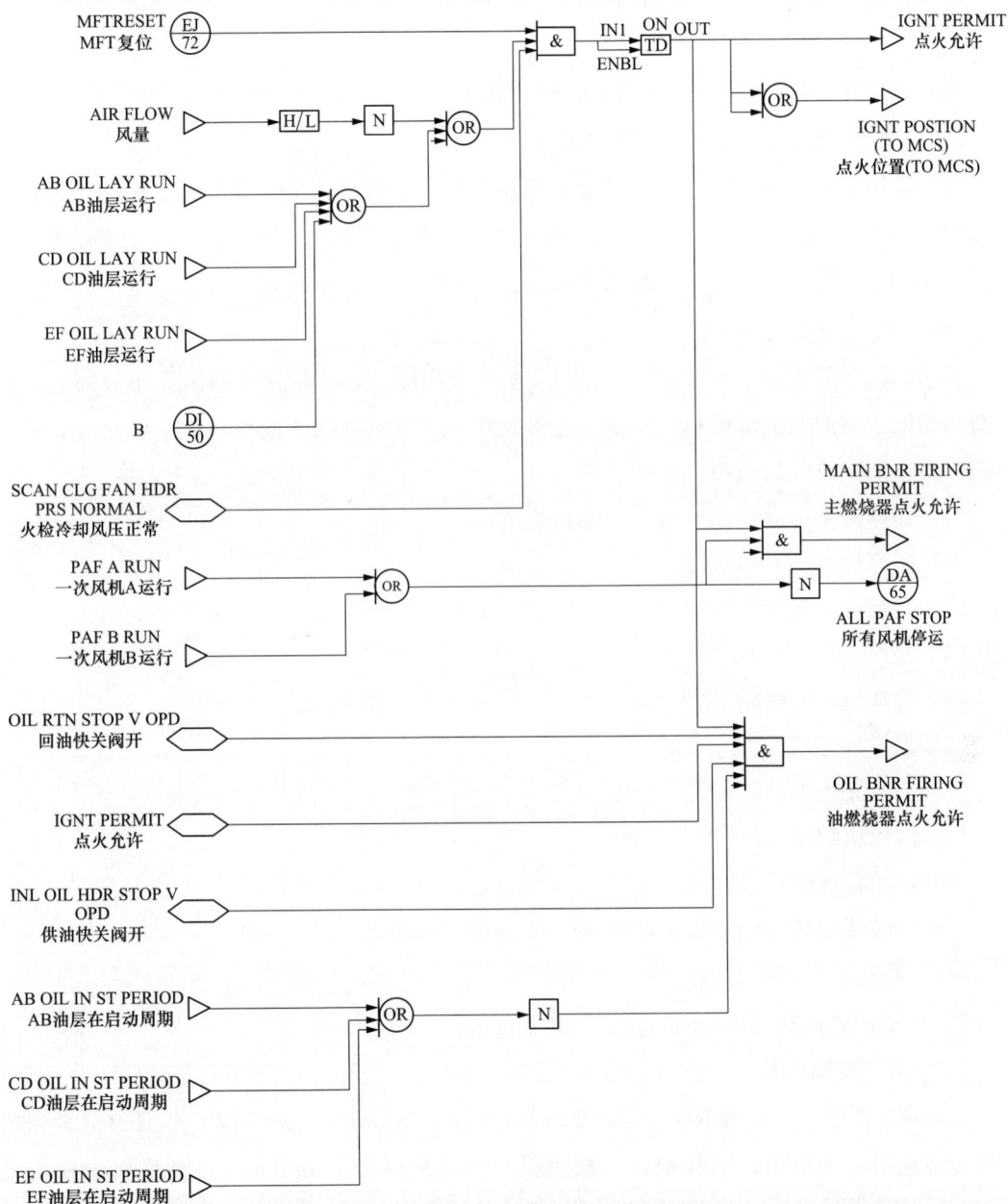

图 4-5　点火允许条件

在这里需要对"初始点火允许"条件作必要的说明，一旦 MFT、OFT 复位，就可以开始在炉膛内投运油燃烧器。当第一支油枪点火失败后，为了确保炉膛内不积聚燃料，FSSS 逻辑要启动 1min 的吹扫，因此，任一油枪点火失败后，"初始点火允许"条件就中断 1min，就在这 1min 内，不允许点任何油枪。1min 后，"初始点火允许"再次满足，运行人员又可以点油枪了。当炉膛内已有油枪投运后，"初始点火允许"条件一直满足。

3. 煤点火允许

以下条件全部满足，产生"煤点火允许"信号：

（1）MFT已复位；

（2）二次风、炉膛压差正常，风量大于30％；

（3）二次风温大于160℃，锅炉负荷大于50％；

（4）煤层点火能量以下条件需满足，煤层点火能量满足：①机组负荷小于50％时，要求邻层的油层投运；②机组负荷大于50％时，要求邻层的煤层投运；③机组负荷大于70％且大于4层煤运行时，可直接投运煤层。

（四）主燃料跳闸MFT

当锅炉设备发生异常情况或汽轮机由于某些原因脱扣，或厂用电母线发生故障时，应立即切断供给锅炉的全部燃料，并使汽轮机脱扣、发电机跳闸，使整个机组停止运行，待查明原因，消除故障后机组再重新启动。

当下列任一条件满足就可发生主燃料跳闸：

（1）所有送（引）风机停。

（2）炉膛空气流量低跳闸。

（3）手打MFT按钮。

（4）冷却风压低跳闸。

（5）临界火焰动作。

（6）炉膛无火。

（7）汽轮机跳闸。

（8）任一角火焰丧失。

（9）炉膛压力高（低）保护动作。

（10）所有燃料中断。

（11）所有给水泵跳闸。

（五）RUN BACK

如图4-6所示，为实现RB功能，要求MCS和FSSS两大系统协调工作。RB处理逻辑考虑以下辅机：送风机、引风机、一次风机、空气预热器和给水泵。在此逻辑中使用了DCOUNTER算法模块，当DCOUNTER算法块N个输入中有M个或多于M个输入为TRUE，则DCOUNTER输出TRUE。其中M、N是常数，且$N<12$。磨煤机产生RB信号，以至少4层煤投运为基本依据，从上至下依次切除一层煤，顺序为：F→E→D。分析可知RB处理逻辑的具体过程如下：①当至少4层煤投运，且有FSSS RB信号或者磨煤机RB信号时，自动跳闸F磨；②当至少4层煤投运，且有FSSS RB信号或者磨煤机RB信号时，且F磨停运5s后，自动跳闸E磨；③当至少4层煤投运，且有FSSS RB信号或

者磨煤机 RB 信号时，F、E 磨停运 5s 后，自动跳闸 D 磨，最终保留 A、B、C 磨运行。

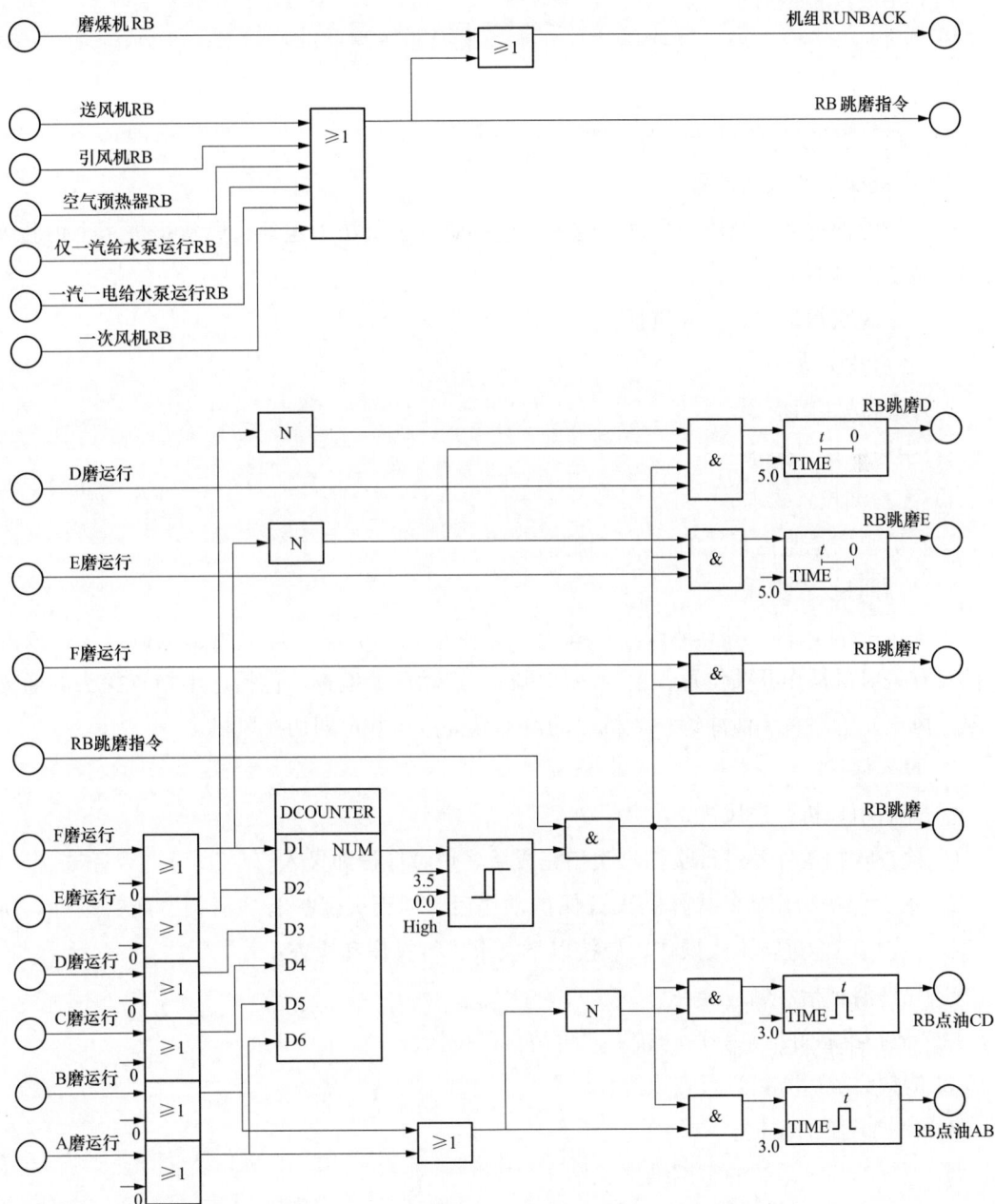

图 4-6　RB 处理逻辑

若 D、E、F 三层磨煤机跳闸后，RB 信号仍然存在，则表明另外一台功能相同的辅机也出现故障，其结果将导致 MFT。

（六）锅炉保护系统的运行

因为采用的系统各有差异，所以应根据所有设备指定的 FSSS 系统的运行规程，并严格执行。运行规程应包括以下主要内容：

（1）炉膛保护设备。

1）火焰检测器的类型、数量等，并包括冷却风机系统的设备和运行方式。

2）炉膛正、负压监测。

3）逻辑功能及操作面板设备说明。

4）灭火保护的工艺信号。

（2）炉膛保护动作及停炉条件。这主要包括炉膛正负压力定值、燃料丧失、全炉膛灭火等设备状态说明。

（3）炉膛吹扫条件。主要包括：

1）各层均无火。

2）无锅炉跳闸指令。

3）引风、送风要求。

4）无粉油投入要求。

（4）炉膛安全监控系统的投入与切除。

1）冷态时投入步骤。

① 启动冷却风机。其具体操作步骤为：送冷却风机电源及合上热工电源开关；放好并核对有关风机操作开关位置；启动冷却风机；启动后的检查，包括逐个检查探头的通风情况、风压、管路有无泄漏等；风机启动后不允许停运并定期切换风机。

② 投入保护。

③ 开启引风机、送风机。

④ 检查吹扫条件并进行吹扫，吹扫完成后，炉膛保护即投入。

2）灭火保护动作后的操作。灭火保护动作后，因灭火保护有"清扫"闭锁条件，所以清扫未完成不能进行点火操作，应按以下要求进行操作和检查：

① 允许清扫指示灯应全亮。

② "清扫准备好"灯亮后，按下"可清扫"按钮。

③ 清扫完成后方可进行点火操作。

3）保护装置的维护。

① 进行冷却风系统的定期维护工作。

② 按保护系统巡回检查项目及要求检查所属设备。

③ 定期吹扫正、负压取样管路。

④ 执行灭火保护装置切、投递规定。

⑤ 炉膛保护的定期试验。

第五章　顺序控制系统（SCS）

第一节　顺序控制概述

顺序控制系统是分散型控制系统的重要组成部分，主要应用于锅炉、汽轮机、发电机及其辅机的启动、停止，并且通过数据高速公路与其他控制系统及数据采集系统相连接。

单元机组启动、停止顺序系统流程图、状态图、报警信息以及顺序控制的操作指导画面等均能在运行人员控制台上显示屏进行显示。如风机的启动和停止，阀门的开启和关闭，以及设备是否处于故障状态。从操作键盘上可以直接发出各种指令，控制各个设备的动作。被控设备的动作过程及执行情况，完全在显示屏上及时显示。运行工况异常或设备发生故障时，顺序控制系统的保护功能起作用，使各个设备按预定逻辑动作。当设备动作条件不满足时，顺序控制系统将闭锁设备，避免发生误操作。

一、顺序控制的基本概念

顺序控制是按预先规定的顺序、条件和时间要求，对工艺系统各有关对象自动地进行一系列操作控制的一种技术，是工业自动化技术中的一个重要组成部分。顺序控制对信号进行定性的处理和控制。顺序控制系统，简称顺控系统（Sequence Control System，SCS 或 SEQ）在现代工业生产中尤其在大型火电机组中显得越来越重要。

顺序控制包括以下几种形式：上次动作完了再做下一个动作的顺序控制；按照几个动作的综合结果和一定的条件决定下次应执行的动作的条件顺序控制；按照时间的长短决定下次动作的时间顺序控制。

采用顺序控制时，应将复杂的生产过程划分为若干局部可控系统和不同的工艺流程，而又把每一个工艺流程分解成若干操作顺序，即工序。这每一个工序相当于顺序控制装置中的一个顺序步，顺序控制装置就是按预先规定的顺序执行各顺序步，从而完成整个生产过程的自动操作控制。为此，顺序控制装置一般应具备两种功能：一是能控制顺序步的变换，即按照顺序进行规定的动作；二是要根据各顺序步的要求，控制各种动作量。

顺序控制装置可以接受人工的指令或其他上一级自动装置的指令开始工作，也可以在规定的外界条件出现时自动开始工作。在顺序控制装置工作过程中，当执行机构、检测信息甚至顺序控制装置本身发生故障时，顺序控制装置应及时送去报警信息，并根据不同情况进行力所能及的处理。通常，顺序控制装置可以停止在发生故障的步骤上或者改变控制顺序，使被控系统转到安全状态。

顺序控制系统包括用以完成顺序控制过程的所有装置和部件，即包括施控系统和被控系统（有时也专指施控系统）。一个顺序控制系统所能达到的水平，主要取决于下列三方面：主设备（被控对象）的可控性；外部设备（检测部件、信号转换部件、执行部件）所具备的功能；顺序控制装置所能达到的设计功能水平。必须对这三方面的工作进行统一而全面的考虑，才能达到提高控制水平的目的。

顺序控制装置的发展经历了继电器逻辑控制装置、无触点逻辑控制装置、计算机顺序控制装置三个阶段。现在已主要采用计算机实现顺序控制，并可分为采用可编程序控制器实现顺控，采用分散控制系统实现顺控，采用通用微机实现顺控三种形式。可编程序控制器（PLC）和分散控制系统（DCS）都是以计算机原理和技术为基础的数字控制装置，所以都属于计算机控制范畴。

二、顺序控制系统设计的一般原则

（一）采用顺序控制的原则

（1）顺序控制项目的确定要根据生产的实际需要，并从工艺设备和自动化设备实际具备的条件等方面考虑。有规律性的、操作较频繁或操作过程较复杂的控制项目，一般宜考虑采用顺序控制。

（2）采用顺序控制时，一般应保留各被控对象的常规控制手段（单独控制或选线控制）。顺序控制的启、停、中断等指令机构，可根据该局部系统的重要性，布置在主要控制台或辅助盘上。而对常规控制开关或按钮、属于重要的和处理事故所需要的，应布置在控制台上；其余可根据盘台布置条件，布置在辅助盘或就地盘上。控制盘上一般应设有表示顺控系统主要工作状态的信号，如××顺序动作、故障中断等，也可设置必要的步序显示信号。

（3）顺序控制一般应与保护联锁以及常规控制等分开，独立形成系统，以便必要时退出使用和进行调试。

（4）采用顺序控制的工艺系统和操作步骤宜尽量简化，被控对象应具有良好的可控性。

（二）顺序控制系统设计的基本要求

顺序控制的设计，一般应满足下列基本要求：

（1）启停操作：用来接受启停的操作命令，使启停顺序投入运行。

（2）工步检查：当每步操作指令发出后，经过预定时间，如果没有完成相应操作（即没有接到回报信号），顺序应自动中断。

（3）顺序中断与复归：当工步检查回路报警或程控系统内的电动机事故跳闸或其他原因需要中断顺序时，顺序将自动或根据运行人员的要求，停止前进，使系统处于当时的状态下，静止不动。

（4）顺序终了自动复归：当顺序最后一步完成时，使顺序控制回路全部复归，为接受下一次的启停操作指令做好准备。

（5）为了在检修维护时操作方便，或在顺序控制装置退出运行时，仍能对设备进行操作，应设有必要的单独控制手段（在控制室或就地）。

（6）应有必要的信号显示设备，以显示顺序的进程与顺序中断。

（三）顺序步的构成和转移

顺控装置输出信息的每一次变化称为顺序步，它是根据输入信息的变化和顺控装置内部设定的逻辑关系决定的。按照一定的条件和顺序出现顺序步的过程，叫做顺序步转移。

顺序控制中通常将一个操作步所需具备的条件即操作条件称为一次判据。一次判据具备时，顺控装置就发出操作相应被控对象的指令信号。操作完毕后，被检对象的状态或代表其状态的有关参量的变化，以回报信号形式返回给顺控装置，检查操作指令完成的情况，回报信号称作二次判据。

从操作指令发出到二次判据具备（即操作完成），需要一定的时间，这段时间称反应时间。如果反应时间结束，二次判据仍未具备，则说明操作没有完成，可根据要求由顺控装置发出报警信号或同时中断顺序停止顺控过程。

前一步的二次判据，常常是下一步的一次判据的组成部分，一次判据往往还包括有其他条件或等待时间等因素。

顺序步的构成和转移，基本上有以下三种形式：

（1）逻辑式：只要输入信息符合预定的逻辑关系，它就有相应的输出。因为一次判据中不要求包括上一步的二次判据，所以没有明显的步序关系。

（2）步序式：在每步的一次判据中包含有上一步的二次判据，故有明显的步序关系。顺序步转移的同时，根据需要可将以前任意步的输出闭锁或不闭锁。利用闭锁手段，可以构成多种步输出形式，以适应不同被控对象的要求。

（3）步进式：它同样具有明显的步序关系，其步序靠顺控装置内部的步进环节实现。步进环节根据操作条件、回报信号或设定的时间依次发出顺序步的转换信号，使顺序步发出转移，条件步进环节的步进条件主要是每步的二次判据。每步输出的构成，除了来自步进环节的步条件外，还取决于该步的一次判据是否具备。顺序转移的同时将上一步的输出闭锁。

不论采用哪种形式，需要时都可以设置工步检查环节。当每一步的一次判据或二次判据在规定时间后仍不具备时，进行报警或中断顺序。

三、联动控制系统的构成原则

（一）联动控制的基本概念

在火电厂中，有的顺序控制的控制对象较少，操作步数也较少，因此，可以根据这些控制对象的简单关系，将它们的控制电路通过简单的连接，从而实现自动控制，通常叫做联动控制。因此，联动控制是比较简单的顺序控制，火电厂中大量辅机设备（泵、风机等）及其关联设备（马达、阀门、挡板等）的启、停、开、闭顺序控制实际都是联动控制。

实现联动控制的方法很简单，只要取得表示控制对象之间关系的开关量信息，并将这一信息引入被控制对象的控制电路，就可以实现联动控制。例如，根据水泵出口水压低应启动备用水泵这一关系，就可以在水泵出口母管上安装一个压力开关，用来测量水泵出口水压。

在联动控制系统中，"联"接到某一控制对象控制电路中使该对象的控制电路"动"作的信息，叫联锁条件。在上例中，备用水泵启动的联锁条件就是水泵出口水压低。所有被控制对象都是具有两个控制方向的，如转动机械的启动和停止，阀门的开启和关闭。因此，对于每个控制对象来说，都有接受两类联锁条件的可能。转动机械可以实现联动启动或联动停止，阀门可以实现联动开启或联动关闭。

除了联锁条件之外，还可以看到被控制对象之间的另一类关系：如润滑油压未建立之前不应启动转动机械等。它是禁止控制电路动作，使被控制对象控制电路关"闭"封"锁"起来的条件，叫做闭锁条件。一般闭锁条件在电路中以动断触点来实现者较多。闭锁条件也是可以引入被控制对象的两个控制方向的。转动机械可以实现启动的闭锁或停止的闭锁，阀门可以实现开启的闭锁或关闭的闭锁。

每个控制对象的联锁条件和闭锁条件都应直接接在该对象的控制电路中，使被控制对象在任何情况下都接受这些条件的约束。

（二）转动机械的联动控制

转动机械的联动控制范围，包括驱动转动机械的电动机和转动机械的辅助设备。这些辅助设备可以是阀门、挡板或其他转动机械。辅助设备中的转动机械主要有轴承润滑油泵、冷却风机或密封风机等。转动机械的联动控制除了单台转动机械范围内的联动控制外，还应能实现多台同类型转动机械之间的互为备用的联动控制。联动控制必须适应转动机械备用工况下的不同操作方式。例如，对于互为备用的水泵来说，备用泵的轴承润滑油泵在水泵没有接到启动指令前应处于运行状态；备用泵的出口水门应处于开启状态。而非备用泵的润滑油泵在水泵未接到启动指令前，则应处于停止状态；水泵的出口阀门也应处于关闭状态。

对于转动机械的上述辅助设备中只在检修前后需要进行一次性操作的对象，不参加联动。这些对象的操作应在机组启动准备阶段由人工在就地进行。但是，这些对象中的重要工况信息仍然应引入联动控制系统，作为其他控制对象的联锁条件或闭锁条件。如水泵的入口阀门只是在检修水泵时作隔离用的，其他情况下一直处于开启状态，因此，没有必要参加入水泵的联动控制范围。但是，入口水门未开即启动水泵，是会使水泵叶轮损坏的。

因此，入口水门全开的信息，应引入水泵联动控制范围，作为水泵启动的必要条件。也就是说，入口水门未全开的信息应作为水泵启动回路的闭锁条件。

（三）阀门的联动控制

阀门的联动控制范围包括几个关系密切的电动阀门（或气动阀门），或者包括调节阀和与调节阀串联的电动阀门。对于电动关断阀和调节阀之间的联动控制，一般地说，可以适用于所有调节阀门前后装有电动关断阀的场合，如锅炉的给水调节阀和给水关断阀就可以进行联动控制。调节器投入后，先送出指令去打开给水关断阀，然后再使用调节阀调节给水流量。当调节阀全关时，调节器发出指令去关闭给水关断阀。

（四）联锁和闭锁条件的连接方式

联锁条件和闭锁条件所引起控制对象的操作结果，有的仅能影响机组运行的经济性，但有的则会对机组的安全运行产生重大影响。为了避免人为的误操作，凡是能影响机组安全运行的联锁条件和闭锁条件，都必须直接接入被控对象的控制电路内，决不应通过任何切除手段，以确保安全。即或为了便于转动机械在检修后能够进行独立的试行，也不应在这引起约束条件的电路中增设开关、插孔、连接片等来切除约束条件。因为绝大多数联锁条件或闭锁条件在任何情况下都是适用的。例如，在任何情况下，大型转动机械的轴承油压未建立起来之前绝对不允许启动该转动机械等。至于在转动机械单独试运行时不会影响机组安全性的并且是必须切除的联锁或闭锁条件，可以在被控制对象的接线端子板处设切除手段。例如，对于驱动油泵的电动机，如果在油箱未注油前进行试运行，则必须切除油位低对启动电动机的闭锁条件。具体实现时，可以在油位低信息的引入端子上并联接入开关或连接片。必要时，只要将开关或连接片短路，即可将油位低闭锁条件切除。

（五）被控制对象的工况显示

在没有采用联动控制之前，所有转动机械和阀门都各有两个信号灯显示各自的工作情况。信号灯装在控制盘上该对象的控制开关或按钮的上方。它们的显示方式，是用红色信号灯表示转动机械要运行或阀门已开启，用绿色信号灯表示转动机械停止运行或阀门已关闭。至于信号灯的闪光，则用来表示其他工作情况。在采用了联动控制之后，就不必将所有控制对象的开关都保留在控制盘上，控制盘上仅保留一对能反映该联动控制系统总的工况的信号灯，并且利用控制盘上的报警光字牌监视该控制系统内所有对象的异常情况。当光字牌显示该系统内对象发生故障时，再到辅助盘或配电装置处查明具体的故障对象。至于联动控制系统中个别重要对象和有单独控制手段的对象，则仍应在控制盘上保留它们的显示设备。

第二节　SCS 系统功能

在火电厂中，锅炉、汽轮机热力系统和其他辅助系统中有很多需要进行远方操作控制的对象，其数量随着机组容量的增大与自动化水平的提高而增多。据国外资料统计，一台

1000MW 的单元机组，从启动到并网共需约 900 项动作（包括观察与操作），其中 400 项为切换操作，500 项为监视动作。在紧张阶段，有时甚至要求运行人员在 5min 内完成 40 余项动作。顺序控制是根据预定的顺序逐步进行各阶段控制的方法。因此，在火电厂中，顺序控制特别适用于控制对象数量较多而又需要经常操作（启动和停止）的系统，提高它们的自动操作水平。

顺序控制与其被控对象的联系十分紧密。对任何一个顺序控制系统来说，不仅需要掌握所使用的顺序控制装置及其外部设备的工作原理，还必须掌握被控对象的启停和运行操作规律及事故处理等方面的知识。

在火电厂中，顺序控制的应用范围，可以从局部顺序控制直到整个单元机组的自动启停，不同顺序控制系统的控制范围差别很大。小型的顺序控制系统只有几个被控对象，操作步 4~5 步，基本上是联动控制，大型顺控系统的被控对象则可达一二百个，操作步几十、上百步。总的来说，目前火电厂中主要的顺序控制一般有化学水处理系统、输煤系统、锅炉燃烧系统、汽机启停（或升降）的顺序控制。此外，还有许多局部工艺系统以及单个大型旋转机械的顺序控制，如锅炉定期排污、锅炉吹灰、凝汽器胶球清洗、除灰渣等局部工艺系统的顺序控制，钢球磨煤机、空气预热器、引风机、送风机、电动给水泵、汽动给水泵、射水泵、循环水泵、凝结水泵等大型机械的顺序控制。这些系统或设备有些可以采用联动控制方式实现自动操作，但是复杂的系统必须采用专门的顺序控制装置来实现自动操作。随着大型发电机组的出现，采用顺序控制的项目增多，并逐步发展为综合性的顺序控制，如汽轮发电机组的自启停、锅炉点火和带负荷过程的自动化以及按负荷自动切投燃烧器等，而且还把自动保护和联锁等结合起来考虑。

火电厂用 DCS 实现顺序控制系统。

顺序控制系统为 DCS 的一部分，完成锅炉、汽轮机及其辅机系统、发电机/变压器组及厂用电源系统的启停顺序控制。DCS 应设置子组级启停顺序控制，子组级顺序控制应设置必要的程序断点，但断点数量不应超过 20 个。

一、基本要求

（1）SCS 用于启动/停止子组项。一个子组项被定义电厂的某个设备组，如一台风机及其所有相关的设备（包括风机油泵、挡板等）。

（2）所设计的子组级程控应进行自动顺序操作，目的是为了在机组启、停时减少操作人员的常规操作。在可能的情况下，各子组项的启、停在安全的基础上应能独立进行。

（3）对于每一个子组项及其相关设备，它们的状态、启动许可条件、操作顺序和运行方式，均应在液晶显示屏上显示出系统画面。

（4）在手动顺序控制方式下，应为操作员提供操作指导，这些操作指导应以图形方式显示在液晶显示屏上，即按照顺序进行，可显示下一步应被执行的程序步骤，并根据设备状态变化的反馈信号，在液晶显示屏上改变相应设备的颜色。

（5）运行人员通过手动指令，可修改顺序或对执行的顺序跳步，但这种运行方式必须满足安全要求。

（6）顺序控制中的每一步均应通过从设备来的反馈信号得以确认，每一步都应监视预定的时间。如顺序未能在约定的时间内完成，则应发出报警，并禁止程序进行下去。如果故障消除，在运行人员再启动后，可使程序再进行下去。

（7）在自动顺序执行期间，出现任何故障或运行人员中断信号，应使正在运行的程序中断并回到安全状态，使程序中断的故障或运行人员指令应在液晶显示屏上显示，并由打印机打印出来。当故障排除后，顺序控制在确认无误后再进行启动。

（8）运行人员应可在液晶显示屏/键盘上操作每一个被控对象，手动操作应有许可条件，以防运行人员误动作。顺序控制是按命令逻辑顺序进行的，每步都应有检查，在正常运行时，顺序一旦启动应至结束。在顺序过程中每一步应有指示，在此步完成后自行熄灭，顺序是否完成应有分别的指示。

（9）应提供子组级和执行级控制，操作员应能通过液晶显示屏/键盘操作所有设备（如泵、风机、阀门和挡板等）。按设备和运行要求，驱动级控制应有联锁。

（10）设备的联锁、保护指令应具有最高优先级；手动指令则比自动指令优先。被控设备的"启动""停止"或"开""关"指令应互相闭锁，且应使被控设备向安全方向动作。

（11）保护和闭锁功能应是经常有效的，应设计成无法由控制室人工切除。

（12）SCS应通过联锁、联跳和保护跳闸功能来保证被控对象的安全。机组联锁及保护跳闸功能，包括紧急跳闸均应采用硬接线连接。

（13）用于保护的接点（过程驱动开关或其他开关接点）应是"动合型"的，以免信号源失电或回路断电时，发生误动作（采用"断电跳闸"的重要保护除外）。

（14）系统应监视泵和风机马达的事故跳闸状态。

（15）对成对的被控设备（如送、引风机的润滑油泵、凝泵等），控制系统的组态应考虑采用不同的分散处理单元或控制组件（如二进制卡件），以防系统故障时两个被控设备同时失去控制。

（16）系统中的执行级应使用可独立于逻辑控制处理单元的二进制模件。

二、基本结构

目前火电厂SCS一般分为三个等级：

（1）机组级。最高一级的顺序控制，也称为机组启停系统，它能在人工几乎不干预下完成机组的启停过程。如从机组的启动到带负荷一直过渡到100%负荷，只要少量的启停断点，要求运行人员对某些机组状况进行确认后，SCS系统继续进行。

（2）功能组级。运行人员发出某组设备的启停信号后，某组设备能按SCS预先设计的启停过程完成某组设备的启停。实现组设备启停功能的SCS程序称为功能组级。或者该SCS程序仅对机组某局部有启停功能。功能组级可以再细分为子组级和子回路级。针对某功能系统的子级SCS称为子组级，如空气系统（包括空气预热、送风、引风等）。而子回路是指子组级下各种具体设备对应的SCS控制。

（3）设备级。运行人员手动控制级，当SCS逻辑分析需要手动设备条件满足时，可以手动此设备。和没有SCS的纯手动是有区别的，纯手动时，操作条件是否满足是运行人员自己观察分析看操作条件是否满足与许可。

三、具体功能

SCS中包括以下顺序控制子组项：

（1）锅炉顺序控制系统（BSCS）。根据机组运行特性及附属设备的运行要求，构成不同的顺序控制子系统功能组和子组，并至少应提供以下子系统功能组：

1）送风机A（B）子组项。该子组项包括送风机、风机的润滑油系统、进出口风门挡板、风机动叶等。

2）空气预热器A（B）子组项。该子组项包括空气预热器、主电机、副电机、空气预热器的润滑油系统、烟气侧及空气侧的进出口挡板等。

3）引风机A（B）子组项。该子组项包括引风机、风机的润滑油系统、冷却风机、进出口风门挡板、除尘器挡板、风机动叶等。

4）一次风机A（B）子组项。该子组项包括一次风机、风机的润滑油系统、出口风门挡板等。

5）火检冷却风机A（B）子组项。

6）锅炉排污、疏水、放气子组项。该子组项包括汽包放汽门、连续排污门、定期排污门、锅炉疏水门等。

（2）汽轮机顺序控制系统（TSCS）。

1）汽轮机油系统子组项。该子组项包括交直流润滑油泵、事故油泵、顶轴油泵、排烟风机、盘车装置等。

2）凝结水子组项。该子组项包括凝结水泵（凝升泵）、凝结水管路阀门等。

3）凝汽器子组项。该子组项包括凝汽器循环水进、出口阀门及反冲洗阀门等。

4）凝汽器真空子组项。该子组项包括射水泵、射水抽气器、管路和有关阀门等。

5）汽轮机轴封系统子组项。该子组项包括轴封供汽及疏水阀门、汽轮机本体疏水阀门等。

6）低压加热器子组项。该子组项包括低压加热器进出水阀、旁路阀、低压加热器疏水阀和紧急疏水阀、抽汽管道疏水阀门等。每一台加热器为一个顺控功能组。

7）高压加热器子组项。该子组项包括高压加热器进出水阀、旁路阀、低压加热器疏水阀和紧急疏水阀、抽汽管道疏水阀门等。每一台加热器为一个顺序控制子组。

8）汽轮机蒸汽管道疏水子组项。该子组项包括主蒸汽、再热汽、排汽管道疏水阀门等。

9）辅助蒸汽系统子组项。该子组项包括控制各段管道上的阀门打开、关闭和切换等。

10）开、闭式冷却水系统子组项。该子组项包括控制每台开、闭式冷却水泵的启、停及有关阀门的打开、关闭和切换等。

11）除氧器顺序控制功能子组。该子组项包括所有有关的阀门等。

12）汽轮机液压系统油系统子组项。该子组项包括抗燃油泵及抗燃油循环泵等。

13）电动给水泵子组项。该子组项包括电动给水泵、电动给水泵润滑油泵、有关阀门（包括最小流量再循环阀）、前置泵组等。

（3）其他顺序控制子组项。

1）发电机氢气冷却系统子组项。

2）发电机油系统子组项。

3）发电机冷却水系统子组项。

4）锅炉快冷监控系统子组项。

5）炉膛出口烟温监控系统子组项。

以上具体设备均应有控制逻辑图，这些图纸可多达几百张，可按所列系统进行查找。

第三节 1000MW 机组顺序控制系统（SCS）

一、基本要求

（1）顺序控制是 DCS 的一个组成部分，主要采用机组、功能组和子组级顺序控制，通过 LCD 和键盘发出一个成组启停指令，可以实现机组、功能组和子组级中所有设备的顺序启停控制。系统设计包括所有的设备联锁保护和操作许可条件。

（2）机组自启停（APS）功能。APS 在机组的控制系统中处于上层位置，它是基于单元机组整机自动启停控制思想，建立在电厂基本系统有：机组协调控制系统（CCS）、汽轮机电液调节系统（DEH）、锅炉燃烧管理系统（BMS）和锅炉、汽轮机及相应辅机顺序控制（SCS）等系统之上的机组级自动控制系统，在机组启动和停止过程中，APS 作为机组控制系统的中心，根据机组启停要求、曲线，按规定好的程序发出各个系统、子系统、设备的启停指令，同时接收各系统的反馈信息，根据 APS 内部逻辑进行综合分析与判断，完成实现单元机组的自动启动或停止控制。APS 的启动控制是指从机组启动准备到机组带50%额定负荷的控制过程，而停机控制则是指从机组50%～40%满负荷开始减负荷，到汽轮机盘车结束，烟风系统停运为止的控制过程。

APS 的控制采用断点控制方式（启、停共不大于 10 个断点）。机组在 APS 控制方式时，机组的运行将根据机组的状态和每个断点的条件自动地进行，个别重要断点由运行人员干预。在运行过程中若有异常情况出现时，APS 将以操作指导的形式发出报警，提示运行人员来处理。

为使运行人员有效地监视整个启动/停止过程，APS 应向运行人员提供充分的信息，用通俗易懂的方式显示断点的进程和其他异常信息。

（3）一个功能组项被定义为某一工艺系统内所有辅机及其所有的相关设备，如锅炉空气系统内的送风机、空气预热器及其相关辅助设备和风门挡板等。一个子组项被定义为某个设备组，如一台风机及其所有相关的设备（包括风机油泵、挡板等）。

（4）所设计的子组级程控进行自动系统顺序操作，目的是为了在机组启、停时减少操作人员的常规操作，各子组项的启、停应能独立进行。

（5）对于每一个子组项及其相关设备，它们的状态、启动许可条件、操作顺序和运行方式，均应在液晶显示屏上显示出系统画面。

（6）在手动顺序控制方式下，应为操作员提供操作指导，这些操作指导应以图形方式显示在液晶显示屏上，即按照顺序进行，可显示下一步应被执行的程序步骤，并根据设备状态变化的反馈信号，在液晶显示屏上改变相应设备的颜色。

（7）顺序控制是按命令逻辑顺序进行的，每步都应有检查，在正常运行时，顺序一旦启动应至结束。在顺序过程中每一步应有指示，在此步完成后自行熄灭，顺序是否完成应有分别的指示。

（8）运行人员通过手动指令，可修改程序和实现程序跳步，但这种运行方式一定要满足安全要求。

（9）控制顺序中的每一步均应通过从设备来的反馈信号得以确认，每一步都应监视预定的执行时间。如顺序未能在约定的时间内完成，则应发出报警，并禁止程序进行下去；故障消除，在运行人员再启动后，程序继续进行下去。

（10）在自动顺序运行期间，出现任何故障或运行人员中断信号，应使正在运行的程序中断并返回至安全状态，使程序中断的故障或运行人员指令应在液晶显示屏上显示，且从打印机打出，当故障排除后，顺序控制在确认无误后再进行启动。

（11）运行人员应可在 LCD/键盘上操作每一个被控对象。手动操作应有许可条件，以防运行人员误动作。同样，逻辑中应提供相关的联锁，以防设备在非安全或潜在危险工况下运行。设备控制一般分手动（操作员控制）、自动控制、后备三种模式。

1）在手动模式下，操作员将根据电厂运行需要进行设备的起/停、开/关操作。非频繁操作设备（如辅助电气系统的进线开关）或无人监视工况下不可进行启动的设备只提供手动控制。

2）维持过程控制而需要频繁启、停的设备应提供自动控制模式。原则上，自动逻辑引起的动作不应报警，保护联锁触发时自动功能失效应产生报警，如抽汽阀自动关失效。

3）冗余或具有指定备用的设备应提供后备（STANDBY）控制模式。当过程参数表明在役设备已故障，处于后备模式的备用设备应自动启动，连续运行直至操作员或保护联锁发出停运指令。系统应提供报警以提醒操作员备用设备已启动。

4）所有设备均应提供手动模式。自动和后备模式应根据设备运行要求按需提供。

（12）设备的联锁、保护指令应具有最高优先级；手动指令则比自动指令优先。被控设备的"启动""停止"或"开""关"指令应互相闭锁，且应使被控设备向安全方向动作。

（13）保护和闭锁功能应是经常有效的，应设计成无法由控制室人工切除。当由于运行工况需要进行切除时，系统应采用明显的特殊标志予以标识，以便运行人员了解实际保护和闭锁功能的投入状态。

（14）SCS应通过联锁、联跳和保护跳闸功能来保证被控对象的安全、机组的联锁及保护跳闸功能，包括紧急跳闸均应采用硬接线连接。

（15）用于保护的接点（过程驱动开关或其他开关接点）应是"动合型"的，以免信号源失电或回路断电时，发生误动作（采用"断电跳闸"的重要保护除外）。系统应监视泵和风机马达的事故跳闸状态。

（16）为了便于运行人员迅速查找事故发生原因，卖方应在SCS中提供所有设备跳闸事件的首出原因（FIRST OUT）判断逻辑。

（17）对成对的被控设备（如送、引风机的润滑油泵、凝泵等），控制系统的组态应考虑采用不同的分散处理单元或控制组件（如二进制卡件），以防系统故障时两个被控设备同时失去控制。

（18）对于所有辅机设备（如送、引风机）的保护应在SCS中考虑。汽轮机防进水保护也属SCS范围。

（19）系统中的执行级应使用可独立于逻辑控制处理单元的二进制控制模件。

（20）发电机-变压器组顺序控制。

1）发电机-变压器组控制范围。接于每台单元机组网的监控对象有：①发电机出口断路器（GCB）；②发电机励磁系统（包括磁场开关和励磁调节器）；③发电机自动同期回路。

2）发电机-变压器组、厂用电源控制系统的顺序控制。

①发电机控制。

a. 发电机-变压器组［包括主变高压断路器、励磁系统（D-AVR）和励磁开关］的控制和监视均在DCS中完成。在启动过程中要完成的自动准同期合闸，控制方式通过LCD和鼠标选择窗口完成。

b. 发电机的启停程序。

（a）发电机的启动。

当机组在启动过程中汽轮机转速已大于规定值时按下列程序：

投入发电机磁场开关并确认；

投入起励电源开关并确认；

投入 D-AVR；

确认 D-AVR 无故障，并确认 D-AVR 的运行方式；

通过 D-AVR 调整发电机电压至规定电压；

核对空载电压、励磁电流等是否在正常范围内；

确认主变高压断路器无故障；

确认发电机-变压器组保护无故障。

由 DCS 发选同期电压命令至自动准同期装置，自动准同期装置在接收到 DCS 的同期电压命令后接入同期电压，然后由 DCS 对待并发电机发出合闸命令至自动准同期装置使其带电，由自动准同期装置通对 D-AVR 及 DEH 发出自动调频和调压信号，待频率和电压满足同期条件，符合并网条件时，自动准同期装置输出接点至主变高压断路器合闸。

当主变高压断路器一侧无电压时，自动准同期卡自动解除同期闭锁，发信号至 DCS 由操作员确认后使断路器不经同期合闸。

通过 DEH 自动调节使发电机带负荷。

（b）发电机的正常停机。

通过 DEH 和 D-AVR 自动调节发电机减负荷，负荷降为零后，鉴定汽轮机已无蒸汽进入后才允许跳闸，可通过发电机逆功率继电器动作和主汽门关闭信号确定；

通过 D-AVR 降低发电机电压；

发电机电压趋于零时，断开磁场开关；

退出 D-AVR。

为确保机组紧急安全停机，在控制台上设置发电机的紧急跳闸按钮（硬接线），为防止误操作还应设置确认按钮。

（c）自动准同期装置和励磁调节器均由买方供货，自动准同期装置和励磁调节器与 DCS 之间的接口采用硬接线，励磁调节器与 DCS 之间的接口除采用硬接线外还设有通信接口。

② 主变压器、高压厂用变压器的控制控制和监视均在 ECMS 中完成。

③ 柴油发电机组的控制。柴油发电机通过就地智能设备自动启动，或在柴油发电机机组自动控制柜上手动启动。

在控制台上设置柴油发电机的紧急启动按钮（硬接线）。

二、SCS 辅机联锁保护试验

（一）试验前应具备的条件

（1）试验系统的机务、电气检修工作已结束。

（2）试验系统并已送电并经检查工作正常。

（3）试验系统设备的单体（挡板、阀门、执行机构、电动机、测量仪表等）测试合格，装复后正常投入使用。

（4）控制逻辑检查、修改工作完成。

（5）仪用气源符合质量指标要求。

（6）就地及集控室手动启、停控制试验合格。

（7）试验人员已落实到位，各试验卡已准备就绪。

（二）试验中的一般要求

（1）试验结果应与逻辑设计一致。

（2）每项试验均应检查控制画面状态、信号显示、声光报警和打印记录，结果应与实际一致。

（3）模拟量、开关量试验信号应从现场始端发出。

（4）试验中需强制的信号要求强制正确，记录完整。

（5）试验期间若出现异常情况，应立即中止试验并恢复系统原状；故障消除后应再次试验。

（6）试验结束，做好系统及设备的恢复工作。

（7）做好各项试验的详细试验记录、出现的问题和处理结果记录，归档保存。

（8）试验项目与逻辑条件，应根据各机组具体设计而定。

三、SCS 辅机联锁保护试验内容

（一）锅炉风烟系统功能组

（1）空气预热器支撑轴承、导向轴承润滑油泵联锁试验。

（2）空气预热器主、副马达联锁试验。

（3）送、引风机液压油站联锁试验。

（4）送、引风机，一次风机马达油站联锁试验。

（5）送风机、引风机、一次风机保护确认试验。

（6）锅炉风烟系统顺序控制各功能子组试验。

（二）锅炉吹灰功能子组

（1）吹灰程序控制模拟试验。

（2）吹灰程序控制联锁保护试验。

（三）汽动给水泵功能子组

（1）前置泵保护试验。

（2）汽动给水泵 A/B 保护试验。

（3）小汽轮机顶轴油泵联锁试验。

（4）小汽轮机顶轴油联锁试验。

（5）小汽轮机 A/B 排汽减温水控制阀联锁试验。

（6）小汽轮机 A/B 疏水紧急隔离试验。

（7）在现场和液晶显示屏上检查各系统运行正常，状态和参数显示正确。

（四）电动给水泵功能子组

（1）电动给水泵辅助油泵联锁试验。

（2）电动给水泵保护试验。

（3）电动给水泵联锁试验。

（五）汽轮机油系统子组

（1）主机油泵联锁试验。

（2）主机油箱排烟风机联锁试验。

（3）主机油箱电加热联锁试验。

（六）凝结水子组

（1）补水箱水位保护试验。

（2）凝结水输送泵联锁保护试验。

（3）凝结水精处理设备进出口阀及旁路阀联动试验。

（4）高压疏水包喷水阀联锁试验。

（5）凝泵保护确认试验。

（6）凝泵联锁试验。

（7）凝结水系统顺序控制功能组试验。

（七）凝汽器真空系统子组

（1）试验前应具备的条件。

（2）真空泵大气喷射器进口阀及旁路阀联锁试验。

（3）真空泵保护确认试验。

（4）真空泵联锁试验试验。

（5）真空系统顺序控制功能组试验。

（八）汽轮机轴封系统子组

（1）试验前应具备的条件。

（2）轴封减温水隔离阀联锁试验。

（九）低压加热器子组

（1）试验前应具备的条件。

（2）低压加热器疏水联锁试验。

（3）低压加热器紧急隔离联锁试验。

（4）主汽门关闭低压加热器联锁试验。

（十）高压加热器子组

（1）高压加热器疏水联锁试验。

（2）高压加热器水位高高高保护试验。

（3）高压加热器紧急隔离联锁试验。

（4）高压加热器事故疏水扩容器减温水阀联锁试验。

（十一）发电机定子冷却水

（1）发电机定冷水泵联锁试验。

（2）发电机断水保护确认试验。

（十二）发电机密封油系统

（1）发电机空侧密封油泵联锁试验。

（2）发电机空侧密封油箱排烟风机联锁试验。

（十三）抗燃油系统

（1）抗燃油（EH 油）泵联锁试验。

（2）抗燃油（EH 油）泵保护确认试验。

（十四）顶轴油盘车系统

（1）解除润滑油压低、顶轴油压低及盘车耦合信号，顶轴油盘马达开关置"试验"位置。

（2）启动盘车马达，恢复润滑油压低信号，盘车马达应停运。

（3）解除润滑油压低信号，重新开启盘车马达，恢复顶轴油压低信号，检查盘车马达应停运。

（4）解除顶轴油压低信号，重新开启盘车马达，恢复盘车耦合信号，检查盘车马达应停运。

（5）恢复所有信号，设备至试验前状态。

（6）试验应在现场控制盘和 DCS 上分别进行。

（十五）汽轮机抽汽系统

（1）1、2、3 号抽汽联锁试验（下面的试验中，被试验的抽汽联锁试验简称为本级）。

（2）4 号抽汽联锁试验。

（3）5、6 号抽汽联锁试验。

（十六）开式、闭式冷却水系统

（1）开式泵、闭式泵的保护确认试验。

（2）开式泵、闭式泵联锁试验。

（十七）循环水系统

（1）冷却水泵联锁试验。

（2）循环泵保护确认试验。

（3）循环泵联锁试验。

（十八）蒸汽管道疏水系统

（1）主蒸汽管道疏水阀联锁试验。

（2）热再蒸汽管道疏水阀联锁试验。

（3）冷再蒸汽管道疏水阀联锁试验。

（十九）汽轮机蒸汽管道疏水阀子组

（1）汽轮机本体高压疏水联锁试验。

（2）汽轮机本体中压疏水联锁试验。

（二十）仪用空气系统

（1）空气压缩机启动。

（2）控制联锁试验。

（3）操作台仪用空气压缩机分离器出口压力控制回路试验。

（二十一）锅炉排污、疏水、放气功能子组

（1）汽包至连续排污扩容器的电动调节阀单体试验。

（2）连排扩容器的水位控制气动调节机构单体试验。

（3）定排扩容器至地沟排污水温控制气动调节机构单体试验。

（4）连排扩容器水位控制系统和定排扩容器排污水温控制系统试验。

（二十二）发电机-变压器组并列系统

（1）发电机-变压器组断路器合闸联锁试验，逻辑动作正确。

（2）发电机降压控制手操回路试验。

（二十三）发电机-变压器组解列系统

发电机-变压器组断路器分闸联锁试验。

（二十四）6kV 母线备用电源与常用电源切换

6kV 母线备用电源与常用电源切换联锁试验。

（二十五）高压备用变压器投入系统

高压备用变压器高压侧断路器合闸联锁试验、逻辑动作正确。

第六章　汽轮机数字电液控制系统（DEH）

第一节　DEH系统概述

汽轮机数字电液控制系统（digital electric-hydraulic control system，DEH）是以汽轮机为控制对象，通过计算机技术、自动控制及液压控制理论的运用，完成汽轮机的控制和保护，它是当今汽轮机，特别是大型汽轮机必不可少的控制系统，是电厂自动化系统最重要的组成部分之一。DEH承担着整个汽轮机-发电机组的主要控制任务，如启动、转速控制、负荷控制、运行状态及参数监视、超速保护、自动危急遮断及手动打闸等。

一、DEH系统的组成

DEH系统的简化框图如图6-1所示。它由电子控制系统（包括数字部分和模拟部分）、液压伺服回路以及接口部件组成。

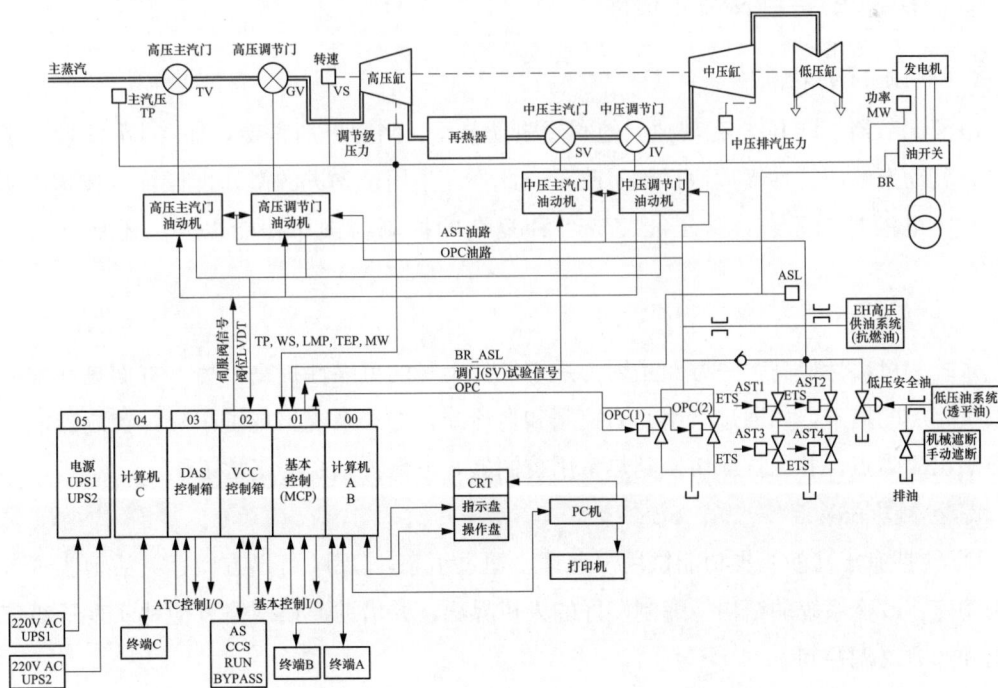

图6-1　DEH系统简化框图

（1）数字部分主要包括中央处理器和过程 I/O 系统，作为 DEH 系统的核心，数字部分连续地采集、监视机组当前的运行参数，并通过逻辑和运算对机组的转速和负荷进行控制。

（2）模拟部分则是将现场来的模拟量测量信号预处理后送给数字系统，并将数字系统输出的阀位需求信号转换为相应的模拟信号送到阀门驱动回路，同时手动操作和超速保护等也通过模拟量系统完成。

（3）液压伺服回路则包括电液转换器、伺服阀和高压抗燃油系统，电液转换器将来自电子控制系统的电信号转换为油压信号，以控制油动机的行程，通过控制进入汽缸的蒸汽流量来达到控制机组转速和负荷的目的。当机组出现危急工况时，汽轮机超速和手动脱扣，集管中的油压变化引起隔膜阀动作，或者脱扣电磁阀动作卸掉脱扣集管中的高压抗燃油，在弹簧力的作用下保证各个阀门快速关闭，以确保机组的安全运行。

DEH 系统的电子控制系统常用 DCS 装置来实现，它的组成与 DCS 系统一样，主要包括现场 I/O 通道、控制器、操作员站、通信总线和工程师站等。

DEH 系统的液压伺服系统包括供油系统、执行机构和危急遮断系统。供油系统的功能是提供高压抗燃油，并由它来驱动伺服执行机构；执行机构响应从电液转换器来的电指令信号，以调节汽轮机各蒸汽阀开度；危急遮断系统是由汽轮机的遮断参数所控制，当这些参数超过其运行限制值时，该系统就关闭全部的汽轮机进汽阀门，或只关闭调节汽门。

二、DEH 的特点及性能指标

（一）DEH 的特点

电液调节器（DHG）有其独立的阀门驱动单元，结构更加紧凑，加之 DEH 使用了高压油，其动态响应特性极大地得到了改善。此外，采用了先进的微处理计算机技术，所构成的数字电液控制系统，除了能完成各种复杂的控制与操作功能以外，还具有以下优越性：

1. 可靠性高

系统的可靠性提高，一方面是因为系统硬件本身的可靠性提高，另一方面是在软件上采取了相应的措施，如通过采用冗错控制和自诊断，如果系统出现了故障，控制器能自动地诊断出故障点，并无扰地切换到热备用控制器，以保证系统的正常工作。

2. 控制功能灵活

DEH 拥有丰富的基本功能供用户选择，通过组态，DEH 可以方便、灵活地实现各种控制功能，改变系统的结构，编制友好的人机界面，并借助通信网络方便地实现厂级集中控制和远方遥调控制。

3. 调节品质好

DEH 具有快速、准确、灵敏度高的特点。

机组甩负荷时，由于功率回路的切除可以克服反调，动态振荡少，飞升转速低，系统的动态特性很好；同时，DEH 为多回路、多变量的调节系统，综合运算能力强，不仅使系统具有良好的静态特性，控制汽轮机的转速或功率准确地等于给定值，而且使系统具有较强的适应外界负荷变化和抗内扰能力，实现机炉协调控制，有利于电网的稳定运行。

在蒸汽参数稳定的情况下，DEH 可以保证功率偏差小于 1MW，转速偏差小于1r/min。

4. 易于维修测试和参数调整

因为 DEH 采用数据设定的方式，使得维修测试更加简单、方便、快速，并配有专用的汽轮机仿真器，可进行在线仿真试验，调整系统参数。

（二）DEH 的性能指标

DEH 的性能指标应达到 IEC 标准：

（1）转速波动率：不大于正负 1r/min。

（2）负荷波动率：不大于正负 1MW。

（3）转速不等率：3%～6%可调。

（4）迟缓率：不大于 0.06%。

（5）可用率：不大于或等于 99.9%。

（6）MTBF：大于或等于 10 000h。

（7）甩负荷时的转速飞升：不大于 7%。

第二节 数字电液控制系统功能

一、DEH 控制系统工作原理

汽轮机 DEH 系统的原理图如图 6-2 所示，图中的输出是转速 φ，外扰是负荷变化 R，内扰是蒸汽压力 p，λ_n 和 λ_p 分别由转速和功率给定。调节对象考虑了调节级压力特性、发电机功率特性和电网特性，与此相关，设置了调节级压力 p_T、机组功率 P 和转速 n 三种反馈信号。由于转速特别重要，故没有三个独立的测速通道，通过比较选择一个可靠的信号。

由伺服放大器、电液伺服阀、油动机及其线性位移变送器（LVDT）组成的伺服系统，承担功率放大、电液转换和改变阀门位置的任务；调节汽门则因位移而改变进汽量；执行对机组控制的任务。

该系统为串级 PI 控制系统，调节运算是由数字部分完成。系统由内回路和外回路组成，内回路促进调节过程的快速性，外回路则保证了输出严格等于给定值。PI 调节中的比例环节对调节偏差信号迅速放大，积分环节保证了消除系统的静差，是一种无差控制系统。

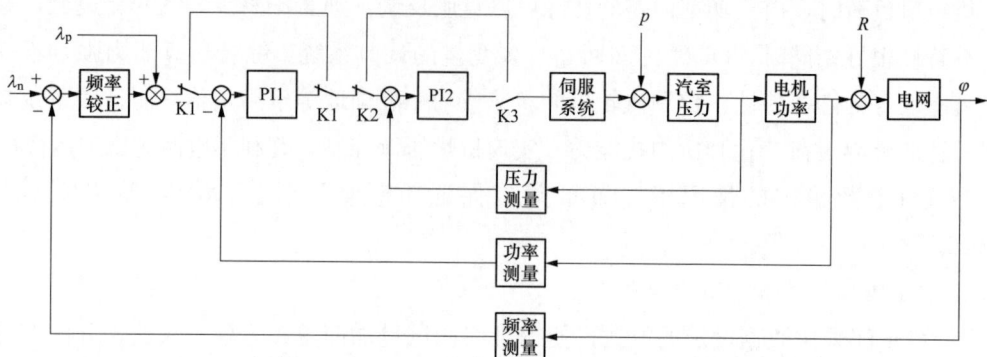

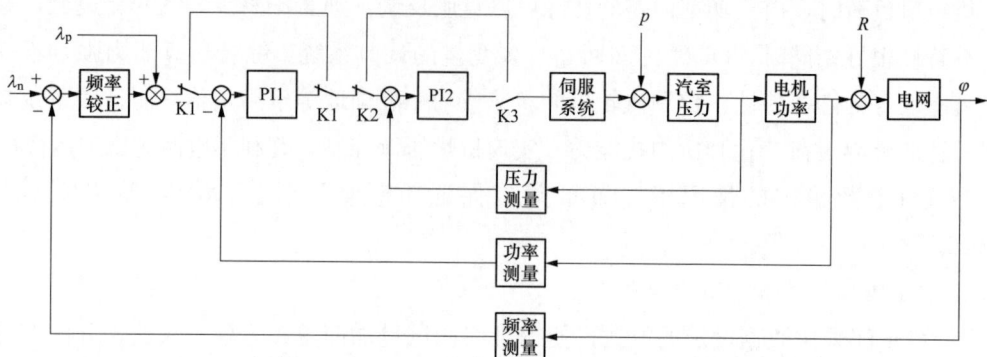

图 6-2　DEH 控制系统的原理图

当系统受扰时，进入汽轮机的流量变化，首先引起调节级压力的变化，对凝汽式机组，该压力能准确反应其功率的变化，并使该回路作出迅速的响应。发电机的功率环节，由于再热蒸汽滞后的影响，使功率回路的响应较慢。机组参与调频时，其转速取决于电网的频率，但由于它只是网内的一台机组，在电网容量较大的情况下，转速回路的反馈一般较小，图中该环节用虚线表示，以示影响较弱。

DEH 系统可按调频方式，也可按基本负荷方式运行。

当系统处于调频方式运行时，若电网的负荷增加，则其频率下降，机组的转速也随之下降，经与转速给定值比较，输出为正偏差，经 PI 调节器校正后的信号，输入伺服放大器，再经电液伺服阀、油动机，然后开大调节汽阀，于是发电机的功率增加。

机组在电网中带基本负荷运行时，由于转速的偏差能反映电网对机组负荷的要求，因此，只要不把该偏差信号接入系统就可以解决；或者是将该偏差乘以很小的百分数，使之对外界负荷的变化不敏感，即所谓"死区"，于是，控制系统将按本身的功率给定值去控制机组，保持基本负荷运行。

DEH 系统在内扰作用时，如主汽参数降低，则输出功率下降，由于功率给定与功率反馈输出正偏差，要求调节汽阀开大，使输出功率等于功率给定值，系统达到平衡，因此，系统具有很强的抗内扰能力。

DEH 系统设有超速防护（OPC）和电超速遮断保护（ETS）以及机械超速遮断保护系统，实行多重保护，以便危急时，任一系统动作均可关闭调节汽阀或同时关闭主汽阀和调节汽发，确保机组的安全。

二、DEH 系统基本功能

数字电液控制系统应具有控制、保护、监视、数据通信等基本功能。

（一）对机组的控制功能

系统应具有汽轮机转速和负荷的全面控制功能，能实现机组的启动冲转、升速、暖机、并网、负荷控制、停机等各种情况下的有关控制，并能根据操作人员的要求和机组应力条件控制其升速率和负荷变化率；能适应机组在不同初始温度条件下的启动（即冷态、温态、热态、极热态启动）；能适应定压和滑压下的运行方式；系统具有阀门管理功能，可实现单阀控制和顺序阀控制方式，并能做到这两种阀门控制方式之间的相互无扰切换；具有阀位限制和阀门试验功能，以适应机组在不同运行条件下对安全经济的要求；系统能与 CCS 系统结合实现机炉协调控制；系统应具有汽轮机全自动控制、操作员自动、远方控制和手动控制等控制方式。

1. 汽轮机的转速和负荷控制

汽轮机启动升速时的转速控制是根据转速设定值和升速率控制调节阀门开度。通常转速设定值分成数挡，如"阀关闭""400r/min""800r/min""2500r/min""3000r/min；升速率分"保持""慢""中""快"四挡。汽轮机手动启动时由运行人员根据汽轮机启动状态选择转速设定值和升速率，汽轮机自启动时，由自启动程序自动选择。

汽轮机的负荷控制是从机组启动带初负荷开始，冷态启动时由高压调节汽阀进行控制；热态启动时由高、中压调节汽阀进行控制，至 35% 额定负荷且中压调节汽阀全开后，负荷由高压缸调节汽阀进行控制。

DEH 系统在负荷控制阶段，具有下列自动控制方式：

（1）操作员自动控制方式（OA）。在该方式下，操作员通过操作盘输入目标负荷和负荷变化率，DEH 控制器完成调节变量的运算和处理；最后实现负荷的自动控制。

（2）远方遥控方式（REMOTE）。在该方式下，由机炉协调控制（CCS）的负荷管理中心（LMCC）或电网负荷调度中心（ADS）来的信号，通过遥控接口改变 DEH 的负荷指令（目标负荷和负荷变化率），通过 DEH 系统对机组的负荷进行控制。

（3）电厂级计算机控制（PLANT COMP）。当有厂级计算机时，由厂级计算机发出目标负荷和负荷变化率的指令，通过 DEH 的接口，对机组的负荷进行自动控制。

（4）自动汽轮机程序控制方式（ATC）。在负荷控制阶段，自动汽轮机控制方式除了在线监控汽轮机的状态外，还可与上述三种自动控制方式组成联合控制方式。

在机组的正常运行阶段，负荷控制都是由高压调节汽阀进行的。上述的所有控制方式中，机组只接受其中一种方式作为当前的控制方式。

此外，DEH 系统还设有主汽压力控制（TPC）和外部负荷返回（RUNBACK）控制方式，以便在机组运行异常时对主、辅机进行保护。

2. 阀门控制

为了提高热效率，又不致使汽轮机应力过大，采用了高压缸全周进汽（FA）和部分进汽（PA）两种方式。西屋（或引进型）1000MW 汽轮机有 4 只高压调节阀，每只高压调节阀有一个独立的伺服控制回路。全周进汽，所有高压调节汽门开启方式相同，各阀开度一样，像是一个阀控制，故又称单阀方式；部分进汽，各高压调节汽门按预先设定的开启顺序依次开启，各调节汽门累加流量呈线性变化，称多阀控制。汽轮机启动时采用全周进汽方式（单阀控制），对汽轮机均匀加热，减小热应力；当汽轮机带到一定负荷后，为了提高经济性，减小节流损失，再转至部分进汽方式（多阀控制）。两种控制方式之间能保持功率不变进行无扰动切换。汽轮机自启动时，全周进汽（单阀控制）向部分进汽（多阀控制）的转换，只要转换条件满足，即自动进行。

3. 机前压力控制

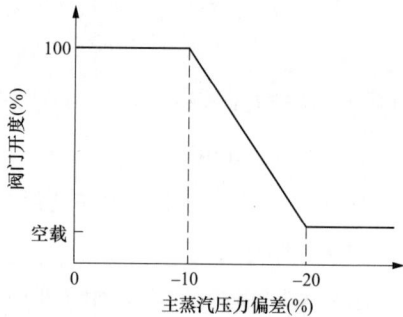

图 6-3　阀门开度与偏差关系曲线

机前压力控制用来防止主蒸汽压力变化过快时，湿蒸汽进入汽轮机。当主汽压力下降速度达到某一定值（如 7.4%/min）时，控制回路的输出将取代阀门流量指令，阀门开度即由机前压力控制回路的控制值控制，其控制值的大小取决于主汽压力与设定值的偏差，阀门开度就随偏差的增大而关小，阀门开度与偏差的关系如图 6-3 所示。

4. 自动同步（AS）

在发电机并网前，自动同步控制回路通过对电网频率和发电机频率的偏差比较，自动校正汽轮机转速设定值，使发电机频率始终随电网频率变化且保持大于电网频率 0.05Hz，直至并网完成。

5. 手动控制系统

手动控制系统（见图 6-4）是通过阀门控制卡，用阀门增、减按钮直接控制各阀门的开度。手动有一次手动和二次手动两种方式。一次手动与二次手动的区别在于：一次手动增减阀门开度，还有一些逻辑条件，起到防止误操作的作用；二次手动是 DEH 最末级硬件备用，通过操作台上的增/减按钮，对每个阀门进行增/减操作，无其他逻辑条件。另外，一次手动精度高。

6. 模拟量的检测和转换

为了提高 DEH 系统的可靠性，功率、调节级压力、主汽压力、转速都采用冗余配置。通常功率、调节级压力、主汽压力、转速的信号采用三个变送器，分别送至三路 A/D 转换，转换后，在计算机内进行三选中，再进入控制回路。

当自动系统故障时，由容错系统使自动切到一次手动，一次手动故障时由操作员切到二次手动。自动、一次手动、二次手动三者中任何一路控制，其他两路自动跟踪，如图 6-4 所示。

（二）对机组的保护功能

DEH 系统具有超速保护功能（OPC），至少能够当汽轮机转速超过额定转速的 103% 时，迅速关闭高/中压调节阀门，延时一定时间后再开启调节阀门，防止汽轮机超速；DEH 系统还提供 110% 超速保护信号，由用户选用；还能接收 RUNBACK 信号，自动减

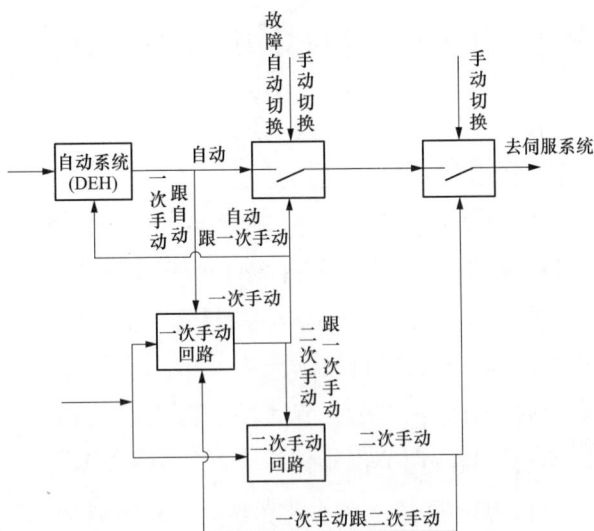

图 6-4　手动控制系统

负荷，以适应锅炉及其他辅机的故障工况；还应能接收 FCB 信号，当发电机油开关跳闸后自动减负荷至带厂用电或空载运行（此项功能由用户选用）。机组 OPC 超速保护系统有两条回路可以启动。

（1）中压缸排汽压力大于 30%（即机组运行在 30% 负荷以上），油断路器跳闸同时出现时，启动触发器，输出 OPC 全关信号去关高压调节汽门（GV）和中压调节汽门（IV），延时 $5\sim10\text{s}$ 后，当转速小于 103% 时，触发器复位，允许 GV 和 IV 开启。

（2）任何情况下，只要转速 $n>103\%$ 额定转速，则关 GV 和 IV，$n<103\%$ 额定转速时恢复。

为了提高可靠性，OPC 控制逻辑采用三选二方式。OPC 信号或汽轮机紧急跳闸系统（ETS）动作信号可以直接送到伺服回路，通过电液伺服阀，将阀门关闭，防止机组超速。ETS 发出的停机信号经 AST 电磁阀快速关闭所有的阀门。ETS 的保护逻辑也可以做在 DEH 系统中，即 ETS 的保护逻辑由 DEH 的计算机来完成，或另设 ETS 装置，保护的执行部分由 DEH 来完成。为了能有效地防止机组超速，电磁阀回路阀门关闭时间要求尽可能地短，如在 0.15s 内。

（三）监视和通信功能

DEH 具有完善的监视功能，设有专门的终端，运行监视用液晶显示屏可连续地进行各种工况参数、画面、报警状态、数字和模拟量趋势的显示，为运行人员提供 DEH 全面的监视。运行人员还可以在液晶显示屏、键盘（或鼠标、球标、光笔）上进行汽轮机的转速和负荷的手动控制。DEH 系统配置有打印机，可以进行定期打印、随机召唤打印、事故追忆打印，以取得运行记录数据对机组运行工况和事故原因进行分析。

（四）自启停功能

大型汽轮机的参数高、变化跨度大，金属部件的形状、尺寸大小不一，传热不均匀，启停过程工况的变化剧烈，因此，启停过程的监控项目繁多，操作复杂。为了做到安全、经济和快速，实现机组的自启停处于十分重要的地位。

DEH 系统配置了冷态和热态两种机组启动方式。

冷态启动时，用高压缸启动方式。中压主汽阀和调节汽阀保持全开，由高压主汽阀和调节汽阀进行控制，其中从盘车至转速达到 2900r/min，由高压主汽阀控制；转速达 2900r/min 后，切换至高压调节汽阀控制升速，并网到带初负荷；在系统转入负荷控制回路工作后，负荷一直由高压调节汽阀进行控制。

热态启动时，用联合启动方式，中压调节汽阀也参与控制。中压主汽阀为开关型，启动时全开；高压主汽阀全关，高压调节汽阀保持全开，由中压调节汽阀进汽并控制转速；当转速升至 2600r/min 时，中压调节汽阀开度保持不变，然后切换至高压主汽阀控制转速；当转速升至 2900r/min 时，再切换至高压调节汽阀控制，切换成功后，高压主汽阀保持全开，由高压调节汽阀控制升速、并网和带初负荷，负荷值为 3%～10% 额定负荷；然后再由高、中压调节汽阀共同控制升负荷，到达约 35% 额定负荷后，中压调节汽阀全开，由高压调节汽阀继续升负荷直至启动结束。

第三节　汽轮机的负荷和转速控制

DEH 控制功能通常包括超速保护、基本控制和自动汽轮机程序控制。这三部分既相互独立，又通过控制总线交换控制信息或状态。基本控制部分是 DEH 的核心，它除了提供与转速和负荷控制相关的逻辑、调节回路外，还包括与自动控制有关的其他功能，如设定值/变化率发生器、限值设定、阀门切换、阀门管理、阀门试验、控制回路切换以及阀门校验等。

一、DEH 的转速控制

（一）DEH 的转速控制功能

DEH 的转速控制通常是指从汽轮机的"预启动"到"并网"这一阶段中 DEH 的通电启动前的控制、自动预暖、挂闸、盘车、升速、并网前的试验、同步并网等过程。

（二）转速控制原理

在汽轮发电机组并网前，因为采用了 PI 控制规律，所以可实现 DEH 的转速闭环无差调节。给定转速与现场 LVDT 油动机位置反馈信号进行比较后，经 PI 调节器运算后，输出控制信号到电液伺服阀，通过伺服系统控制调节阀的开度，从而控制机组转速，使实际转速跟随给定转速变化。控制框图如图 6-5 所示。

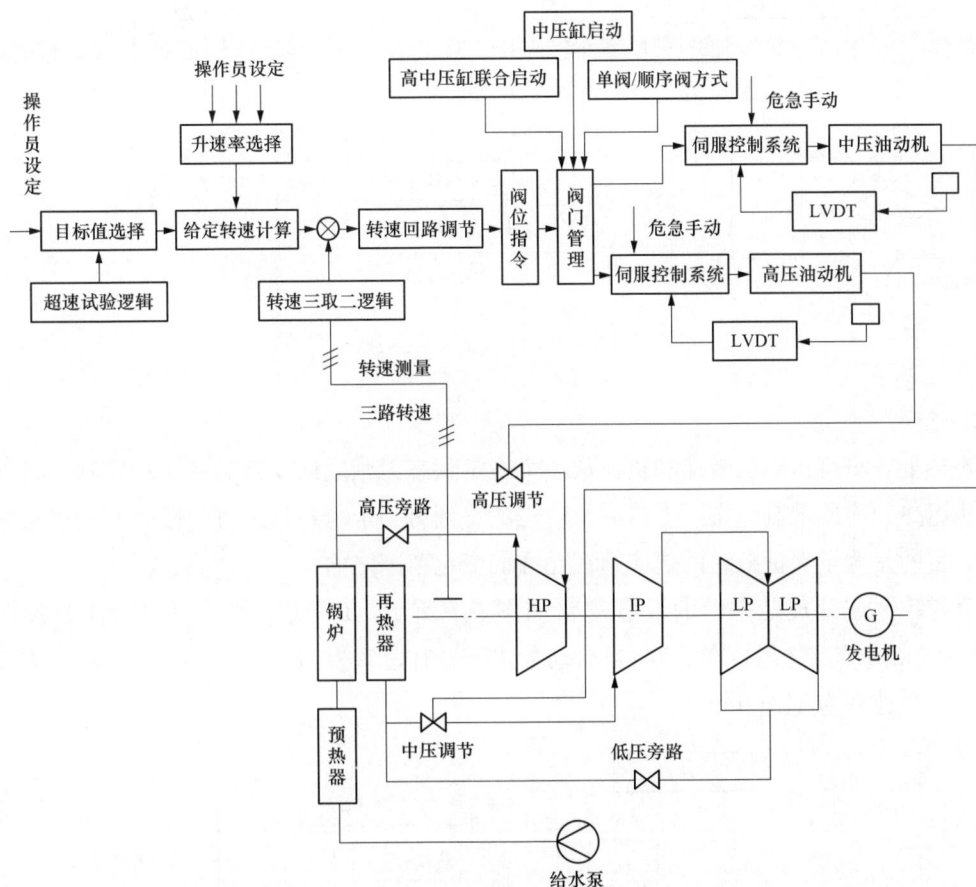

图 6-5　机组转速控制框图

1. 目标值的设定

控制机组在转速不同阶段的目标值可由操作员输入（OA 方式下）或 ATC 自动生成。转速目标值的设定逻辑如图 6-6 所示，它包括 ATC 设定方式、OA 设定方式、超速试验的目标值、超临界时的限值和同步并网时的目标值。也就是说，除了操作员通过操作员站 OIS 设置目标转速外，在下列情况下 DEH 自动设置目标转速：

（1）汽轮机刚挂闸时，目标转速为当前转速。

（2）油开关刚断开时，目标转速为 3000r/min。

（3）手动状态，目标转速为当前转速。

（4）汽轮机已跳闸，目标转速为零。

（5）目标转速超过上限时，将其改变为 3060r/min 或 3360r/min。

（6）自启动方式下，目标转速由 ATC 设定。

（7）自动同期时，目标转速随自同期增减信号变化。

（8）如果目标转速错误地设在临界区，DEH 系统将会自动改变目标值。

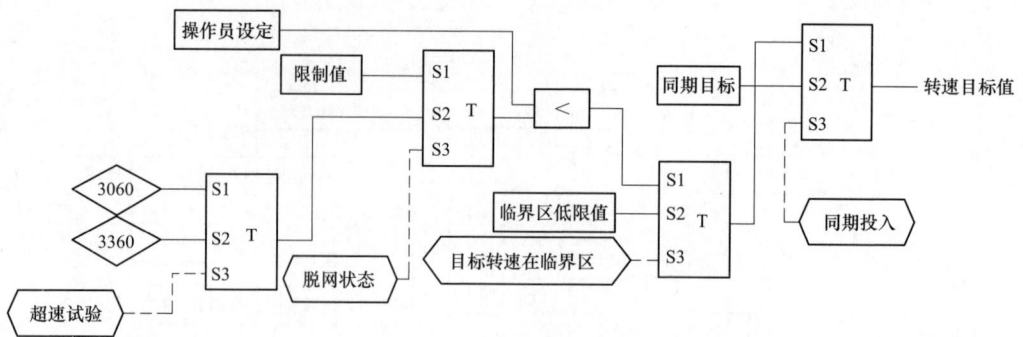

图 6-6   目标值的设定逻辑

2. 变化率的设定

理论上，可将机组的转速和负荷从一个稳定状态无延缓地变到另一个稳定状态，但是由于机组热效应的限制，实际上从一个稳定状态到另一个稳态是通过一段时间的过渡来完成的，目的是为了保证机组的热应力在允许的变化范围之内。

升速率（或升负荷率）的设定逻辑如图 6-7 所示。DEH 升速率可由操作员设定在 $39\sim800r/min$ 范围之内；在 ATC 自启动方式下，升速率为 120、180、360r/min；在临界转速区，升速率为 400r/min。

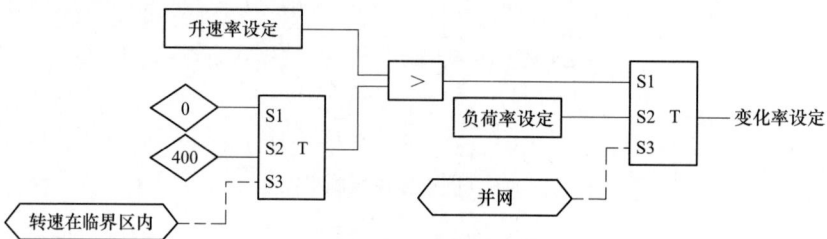

图 6-7   变化率的设定逻辑

3. 速度控制

实际上，设定值形成回路（包括目标值的设定和变化率的设定）完成了将一阶跃输入变为一系列阶梯斜坡输入的近似线性化处理工作。阶梯的时间宽度反映了 DEH 对控制任务的扫描执行周期，而阶梯的幅度是运行人员给出的升速率，它反映了机组应力所允许的变速度值或变负荷值，在控制任务的扫描执行周期比对象的时间常数小很多时，阶梯斜坡可以用直线来近似。经线性化处理后的设定值，与机组的速度反馈信号比较后，经 PI 校正获得机组的速度控制信号，送至中压调节阀门 IV（若为 TV 和 IV 共同冲转的启动方式）控制机组的运行。IV 的速度控制逻辑如图 6-8 所示。

4. 同步并网

当汽轮机转速稳定在 $(3000\pm2)r/min$ 上，各系统要进行并网前的检查：机组超速保护试验和发电机并网模拟试验。

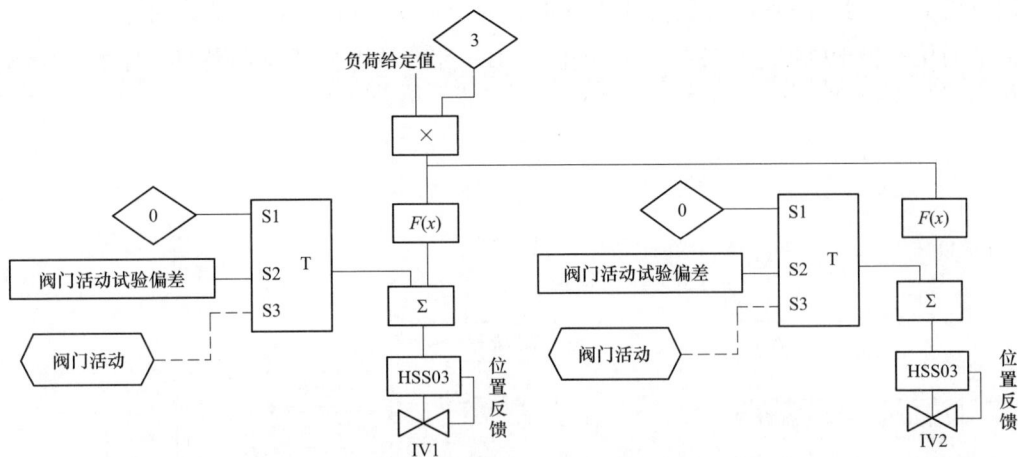

图 6-8　IV 速度控制框图

DEH 进入自动同期方式，其目标转速将按同期装置发来的转速增减指令，以 60r/min 的变化率变化，使发电机的频率及相位达到同期并列要求的条件。在同期条件均满足要求时，可发出油开关合闸指令。

除可由操作员发指令进入自同期方式外，还可在自启动方式下由 ATC 触发自动进入同步并网方式。当同期条件均满足时，油开关合闸，DEH 立即增加给定值，使发电机带上初负荷，避免出现逆功率。

二、DEH 的负荷控制

在汽轮发电机组并网后，机组进入负荷控制阶段。负荷控制阶段涉及的内容有：阀门试验、暖机、升负荷、额定负荷和变负荷运行、参与电网的调频与调峰、阀门的切换、主汽压力保护、快速卸负荷和机炉电的协调控制等。

（一）DEH 的负荷控制功能

发电机并网后，DEH 在现有 GV 阀位参考值上加 3%，这个开度对应于大约 3% 的初负荷。初负荷的实际大小取决于当时主蒸汽压力，因此，引入了主蒸汽压力进行修正，即主汽压较高时阀门开度小，反之则较大。初负荷大小可以在工程师站上修改。

负荷控制一般分为开环和闭环两种方式。

刚投入发电机功率闭环时，目标负荷和负荷变化率跟踪当前实际负荷，以保证功率闭环投入时无扰。

调节级压力控制回路引入调节级压力反馈。当锅炉工作于稳压状态，汽轮机的功率则随锅炉出力的变化而变化，能够很好的协助锅炉控制系统的主蒸汽压力。调节级压力回路可与其他回路进行无扰切换。

锅炉稳定燃烧后 DEH 可转入锅炉自动方式，DEH 接收来自机炉主控器的指令自动调整汽轮机负荷，此时 DEH 将负荷变化率设定为 100MW/min，即锅炉自动方式下汽轮机负荷的变化取决于机炉主控器指令的变化，DEH 完全按着协调控制来的综合指令控制汽轮机。

当机前压力降低到保护限值以下时，可投入主蒸汽压力低保护功能。

（二）负荷控制原理

DEH 负荷控制框图如图 6-9 所示。

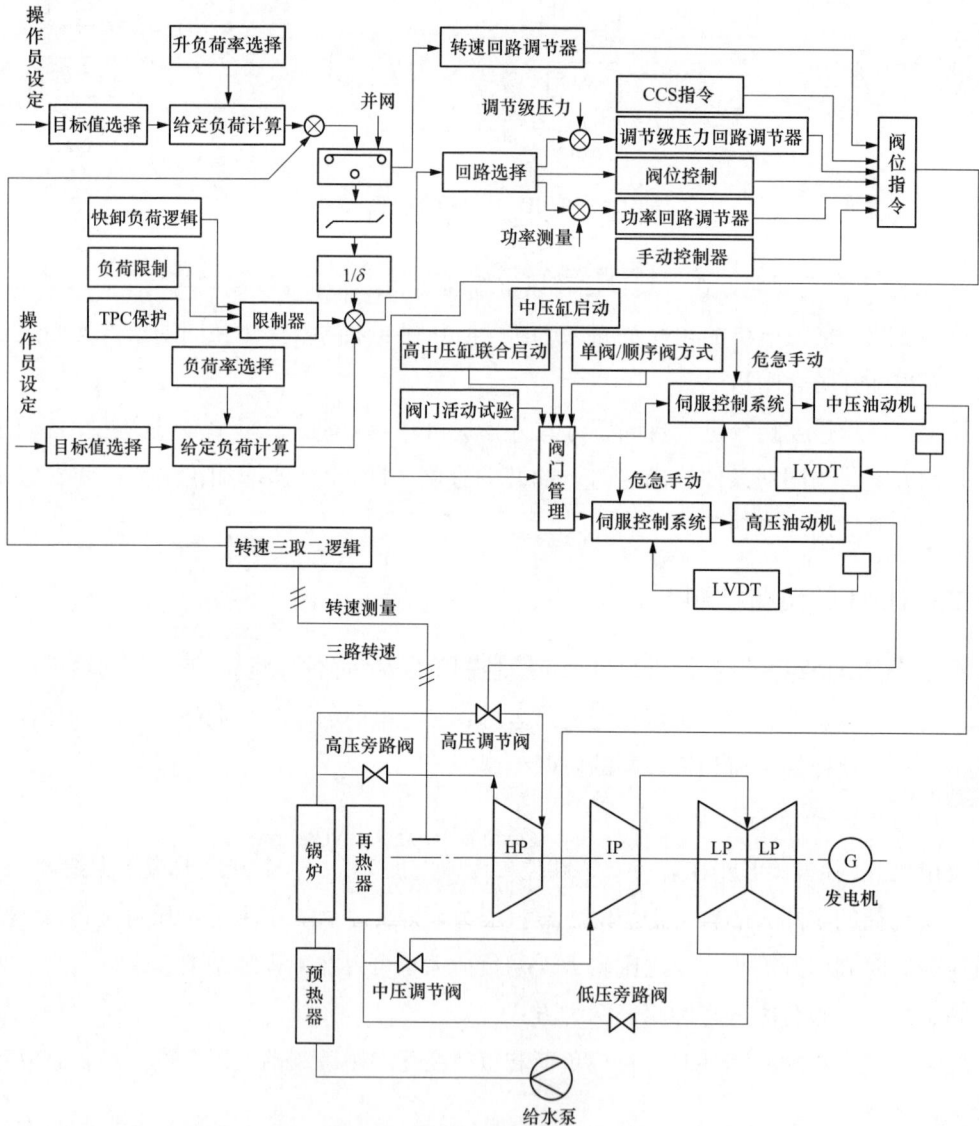

图 6-9　DEH 负荷控制框图

系统设计的负荷控制方式有：

（1）频率调节：参与一次调频，通过速度反馈实现。

（2）功率调节：在负荷反馈投入时，目标负荷值和变化率均以 MW 形式表示。

（3）调节级压力调节：在调节级压力反馈投入时，目标压力值和变化率均以压力百分比形式表示。

（4）阀位控制：在功率反馈回路和调节级压力反馈回路均切除时，目标值和变化率以额定压力下总流量的百分比形式表示。

（5）协调控制：投入协调控制时 DEH 相当于开环的阀位控制，由 CCS 的负荷管理中心完成"功率—频率"校正的控制策略。

在正常的"功—频"电液调节下，DEH 应具有以下保护功能：

（1）快速卸负荷——RUN BACK。

（2）主蒸汽压力保护——TPC 保护。

（3）负荷限制。

DEH 的阀门管理程序（VMP）通常设计有以下功能：

（1）阀位指令配送给高、中压调节阀门的伺服阀，以开启到相应的阀位，控制流量。

（2）实现高、中压缸联合启动。

（3）实现中压缸启动。

（4）实现单阀/顺序阀切换。

（5）进行阀门活动试验。

1. 给定值的确定

尽管 DEH 设计有多种操作方式，但在任意时刻机组只能接受一种命令。因此，DEH 应具有选择控制方式，以及形成给定值的功能。如图 6-10 所示操作员可通过 OIS 设置给定值。

2. 确定变负荷速率

（1）操作员方式下：变负荷率在 40～100MW/min 范围之内设定。

（2）自启动方式下：变负荷率在 1.5～30MW/min 范围之内设定，步长 0.5MW/min。

（3）单阀/顺序阀转换或阀切换时：变负荷率为 5.0MW/min。

（4）CCS 控制方式下：变负荷率为 100MW/min。

（5）在非 CCS 方式下：变负荷率取上述前三个的最小值。

（6）若目标以百分比表示时，则变负荷率也相应用百分比形式。

（7）自启动方式下，ATC 设置的变负荷率将根据应力计算，每分钟修正一次。

3. 暖机

机组并网、带初始负荷以后，需要暖机以减少热应力。在升负荷过程中，根据机组运行确定是否需要暖机，一旦选择了操作方式，设定了目标值和升负率以后，DEH 将控制机组向目标值逼近。

4."定压—滑压—定压"变负荷运行

在高低压旁路阀全关后，锅炉增加燃烧，高压调节阀维持 90% 开度。随着蒸汽参数的

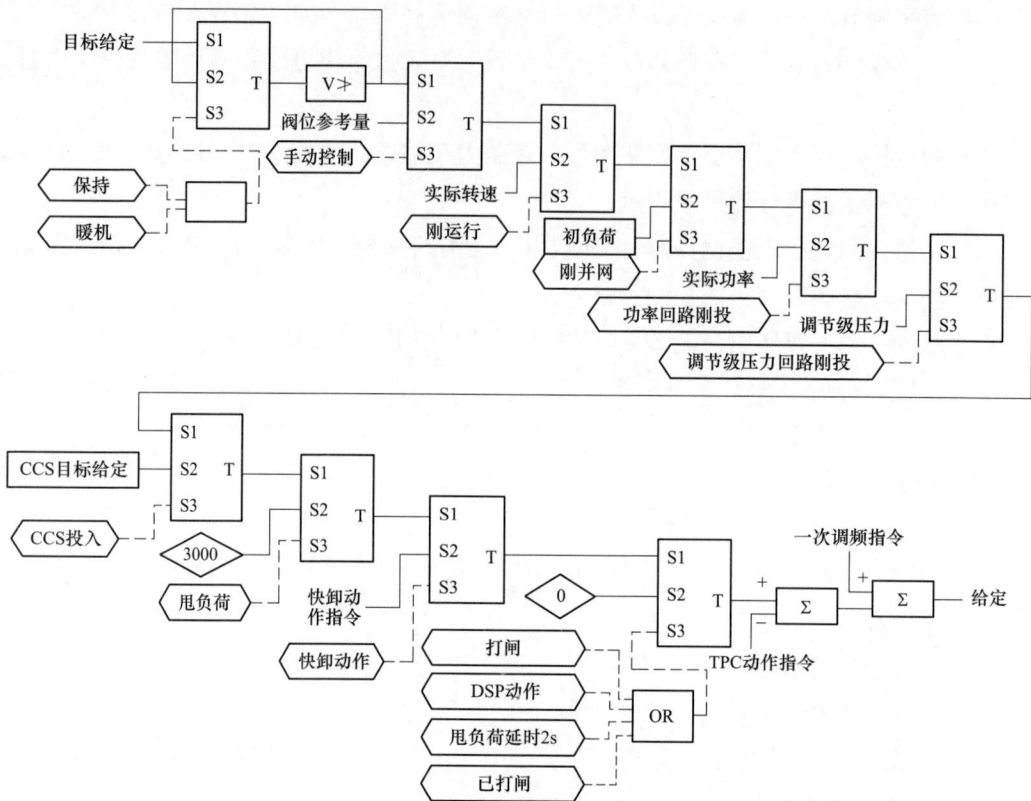

图 6-10　给定值设定逻辑

增加负荷逐渐增大。在滑压升负荷期间，一般不投负荷反馈或调节级压力反馈。若需暖机，应由燃烧控制系统维持燃烧水平，保持负荷不变，否则应投负荷反馈或调节级压力反馈。

5. 负荷控制方式

负荷控制原理如图 6-11 所示，它由调节级压力反馈，电功率负荷反馈、CCS、一次调频回路、主汽压力保护、RUN BACK 快速卸负荷等功能组成。

（1）电功率负荷反馈。负荷指令是否经过功率校正，取决于发电机功率校正回路是否投入。当电功率反馈信号投入时，负荷指令进入比较器，与电功率反馈信号进行比较，比较的结果经 PI 校正后，输出控制 GV 阀和 IV 阀。

（2）调节级压力反馈。在调节级压力校正回路投入的情况下，以压力单位表示的功率请求值，与调节级压力反馈信号比较，经 PI 校正和上下限幅后，转换成流量百分比，送阀门管理程序，输出负荷请求值，控制 IV 阀和 GV 阀。

（3）一次调频。汽轮发电机组在并网运行时，一方面，机组的出力应满足负荷指令的要求；另一方面，当电网负荷变化引起周波变化时，网内各机组应改变其出力以维持电网频率稳定，也就是说，并网运行的机组应参与电网的一次调频。因此，DEH 的负荷指令引入频率的校正。

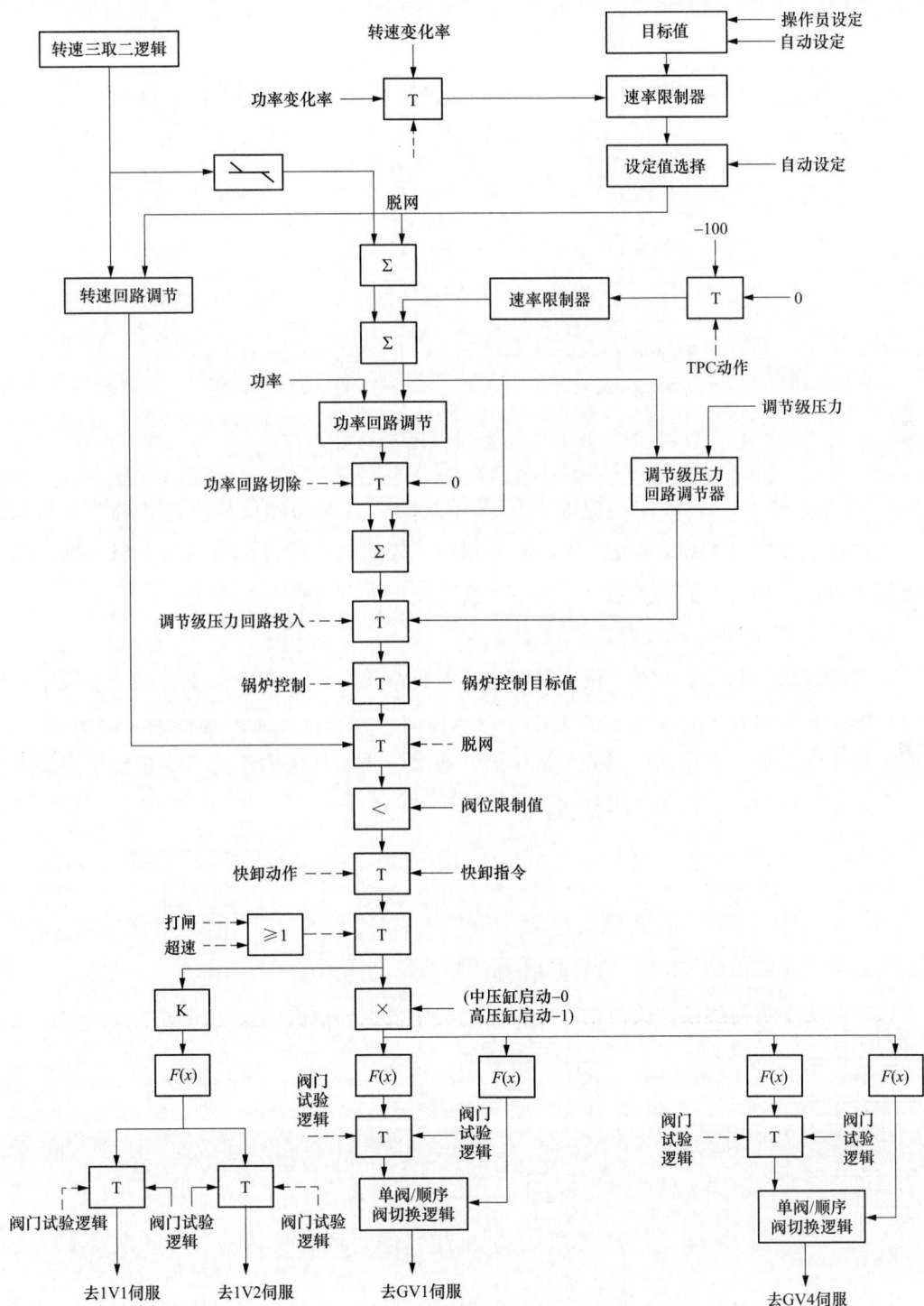

图 6-11 机组功频—电液调节 SAMA 图

（4）CCS 控制方式。机组处于 CCS 控制方式时，汽轮机目标负荷值受锅炉控制系统控制。在阀位限制和负荷限制动作时系统将产生 HOLD 信号。CCS 控制逻辑框图如图 6-12 所示。

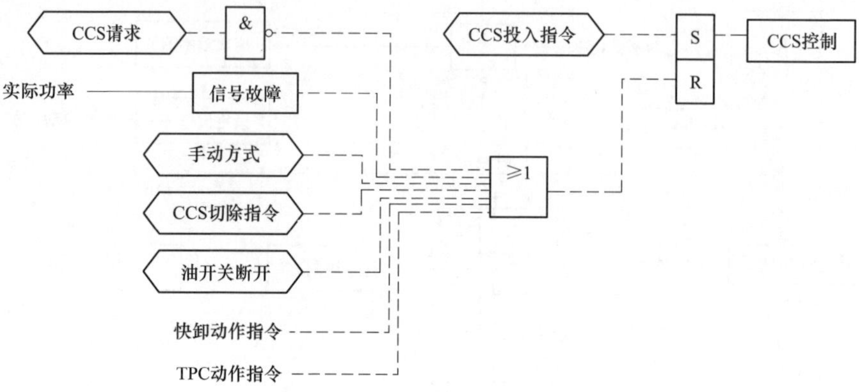

图 6-12　CCS 控制逻辑框图

在 CCS 方式下，DEH 的目标等于 CCS 给定时，自动切除负荷反馈和调节级压力反馈，一次调频死区改为 30r/min。当发电机侧出现故障甩负荷且未解列或者机组转入带厂用电运行时，如果转速波动超过 30r/min，频率校正将自动投入。

6．主蒸汽压力控制（TPC 功能）

主蒸汽压力控制器是针对"锅炉系统出现某种故障、而不能维持主蒸汽压力稳定"时而设置的。TPC 实时检测到主汽压力小于设定值时，它将以一定的速率关小调节阀开度，降低蒸汽流量消耗，以达到"提升主汽压力，或减缓主蒸汽压力下降，稳定锅炉燃烧"的目的。主蒸汽压力控制投切逻辑如图 6-13 所示。

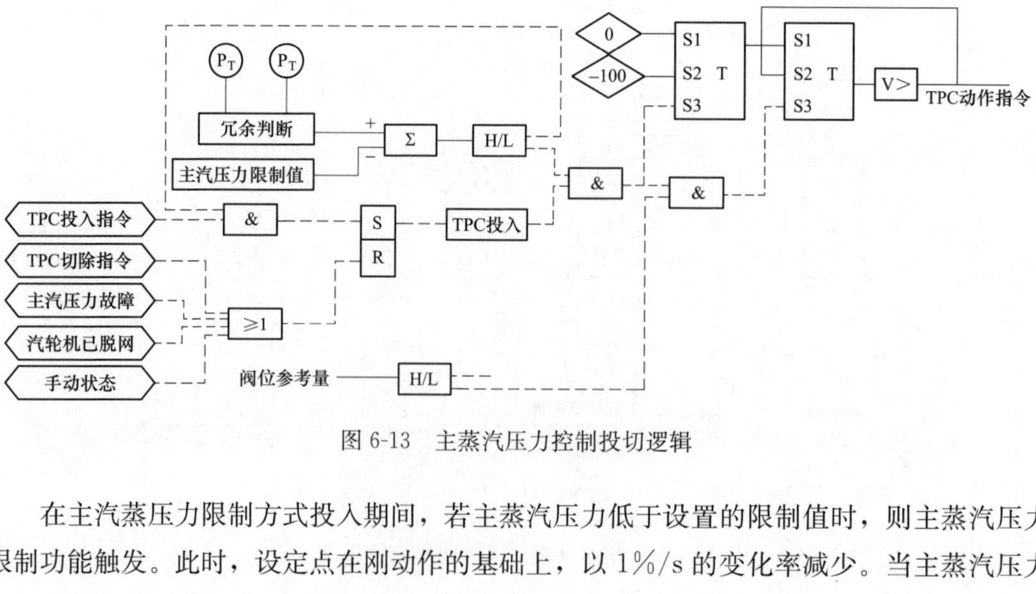

图 6-13　主蒸汽压力控制投切逻辑

在主汽蒸压力限制方式投入期间，若主蒸汽压力低于设置的限制值时，则主蒸汽压力限制功能触发。此时，设定点在刚动作的基础上，以 1%/s 的变化率减少。当主蒸汽压力回升到限制值之上时，则停止降低设定值。若关阀门仍不能使主蒸汽压力回升，并且设定值已减到总的阀位参考量的 20% 时，则停止减小。

7. 快速卸负荷（run back，RB）

快速卸负荷是指当汽轮发电机组出现某种故障时，快速减小调节阀门开度，卸掉部分负荷，以防止故障的进一步扩大。当接收到 RUN BACK 命令后，按照预先设定好的速率减负荷，直到 RUN BACK 命令消失或者达到减负荷目标终值。快速卸负荷控制逻辑如图 6-14 所示。

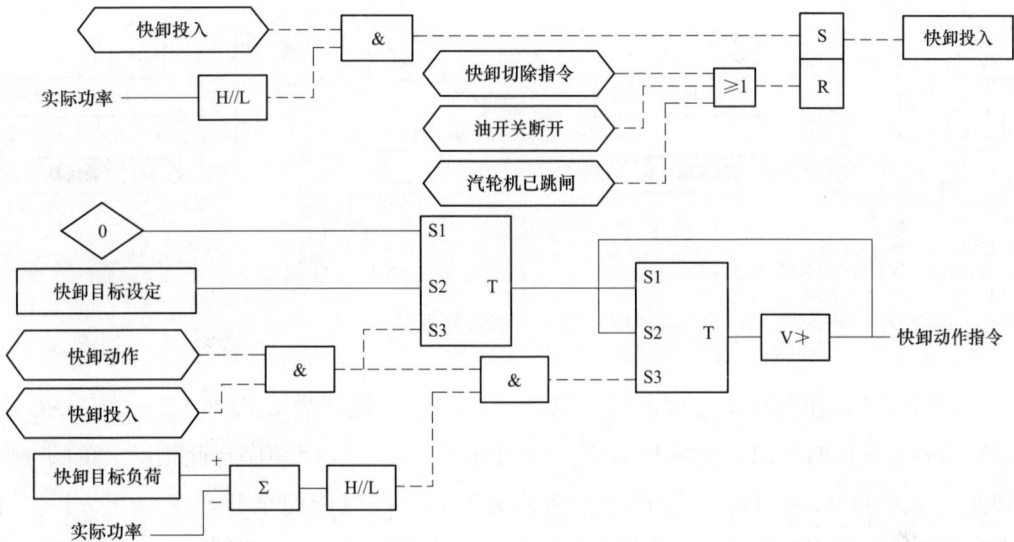

图 6-14　快速卸负荷控制逻辑

按故障大小不同，快卸负荷分为三挡，分别是：RB1：以 25%/s 的速率减负荷至 50%；RB2：以 50%/s 的速率减负荷至 50%；RB3：以 50%/s 的速率减负荷至 50%。

8. 阀门管理程序（VMP）

DEH 可通过调节阀门，改变进汽流量，达到速度和负荷控制的目的。DEH 对阀门的控制有"单阀"和"顺序阀"两种形式。机组在不同的工况下，可通过阀门管理程序在线地完成两种调节方式的无扰切换。

阀门管理投切逻辑如图 6-15 所示，$K=1$ 时为单阀运行方式，$K=0$ 时为顺序阀运行方式。

对于定压运行带基本负荷的工况，调节阀接近全开状态，这时节流调节和喷嘴调节的差别很小，单阀顺序阀切换的意义不大；对于滑压运行调峰的变负荷工况，部分负荷对应于部分压力，调节阀也近似于全开状态，这时阀门切换的意义也不大；对于定压运行变负荷工况，在变负荷过程中希望用节流调节改善均热过程，而当均热完成后，又希望用喷嘴调节来改善机组效率，因此，这种工况下要求实现单阀/顺序阀的无扰切换。

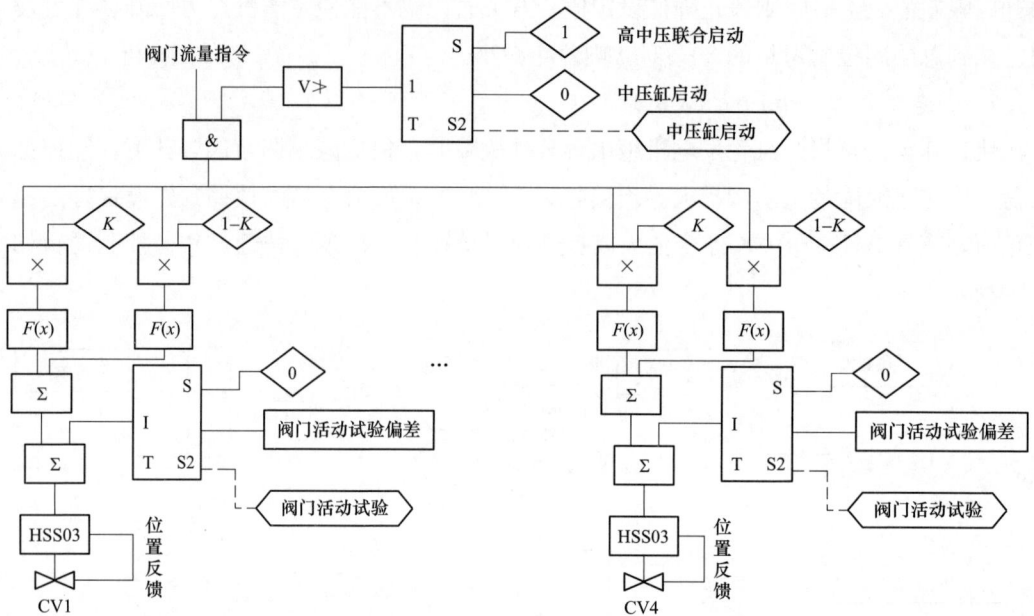

图 6-15　阀门管理逻辑

1000MW 汽轮机高压调节阀的顺序阀的开启顺序可设计为 GV1/GV2→GV3→GV4，即 GV1 和 GV2 同时开启，然后是 GV3、GV4 最后开启。关闭顺序与此相反。单阀/顺序阀切换时间为 10min（可调）；当阀位参考值大于 99.9%（阀门全开）或小于 0.1%（阀门全关）时，切换瞬间完成。

9. 负荷限制

（1）高负荷限制。汽轮发电机组由于某种原因，在一段时间内不希望负荷带得太高时，操作员可设置高负荷限制值，使汽轮机负荷点始终小于此限值。高负荷限制值设置不能小于低负荷限制值。

（2）低负荷限制。汽轮机发电机组由于某种原因，在一段时间内不希望负荷带得太低时，操作员同样可设置低负荷限制值，使 DEH 设定点始终大于此限制值。当低负荷限制动作时，若目标小于设定点，则发保持指令，停止减小设定点。

10. 阀位限制

汽轮发电机组由于某种原因，在一段时间内，不希望阀门开得太大时，操作员可在 0~120% 内设置阀位限制值（平均阀位的最大值），当平均阀位超过阀位限制时将产生报警。

11. 疏水控制

随着负荷的增加，金属温度升高，蒸汽凝结水量减少。由 DEH 发出信号，要求运行人员关闭疏水阀。疏水控制逻辑如图 6-16 所示。

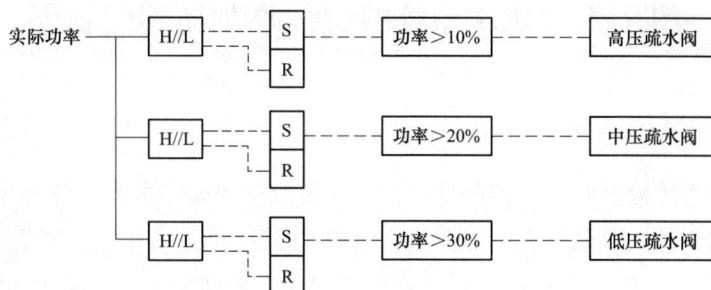

图 6-16 疏水控制逻辑

三、系统的静态整定

（一）伺服系统静态关系的自动整定

整定伺服系统静态关系的目的在于使油动机在整个全行程上均能被伺服阀控制，保持线性关系。阀位给定信号与油动机升程的关系为：给定为 0～100；对应的阀位升程为 0～100％。为保持良好的线性度，要求油动机上作反馈用的 LVDT 铁芯安装在差动变送器的中间线性段位置。

目前的 DEH 可通过软硬件使汽轮机在启动前同时对 8 个油动机快速地进行整定，以减少调整时间。在机组并网后，也可对 8 个伺服油动机进行整定，以修正各种漂移的影响。只需使油动机在全行程范围内升降 1 次，即可完成整定工作。

在启动前，整定的初始条件为：

（1）汽轮机挂闸。

（2）所有阀门全关闭。

在汽轮机正常运行期间，整定条件为：

（1）发电机并网。

（2）单阀运行方式。

DEH 接收到油动机整定指令后，全开、全关油动机，并记录 LVDT 在两个极端位置的值，自动修正零位、幅度，使结定值、升程满足上述要求。

（二）阀门在线整定

阀门在线整定允许条件为：

（1）挂闸。

（2）油开关闭合。

（3）单阀运行方式。

第四节　DEH系统的阀位限制与阀门管理

一、阀门的阀位限制

由各种控制方式输至阀门的控制量，在进入阀门管理程序之前，都要经过上限限幅处理。高压调节汽阀的阀位限值框图如图6-17（a）所示，图中方框内的斜向箭头，表示GV阀位限值（VPOSL）可由控制盘上的"增"或"减"键进行调整。在机组未挂闸前，系统禁止操作员提高VPOSL值；在运行中当流量请求值等于相对应的阀位上限值时，阀位限值逻辑置位，指示灯亮，表明阀位限值正在起作用；当机组调峰时，限位限值正在起作用的触点信号送至CCS系统，机组可以滑压运行，同时将切除功率反馈和第一级压力反馈回路，GV令开或限制在某一阀位，不参与机组的控制。

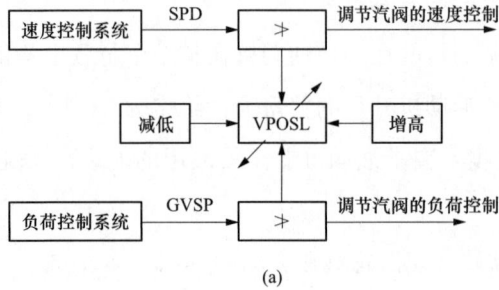

(a)

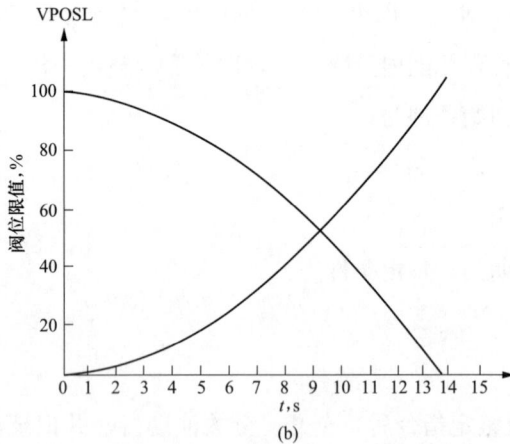

(b)

图6-17　高压调节汽阀的阀位限值及其调整图
（a）阀位限值框图；（b）阀位限值VPOSL调整曲线

二、阀门管理程序

DEH系统阀门管理有顺序阀（喷嘴调节）和单阀（节流调节）两种控制方式，其任务是在不同的运行工况下，能按要求有效地对流量进行控制，并实现在线无扰切换。其主要功能如下：

（1）保证机组在两种控制方式之间切换时，负荷基本上保持不变；

（2）实现阀门流量特性的线性化，并将某一种控制方式下的流量请求值开度信号；转换成阀门的开度信号；

（3）在阀门控制方式转换期间，如流量请求值有变化，阀门管理程序（VMP）能适应流量的改变，以满足新的流量请求值的要求；

（4）保证 DEH 系统能均衡地从手操方式切换到自动方式；

（5）当主汽压力改变时，为汽轮机的进汽流量提供前馈信号；

（6）提供最佳的阀位位置。

阀门管理程序（VMP）的主要内容如下：

1. 阀门的流量特性

阀门的流量特性，指流量与阀位的关系，该关系须置于 VMP 中，以供控制程序调用计算阀位值之用。流量校正的 VMP 框图如图 6-18 所示，图中考虑了主汽压力变化对流量的校正。

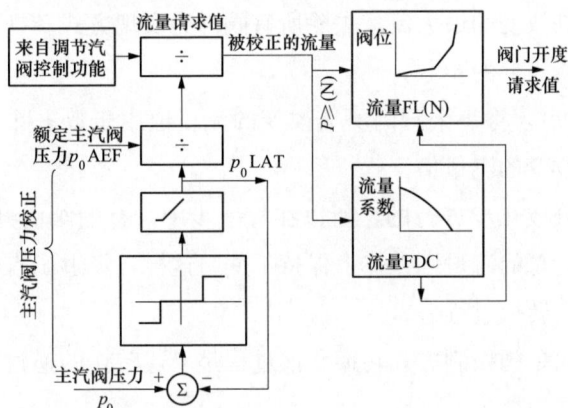

图 6-18　由流量请求值计算阀门开度的 VMP 框图

当主汽压力变化时，即使阀门开度不变，流量也会产生变化。因此，若负荷控制系统中已投入第一级压力反馈信号，它就能较快地校正流量的变化；若该压力反馈信号被切除，则流量的变化需通过较慢的功率反馈信号加以校正。

在低负荷工况下，流量处于临界状态，主汽压力变化引起第一级压力变化为线性关系，所以，VMP 采用带死区的比例积分校正方法来修正流量。

2. 单阀控制（节流调节）方式

在单阀控制下，系统为节流调节方式，机组为全周进汽，由于高压调节汽阀有六个，它们的阀位值信号是统一输至所有阀门的。

3. 顺序阀控制（喷嘴调节）方式

在喷嘴调节方式下，机组有部分进汽，由于各调节汽阀是依次开启的，所以又称为顺序阀控制。在该方式下，VMP根据阀位流量曲线计算每个阀门的最大流量，考虑到开启方式和重叠度的影响，阀位流量曲线应是按负荷修正过的。当调节汽阀是分组顺序开启时，则需计算同组调节汽阀的最大流量，以便根据负荷的变化和程序计算得到的流量请求值，确定阀门（单个或组）的开启顺序和数目。

4. 阀门控制方式的转换

（1）单阀控制向顺序阀控制方式的转换。在控制方式转换时，一个很重要的问题是尽量避免阀门的抖动和负荷的波动，做到均衡平稳地转换，为此，要求VMP程序在实现方式转换期间，保持通过阀门的总流量不变，并需要通过几个有限的控制周期才能完成。转换过程的具体步骤如下：

1）VMP根据控制系统计算的流量请求值，计算出待转换的顺序控制方式下每一调节汽阀的阀位数值。

2）对每一个调节汽阀，计算出目前单阀控制方式下的流量与待转换顺序阀控制方式下应有的流量差值。

3）为了避免阀门流量急变而引起金属部件应力的剧变，应把整个转换过程分成几步进行。用每步调整允许改变的最大流量去除所有阀门为实现方式转换所需要改变的最大流量值，即为转换过程所需要的步数。

4）确定转换步数后，将每个阀门所需改变的流量值用步数去除，得出每个阀门在每步转换过程中所需要改变的流量值。

由于转换过程是分成几步进行的，所以在每一步中，有的阀门开大，有的阀门关小，而在整个转换过程中，总的流量则大体上保持不变，这样，经过了有限的几个控制周期以后，将能均衡完成整个转换过程。

（2）顺序阀控制向单阀控制方式转换。该过程是上述转换的逆过程，也要几个控制周期才能完成。

同样，转换期间保持总流量不变，经过几个控制周期后才完成整个转换过程。

第五节 汽轮机的自动程序控制（ATC）

ATC利用计算机的运算、逻辑判断和综合处理能力，通过不断地对机组运行参数进行采集和监控，计算转子的应力，确定启动过程各阶段的目标转速和升速率，使机组在应力的允许范围内，以最大的速率和最短的时间，完成最佳的自动启动过程，提高机组的可靠性和减少启动的损失。

一、汽轮机自动程序控制的内容

汽轮机自动程序控制含ATC监视和ATC控制两大内容。ATC监视仅限于对机组的

状态进行监督而不实施控制；ATC 控制则必伴随着 ATC 监视，担负 ATC 周期性控制和
ATC 信息记录两大任务，实现对机组自启停和自动带负荷的控制。

（一）ATC 周期性控制任务的内容

ATC 控制的模块及其信息交换系统如图 6-19 所示，它反映了机组从启动至运行全过
程中的监控内容、状态计算及其信息联系，涉及的项目有 16 个，下面按图中模块的编号
分别介绍。

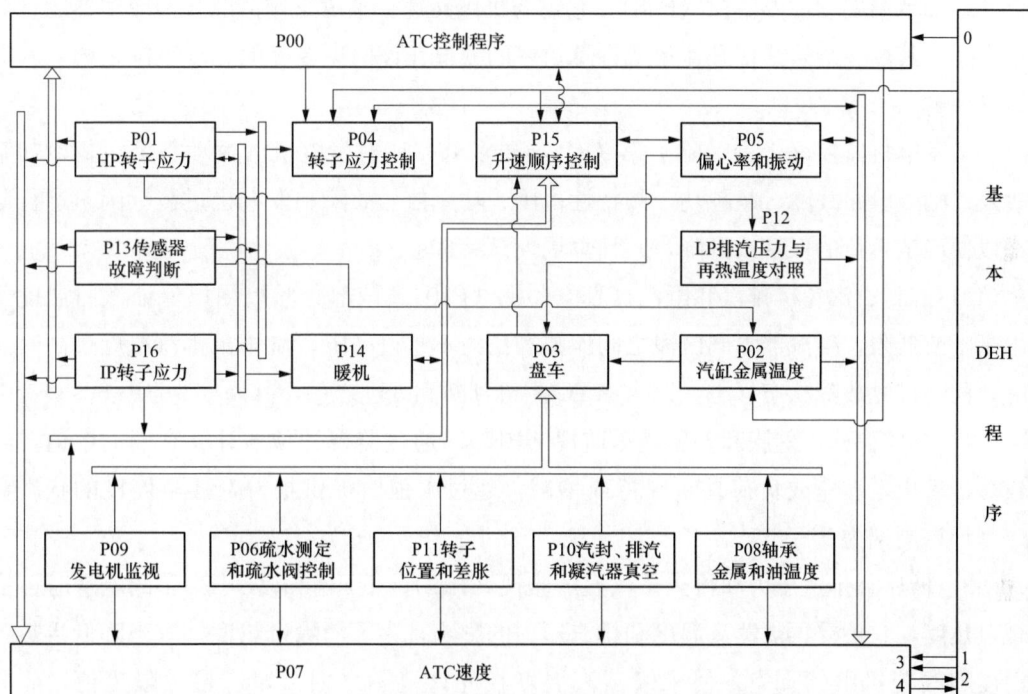

图 6-19　ATC 控制的模块结构及其信息交换系统

（1）高压缸转子应力计算（P01）。该计算是根据转子的结构、温度和温差等条件，应
用传热学和力学理论去计算转子的应力，并以此来确定"允许"或"禁止"下一步的启动
或运行。该计算在 DEH 系统中每 5s 进行一次，即周期 $T=5s$。

（2）汽缸温度监视（P02）。该项目包括汽缸和蒸汽室的金属温度的计算预测值和监视
值，经确认后进行比较并计算金属部件的温差，其周期 $T=10s$。

（3）盘车运行方式监视（P03）。该部分仅在机组处于盘车状态时使用，以便确定是否
要求机组进入或离开盘车状态，其周期为 $T=60s$。

（4）转子应力控制（P04）。它是根据第（1）项和第（16）项计算得到的转子应力和
有关值去确定转子控制的逻辑状态，用以决定是否保持原有转速或功率，是否需要减小或
增加其升速率，其周期为 $T=30s$。

（5）偏心和振动监视（P05）。监视的目的是使转子的偏心率和振动值在允许范围之

内，超过限定值时要依次报警，采取保持方式，严重时还要停机，其周期为 $T=6s$。

（6）汽缸疏水检测及控制（P06）。它是根据汽缸上部和下部的温差来判断下汽缸是否积水，并对流水阀进行控制，其周期为 $T=10s$。

（7）速度请求值和转速/负荷率控制（P07）。该部分是通过对金属温度、疏水、差胀；应力、轴向推力和振动等因素的综合比较后，得出该工况下的转速和负荷值以及改变转速和负荷的变化速率，并确定控制进程是继续或保持等，其周期为 $T=1s$。

（8）轴承温度和油温监控（P08）。它们与机组转速、轴承工作情况和油冷却器运行等因素有关，其最终结果是使升速率或升负荷率的数值在该两项温度的允许范围之内，其周期为 $T=60s$。

（9）发电机监控（P09）。除了第（8）项要求外，还对发电机的振动报警、氢冷却系统故障、励磁电路故障、超越功—频特性范围、功率信号故障和发电机过载等因素进行监控，以便确定负荷的保持或升降，其计算周期 $T=60s$。

（10）汽封、汽轮机排汽和凝汽器真空监视（P10）。该部分监控用以保证汽封温度不超出高限或低限，凝汽器不同区段之间压差和压力不超过高限，汽轮机排汽温度过高时喷水等，同时设立故障状态标志，以供 ATC 主机判断和处理之用，其周期为 $T=50s$。

（11）轴向位移、差胀和差胀趋势监视（P11）。通过监视和预估计算它们的数值，经比较分析后决定转速或负荷是否保持或增减，超过限值时提供报警，甚至停机的状态标志，其计算周期为 $T=60s$。

（12）低压缸排汽压力和再热蒸汽温度监视（P12）。低压缸末级叶片在低流量时可能出现过热度，它还受再热蒸汽温度和排汽压力的影响，为了消除过热度，应当降低再热蒸汽温度和改善机组的真空，使末级蒸汽温度在允许范围之内，如若超过限定值，应向 ATC 提供状态标志，其计算周期为 $T=60s$。

（13）传感器故障监视（P13）。传感器的正常工作是 ATC 监控的基础，是计算和控制的依据，通过对它们的监视，判断传感器是否有故障。当不准确或无输出时，向 ATC 提供状态标志并采取替代措施，或至少明确与故障元件有关部分的监控或计算是不可信的，这一点对用于基本控制的传感器尤为重要，该部分的监视周期 $T=5s$。

（14）暖机监控（P14）。暖机的目的是使机组的静止或转动部分受热均匀，应力在允许范围之内。该项目是根据机组各部分的温度条件，确定暖机的速度、时间和进程，设置"暖机请求"和"暖机完成"的状态标志，其计算周期为 $T=60s$。

（15）升速顺序控制（P15）。该部分的作用是把从机组盘车到并网转速分成四个阶段，即第一段转速、暖机转速、TV 至 GV 切换转速和同步转速。然后根据机组的运行条件，调用相应的计算，选取设置点的设定值和速率，给出四个目标请求值，由 ATC 进行顺序控制。该部分的工作至带初负荷后即退出，其周期为 $T=60s$。

（16）中压缸转子应力计算（P16）。该部分的任务是计算中压缸转子实际应力和预估应力，由转子控制程序综合高压缸转子应力计算的情况，决定机组的升速率和升负荷率。中压转子应力对负荷率（或快速负荷率"FAST"）影响特别大，因此，计算周期较小，$T=5\mathrm{s}$。

（二）ATC周期性信息记录任务的内容

ATC周期性信息记录的任务，是将ATC控制和ATC监视所得的信息、运行状态、操作请求和报警等内容，在规定的时间内存入或刷新，并按一定的信息顺序进行输出。

二、汽轮机自动程序控制（ATC）的运行方式

汽轮机自动程序控制有三种运行方式。

1. ATC控制

ATC控制即汽轮机自动程序控制。DEH系统处于该方式运行时，机组的启动和带负荷运行，全部由ATC控制程序自动完成。ATC的信息和报警等信号，同时送到图像站，以供运行监视和打印记录之用。

在DEH系统中，操作员自动（OA）是最基本的运行方式，而ATC控制则是居于OA之上的最高一级运行方式，根据控制的内容，它又可分成ATC全自动控制和ATC联合控制两种方式。

（1）ATC全自动控制。该方式用于机组的自启动，也可认为主要用于转速控制。在该方式下，目标转速升速率、初负荷和升负荷率，都不是来自操作人员，而是来自计算机的程序或外部设备，整个过程均由计算机自动进行控制。

（2）ATC联合控制。该方式用于带负荷阶段。联合控制的运行方式有：OA-ATC方式；CCS-ATC方式；ADS-ATC方式和PLANT COMP-ATC方式等。

2. ATC监视

该方式ATC只用于监视，不参与机组的转速或负荷控制。ATC监视汽轮发电机组的运行状态，并将运行信息、报警信号等送往图像站，以供运行监视、记录或打印之用。

3. ATC切除

在该方式下，机组不采用ATC方式，运行人员对机组运行状态的了解，是通过输入显示指令，从液晶显示屏上看到的。

三、自动程序控制方式逻辑

ATC有三种运行方式，它在什么条件下进入哪一种运行方式，是由自动程序控制方式逻辑查询系统状态后确定的。DEH系统的自动汽轮机程序控制方式逻辑框图如图6-20所示，从图中看出，它有S0、S1、S2三个触发输入端，有FF0、FF1、FF2三个状态输出端，其逻辑判别过程可用表6-1的真值表来表明。

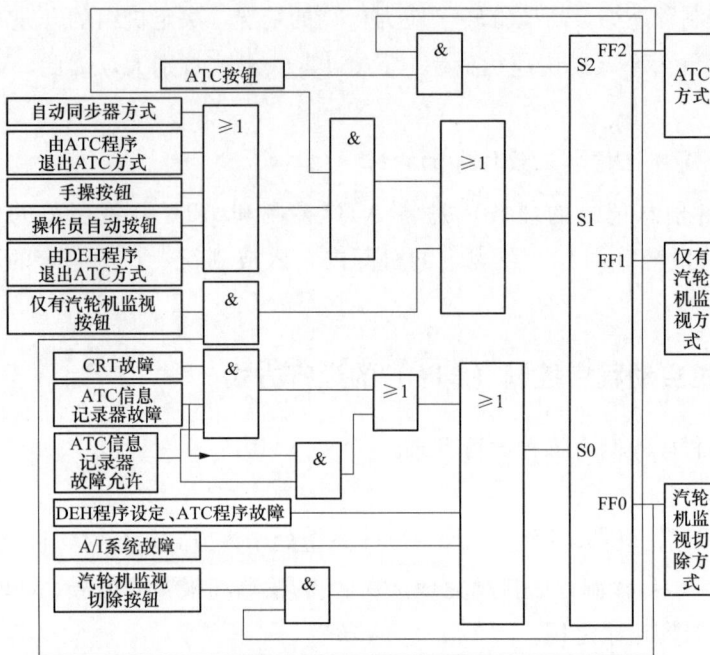

图 6-20 自动汽轮机程序控制（ATC）方式逻辑框图

表 6-1 三态触发器真值表

FF2 (n-1)	FF1 (n-1)	FF0 (n-1)	S2	S1	S0	FF2 (n)	FF1 (n)	FF0 (n)
0	0	1	0	0	0	0	0	1
0	0	1	0	0	1	0	0	1
0	0	1	0	1	0	0	1	0
0	0	1	0	1	1	0	0	1
0	0	1	1	0	0	1	0	0
0	0	1	1	0	1	0	0	1
0	0	1	1	1	0	0	1	0
0	0	1	1	1	1	0	0	1
0	1	0	0	0	0	0	1	0
0	1	0	0	0	1	0	0	1
0	1	0	0	1	0	0	1	0
0	1	0	0	1	1	0	0	1
0	1	0	1	0	0	1	0	0
0	1	0	1	0	1	0	0	1
0	1	0	1	1	0	0	1	0
0	1	0	1	1	1	0	0	1
1	0	0	0	0	0	1	0	0
1	0	0	0	0	1	0	0	1
1	0	0	0	1	0	0	1	0
1	0	0	0	1	1	0	0	1
1	0	0	1	0	0	1	0	0
1	0	0	1	0	1	0	0	1
1	0	0	1	1	0	0	1	0
1	0	0	1	1	1	0	0	1

四、ATC 的任务、工作条件和功能

汽轮机程序控制具有"ATC 监视"和"ATC 控制"两大任务。

"ATC 监视"的任务是接受 C 机内存送来的信息并进行处理，其中对于 DAS 采集的开关量，存入相应的内存，供 ATC 和 DEH 调用。而 DAS 采集的模拟量，则是首先判断是否异常，若有超限，应将该点的报警信息送到 C 机，以供 PC 机报警、打印；若在正常范围内，应对其进行工程量的变换，涉及热电偶的信息，还要进行冷端补偿修整等，然后，再将它们存入相应的内存，以供 ATC 和 DEH 调用。

"ATC 控制"程序是由一个调度程序和前述 16 个运算模块子程序组成，其任务是根据 ATC 的监视和 DEH 系统提供的有关数据进行分析、计算，以供系统处于"ATC 控制"方式运行时，向 DEH 提供当前机组的转速或负荷的目标值及其速率，确定是否保持或有无请求机组脱扣的信息等。若为 ATC 启动，则将自动控制从盘车、升速、暖机、TV 至 GV 切换、直到同步并网和带初负荷的全过程。若为 ATC 负荷控制，则需再选 ATC 运行方式，进入某一 ATC 联合控制方式后，才能行使负荷自动控制的任务。

DEH 系统进入"ATC 控制"方式运行最基本的条件是：

(1) ATC 的主要传感器无故障；

(2) 不出现机组跳闸的条件；

(3) 高压相中压缸转子的应力计算合格；

(4) 机组处于负荷控制时，实际负荷值不等于负荷请求值。

在 DEH 系统中，汽轮机自动程序控制（ATC）的功能如下：

(1) 选择 ATC 的工作方式，即根据上述的 ATC 方式逻辑，选择其中一种作为当前的运行方式。

(2) 定时调用模拟量转换程序和 16 个模块子程序，提供状态计算和分析结果。

(3) 实现与 DEH 的软件接口，该接口用于将 ATC 确定的信息通知 DEH 系统。

(4) 在"ATC 控制"方式下，DEH 系统在各阶段的功能如下：

1) 在转速控制阶段，监视差胀、振动、偏心、位移、金属和工质温度以及进行有关计算，自动地将转速请求信号由零升至同步转速（其间若出现"保持"的条件，能自动地保持转速值），如在 2040r/min 时自动暖机，在 2900r/min 附近，满足切除条件时，进行 TV 至 GV 自动切换，达到同步转速时，自动置于"自动同步"工作方式，机组并网后，能自动转向"操作员自动"方式，而 ATC 本身则退回"ATC 监视"方式等，满足机组各阶段自启动的要求，实现自动程序控制（ATC）启动的全过程。

2) 在负荷控制阶段，实际负荷值与负荷请求值不等时，可再进行选择进入 ATC 联合方式。此时，ATC 控制除执行监视的全部功能外，还选择机组的最佳速率，"而目标负荷则由联合方式中的其他方式来设定。

（5）DEH 系统处于"ATC 监视"方式时，ATC 程序继续运行，用于监视汽轮发电机组的各有关参数，提供显示、报警和打印等信息，为操作员在机组启动或负荷控制过程中提供操作指导。

（6）DEH 系统处于"ATC 切除"方式时，系统无 ATC 信息输出，此时，DEH 系统的转速或负荷请求值，均由运行人员自操作盘上输入，并且只能通过仪表监视机组的运行，ATC 无效。

第六节　给水泵汽轮机电液控制系统

一、概述

大型机组为了提高机组的热效率、节省能源、减小厂用电，采用汽轮机代替电动机驱动锅炉给水泵。大型机组，包括 1000MW 机组在内，其给水系统通常配置两台容量各为机组额定容量 50%的汽动结水泵和一台容量为机组额定容量 25%～30%的电动给水泵。

汽动给水泵的启动和运行与电动给水泵相比要复杂得多，为了提高机组的安全可靠性，减少误操作，进一步提高自动化水平，原来的汽轮机液压机械式调节系统已不能适应锅炉给水流量自动控制的要求。随着计算机技术的发展和普及，锅炉给水泵汽轮机也采用和主汽轮机一样的数字式电液控制系统，所不同的是锅炉给水泵汽轮机数字式电液控制系统的控制功能只有转速控制。锅炉给水泵汽轮机（数字式）电液控制系统（micro processer-based electro hydraulic，MEH）。MEH 与液压控制系统相比，除功能相同外，还具有下列液压控制系统所没有的功能：

（1）大范围转速闭环控制。

（2）能接受锅炉给水控制系统来的给水流量要求指令，对汽轮机的转速进行控制。

（3）可编程的软件和模块化硬件使系统具有高度灵活性。

锅炉给水泵汽轮机用于驱动锅炉给水泵，以满足锅炉给水的要求。驱动汽轮机的蒸汽通常有两路，一路是来自锅炉的主蒸汽（高压汽源），另一路是主汽轮机的抽汽，即低压汽源。在每路汽源管道上设有主汽阀和调节汽阀。当主汽轮机在低负荷工况时，如在25%～30%负荷以下时，由于抽汽压力太低，故全部用高压汽源，由高压调节阀 HPGV 控制进入汽轮机的蒸汽流量，从而改变汽轮机的转速，以控制给水泵出水流量，满足锅炉给水量的需求；主汽轮机负荷升高到一定范围时，如为 25%～30%一直到 40%时，由高压汽源和抽汽同时供汽，主要由高压调节阀控制，低压调节阀 LPGV 基本上全开；在主汽轮机负荷高于一定数值后，如 40%负荷以上时，全部用抽汽，由低压调节阀控制汽轮机的转速。

二、MEH 系统功能

MEH 系统的主要功能是通过控制（小）汽轮机的转速来达到控制锅炉给水流量的目的，MEH 系统还具有数字式控制系统通常都具有的数据通信、屏幕显示、打印记录等功能，此外还具有（小）汽轮机的超速保护等功能。

MEH 控制系统通常有以下三种运行方式：

（1）锅炉自动。根据锅炉给水控制系统来的给水流量信号来控制汽轮机的转速。

（2）转速自动。根据操作员在控制盘上给出的转速定值信号来控制汽轮机的转速。

（3）手动。根据操作员在控制盘上给出的调节阀阀位增加或减小信号直接操作调节阀开度，控制汽轮机的转速。

MEH 控制系统的核心是转速自动控制回路。在稳定工况下，转速与转速定值是相等的。当转速定值变化后，当前转速与转速定值间产生一个差值，经过差值放大、PID 运算后，得到一个控制量输出送到伺服放大器，经功率放大后，操纵伺服阀，使调节汽阀开度发生变化，改变进汽量，使转速与转速定值相等。MEH 系统控制器承担正常的超速保护功能，当汽轮机转速达 110%，即 6325r/min 时，超速保护动作，使主汽阀和调节汽阀全部关闭，汽轮机脱扣。同时机械超速保护动作，使汽轮机脱扣。为确保超速保护功能的可靠，系统设有另一通道的汽轮机转速达 120% 时的超速保护。这样就保证使汽轮机转速不会超过最大极限转速（120%），以满足汽轮机和给水泵的安全运行要求。

MEH 系统的控制功能（以西屋公司的 MEH 为例）具体介绍如下。

1. 转速控制范围

（1）手动。0～600r/min。

（2）转速自动控制。600r/min 至最小锅炉自动信号 3100r/min。

（3）锅炉自动控制。最小锅炉自动信号 3100r/min，最大锅炉自动信号 5700r/min。

2. 控制回路

（1）手动控制回路。为一带转速开环控制的电气回路，调节阀阀位通过"阀位增""阀位减"两按钮设定，操作范围为零转速至 600r/min，操作盘上显示控制方式"手动"。

（2）转速自动控制回路。为一带转速闭环的电气回路，通过"转速增""转速减"按钮控制转速的设定点，升降速率可以通过键盘调整，操作范围自 600r/min 至最小锅炉自动信号 3100r/min，操作盘显示控制方式"转速自动"，从手动控制切换至转速自动控制为无扰切换。

（3）锅炉自动控制回路。根据锅炉给水控制系统发出的信号设定转速设定值，转速指令值为 4～20mA 的直流模拟量信号，速率可通过键盘调整，操作范围从最小锅炉自动信号 3100r/min 至最大锅炉自动信号 5700r/min；操作盘上显示控制方式"锅炉自动"，从转速自动切换到锅炉自动为无扰切换。

3. 停机及复位

（1）接收到脱扣信号时执行下列功能：

1）关闭所有调节阀和主汽门；

2）控制器恢复手动控制方式；

3）闭合一输出触点，使小汽轮机停机回路带电励磁；

4）通过软件逻辑，将控制器锁定在停机状态。

（2）接收到复位信号时，将使一输出触点闭合，使给水泵汽轮机停机系统复位，但此时，所有蒸汽阀门应关闭，或小汽轮机处于不停机状态。

4. 超速试验

操作盘上设有 3 位键开关（"正常""机械""电气"），供超速停机试验用；开关设在"机械"位置，做机械超速试验，电气超速设定值应升高至 120%额定转速；开关设在"电气"位置，做电气超速试验，隔离机械超速停机，直至电气超速停机。

三、MEH 系统基本组成

MEH 系统的基本组成和 DEH 系统的基本组成大致相同，它由电子控制系统（包括数字部分、模拟部分）、液压伺服回路以及接口部件组成。数字系统主要包括中央处理单元和过程 I/O 系统，是 MEH 系统的核心。数字系统连续地采集、监视（给水泵）汽轮机——给水泵当前的运行参数，并通过逻辑和运算对（给水泵）汽轮机的转速进行控制；模拟部分是将现场来的模拟量信号进行预处理后送给数字系统，并将数字系统输出的阀位需求转换为相应的模拟量信号（如 4~20mA 信号）送到阀门驱动回路。液压伺服回路则包括电液伺服系统和油系统（供油系统、蓄能器组件和油管路系统）。MEH 系统的电子控制系统可以是独立的系统，也可以是与主汽轮机的 DEH 采用同类型控制系统（如都由同一种的 DCS 所组成），若采用 DCS 系统，则 MEH 系统成为 DCS（DEH）系统的一个"站"，这样可以达到资源共享的目的，MEH 的监视操作、系统组态可以共用 DEH 的操作员站和工程师站。MEH 的供油系统可以是独立的供油系统，也可以来自主汽轮机的 DEH 供油系统，这时 MEH 系统也采用高压抗燃油系统。

（一）电子控制系统

当 MEH 系统的电子控制系统与 DEH 系统的电子控制系统采用同一分散控制系统（DCS）时，MEH 电子控制系统为 DCS 的一个或数个"站"或"节点"，是 DCS 系统的一部分，故其组成这里不再讲述。当 MEH 系统的电子控制系统为独立系统时，其组成一般包括 MEH 控制器（柜）、运行人员操作盘、打印机、调试终端等。MEH 控制器的主处理机通常采用两台，双机并列运行，互为备用，通过软件监控程序来切换。操作盘主要供操作员监视和操作用，通常布置有转速和转速定值数字显示表，调节阀阀位串行口 RS232 与主机连接。主机程序参数的调整等，由调试终端键盘输入。MEH 控制系统的软件（以某 MEH 控制系统为例）主要由系统任务调度管理程序、应用软件和容错软件三大部分组成。

1. 系统任务调度管理软件程序

系统任务调度管理程序是 MEH 控制系统的主程序，负责硬件初始化、数据初始化、模拟量输入/输出、开关量输入/输出、模拟操作盘、制表、打印、灯显示等子程序，以及应用软件和容错软件的调度管理。

2. 应用软件

应用软件是实现给水泵汽轮机自动控制、启停操作、运行方式选择、故障处理等功能的一套程序。它主要由操作盘任务模块、逻辑任务模块和控制任务模块三个程序模块组成。

3. 容错软件

容错软件主要用来对 A、B 双机系统进行校核、监视以及错误检测并进行切换，包括双机通信、双机 CPU 自诊断、出错处理等子程序模块。

（二）伺服执行机构

MEH 系统的伺服执行机构分为开关型执行机构和控制型执行机构两类，高压主汽门伺服机构和低压主汽门伺服机构属于开关型执行机构，高压调节汽门伺服机构和低压调节汽门伺服机构为控制型执行机构。

1. 开关型执行机构

阀门工作在全开或全关位置，其组成部件有油缸、二位四通电磁阀、卸荷阀、节流孔以及液压集成块等。电磁阀接受控制信号，接通或关闭其油路。当电磁阀被接通时，从油系统来的高压油经过节流孔进入油缸活塞下腔，使活塞杆上移并通过杠杆机构打开汽阀；当电磁阀被关闭时，油缸中不再有高压油进入，电磁阀通过回油管路排油，弹簧力使汽阀关闭。另外，卸荷阀接收危急遮断信号，使进入油缸的高压油通过卸荷阀迅速释放，汽阀在弹簧力作用下迅速关闭。

2. 控制型执行机构

控制型执行机构可以将汽阀控制在任意位置上，成比例地调节给水泵汽轮机的进汽量，从而达到控制给水泵流量的目的。该伺服机构由电液伺服阀、油缸、滤网、线性位移传感器（LVDT）以及液压集成块组成。首先，MEH 控制器按照给水控制系统来的指令采集各系统的工作数据，经运算处理以后输出一个电信号（即阀位控制信号）到伺服放大器，被放大后的电信号送入电液伺服阀，而电液伺服阀则将电信号转换成液压信号，使得伺服阀的主阀（即滑阀）移动，滑阀移动的结果，就使系统传递力的主回路（进油—负载—回油）接通，高压油进入活塞的上腔或下腔，活塞杆就向上或向下移动，并经过杠杆机构带动调节汽阀使之开启或关闭。当活塞杆移动时，同时带动线性位移传感器（LVDT）一起运动，位移传感器输出的信号经过一个与之配套使用的转换器，使机械位移信号转换成电气反馈信号，并送入控制器的伺服放大器，伺服放大器把这个信号与阀位指令相比较，以调整、控制调节汽阀的开度。如果输入伺服阀的阀位信号与伺服机构负反馈信号相加后为零，则伺服阀的滑阀回到零位，油缸活塞上下腔处于压力平衡状态，活塞杆停止移动，调节汽门则停留在该工作位置直到新的阀位指令进来。其电液伺服阀由一个力矩电动机和两级液压放大及机械反馈系统组成。其结构和工作原理与 DEH 系统的电液伺服阀基本相同。

第七章　旁路控制系统

第一节　启动旁路系统

一、概述

对于超超临界机组均采用直流锅炉，由于没有汽包，所以启动时间较短。直流锅炉在进行滑压参数启动时，由于锅炉与汽轮机各自的特点，在同一时间内对参数要求不同。锅炉要求有一定的启动流量和启动压力。而汽轮机在启动时主要是暖机和冲转，进入汽轮机的蒸汽在相应的进汽压力下应具有50℃以上的过热度，其目的是防止低温蒸汽进入汽轮机后凝结成水，造成水蚀。

由于超超临界没有固定的汽水分离点，在锅炉启动过程中或低负荷运行时，由于给水流量有可能小于炉膛保护及维持流动所需的最小流量，因此，必须在炉膛内维持一定的工质流量保护水冷壁不致超温。

除此以外，直流锅炉启动过程中最初排出的热水、汽水混合物、饱和蒸汽和过热度不足的过热蒸汽都不能进入汽轮机，需要设置启动旁路来排出并回收这些不合格的工质。

启动旁路系统一直都是超临界机组和直流锅炉发展的关键技术之一，是保证机组安全经济运行及低负荷启停的必备系统，同时也是降低机组运行故障率的重要手段。启动系统的主要功能如下：

（1）保证机组低负荷运行时的安全。与汽包炉不同的是直流锅炉的汽水分离过程是在水冷壁和汽水分离器中进行的，因此，必须要有足够的质量流速才能防止水冷壁出现传热恶化。启动系统利用其内在的强制动力循环可以有效地保证锅炉在低负荷运行时水冷壁的安全。

（2）实现锅炉冷态、温态冲洗并节约工质和热量。

（3）满足锅炉冷态、温态、热态和极热态启动的需要。启动系统的投入大大提高了锅炉与汽轮机协调配合的能力，增强了机组适应外界负荷变化的要求。

二、启动系统分类

启动系统按其分离器在正常运行时是参与系统工作还是解列于系统之外，可分为内置式启动系统和外置式启动系统。外置式启动系统是机组在启动前期由启动分离器向过热器供汽，机组处于带启动系统工作，当机组负荷达到一定程度时切除启动分离器，锅炉进入纯直流运行状态。外置式启动系统只在机组启动及停运过程中投运，无法及时参与机组负荷调节，而且配置及操作运行都比较复杂。现代大型机组较少采用该种系统，大多都采用功能灵活的内置式启动系统。内置式启动系统参与机组运行全过程。在机组启停，以及低负荷运行阶段，启动系统的汽水分离器类似于汽包锅炉的汽包，起到汽水分离的作用。在机组正常运行阶段汽水分离已在水冷壁内实现，汽水分离器只是作为蒸汽的流通通道。内置式启动系统由于配置简单，操作方便，现已广泛应用于各超临界及超超临界机组锅炉上。

内置式启动系统可以分为扩容式（大气式，非大气式两种）启动系统、带启动疏水热交换器的启动系统以及带再循环泵的启动系统。大气扩容式启动系统是将机组启动期间汽水分离器中的疏水先进行扩容器扩容，扩容后的二次蒸汽直接排入大气，二次疏水由疏水泵直接打入凝汽器。这种启动方式低负荷运行能力以及适应机组频繁启动的能力均较差，会损失部分工质以及全部热量。带启动疏水热交换器的启动系统是在高压加热器与省煤器之间增加一个启动疏水热交换器。汽水分离器内的疏水首先对高压给水进行加热以提高给水温度，然后被排入除氧器或凝汽器中。该类系统适应机组低负荷及频繁启动的能力均较高，但由于涉及的设备较多，系统复杂，运行操作也较为烦琐，应用较少。带再循环泵的启动系统在锅炉整个启动运行过程中均不脱离系统，在启动初期和低负荷运行阶段均可及时切入，保障了超临界直流锅炉启动的安全。目前国内超超临界分机组均采用此类启动系统。

三、带再循环泵的启动系统工艺流程

（一）带再循环泵的基本工艺流程

带再循环泵的基本工艺流程如图 7-1 所示，带再循环泵的启动系统由启动分离器、启动分离器储水箱、启动再循环泵、再循环泵控制阀、水位控制阀、排污控制阀、锅炉供水用循环阀及相关管路组成。锅炉启动时，首先进行冷态清洗。此时再循环泵关闭，系统通

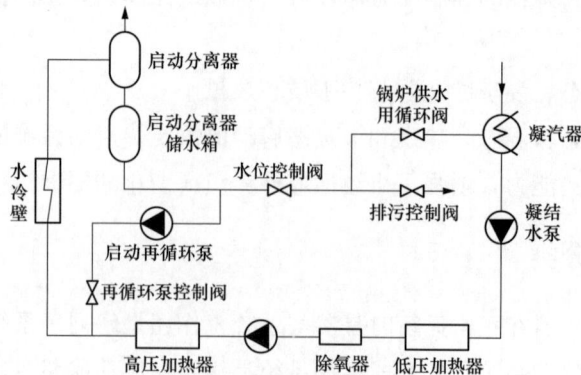

图 7-1　带再循环泵的启动系统

过水位控制阀和排污控制阀排出锅炉冷态清洗的不合格水。当水质达到一定的要求后关闭排污控制阀，开启再循环泵，对锅炉进行热态清洗，直到水质合格后锅炉开始升温升压。当锅炉升温升压到汽水分离器内只有干蒸汽通过时启动系统工作结束，此时再循环泵及水位控制阀均关闭，锅炉进入直流运行状态。国内锅炉启动系统大多采用在此种系统或者在此种启动系统基础之上改进的系统。下面介绍国内某超超临界机组的锅炉启动系统，其原理与上述系统相同，但其有部分改进之处，使机组性能得到了进一步提高。

（二）超超临界机组启动系统工艺流程

锅炉启动系统见图 7-2。启动系统容量为 25％BMCR，与锅炉水冷壁最低质量流量相匹配。启动时疏水全部进入凝汽器。考虑到在锅炉汽水膨胀阶段疏水量较大，在原设计基础上增加了疏水扩容器，将膨胀排出的高温水先排入扩容器冷却后再通过冷凝水泵将其送入凝汽器，使启动系统完全独立于汽轮机之外。锅炉启动系统由立式单级启动循环泵（BCP）、2 个启动分离器、1 个储水箱、1 个疏水扩容器、3 个水位控制阀（WDC 阀）、

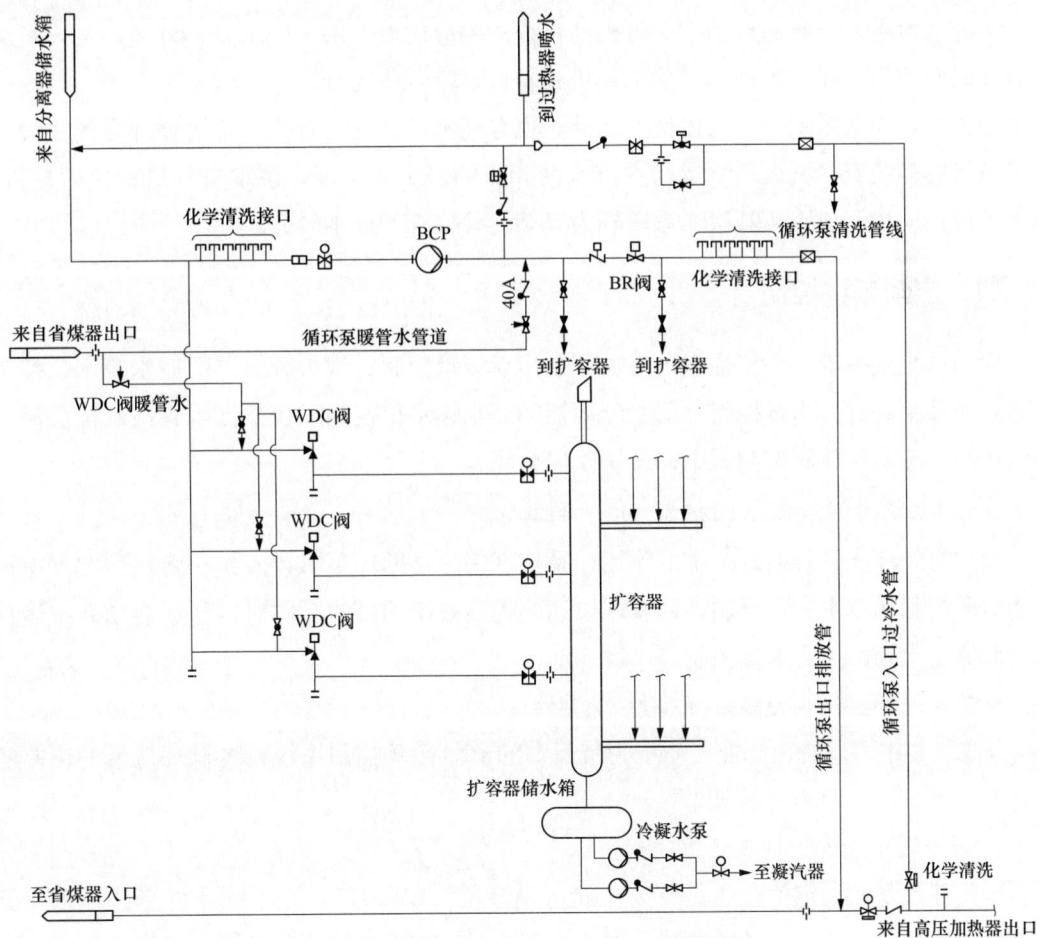

图 7-2　超超临界机组启动系统流程图

凝结水疏水泵等主要设备组成。启动循环泵功率为 $1100\mathrm{m}^3/\mathrm{h}$，扬程为 $130\mathrm{m}$，电动机功率为 $500\mathrm{kW}$。循环泵入口布置有过冷水管道，该管道接至高压加热器（高加）出口给水管路，目的是防止循环泵运行时叶片发生汽蚀。循环泵出口管路上装有再循环控制阀（BR阀），在锅炉湿态运行时，采用该阀控制分离器储水箱中的水位，当液位超过一定值时，再由 WDC 阀控制。

（三）带再循环泵启动系统的优缺点

相对而言，带再循环泵的启动系统可以节约较多的工质和热量。在机组启动初期，机组都会将不合格的水排出系统。但随着启动过程的推进，带再循环泵的系统内大部分的炉水将在炉内循环流动，进一步对锅炉进行热态清洗，直到炉水品质合格。不带再循环泵的系统内，由于锅炉的强制循环动力是由电动给水泵提供的，热态清洗的炉水不能循环流动，而是全部排入扩容器中。因此，带再循环泵的系统节约了启动期间大部分的工质和热量，尤其是当机组容量较大时，带再循环泵启动系统节约的工质和热量明显地提高了系统的热经济性。

另外，带再循环泵的启动系统可提高系统的响应能力。由于炉水是循环流动的，机组的启动时间缩短，在一定程度上能保证机组较快地带负荷运行。

带再循环泵的系统除了上述优点之外，也存在不足之处。首先，带再循环泵的系统增大了机组的初投资，再循环泵运行在汽水两相流的恶劣工况下，泵本身的造价比较昂贵，增大了机组的投资成本。其次，系统较为复杂，检修维护成本较高。

四、启动系统控制

启动系统的控制主要包括锅炉再循环泵出口流量控制、汽水分离器的储水箱水位控制及锅炉循环泵的过冷水量控制。汽水分离器的储水箱水位控制还包括储水箱高水位溢流调节阀控制、疏水排放阀控制。下面分别予以介绍：

（一）锅炉再循环流量阀控制

锅炉再循环流量阀控制系统的作用，是控制锅炉再循环泵出口流量，将锅炉在湿态运行期间所产生的疏水进行再循环回收，以达到提高效率的目的，同时也作为启动系统运行时分离器储水箱的正常水位控制。

锅炉再循环流量阀控制系统如图 7-3 所示。

从图 7-3 中可以看出此控制系统为带反馈的 PID 闭环控制系统，再循环流量的偏差经压力校正后，送入 PID 进行调节。

1. 再循环流量的设定值计算

再循环流量的设定值是通过分离器储水箱液位（LWSDT）在不同条件下选择不同函数模块，再乘以负荷修正系数得到。图 7-3 中对于再循环流量的设定值包括四项不同的函数模块，分别为：

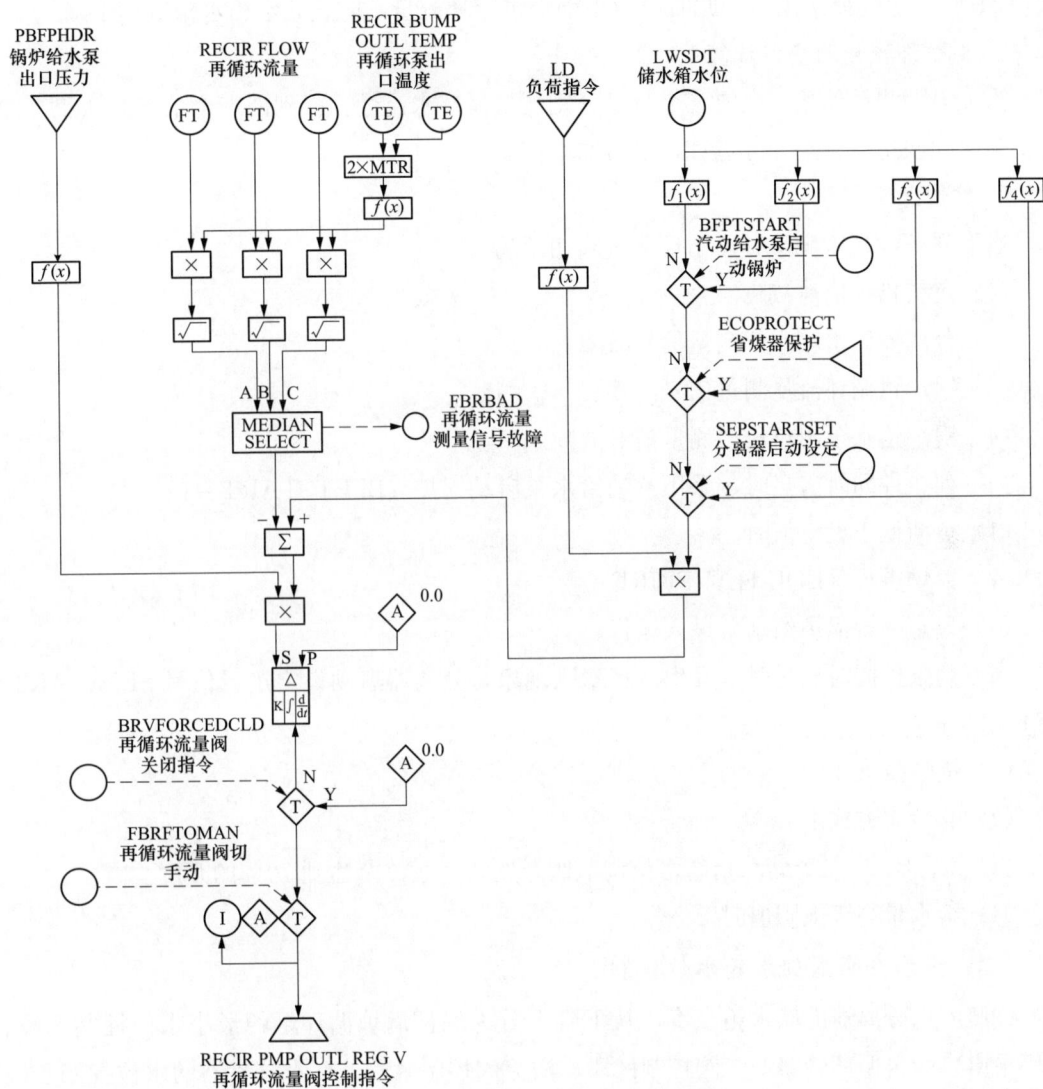

图 7-3 锅炉再循环流量阀控制系统

（1）锅炉湿态运行时，再循环流量设定值由分离器储水箱液位经函数模块 $f_1(x)$ 得到。

（2）如果需要采用汽动给水泵启动锅炉（BFPTSTART＝1），则选择函数模块 $f_2(x)$，因为汽动泵受泵的最小流量限制，利用启动泵进行低流量范围的控制不可行，所以要减小锅炉再循环水量，以便增加给水流量。

（3）为防止省煤器沸腾，设计了省煤器保护控制，当省煤器保护逻辑信号 ECOPRO-TECT＝1 时，选择函数模块 $f_3(x)$，因为省煤器出口温度增加，为了防止省煤器汽化，应暂时减小锅炉再循环水流量，以便增加来自锅炉给水泵的给水量。

（4）防止第一只燃烧器点火时发生汽水膨胀现象，分离器启动设定逻辑信号 SEPST-

ARTSET＝1，选择 $f_4(x)$。此时应减小锅炉再循环流量，防止储水箱水位继续下降。

2. 再循环流量测量值计算

为了消除测量偏差，选取三个测量分别测量循环水流量，得到的三个值经过再循环泵出口温度的修正后，经开方运算，最后取中值得到。

3. 控制逻辑信号

当下列条件之一满足时再循环流量阀切手动。

(1) 负荷指令信号故障。

(2) 分离器储水箱水位测量信号故障。

(3) 锅炉再循环流量测量信号故障。

(4) 锅炉给水泵出口压力测量信号故障。

当下列条件同时满足时，采用汽动给水泵启动锅炉（BFPSTART＝1）。

(1) 负荷低于设定值时。

(2) 锅炉点火（BOILHAVEFIRE）。

(3) 只有一台锅炉给水泵投入运行。

当下列条件同时满足时，发生汽水膨胀现象，分离器启动设定逻辑信号 SEPSTART-SET＝1

(1) 锅炉点火。

(2) 非冷态方式下。

(3) A、B、C 三个储水箱高水位调节阀开度，任意一个达到 70% 的开度。

(4) 给水量高于上限值时。

(二) 汽水分离器储水箱水位控制

按照汽水分离器的储水箱高度，从下到上分为保护锅炉循环泵的最小水位控制区段、循环泵出口的再循环管路调节阀控制区段、溢流阀控制区段。汽水分离器的水位控制系统的目的是使锅炉在不同的运行状态下，通过调节锅炉再循环泵（BCP）出口流量调节阀（BR）、储水箱高水位溢流调节阀（WDC）和锅炉再循环泵热备用疏水排放阀来维持分离器储水箱的水位不超过要求值。

启动系统运行时，汽水分离器储水箱的正常水位由锅炉再循环泵出口阀调节，启动系统切除时，汽水分离器的储水箱水位由热备用疏水排放阀控制，高水位溢流调节阀只作为再循环泵出口流量调节阀在湿态运行和锅炉再循环泵热备用疏水排放阀在干态运行期间危急备用。锅炉的再循环泵出口流量调节阀与锅炉给水泵出口流量调节阀控制原理基本相同，在此不再累述。

汽水分离器储水箱水位控制系统如图 7-4 所示。

1. 储水箱水位测量

由于锅炉启动到正常运行，汽水分离器中的压力和温度变化较大，为了得到的水位值

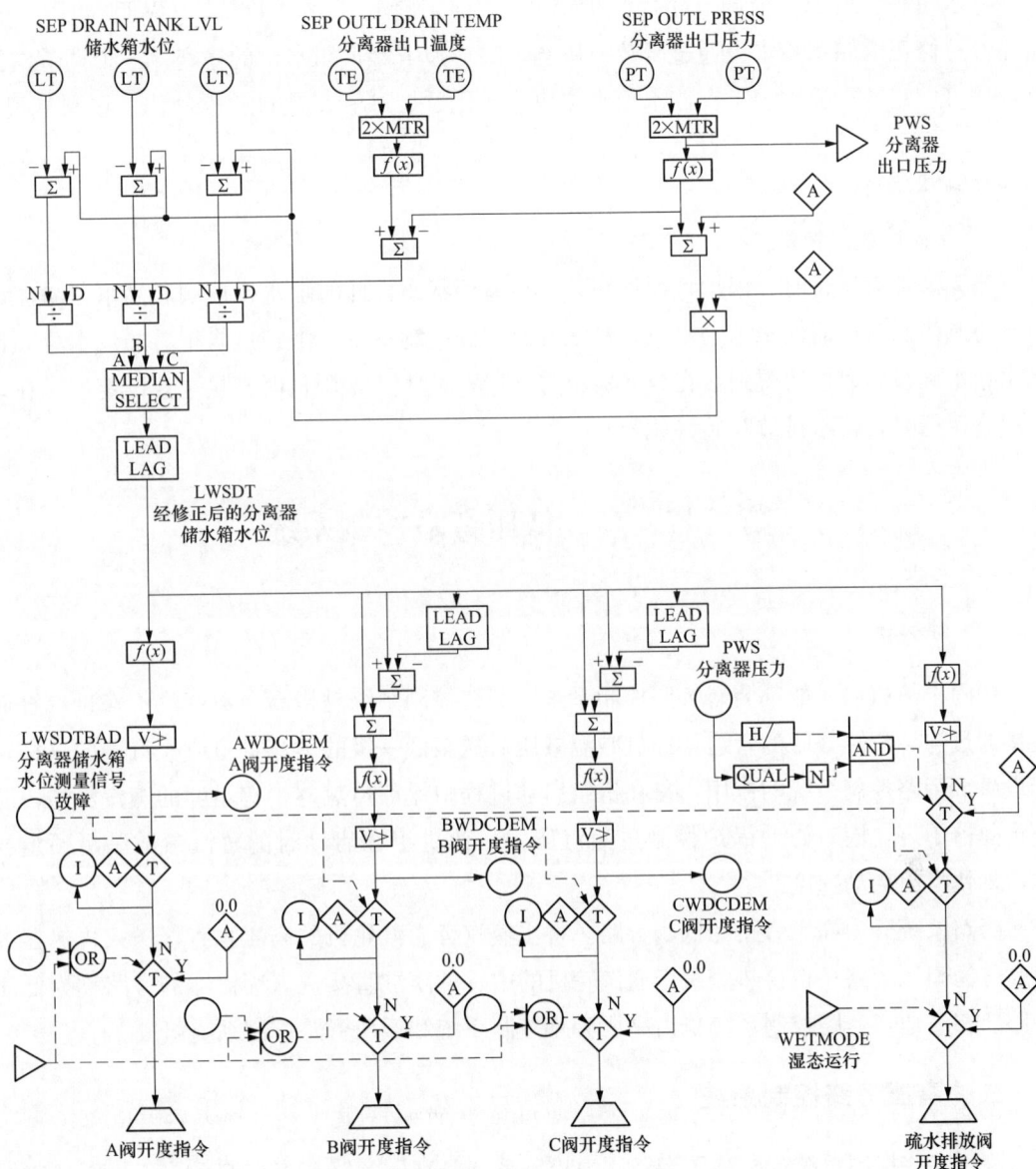

图 7-4　汽水分离器储水箱水位控制系统

更加准确，取三个水位测量点，再对三个独立的水位实测信号采用温度和压力修正，最后取中值。

2. 储水箱高水位溢流调节阀控制

在启动升压和低负荷运行期间，由于水的膨胀，储水箱水位会升高到超出循环泵控制范围，此时应开启溢流阀及其隔离阀以降低水位。溢流阀一般设置 2~3 个，各个阀门的开度正比于分离器储水箱水位。此锅炉储水箱高水位调节阀（WDC）由 A、B、C 三个调节阀组成，其分别布置在分离器储水箱水位高度的不同控制范围。

储水箱高水位的三个调节阀控制指令（AWDCDEM、BWDCDEM、CWDCDEM）都是由经过修正的储水箱水位通过函数模块产生的。为了储水箱水位的稳定，三个调节阀打开次序有一定的重叠。为了在储水箱水位快速变化时是 B 和 C 阀能提前动作，在调节阀 B 和 C 的控制回路上加入了由超前/滞后模块（LEAD/LAG）和加法块计算出的储水箱水位变化的微分信号。

3. 疏水排放阀控制

当锅炉干态运行时，锅炉再循环泵处于热备用状态，此时疏水排放阀和高水位溢流调节阀协调控制分离器储水箱的水位。疏水排放阀的控制指令，由经过修正后的汽水分离器储水箱水位经函数模块得到，在分离器压力（PWS）大于上限值时直接选择设定值。在锅炉湿态运行时，疏水排放阀始终关闭。

第二节　高、低压旁路控制系统

一、概述

中间再热机组一般都装有旁路控制系统。旁路控制系统是指高参数蒸汽不经过汽缸而直接通过与该汽缸并联的管道，经过减温减压后送至低一级的蒸汽管道或凝汽器的这样一套设备。旁路控制系统的作用，是在机组启动过程中保证再热器中有足够的蒸汽流通，防止再热器干烧，同时协助锅炉控制主蒸汽压力，使机组在启动时的蒸汽参数满足预定要求，加快机组启动速度。

旁路系统分为高压旁路和低压旁路。将主蒸汽旁通汽轮机的高压缸直接送入再热器的旁路称为高压旁路；将再热蒸汽旁通汽轮机的中、低压缸直接送入凝汽器的旁路称为低压旁路。相应地，旁路控制系统也由高压旁路控制系统和低压旁路控制系统组成。

二、高压旁路控制系统

高压旁路控制系统包括高压旁路压力控制系统和高压旁路温度控制系统。高压旁路控制系统的任务是控制主汽压力和再热器冷端蒸汽温度，通过调节高压旁路蒸汽减压阀开度和高压旁路喷水阀开度来实现。

在不同的工况下，高压旁路控制器应完成以下功能：

（1）锅炉启动。高压旁路控制器必须根据锅炉的蒸汽量控制锅炉的蒸汽压力，并能将主蒸汽流量传输到再热器中，从而保证通过过热器和再热器的蒸汽流量匹配。蒸汽流量经过高压旁路时，高压旁路控制器应能控制进入再热器的蒸汽温度。

（2）汽轮机启动。高压旁路控制器应能控制主汽压力，直到由锅炉主控制器接替高压旁路压力控制回路。

（3）带负荷运转。当机组带负荷且旁路关闭后，旁路控制器应随时准备好防止通过汽轮机的蒸汽过压或压力梯度变化过大。

（4）汽轮机甩负荷/跳闸。旁路控制器应打开旁路阀以防止通过汽轮机的蒸汽过压，并控制压力直到汽轮机主控制器再次接替负荷控制回路。

（5）安全功能。允许使用高压旁路阀作为锅炉高压旁路部分的安全阀，高压旁路侧不再需要其他的传统安全阀。

高压旁路控制系统由压力设定点发生器、压力控制回路、温度控制回路和喷水隔离阀等部分组成。

（一）高压旁路压力设定值回路

机组启动时由操作人员选定启动模式为冷态、温态还是热态。当启动模式选定，压力设定点发生器可以处于三种不同的模式：最小压力（min pressure）模式、升压（pressure ramp）模式和重启动（restart）模式。

压力设定值形成回路的组态图如图 7-5 所示。从机组启动到带负荷全过程总压力控制器在不同模式下工作时各个参数变化的情况如图 7-6 所示。

1. 最小压力模式（min pressure mode）

只要主汽压力小于最小压力 p_{min}，设定点发生器就处于最小压力模式，此时逻辑信号 MINPRESSURE=1，压力设定点等于最小压力 p_{min}。

启动初期，由于主汽压力为 0，压力设定点被自动设置为最小压力设定值 P_{min}，旁路阀处于最小开度位置 Y_{min}。当锅炉点火升压升温后，高压旁路压力调节阀将根据压力的变化而改变开度，由图 7-6 可以看出，压力设定值的变化是通过 PID 调节器来实现，当开大到预设的 Y_m 开度时，将维持开度不变，压力设定点发生器的输出将根据锅炉蒸汽量按一定的速率增大，此时将进入升压阶段。

2. 升压模式（pressure ramp mode）

当主汽压力高于 P_{min} 而低于冲转压力设定值 P_{sync} 时，设定点发生器处于升压模式。此时逻辑信号 PRESSURERAMP=1。升压模式阶段，高压旁路控制阀维持在 Y_m 开度上，压力设定点以一定的速率向 P_{sync} 方向跟踪增加，由图 7-5 可以看出，压力设定值的变化同样是通过 PID 调节器来实现。此时只允许正方向的压力变化率。

3. 重启动模式（restart mode）`

当压力高于 P_{min} 并且旁路阀关闭时，设定点发生器处于重启动模式，此时锅炉处于已经加压的状态。这种状态下，压力设定点将通过功能函数块 $f(x)$ 实现对主汽压力的跟踪，由于主汽压力已经高于 P_{min}，压力设定点会设为实测的主汽压力 $P_{sActual}$，且只允许负方向的压力变化率，以保证旁路阀可以顺利打开。一旦旁路阀打开，此时将根据主汽压力是否大于 P_{sync} 来判断是进入定压模式还是进入升压模式。

4. 定压模式（fixed press）

当主汽压力升高到冲转压力 P_{sync} 且旁路阀开启时，将进入定压模式，此时旁路的阀位

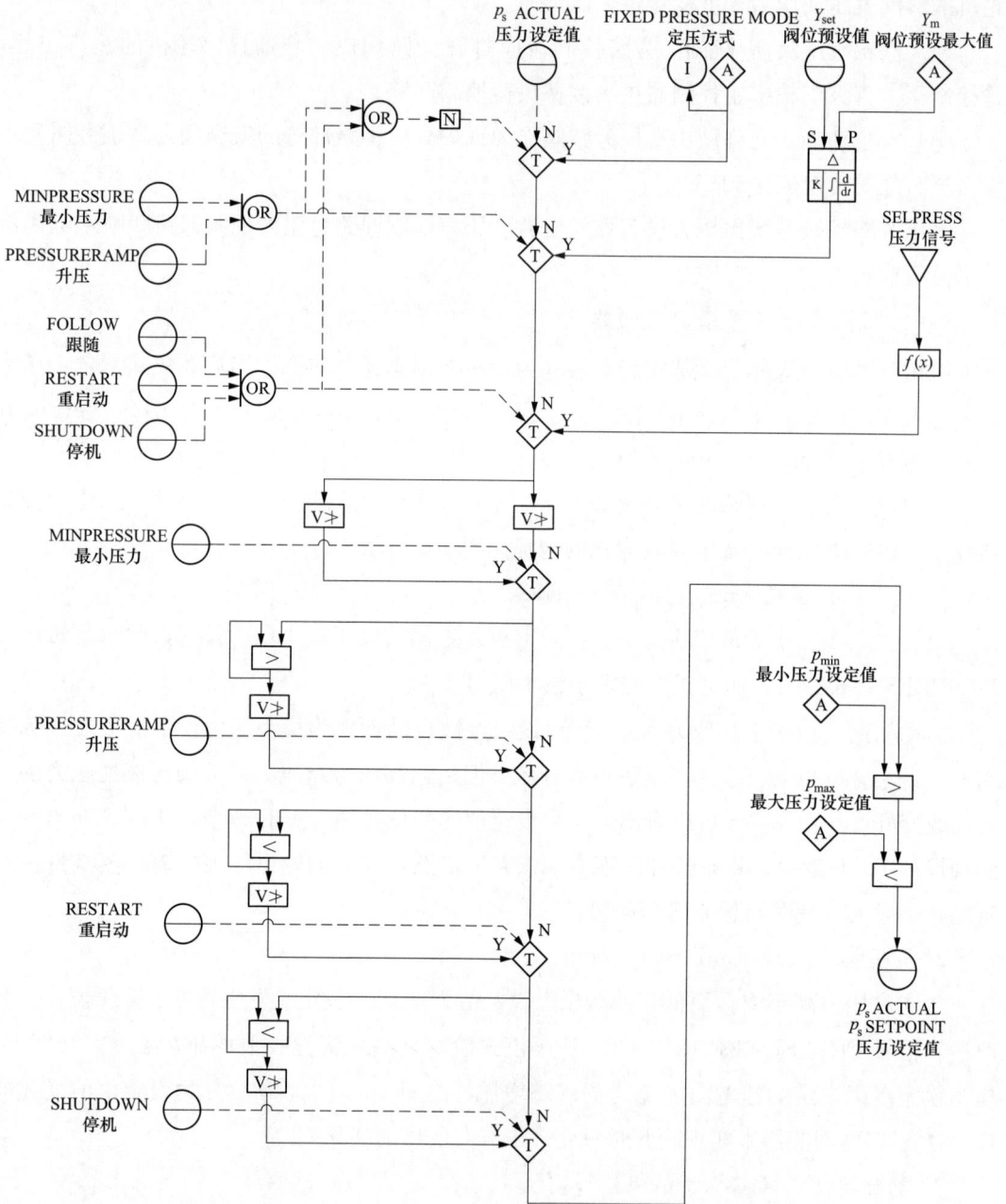

图 7-5　高压旁路设定值

运行方式也结束了，如图 7-6 所示，此时 MINPRESSURE、PRESSURERAMP、FOL-
LOW、RESTART 及 SHUTDOWN 逻辑信号均为 0。定压模式下，汽轮机开始进汽冲
转，高压旁路压力控制阀将逐渐开启，以保证主汽压力维持在 P_{sync} 不变，直至开大到汽轮
机初带负荷时所需的最大阀位开度 Y_{BP}。一旦汽轮机开始带负荷，为了维持主汽压力稳定，
旁路控制阀会逐渐关小至全关，从而进入跟随模式。

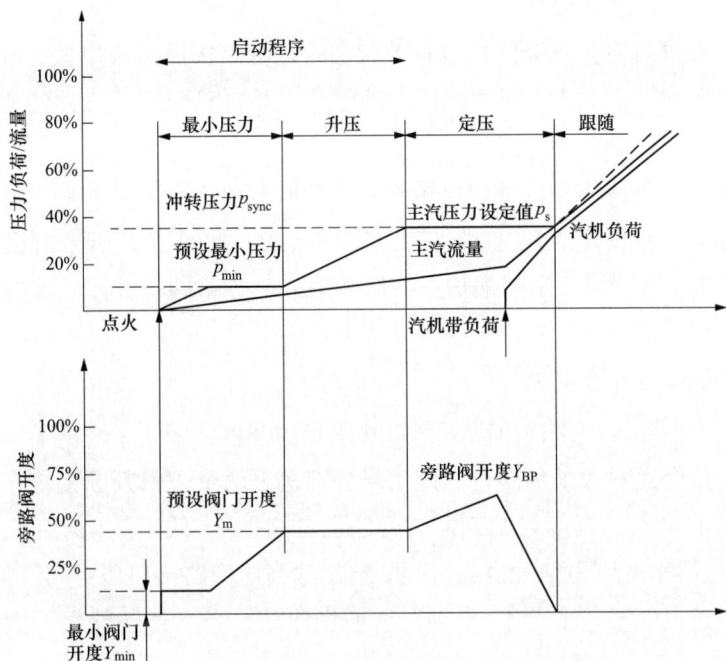

图 7-6　全程总压力控制器在不同模式下的参数变化

5. 跟随模式（follow）

当高压旁路控制阀关闭，机组带一定负荷以后，将进入跟随模式，此时逻辑信号 FOLLOW=1，高压旁路控制自动退出，由 CCS 来控制主汽压力。而压力设定点将通过功能函数块 $f(x)$ 实现对主汽压力的跟踪，并且限定压力的最大变化速率。

图 7-7 给出了压力设定值与负荷变化的关系曲线。

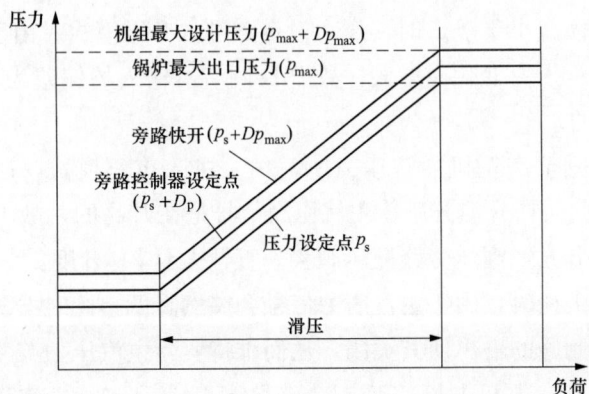

图 7-7　压力设定值与负荷变化的关系曲线

为了防止旁路的频繁开启，防止控制系统自动投入，压力设定点此时会自动增加一个阈值 DP。当主汽压力大于压力设定点的值时，旁路阀又会重新开启，此时又会进入定压模式。

6. 停机模式（shutdown）

在汽轮机已经带负荷并且旁路控制自动状态时，可以选择停机模式。此时，压力设定点将通过功能函数块 $f(x)$ 实现对主汽压力的跟踪，并且只允许负方向的变化率。一旦主汽压力开始增加，旁路阀开始开启。

一旦汽轮机已带负荷信号取消，停机模式将被取消选定。这时如果汽轮机主汽门已关闭但锅炉尚未熄火，则设定点发生器将转为定压模式，此时主汽压力由设定点发生器控制。当锅炉停炉时，由 FSSS 来的锅炉点火信号消失，旁路阀将关闭，此时压力设定点发生器切换为跟随模式。

（二）高压旁路压力控制器

高压旁路压力控制器用来输出高压旁路减压阀的开度，图 7-8 给出了其原理图。从图中可以看出，阀位变送器送来的阀位开度信号分别送至两个逻辑判断模块，实现对开度高低限的判断，高于 98％的开度时则判断"旁路已开启"，未低于 2％时则判断"旁路未关闭"。而压力变送器来的压力信号也通过判断输出"高压旁路出口压力高"的信号。

压力控制器还设置了一个"手/自动"切换操作站，当下列条件之一满足时会切换到手动方式：

（1）高压旁路快开逻辑为真；

（2）高压旁路跳逻辑为真；

（3）压力故障信号逻辑为真。

当逻辑信号 MINPRESSURE＝1 时，如果触发器输出使 $Y_{min}=1$，则预设最小压力 Y_{min} 直接输出，高压旁路减压阀的开度等于操作人员预设的最小开度 Y_{min}。

当主汽压力上升到最小压力后，为了维持压力不变，阀位调节器根据正的压力偏差由 PID 调节器输出调节指令从而使高旁减压阀开大到 Y_m。

当主汽压力大于 p_{min} 小于 p_{sync} 时，压力设定点进入升压模式。由于此时主汽压力设定值是随着锅炉实际主汽压力变化而增大，故 PID 调节器输入的偏差为 0，旁路减压阀开度是维持在 Y_m 上不变的。

当实际主汽压力升至汽轮机冲转压力 p_{sync} 时，进入定压模式，压力设定值维持等于 p_{sync} 不变。由于锅炉此时在升温升压，主汽压力信号是在升高的，故 PID 调节器的输出使高压旁路减压阀不断开大，高压旁路减压阀会一直开大至 Y_{BP} 开度。

当汽轮机开始带负荷时，由于主汽压力信号会突然降低，此时 PID 调节器会根据偏差调节高压旁路压力控制器的输出使其关闭，从而维持实际主汽压力等于 p_{sync} 不变。

当高压旁路关闭且发电机并网以后，旁路控制自动退出，主汽压力交由 CCS 控制。此时逻辑信号 DP ON＝1，旁路压力设定点将累加一阈值 DP，从而保证了高压旁路关闭严密可靠，不会频繁启闭。

（三）高压旁路温度控制器

高压旁路温度控制器保证了在各种工况下，再热器冷端的蒸汽温度在允许范围内变

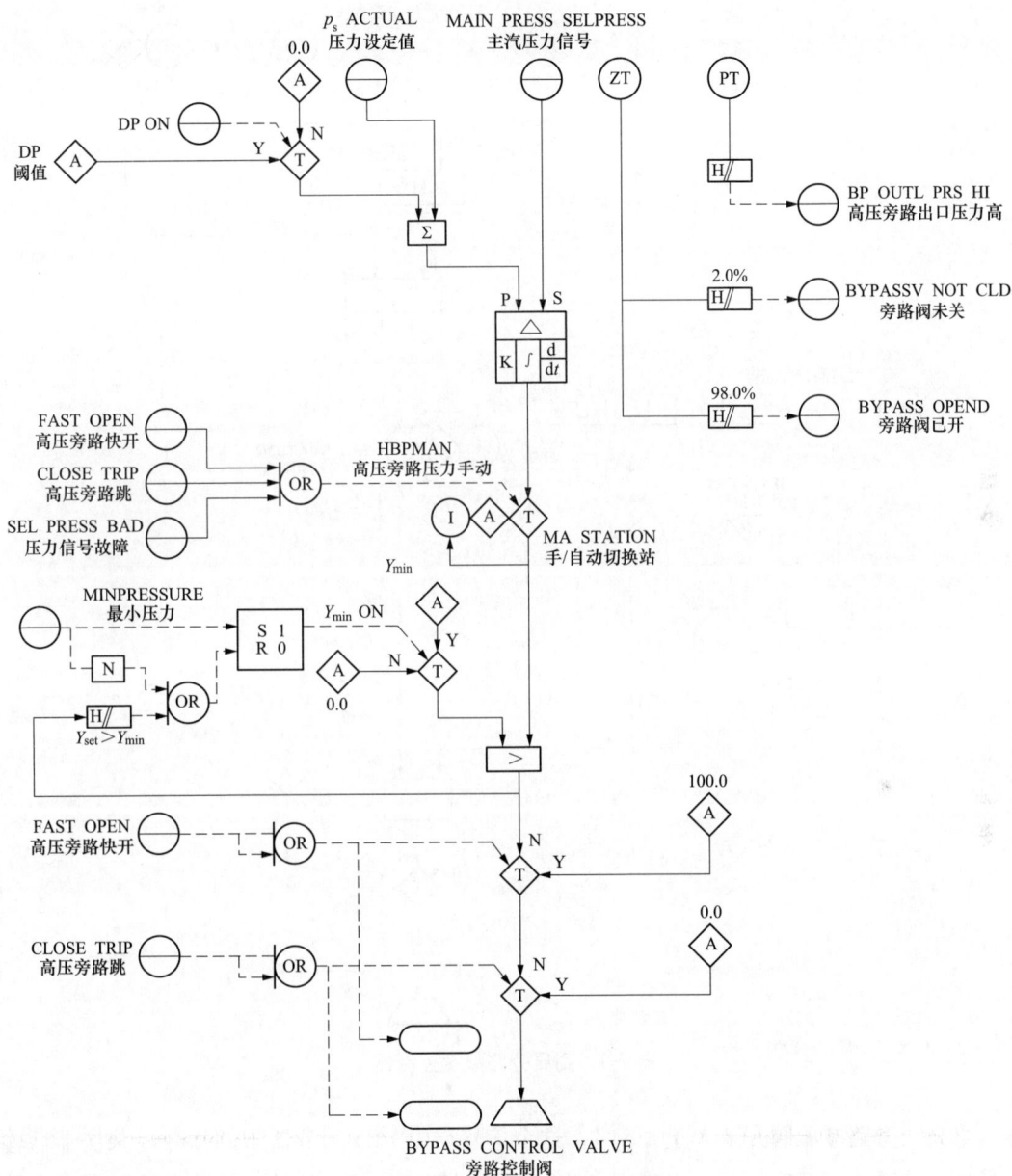

图 7-8　高压旁路压力控制器

化。其原理如图 7-9 所示。

　　由图 7-9 可以看出，为保证准确性，高压旁路出口的温度取自两个测点，然后与操作员设定的温度值进行比较，经 PID 调节器后形成的输出信号，经乘法器运算后形成高压旁路喷水减温阀指令。

　　高压旁路减压阀和高压旁路喷水阀是协调动作的，温度控制器取了一个高压旁路减压阀的开度信号，经乘法器与压力信号共同形成一个信号，再经乘法器和工作点形成一个信

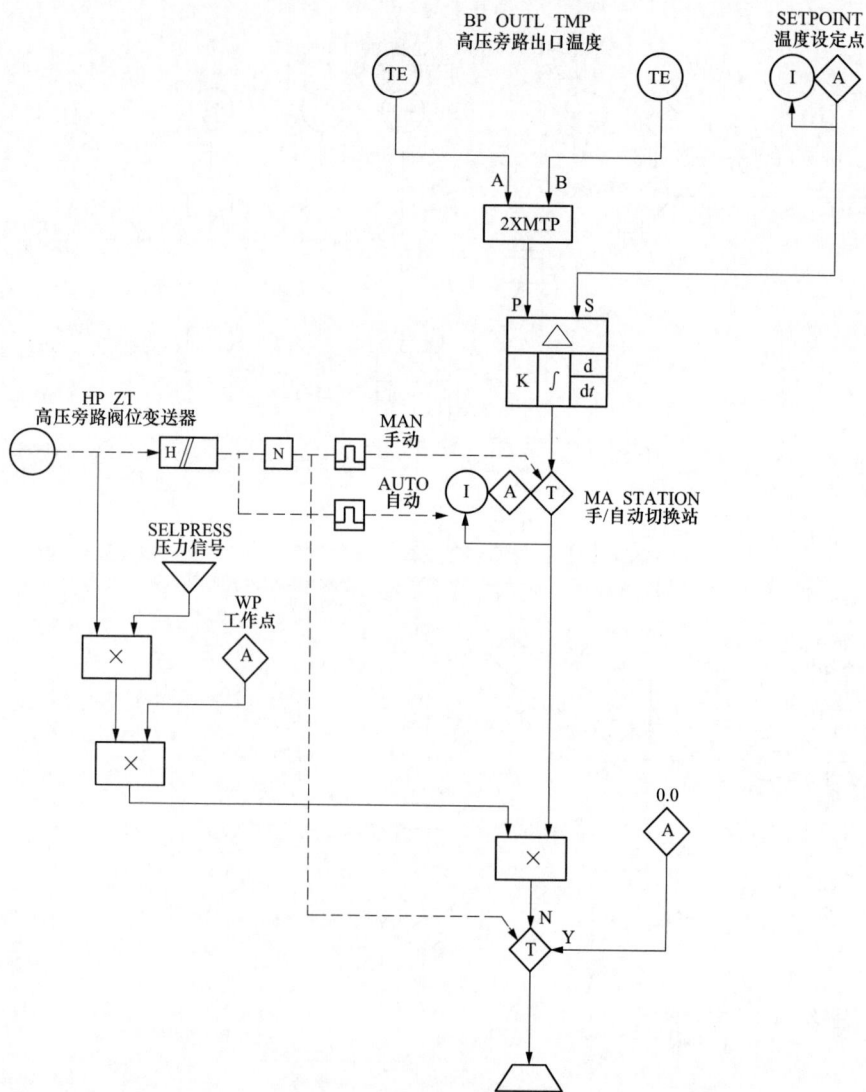

图 7-9   高压旁路温度控制器

号，当高压旁路减压阀开度大于 2％时，这个信号与由 PID 调节器来的指令经乘法器后输出高压旁路喷水阀开度指令；当高压旁路减压阀开度不大于 2％时，高压旁路喷水阀开度为 0。

高压旁路喷水要先经过一个隔离阀 BD，它有两个作用：一个是降低给水压力；二是在旁路阀关闭时，作为隔离阀使用。BD 为两位式控制，与高压旁路减压阀经逻辑回路联锁，由减压阀开度判断隔离阀的位置。

三、低压旁路控制系统

低压旁路控制系统的任务是：控制再热蒸汽压力和进入凝汽器的蒸汽温度，通过调节低压旁路蒸汽减压阀开度和低压旁路喷水阀开度来实现。

在不同的工况下，高压旁路控制器应完成以下的功能：

（1）锅炉启动。低压旁路控制器应能控制再热器中的蒸汽压力。当低压旁路打开时，低压旁路喷水减温控制器应能控制再热器出口蒸汽温度，以便使蒸汽安全地被凝汽器接收。

（2）带负荷运转。低压旁路关闭后，可以由低压旁路控制器来监控再热蒸汽压力。当压力增加到不可接受的程度时，低压旁路阀迅速打开；压力恢复正常后，低压旁路阀又迅速关闭。

（3）凝汽器保护。若凝汽器不能接受蒸汽或者喷水系统失常，为保护凝汽器，低压旁路控制器必须通过一个独立的安全通道关闭旁路。

低压旁路控制系统由压力设定点发生器、低压旁路压力控制器、低压旁路温度控制器和凝汽器保护回路等部分组成。

（一）低压旁路压力设定值回路

在最小压力阶段，低压旁路压力设定点 p_s RHH ACTUAL 被设置为 p_{min}，最小压力设定点可以由操作人员手动来调整。

在汽轮机已带负荷的情况下，压力设定点是汽轮机负荷的函数，汽轮机负荷可以用汽轮机第一级压力 p_1 来表示。

如图 7-10 所示。在带负荷工况运转时，由汽轮机第一级压力 p_1 代表的负荷信号 LD 通过函数功能块生成压力设定点信号 p_s RHH ACTUAL，该信号还受到操作人员设定的最大压力 p_{max} 的上限限制。

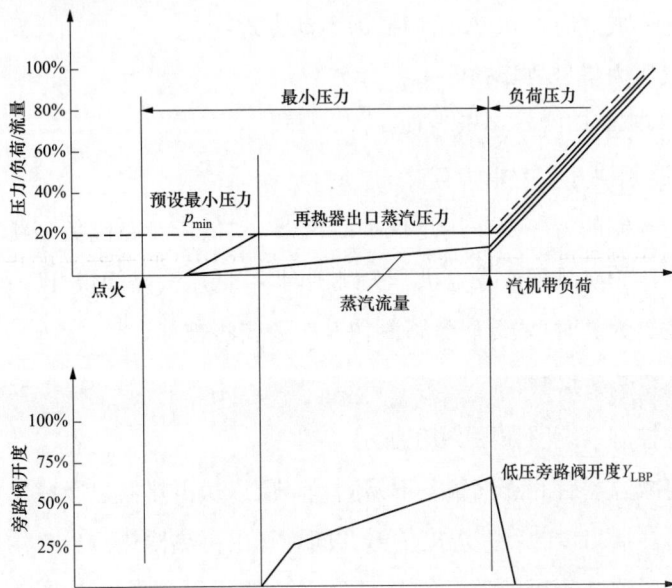

图 7-10 低压旁路压力设定点/负荷/流量变化曲线

图 7-10 给出了低旁压力设定点/负荷/流量的变化曲线。由图中可以看出，在汽轮机带负荷后，低压旁路阀的开度实际是关小直至全关了。

（1）低压旁路控制方式为启动方式。锅炉冷态启动，再热蒸汽压力小于最低压力设定值 p_{min} 时，如果低压旁路投自动，则低压旁路阀开度自动开启至最小开度值。

（2）锅炉启动阶段继续升温、升压时，当再热蒸汽压力大于最低压力设定值后，低压旁路控制转为定压方式。控制低旁阀开度增大，保持再热蒸汽压力在最低压力设定值上。

（3）当汽轮机冲转且并网发电后，随着汽轮机带负荷，低压旁路转为带负荷压力工况，低压旁路阀逐渐关闭。

（4）当汽轮机停机时，随着汽轮机减负荷，锅炉再热蒸汽压力升高，为保证再热汽压力等于设定值，应开启低压旁路阀。

（二）低压旁路压力控制器

为了保证膨胀做功后的蒸汽顺利进入凝汽器，低压旁路阀设置了两个，图 7-11 给出了低压旁路压力控制图。从图中可见，每个低压旁路阀 LBP 都有手/自动切换站，并且每个阀的开度信号都经过一个比较块，与经过功能函数块 $f(x)$ 后形成的流量限制信号比较后实现对流量的限制。两侧的控制方式相同。

再热器的出口压力取自左右两侧，为保证准确性，每一侧又取了三个变送器的信号，经过一个选中模块，选择两侧的信号累加后取一半作为控制器的低压旁路的再热蒸汽压力信号。此压力信号与压力设定点来的信号比较后，经过 PID 调节器运算后，再由平衡与增益调整块后输出低压旁路阀的开度指令。

当下述条件之一成立时，M/A 站切换为手动方式：

（1）再热蒸汽压力信号故障；

（2）"低压旁路阀关闭跳"逻辑为真；

（3）"低压旁路阀快开"逻辑为真。

低压旁路压力控制的另一个作用是保护凝汽器，"低压旁路阀关闭跳"逻辑由凝汽器保护开关产生；当汽轮机跳闸或发电机开关跳闸时，"低压旁路阀快开"逻辑为真；"低压旁路阀关闭跳"逻辑为真时，"低压旁路阀快开"逻辑将被锁定。

（三）低压旁路温度控制

低压旁路温度控制系统图如图 7-12 所示。

由于低压旁路减温器后的蒸汽状态不易测量，所以从再热器热段联箱取了四个压力信号累加后与取自再热器出口的一路温度信号共同计算出再热器热段出口熵值，用此熵值作为修正信号与低压旁路减压阀位置反馈信号经乘法器后得到低压旁路喷水阀的开度控制指令。

当下列条件之一满足时，低压旁路喷水阀手/自动切换站切到手动方式：

（1）低压旁路压力调节阀位置信号故障；

（2）再热蒸汽压力或温度信号故障；

（3）低压旁路减压阀位置开度小于 2％。

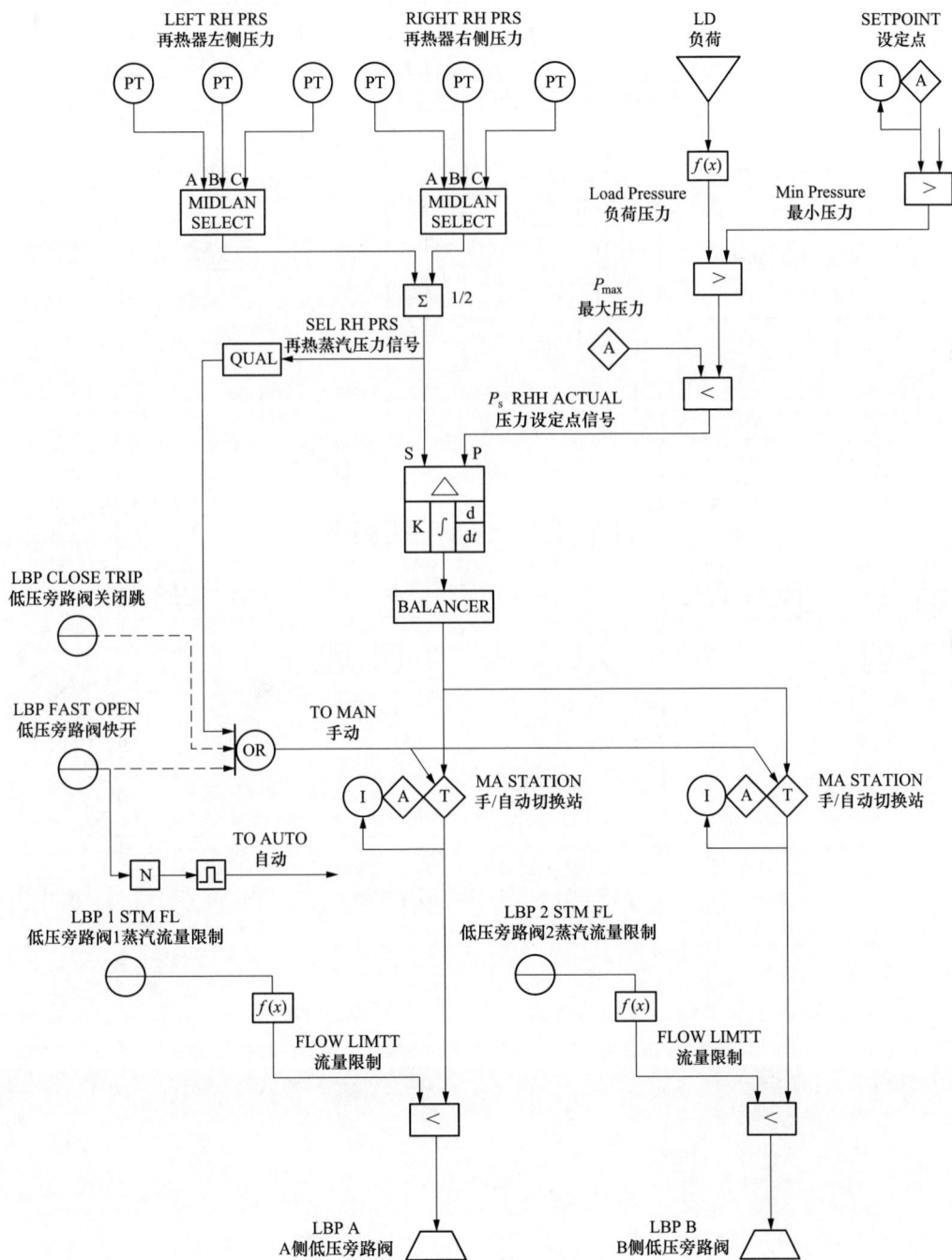

图 7-11 低压旁路压力控制

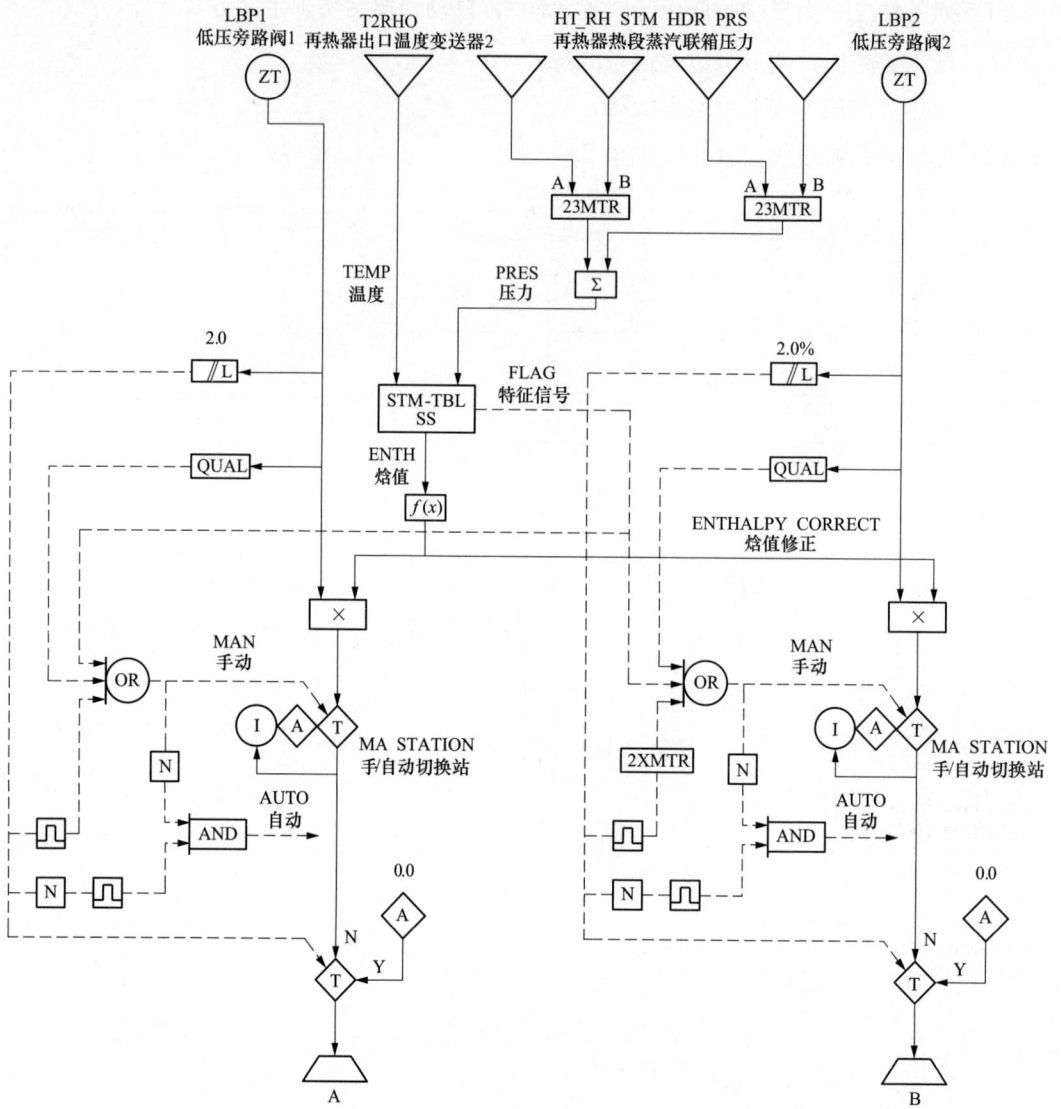

图 7-12 低压旁路温度控制

第八章 汽轮机安全监视及保护系统（TSI&ETS）

第一节 概　述

随着机组容量的增大，自动化程度的提高，对机组安全可靠运行的要求也就越来越高。为了确保汽轮机的安全运行，在汽轮机上都装有各种类型的安全保护装置，以便对各种重要热工参数、振动和位移等进行监视和保护。汽轮机安全监视系统（TSI）是大型旋转机械必不可少的保护系统。使用连续性监测系统，能够在机器严重受损之前，预警事故先兆，并在事故极近发生之时关闭系统，从而大大提高了设备的安全使用程度。

TSI 可以对机组在启动、运行过程中的一些重要参数可靠地进行监视和储存，它不仅能指示机组运行状态、记录输出信号、实现数值超限报警，出现危险信号时使机组自动停机，同时还能为故障诊断提供数据，因而广泛地应用于各种汽轮发电机组上。

一、汽轮机安全监视的内容

汽轮机应监视和保护的项目随蒸汽参数的升高而增多，且随机组不一而各有差异，一般有以下一些参数：

（1）轴向位移监视。连续监视推力盘到推力轴承的相对位置，以保证转子与静止部件间不发生摩擦，避免灾难性事故的发生。当轴向位移过大时，发出报警或停机信号。

（2）差胀监视。连续检测转子相对于汽缸上某基准点（通常为推力轴承）的膨胀量，一般采用电涡流探头进行测量，也可用线性差动位移变送器（LVDT）进行测量。

（3）缸胀监视。连续监测汽缸相对于基础上某一基准点（通常为滑销系统的绝对死点）的膨胀量。由于膨胀范围大，目前一般都采用 LVD 进行缸胀监视。

（4）零转速监视。连续监测转子的零转速状态。当转速低于某规定值时，报警继电器动作，以便投入盘车装置。

（5）转速监视。连续监测转子的转速。当转速高于设定值时给出报警信号或停机信号。

（6）振动监视。监视主轴相对于轴承座的相对振动和轴承座的绝对振动。

（7）偏心度监视。连续监视偏心度的峰—峰值和瞬时值。转速为 1～600r/min 时，主轴每转一圈测量一次偏心度峰—峰值，此值与键相脉冲同步。当转速低于 1r/min 时，机组不再盘车而停机，这时瞬时偏心度仪表的读数应最小，这就是最佳转子停车位置。

(8) 相位监视。采用相位计连续测量选定的输入振动信号的相位。输入信号取自键相信号和相对振动信号，经转换后供显示或记录。

(9) 阀位指示。连续指示调速汽门的动作位置。

表 8-1 列出了一些应监视与保护的项目。

表 8-1 汽轮机组安全监视与保护项目一览表

项目名称	主要功能	项目名称	主要功能
转速	显示、报警、保护、高值记忆、升速率	危急遮断器电指示	报警、动作转速记忆
零转速	联锁	转子热应力	显示
轴承盖振动	显示、报警、保护	油动机行程	显示、报警
轴振动	显示、报警、保护	同步器行程	显示
扭转振动	显示	高中压缸主汽门关闭	信号
偏心度	显示、越限闭锁	主油箱油位	显示
轴向位移	显示、报警、保护	润滑油压	显示、联锁、报警保护
高压缸胀差	显示、报警	高压缸上、下壁温差	显示、报警
中压缸胀差	显示、报警	汽缸进水	报警
低压缸胀差	显示、报警	凝汽器真空	显示、联锁、报警、保护
高压缸（左右）热膨胀	显示、两侧胀差大于定值报警	发电机故障	保护
中压缸（左右）热膨胀	显示、两侧胀差大于定值报警	油开关跳闸	联锁

二、汽轮机监视保护仪表的发展

美国本特利（Bently）公司在 20 世纪 60 年代发明了非接触式电涡流位移传感器，到 20 世纪 70 年代这种传感器在国外已开始广泛地使用。由于电涡流位移传感器具有线性范围大，精度和灵敏度高，频响宽，抗干扰能力强和温度特性好，安装和调整方便，检测值不受油污、蒸汽等非金属的介质影响等优点，所以以电涡流位移传感器为主要传感器所组成的 TSI 产品一投入商业运行，立即受到了广大用户的普遍欢迎。电涡流位移传感器采用了非接触式的测量方法，彻底解决了大机组旋转主轴的振动测量问题，解决了以前只能用速度传感器测量轴承座振动而难以获得机械振动可靠信息的困难，以及用触轮式速度传感器来测量轴振动时很难解决的接触式机械磨损的问题。另外，由于电涡流位移传感器直接测量的是振动的幅度，所以能更直接地反映用户所最关心的振动幅值，避免了用速度传感器测量振动需将速度信号通过积分电路转换成振幅信号所造成的误差，从而提高了整个系统的测量精度；利用电涡流位移传感器还可以方便地测量转子的相位角。转子的相位角是从事大型旋转机械振动分析、动平衡校验等所必不可少的参数，用电涡流位移传感器后彻底解决了以前使用光电传感器测量所无法解决的现场灰尘所带来的测量误差和根本无法测量等诸多问题。

三、几种典型 TSI 简介

目前在中国市场上，有许多国内外厂家的 TSI 产品在机组上投入运行。使用较多的产品有美国本特利公司的 7200 系列、3300 系列、3500 系列；德国菲利浦公司（后改为 EPRO）的 RMS007、EPRO MMS600 系列；日本新川公司的 VM-3、VM-5 系列等。

（一）本特利 3500 系统

本特利 3500 系统是目前我国大型机组上应用较为广泛，也是本特利公司最先进的产品。本特利 3500 系列仪表在使用过程中以其实验室级别的精度，组态调整的灵活性，模件、前置放大器、探头的可替换性，安装后对细微偏差的可调整功能给调试、使用提供了很多方便。该系统具有以下主要技术特点：

（1）单元模块化结构，安装于标准框架中，主要包括电源模块、接口模块、键相模块、监测模块、通信模块等。

（2）各功能模块都有一颗单片微控制器（MCU），用于实现各模块的智能化功能，如组态设置、自诊断、信号测试、报警保护输出、数据通信等。

（3）各模块间通过 RS232/RS422/RS485 总线和 MODBUS 协议进行数据通信，最高通信速率为 115.2kbit/s。

（4）可通过上位机的组态软件对各个模块进行组态设置，并下载到各个模块的非易失性存储器中。

（5）双重冗余供电电源模块。

（6）支持带电拔插功能。

本特利 3500 系统与本特利 3300 系统不同，它没有面板显示，其测量显示通过上位机显示或直接触发继电器模块输出，大部分内部设置都在软件中完成。本特利 3500 系统具有多种通信方式。调试过程中，可以用本特利公司提供的 RS232 通信接口直接与 DCS 连接，在 DCS 操作员站进行组态配置和参数显示。另外，还有相对振动、轴位移、胀差等参数通过 4～20mA 信号送到 DEH 进行显示。

3500 监视系统软件主要有 3 个软件包：

（1）框架配置软件。主要包括框架配置、机架接口模件与主机端口测试实用程序、通信网关测试实用程序、框架配置教程、框架配置帮助等。

（2）数据采集 DDE（动态数据交换）服务器软件。主要包括数据采集 DDE（动态数据交换）服务器、软件配置实用程序、编辑元件实用程序、REN（框架接口模件）主机接口测试实用程序、数据采集显示教程。

（3）操作员显示软件。主要包括监视器通道值的条形显示、机器链图和对应的数据值。趋势图、系统事件列表、现用的报警信号列表、报警信号列表。

（二）EPRO MMS6000 系统

MMS6000 系统是 EPRO 公司最先进的数字化智能型 TSI，该系统具有以下主要技术特点：

（1）单元模块化结构，安装于 482.6m 标准框架中，主要包括：轴振模块、轴承振动模块、轮位移/差胀模块、偏心模块、缸胀模块、通信接口模块等。

（2）各监测模块均为双通道，内置一颗单片微控制器（MCU），实现模块自检、数据采集、数据通信、监测报警等功能。

（3）通过 RS232/RS485 总线对模块进行软件组态设置和读取模块采集数据。

（4）系统中 RS485 总线最多连接 31 个模块/62 个通道，数据通信速率最高为 115.2kbit/s。

（5）支持带电拔插功能。

（6）双重冗余电源模块。

（三）日本新川 VM-5 系统

VM-5 系统是日本新川公司的智能型数字式 TSI，它具有以下主要技术特点：

（1）单元模块式结构，主要包括轴振模块、瓦振模块、加速度模块、偏心模块、轴向位移模块、差胀模块、缸胀模块、转速模块、通信/键相模块、继电器模块、电源模块等。

（2）模块内置单片微处理器，具有自诊断功能（电源检查、传感器故障等）。

（3）面板上 LCD 显示功能，可显示测量值、报警值、间隙电压等。

（4）通过内部跳线和 RS232/RS485 接口设置模块工作方式和参数。

（5）通信/键相模块可通过 RS232/RS485 接口与上位机通信，其他模块无通信接口；数据通信速率最高为 19.2kbit/s。

（6）双重冗余电源模块。

（四）国内的 TSI 产品

我国电涡流保护仪表的研制开发起步较晚，从 1976 年起，上海发电设备成套设计研究所、航天部 608 所、清华大学等一批科研院所、大学开始从事这方面的研究工作，从技术上逐步形成了两个系列，即以上海发电设备成套设计研究所为代表的调幅式电涡流传感器和以清华大学为代表的调频式电涡流传感器，这两个系列各具优缺点：调幅式传感器特点是线性特性好、线性范围大，但稳定性略差；而调频式传感器的特点恰恰相反。从 1984 年开始，上海发电设备成套设计研究所对电涡流位移传感器进行了大量研究工作，把调幅式传感器的线性范围大和调频式传感器稳定性好的特点结合起来，提出了采用调频调幅式的检测方式，比较圆满地综合了调频式和调幅式两种类型检测的优点，使得国产的电涡流传感器上了一个新台阶，并已陆续投入工业运行，用户普遍反映良好。以电涡流传感器为主要检测元件所组成的 RD 系列单件仪表已有 400 多套在全国投运。

第二节　TSI 的基本组成与工作原理

一、TSI 的基本组成

从结构与组成的角度分析，TSI 由图 8-1 所示的三部分描绘。

传感器系统将机械量（如转速、轴位移、胀差、缸胀、振动和偏心等）转换成电参数（频率 f、电感 L、品质因素 Q、阻抗 Z 等），传感器输出的电参数信号经过现场连线送到监测系统，由监测系统转换为测量参数进行显示、记录及相关的信息处理。

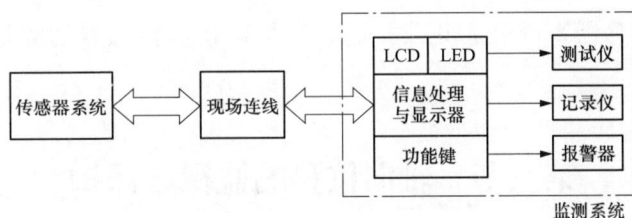

图 8-1　TSI 的结构原理图

二、TSI 的工作原理

目前应用广泛的传感器有：电涡流传感器、电感式速度传感器、电感式线性差动变压器和磁阻式测速传感器等。对于应用得最多的电涡流传感器系统来说，它由探头、接长电缆和前置器组成。前置器具有一个电子线路，它可以产生一个低功率无线电频率信号（RF），这一 RF 信号，由延伸电缆送到探头端部里面的线圈上，在探头端部的周围都有这一 RF 信号。如果在这一信号的范围之内，没有导体材料，则释放到这一范围内的能量都会回到探头。如果有导体材料的表面接近于探头顶部，则 RF 信号在导体表面会形成小的电涡流。这一电涡流使得这一 RF 信号有能量损失。该损失大小是可以测量的。导体表面距离探头顶部越近，其能量损失超大。传感器系统可以利用这一能量损失产生一个输出电压，该电压正比于所测间隙。具有典型意义的菲利浦公司 RMS700 系列电涡流传感器系统的原理框图如图 8-2 所示。

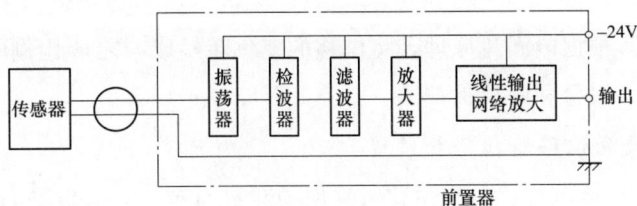

图 8-2　传感器和信号转换器框图

前置器由高频振荡器、检波器、滤波器、直流放大器、线性网络及输出放大器等组成，检波器将高频信号解调成直流电压信号，此信号经低通滤波器将高频的残余波除去，再经直流放大器、线性补偿电路和输出放大处理后，在输出端得到与被测物体和传感器之间的实际距离成比例的电压信号。前置器（信号转换器）的额定输出电压为$-20\sim-4V$（线性区）。

监测系统又称为框架，一个框架由电源、系统监测器和监测表三部分组成。电源为装在框架内的监测表及相应的传感器提供规定的电源；系统检测器检验供电水平以确保系统正常运行，同时，它还具有控制系统"OK"的功能。"OK"（正常工作）表明系统的传感器及现场接线是在规定的水平上进行。系统监测器也控制报警点的设置和系统复位。监测表不仅可以显示传感器系统是否正常运行，还可以指示传感器的测量值，并在越限时报警。

第三节   轴向位移的监视与保护

汽轮机的转子在高速旋转时，为了避免转动的部分与静止的部件在轴向力的作用下发生轴向摩擦和碰撞，在叶片与喷嘴、轴封的动静部分之间以及叶轮与隔板之间，必须保持适当的轴向间隙，并使转子与汽缸间保持相对轴向位置。

推力轴承承担了转子的轴向推力，尽管在结构设计上采取了一些措施减小轴向推力，但某些情况下，如果转子轴向推力增大，将使推力轴承过负荷，破坏油膜，乌金烧熔，转子窜动，产生严重的损坏事故，必须设置轴向位移保护措施。

为了严密监视机组的轴向位移，一般在推力瓦块上装有温度测点，在推力瓦块回油处装有回油温度测点等，以监视汽轮机推力轴承的工作状态。此外，还装有轴向位移监视保护装置，在正常工况下指示轴的位移量；当位移超过一定限值时，发出报警信息，提醒运行人员严密监视机组状态，采取相应处理措施；当轴向位移达到"危险"限值时，发出危急遮断高、中压调节阀门与主汽门的信号，以保证机组设备与人身的安全。

目前，大机组多采用电感式与电涡流式。

（1）电感式。将转子的机械位移量转换成感应电动势的变化，然后进行指示，报警或停机保护。

（2）电涡流式。根据电涡流原理，将位移的变化转换成与之成比例的电压变化，从而实现对位移的测量、报警和停机保护。

（一）电感式轴向位移监视保护装置

以国产 RZQZ-01 型电感式轴向位移监视保护装置为例，它由交流 16V 磁饱和稳压器、RZQZ-1 型轴向位移发信器、RZQZ-1 型轴向位移调整装置、DXZ-110 型轮向位移指示表组成。

（二）电涡流式轴向位移监视保护装置

以美国本特利公司的 3300 系列双通道轴向位移监视保护装置为例。如图 8-3 所示，它由两个独立的 14mm 涡流传感器和一个 3300 系列 3300/20 双通道轴向位移监视器组成。通道 A 与 B 采取完全对称的双选式结构，这样可以提高系统的可靠性。

（1）14mm 电涡流传感器。14mm 电涡流传感器是一种非接触式位移传感器，整个系统包括涡流探头、接长电缆和前置器。电涡流传感器测量涡流探头与被测金属表面之间的距离（间隙），并将此距离转换成与其成比例的电压。将此输出电压值输出至监视器，即可显示其间隙的大小值，并进行各种功能处理。传感器的输出以电压变化的形式输出，额定输出范围为 $-20 \sim -4V$（线性值）。

（2）3300 系列 3300/20 双通道轴向位移监视器。14mm 电涡流传感器的输出，可通过最长达 300m 的三芯屏蔽电缆送至集控室内 TSI 机箱后部的 3300/20 轴向位移通道的信号输入/继电器组件端子上。

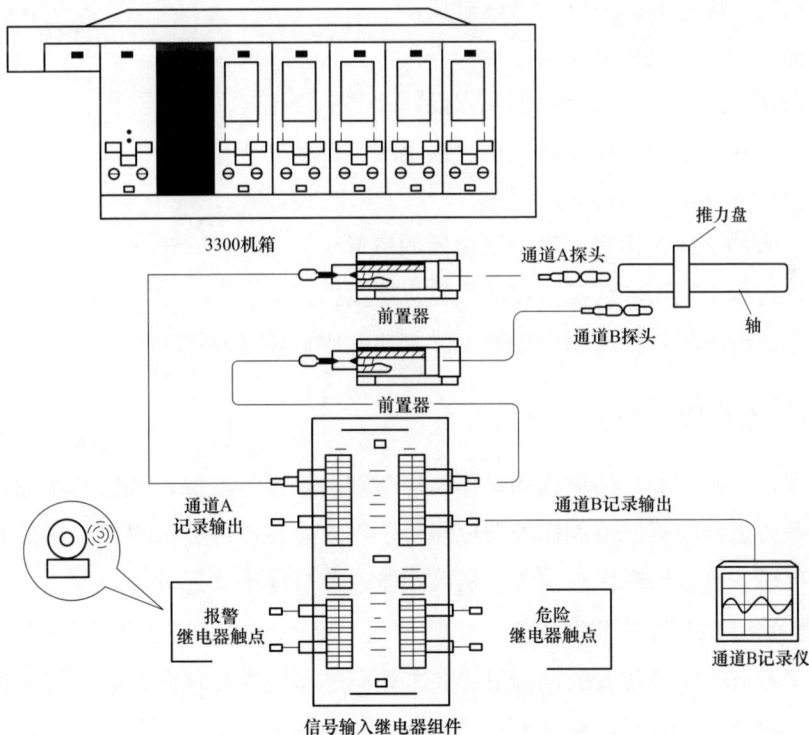

图 8-3　3300 系列双通道轴位移监视保护装置的系统配置

第四节　机组热膨胀监视

汽缸受热而膨胀的现象称为"缸胀"。缸胀时，由于滑销系统死点位置不同，可能向高压侧伸长或向低压侧伸长，也可能向左或右方向膨胀，这时都是以滑销死点处的基础固定点为参考，其位移量的大小称为汽缸的绝对膨胀值。

同理，转子受热时也要发生膨胀，因为转子受推力轴承的限制，所以只能沿轴向、往低压侧伸长。由于转子的体积小，而且直接受蒸汽冲刷，因此温升和热膨胀较快；而汽缸的体积大，温升和热膨胀就比较慢。当汽缸和转子的热膨胀还没有达到稳定以前，它们之间存在较大的热膨胀差值，简称"胀差"（或"差胀"）值，也称汽缸和转子的相对膨胀值。

胀差的变化，引起动静部分轴向间隙的变化，当转子的膨胀大于汽缸的膨胀时，定义为正胀差，表明动叶出口与下一级静叶入口的间隙减小。当汽缸的膨胀大于转子的膨胀时，定义为负胀差，表明静叶出口与动叶入口间隙减小。

一、机组胀差过大的原因

汽轮机正胀差过大的原因有以下几方面：
（1）启动时，暖机时间不够，升速过快。
（2）负荷运行时，增负荷速度过快。
汽轮机负胀差过大的原因有以下几方面：
（1）减负荷速度过快，或由满负荷突然甩到空负荷。
（2）空负荷或低负荷运行时间过长。
（3）发生水冲击（包括主蒸汽温度过低的情形）。
（4）停机过程中，用轴封蒸汽冷却汽轮机速度太快。
（5）真空急剧下降，排汽温度迅速上升，使低压缸负胀差增大。

二、胀差监视保护装置

胀差监视保护装置的结构形式和工作原理与轴向位移监视保护装置基本相同，其区别主要在于胀差传感器的线性范围比轴向位移传感器大得多。目前机组上采用的胀差监视保护装置有：电感式胀差监视保护装置、涡流式胀差监视保护装置。

（一）电感式胀差监视保护装置

电感式胀差监视保护装置的结构形式和工作原理与电感式轴向位移监视保护装置基本相同，此处不再赘述。

（二）电涡流式胀差监视保护装置

美国本特利公司 3300 系列互补输入胀差监视保护装置采用两套 35mm 涡流传感器作为监测信号的输入源，这两套涡流传感器均由 35mm 涡流探头、接长电缆和前置器组成，它们以互补方式安装，即通道 A 的探头检测间隙增大或减小时，通道 B 的间隙响应减小或增大。采用互补输入，可将检测范围扩大为单个探头检测范围的 2 倍。

双通道胀差监视保护装置的系统配置图如图 8-4 所示。它主要由两套电涡流传感器、前置器及一块双通道胀差监视器（信号处理器）三部分组成。高压缸胀差、低压缸胀差测量及越限报警由两个完全独立的测量通道实现。

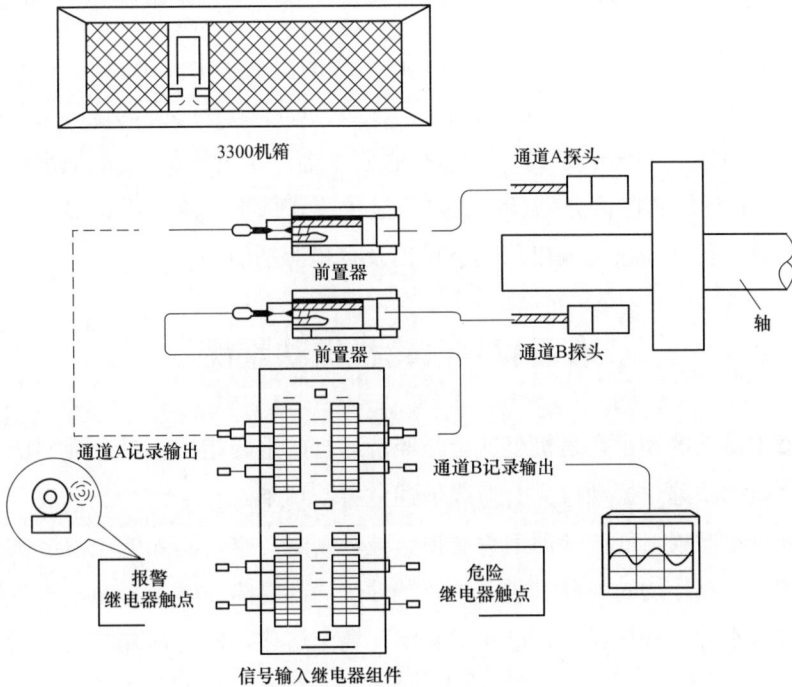

图 8-4　双通道差胀监视系统图

两套胀差传感器分别装于 1 号轴承箱内的高压缸胀差传感器支架及 4 号轴承箱内的低压缸胀差传感器支架上。安装示意如图 8-5 所示。

三、汽缸膨胀监视装置

汽缸膨胀监视装置中的传感器一般均采用线性差动变送器（Linear Voltage Differential Transformer，LVDT），其结构如图 8-6 所示。

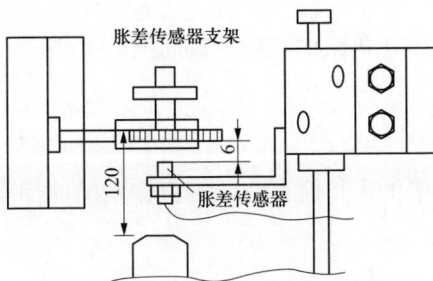

图 8-5　差胀传感器的安装图

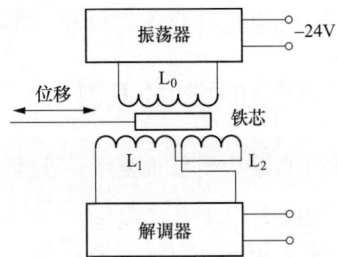

图 8-6　LVDT 结构示意图

LVDT 由三个线圈组成，其中 L_0 为励磁绕组，它接受 −24V DC 电压，产生 1kHz 交流励磁电压；L_1 和 L_2 为输出绕组，同名端反相差动连接，输出的交流电压正比于铁芯偏离中心位置的距离，交流信号经解调器检波后变为直流电压信号输出。当铁芯在中间位置时，输出信号为零。当铁芯左右移动时，输出信号经解调为正或负直流电压信号，并与铁芯位移具有线性关系。

一般而言，LVDT 的铁芯通过连杆固定在机壳的滑动脚上（绝对死点另一侧），随机壳一起移动，而 LVDT 外壳固定在地基上（大地）。LVDT 将感受的位移信号变成直流电压信号后，通过电缆、接线端子送入汽缸膨胀监视器，实现汽缸膨胀值指示、OK 显示、OK 继电器输出、汽缸膨胀值分别显示或差值显示模式选择、首先报警显示、报警继电器输出、危险旁路、传感器缓冲输出、记录输出及自检等功能。

第五节　汽轮机振动监视

机组运行中振动的大小，是机组安全与经济运行的重要指标。过分强烈的振动，意味着机组存在严重的缺陷。振动过大会造成下述危害与后果：

（1）端部钢封磨损。低压端部钢封磨损、破坏密封，空气漏入低压汽缸破坏真空；高压端部轴封磨损，高压缸向外漏汽增大，转子轴颈局部受热而发生弯曲，蒸汽进入轴承中使润滑油内混入水分，破坏油膜，进而引起钢瓦乌金熔化，同时，漏汽损失增大，影响机组的经济性。

（2）滑销磨损。滑销磨损会影响机组的正常热膨胀，从而会进一步引起更严重的事故。

（3）隔板汽封磨损。隔板汽封磨损严重时，级间漏汽增大，除影响经济性外，还会增加转子的轴向推力，导致推力瓦块乌金熔化。

（4）轴瓦乌金破裂，紧固螺钉松脱、断裂。

（5）振动使转动部件耐疲劳强度降低，进而引起叶片、轮盘等损坏。

（6）造成调节系统不稳定，进而引起调速系统事故。

（7）危急遮断器误动作。

（8）使发电机励磁部件松动、损坏，甚至损坏机组的基础，进而振动加剧。

一、汽轮机振动的原因

汽轮机的振动现象很复杂，振动伴随着机组的运行而存在。产生振动的原因很多，一般而言，主要有以下几个方面。

（1）转子质量不平衡引起振动。

（2）转子发生弹性弯曲引起振动。

（3）轴承油膜不稳定或受到破坏引起振动。

（4）汽轮机内部动静摩擦引起振动。

（5）机组运行的中心不正引起振动。

二、汽轮机振动监视保护装置

振动监视保护装置有轴承振动监视保护装置、转轴相对振动监视保护装置和转轴绝对针对监视保护装置等。

振动参数的监视和保护对于大型机组而言，测量轴承座振动已不能满足对机组安全保护的要求。而采用电涡流传感器可实现对转轴振动的测量。同时，大型发电机组的柔性支承轴承，使转轴相当部分的振动传递至轴承，因此，测量转轴的相对振动并不能正确反应转轴的振动。为此，提出了测量转轴绝对振动的要求。

（一）双通道振动监视器

（1）双通道振动监视器的组成与工作原理。双通道振动监视器，接受来自两个趋近式位移传感器系统（传感器＋前置器）的信号，连续测量并监视两个完全独立通道的径向振动，系统构成如图 8-7 所示。

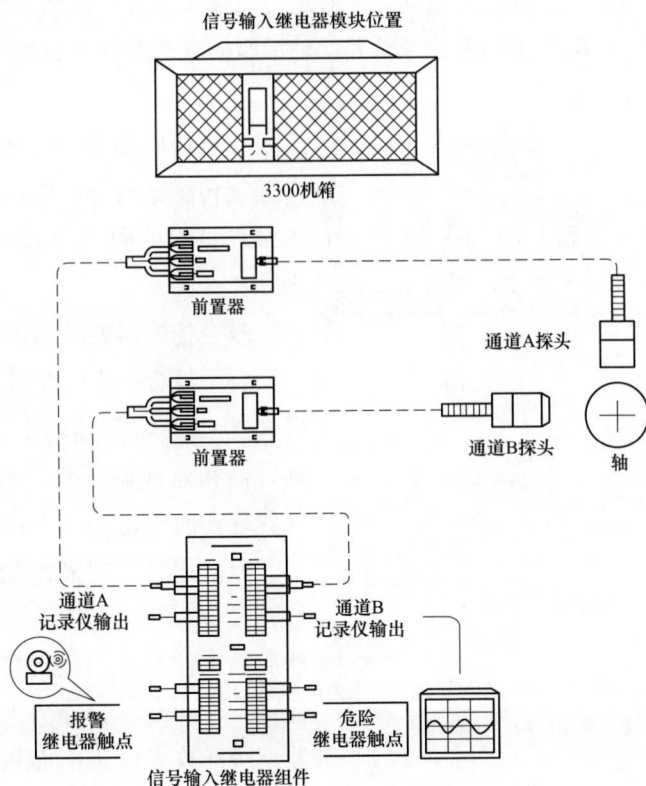

图 8-7　双通道振动监视器

两个通道 A、B 对称结构，呈 90°角安装，以便对轴承过大的径向振动进行全面的保护。传感器为电涡流式。

（2）系统的功能特征。由软件与硬件相结合所构成的双通道振动监测器具有下述功能：径向振动监视、探头间隙电压显示与报警、系统的状态显示、报警值显示与状态开关量输出、延时 OK/通道失效、零位、倍增报警功能。

（二）复合式探头监测器

如果机组除钢的相对振动以外，还产生较大的机壳振动，机壳的振幅大于钢相对机壳振动的 1/4，或机组启动期间产生较大的机壳运动时，应用一组 X-Y 复合式传感器监视钢的绝对振动。

X-Y 复合式传感器由一个电涡流传感器和一个绝对式速度传感器组成。

（1）速度传感器。速度传感器采用接触式方法实现振动体的振动速度的测量，它适合于测量壳体的振动、轴的绝对振动等。常用的速度传感器为磁电式传感器，由于测量的是被测体相对于大地或惯性空间的绝对运动，因此称之为惯性传感器。

磁电式速度传感器按活动部件不同可分为动圈式和动钢式，按力学原理又可分为惯性式和直接式。它是利用电磁感应原理，将运动速度转换成线圈中的感应电势予以输出。

（2）复合传感器。既然机组的振动伴随着运行而存在，转子自然是引起振动的主要原因，当振动异常时，反映在主轴上的振动要比轴承座的振动变化明显得多，因此，监视主轴的绝对振动显得尤为重要。

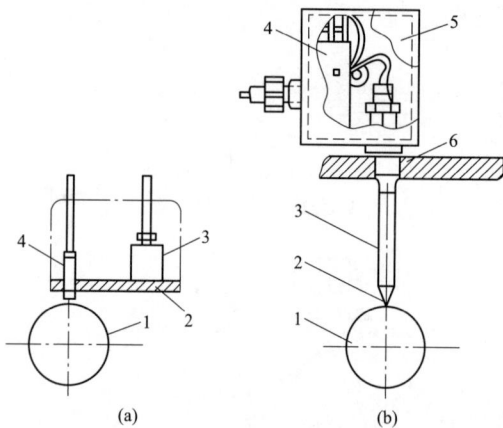

图 8-8 复合式传感器

（a）原理图；（b）结构图

1—轴；2—机壳；3—速度传感器；
4—电涡流传感器；5—壳体；6—轴承座

复合传感器由一个电涡流传感器和一个速度传感器组合而成，放在一个机壳内，安装在机组的同一个测点上，原理结构如图 8-8 所示。

复合传感器振动测量示意见图 8-9。

（3）复合探头监测器。本特利的 3300/65 复合探头监测器的系统构成由传感器、前置和监视器三部分组成，各部分的工作原理如前所述。

速度传感器的输出信号输入至速度位移转换器，将速度信号转换成位移信号，然后输入监视器。监视器的输入信号分别输入 OK 回路、缓冲放大器以及整形放大器。缓冲放大器为前面板提供低阻抗的地震输出信号，整形放大器的可调电位器用于调整放大器的增益，以满足后面回路所要求的信号电平。相位补偿器用于校正地震信号的低频相位和振幅。

由电涡流探头和前置放大器组成的相对振动传感器，其输出信号输入到监视器，然后分别输入 OK 回路、缓冲放大器及整形放大器，整形后的相对振动信号与经过相位校正后

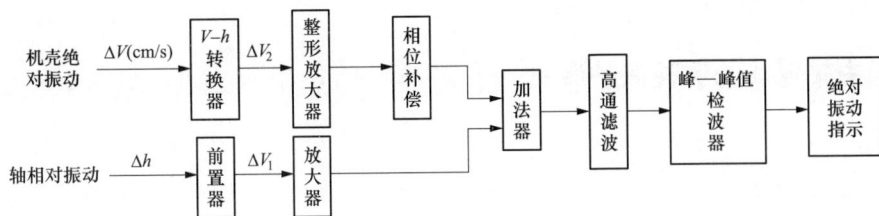

图 8-9　复合传感器振动测量

的地震信号一起输入到综合回路，进行矢量相加，其输出信号即为主轴的绝对振动信号。

该信号输入到两个缓冲放大器，向有关端子提供低阻抗的输出信号。绝对振动信号同时输入到高通滤波器，滤波后的信号输入峰—峰值检波器，转换成直流信号，然后分别输入到报警回路、危险回路及绝对振动记录器驱动回路，并通过开关输入到缓冲放大器，由指示器显示其振动值。

选择开关用于指示器显示相对振动值或显示轴承的绝对振动值的选择。

3300/65 复合探头监测器的功能由微处理器实现，它提供下列四种测量信息：

1）轮的相对振动：由涡流探头测量轴相对于轴承壳的振动。

2）轴承壳的绝对振动：由速度传感器测量轴承壳相对于自由空间的绝对振动。

3）轴的绝对振动：轴承壳的绝对振动与轴的相对振动之和——钢的绝对振动。

4）轮在径向相对于轴承间隙的平均位置：由电涡流探头的直流分量知道其位置。操作面板上的 GAP/SEIS 按钮可以使液晶显示器显示出趋近式探头的间隙电压以及速度传感器（积分成位移）信号的振幅。

第六节　偏心度监视

汽轮机启动、运行和停机过程中，主轴可能会出现弯曲。当主轴出现弯曲时，钢的重心将偏离机组运转中心，转子在旋转时就会产生离心力而引起振动，当轴弯曲严重时，汽封径向间隙消失，引起动、静部件相互摩擦碰撞，以致造成机组损坏事故。若轴弯曲过大，会形成永久弯曲，必须停机直轴，否则机组不能正常运行。

一、机组主轴弯曲的原因

偏心是指轴表面外径与轴真实几何中心线之间的变化，它以主轴弯曲的形式体现出来。这种弯曲既可能是永久的机械变形，也可能是暂时变形。总的来说，主轴弯曲是由于不对称的轴向热膨胀或者机械应力引起的弯曲力矩造成的，可概括为下述几个方面：

（1）由于径向间隙变化使主轴与静止部件间产生摩擦引起主轴弯曲。

（2）制造或安装不良引起的弯曲。

（3）检修后的调整不当引起轴弯曲。

（4）运行中操作不当引起轴弯曲。

二、主轴弯曲的监视保护装置

基于上述理由，必须对机组在启停和运行过程中主轴的弯曲情况进行严密的监视。

（一）机械测量方法

监视主轴弯曲最简单的方法是在轮端装上一块千分表，检测转子的晃动度。晃动度之半为轴的弯曲度，也叫做轮的偏心度或挠度。

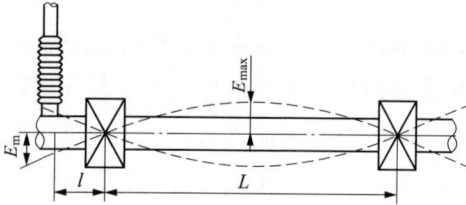

测量轴的偏心度时，常将千分表插在轴颈或轴向位移传感器处轴的圆盘上进行测量。如图 8-10 所示。根据所测的偏心度值，轴的长度、支撑点和测点之间的距离的比例关系，可用式（8-1）估算转子的最大偏心度

图 8-10　轴弯曲及偏心度测量

$$E_{max} = \frac{lE_m}{4L} \tag{8-1}$$

式中　E_m——千分表测得的偏心度，$10\mu m$；

　　　L——两轴承之间转子的长度，mm；

　　　l——千分表位置与轴承间的距离，mm。

（二）电气测量方法

目前常采用的是电涡流传感器作为检测元件，并配以模拟电路、数字电路或微处理机对检测信号进行处理。

以美国本特利公司 3300 系列主轴弯曲监视保护装置为例，它由两套电涡流传感器和 3300/40 主轴弯曲监视器组成。

两套电涡流传感器均采用本特利公司的 8mm 电涡流传感器，由 8mm 涡流探头、接长电缆和前置器组成。其中一套电涡流传感器用于检测主轴弯曲信号，它将探头和旋转轴表面的间隙，成比例地转换成电压信号——偏心信号；另一套电涡流传感器用于提供键相信号，它产生钢每转一圈，监视器测量计算一次"偏心峰—峰值"的同步信号。

第七节　机组转速监视

汽轮机是高速旋转机械，运转时各转动部件都承受着极大的离心力。转动部件的强度裕量是有限的，一旦汽轮机转速超过设计时的权限，将会发生设备损坏，甚至机毁人亡的严重事故。对于现代的大功率机组来说，由于机组的时间常数越来越小，甩负荷后的飞升速度将会更大，为了保护机组的安全，必须严格监视汽轮机的转速并设置超速保护装置。

一、超速的原因

汽轮机超速的原因很复杂，既可能是汽轮机调速、保护系统故障，也可能是设备本身存在缺陷，有时还与运行操作维护有着直接的关系。

（1）调速系统有缺陷。

（2）汽轮机超速保护系统故障。

（3）运行操作调整不当。

二、转速监视装置

转速监视装置能连续测量汽轮机等旋转机械的转速，当转速达到或超过某一设定值时，发出报警信号，并采用相应的保护措施。

以本特利公司 3300 系列 TSI 为例，其转速监视装置由转速传感器和监视器组成。转速传感器可以是 8mm 电涡流传感器，也可以是磁阻传感器。监视器则为 3300/50 转速监视器，作为对转速的监视和超速的提醒。

转速传感器的作用是将转速信号转换成与转速成比例的转速脉冲信号，原理如下。

（一）磁阻测速

磁阻测速传感器示意图如图 8-11 所示，它由永久磁铁和感应线圈等组成，有 60 个齿轮（正、斜齿轮或带槽的圆盘都可以）。磁阻测速传感器安装在被测轴上，对着齿项方向或齿测方向。

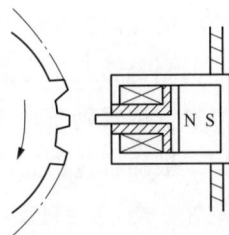

图 8-11 磁阻测速传感器

当汽轮机主轴带动齿轮旋转时，齿轮上的齿经过测速传感器的软铁磁轭处，使测速传感器的磁阻发生变化。当齿轮的齿顶与磁轭相对时，气隙最小，磁阻最大，磁通最大，线圈感应的电动势最大；反之齿槽与磁轭相对时，气隙最大，线圈产生的感应电动势最小。齿轮每转过一个齿，传感器磁路的磁阻变化一次，因而磁通也变化一次，线圈中产生的感应电动势为

$$E = W \frac{\mathrm{d}\Phi}{\mathrm{d}t} \times 10^{-8} \tag{8-2}$$

式中　W——线圈匝数；

Φ——穿过线圈的磁通量。

感应电动势的变化频率等于齿轮的齿数和转速的乘积，即

$$f = \frac{nz}{60} \tag{8-3}$$

式中　n——旋转轴的转速，r/min；

z——测速齿轮的齿数。

当 $z = 60$ 时，$f = n$，即传感器感应的交变电动势的频率数等于轴的转速数值。

（二）电涡流测速

采用电涡流传感器测速时，在旋转轴上开一条槽或数条槽，或者在轴上安装一块有轮齿的圆盘或圆板，在有槽的轴或有轮齿的圆板附近装一只电涡流传感器。当轴旋转时，由于槽或齿的存在，电涡流传感器将周期性地改变输出信号电压，此电压经过放大、整形变成脉冲信号，然后输入频率计指示出脉冲数，或者输入专门的脉冲计数电路指示频率值。此脉冲数（或频率值）与转速相对应。

传感器产生的转速脉冲信号送至数字式转速表或频率计，即可反应出转速值。

三、零转速监视保护装置

零转速监视保护装置用于连续地监视汽轮机在停机过程中的零转速状态，以确保盘车装置的及时投用。如果转子转速降至零转速而不使盘车装置及时投入运行，由于热态汽轮机冷却得不均匀，会使转子产生过大的温差而导致弯轴，从而延长再启动时的盘车时间，甚至造成巨大的经济损失，所以说零转速信号是保障汽轮机安全运行的重要信号。

仍以本特利公司 3300 系列 TSI 为例，其零转速监视保护装置也由转速传感器和监视器组成。转速传感器一般均为 8mm 电涡流传感器，因为它的频响低端可以为零，可在极低转速时仍能产生相应的脉冲信号，同时由于零转速信号的重要性，系统配置两套独立的传感器检测零转速作为监视器的输入。监视器为 3300/50 转速监视器，对两组输入的零转速信号进行逻辑判断，并产生相应的报警信号，触发盘车装置。

由于被测转速很低，如果采用转速测量中的计数法测频率，则 ±1 个字的量化误差很大。例如，当 $f_x=1Hz$，门控时间为 1s 时，其误差将为 100%。为了提高低频测量的准确度，通常采用测周期法，即先测出被测信号的周期 T_x，再以周期的倒数来求得被测频率 f_x，这样，可提高测量准确度。

第八节　机组的自动保护

汽轮发电机组是一个高温、高压、高速旋转的机械系统。机组向大功率方向发展，相应地对自动控制系统提出了更高的要求。作为维护电厂安全运行措施之一的"机组的自动保护"系统是自动控制系统设计中一个不可缺少的重要组成部分，且随着机组容量的增大，显得更加重要和不可缺少。保护系统所监视的项目也越来越多，可靠性要求也越来越高。因此，"系统本身的故障自诊断，冗错能力，软、硬件冗余配置"逐步成为"机组自动保护系统"的要素。

一、DEH 的故障分析及维护

DEH 装置在进行控制时，系统内部同时进行在线诊断。对发生故障的单元将进行报警，指示并打印。维修人员可根据操作员站 OIS 及模板前面板上的报警内容，进行有针对性的在线或离线维修，以使 DEH 尽快恢复正常工作。

二、超速保护控制系统

汽轮机超速是对机组有极大威胁的故障，为防止汽轮机超速，DEH 设有超速防护（OPC）和遮断（ETS）装置，当机组超速到 103％ 额定转速时，OPC 动作，通过 DEH 发出指令关闭各调节汽阀，起到超速防护的作用；当超速到 110％ 额定转速时，ETS 动作，通过 DEH 发出指令关闭所有的主汽阀和调节汽阀，紧急停机。

DEH 的超速防护系统，是对汽轮机超速的第一道防线，当汽轮机转速升到 103％ 额定转速时，利用 OPC 的超速防护功能关闭调节汽阀，使机组维持在额定转速运行，避免转速升高而遮断停机。要正确实现 OPC 功能并有效地对汽轮机转速进行控制，必须对转速进行精确测量和采取有效的处理措施。

汽轮机超速保护系统采用了三冗余转速输入方式、三选二保护逻辑、在线试验的能力，以提高可靠性。同时通过控制总线把汽轮机转速、功率、中压缸排汽压力、功率负荷不平衡、超速预警、超速保护、汽轮机状态及油开关状态等信号，传送至其他多功能处理器，以便其他功能部件协同控制。

（一）转速信号三选二逻辑

DEH 系统采取了具有三个测量通道的三选二逻辑措施，三个相互独立的传感器，其中两个是由数字通道产生的数字速度信号，另一个是由磁阻测速器测量，并经过整形和滤波等处理后得到的模拟速度信号，然后通过逻辑比较，选取正确可靠的信号。

三选二逻辑的出发点，是用模拟信号作为监控信号，对两个数字速度信号进行比较，选中一个正确的信号。转速通道的转速选择逻辑框图如图 8-12 所示。

（二）超速防护控制系统（OPC）

1. 超速防护控制系统的功能

DEH 系统的超速防护控制具有下述功能：

（1）负荷部分下跌、中压调节汽阀快速关闭（CIV）功能；

（2）负荷下跌预测功能；

（3）超速防护控制功能。

2. DEH 系统超速防护控制

超速防护控制系统的工作原理图如图 8-13 所示。图中，OPC 压力信号取自中压缸排汽压力，由压力变送器测得；IEP 则是由该压力折算的功率当量值，代表汽轮机的机械功率；MW 为发电机的功率信号，由三相功率变送器测得。

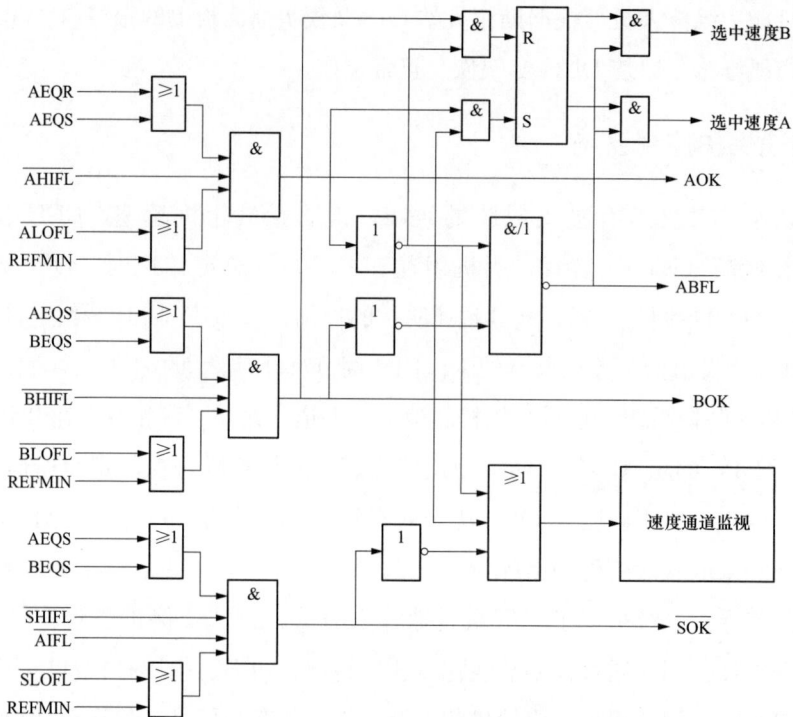

图 8-12 转速控制通道状态判断与转速选择逻辑框图

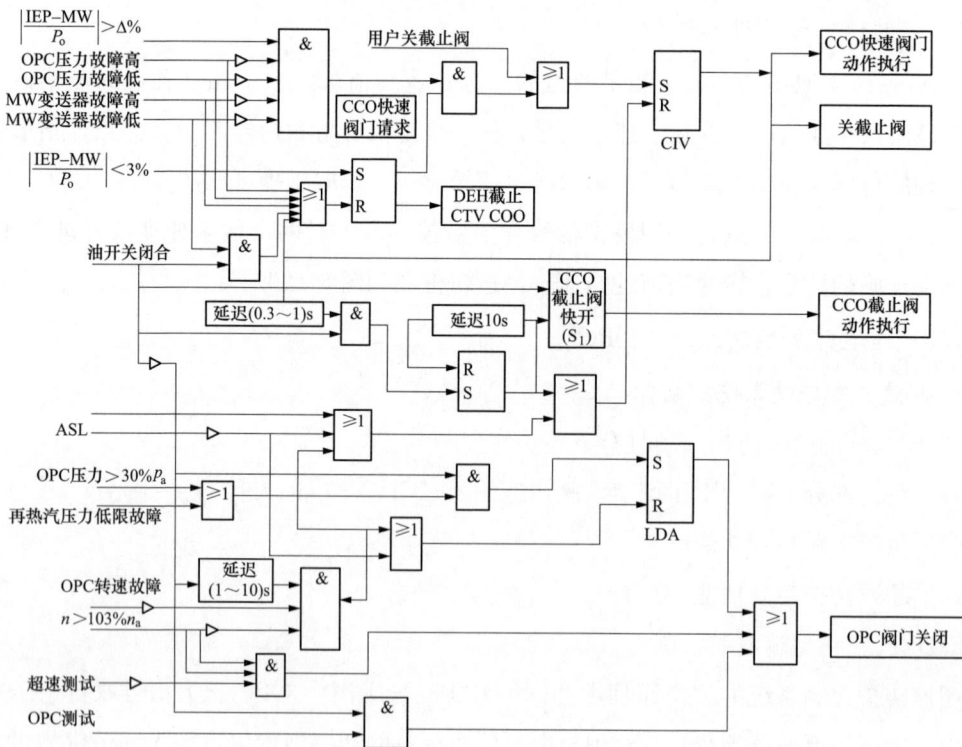

图 8-13 超速防护控制系统（OPC）的原理图

三、功率负荷不平衡

功率负荷不平衡是指当电网输电线路发生瞬间故障时，等值系统总电抗增加，使发电机功率突然降低，即机械输入功率与汽轮发电机电能输出不相等。为使系统能维持运行，必须迅速降低汽轮机功率。此时，DEH 保护系统迅速动作，快速关闭中压调节阀门，待 2s 后，中压调节阀门再开启，功率负荷不平衡逻辑如图 8-14 所示。

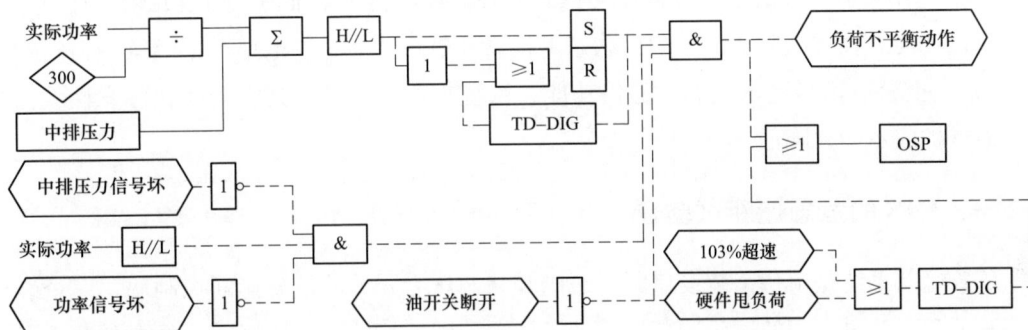

图 8-14　功率负荷不平衡逻辑

功率负荷不平衡主要是考虑汽轮机机械输入功率大于发电机输出电能的状况。

当送到汽轮机的机械功率超过发电机电负荷时，汽轮机便会增加转速。虽然轻微的功率不平衡属于正常，但大幅度的不平衡表明电网已经出现故障，要求机组迅速动作，以适应电网变化，同时保护汽轮机。

在负荷不平衡功能投入期间，当中压缸排汽压力与发电机负荷之差大于 30％时，系统快关电磁阀，迅速关闭中压调节阀，待 2s 后，电磁阀失电，中压调节阀恢复伺服阀控制。

四、高压遮断保护

当汽轮机转速超过组态中设置的跳机转速（一般设为 110％额定转速）时，DEH 便会迅速动作，通过高压遮断电磁阀泄掉至阀门油动机的高压油，关闭主汽门、调节阀门。虽然高压遮断把所有阀门都关闭，但这并不认为是汽轮机跳机，因汽轮机机械部分仍然保持多挂闸。

五、低压遮断汽轮机跳闸

当汽轮机转速超过组态中设置的跳机转速（与高压为同一值）时，低压遮断便会动作输出。本系统中低压遮断动作可视为汽轮机跳闸，因为其动作将使汽轮机机械部分脱扣，而使汽轮机无法复位。

第九节　汽轮机危急遮断系统

危急遮断系统（emergency trip system，ETS）是在汽轮机运行过程中出现异常时，能采取必要措施进行处理，并在异常情况继续发展到可能危急设备及人身安全时，能采取断然措施停止汽轮机运行的保护系统。

ETS 采用可靠性高的微处理器作为控制核心器件，整个系统为双通道冗余设计，系统具有自检功能、在线试验功能、运行状态下检修和更换功能、失电情况下继续维持运行功能、"首先报警"信号显示功能、通信功能、系统扩展功能等，其安全性和可靠性大为提高，而维护成本大大降低。

一、ETS 的危急遮断试验盘

危急遮断系统是由一个装设遮断电磁阀和状态压力开关的危急遮断控制块，三个装设压力开关和试验电磁阀的试验遮断块，转子位移传感器，转速传感器，装设电气和电子硬件的控制柜以及一个遥控试验操作盘组成。

反映机组的状态参量，通过相应的传感器检测后送 ETS 控制柜，进行逻辑判断与决策，产生请求阀门关闭的电信号，送危急遮断控制块，由它泄放 AST 母管的 EH 油，关闭所有阀门。

危急遮断试验盘作为人与危急遮断系统的接口，运行人员可通过它对 ETS 的功能进行操作，对组成系统的各部件的状态进行试验和考核，同时，机组是否遮断的信息也可由它反馈给运行人员。

危急遮断试验盘由状态指视灯、操作按钮、功能选择开关和钥匙开关组成。

二、ETS 的保护项目

机组的运行状态通过一些参数来描述，当这些参数在其允许范围时，表示机组运行正常；若超出其权限值，将导致重大的设备事故。危急遮断系统就是选择那些直接反映机组安全性的重要参数，予以严密的监视，一旦发现这些超限，它将迅速关闭所有的进汽阀门，以保护机组和人身的安全。被监视的参数包括汽轮机超速、轴向位移、轴承油压、冷凝器真空、抗燃油油压。

（一）轴承油压过低遮断（LBO）

汽轮机的主轴承和推力轴承分别承担着使转动部分和静止部分之间的径向与轴向间隙为一定值的任务，以维护机组运转时动、静部件之间不相互碰撞。各部件的稳定运行又是通过稳定油膜的建立来保证的。

轴承发生烧瓦事故时，轴承润滑油温度、推力瓦和轴承温度将升高，而轴承油膜压力则迅速下降，所以在系统设计中，对"轴承油压过低"进行保护。

（二）冷凝器真空过低遮断（LV）

在汽轮机运行中，真空下降的现象比较常见，汽轮机运行中发生真空下降，对机组的经济性和安全性有较大的影响。真空下降将使蒸汽在汽轮机内的热熔降减少，从而减少机组的出力，降低机组的热效率。

汽轮机真空下降，使排汽温度升高，造成低压缸热膨胀变形和低压缸后面的轴承上抬，破坏机组的中心而发生振动；也会使凝汽器铜管的内应力增大，破坏凝汽器的严密性；还会使低压段端部钢封的径向间隙发生变化，造成摩擦损坏。

由于冷凝器真空下降的原因难觅，且降落的速度较大，很快就会造成严重的事故，为此，必须设置冷凝器低真空保护。一旦真空值低于允许的极限值时，保护装置立即动作，实行紧急停机，以保护机组的安全。

（三）EH 油压过低保护（LP）

EH 系统的任务之一是维护油压，为机组正常的速度与负荷控制提供保证。正常的 EH 油压是机组启动和运行的先决条件。EH 系统故障将会引起 EH 油压下降，当油压降低到 $1456Pa(101.9kg/cm^2)$ 时，"EH 油压低保护"组件将发出低油压报警，进一步降至 $1350Pa(94.5kg/cm^2)$ 时，它将发出遮断信号，请求机组紧急停机。

（四）轴向位移遮断（TB）

推力瓦块乌金的烧熔，会使转子窜动，轴向位移增大，汽轮机内部转动部件与静止部件之间的轴向间隙消失，动、静部件之间将发生摩擦和碰撞，从而造成严重的设备损坏事故，如大批叶片折断，大钢弯曲，隔板和叶轮碎裂等。

轴向位移测量装置由测量盘和传感器组成。测量盘装在推力轴承附近，因为转子的轴向推力由推力轴承平衡，机组的失常导致轴向位移的超标，首先在这里有所察觉；四只位移传感器，每两个位移传感器为一组，构成一个通道安装在同一板上，所测量的信号，通过最近的表计与两个相同的轴向位移传感器之一相连接，用于测量转子向汽轮机侧和发电机侧两个方向的轴向位移。四个位移传感器构成两个通道，可以增强系统的可靠性。

（五）电气超速遮断（OS）

在避免机组超速方面，除了 $103\% n_0$ 的超速保护功能（OPC），还有 $110\% n_0$ 的电气超速遮断。电气超速遮断系统由一个安装在盘车处的磁阻发信器和一个安装在 ETS 柜中的转速插件组成。磁阻发信器将测量的转速信号转换成频率信号，该频率正比于轴的转速，送入转换器，经限幅、整形、放大后输出一个正比于转速的模拟电压信号。

模拟电压信号一路经缓冲放大器，转换后显示转速值。另一路与 $110\% n_0$ 对应的遮断整定点电压进行比较，当钢的转速低于该遮断整定点（即 $110\% n_0$）时，比较输出一个正电压，若轴的转速大于遮断整定值（即 $n > 110\% n_0$），则比较输出负电压，通过超速遮断控制逻辑，实现紧急停机。

（六）外部信号遥控遮断（REM）

ETS提供了一个遥控接口，用于接受外部遥控遮断机组的命令，以供运行人员在紧急情况下使用。

三、ETS 的遮断控制继电器总逻辑

ETS系统的硬件是由电气遮断组件、电源板、继电器板、遮断和保持继电器板以及端子排等组成，统一布置在遮断电气柜内，承担ETS遮断全部保护项目的控制任务。

ETS的遮断控制继电器总逻辑图如图8-15所示，机组的所有电气遮断信号，均通过该回路去遮断汽轮机。为了提高遮断的可靠性，回路采用了双通道连接方式，每一通道均由遮断项目中的相应继电器的触点串联实现保护逻辑。通道1出口为奇数通道遮断电磁阀（20-1）/AST 和（20-3）/AST；通道2出口为偶数通道遮断电磁阀（20-2）/AST 和（20-4）/AST。

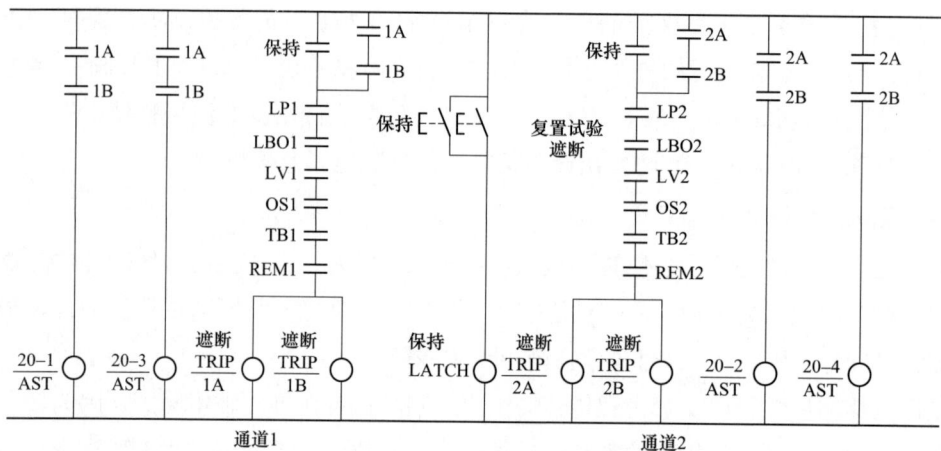

图 8-15　ETS 系统的遮断控制继电器总逻辑图

机组正常运行时，脱扣继电器A、B的触点闭合，使回路处于通电状态，各电磁阀因通电而关闭，危急遮断油总管建立安全油压。当任何一个遮断条件满足时，对应的遮断继电器触点由原来的闭合状态转为开路状态，A、B继电器失电，电磁阀被打开，泄去危急遮断油总管上的油压，各主汽阀和调节汽阀也因控制油失压而关闭，实现紧急停机。

（一）电气超速遮断（OS）

超速遮断方式：一是电气超速遮断；二是机械超速遮断。这里介绍电气超速遮断。

1. 电气超速遮断的工作原理

电气超速遮断主要是由一个安装在盘车设备处的磁阻发信器和一个安装在遮断电气柜中的转速插件所组成，其系统如图8-16所示。

磁阻发信器是用来将被测的转速信号转换成频率信号的测量元件，它由测速齿盘和测

速头两部分组成。测速齿盘随转子一起
旋转，测速头内装有永久磁铁、铁芯和
线圈组件，它装在齿盘径向位置旁边的
固定支架上，间隙 1mm 左右。当齿盘
随转子转动时，铁芯与齿盘的间隙便不
断变化，每经过一齿，气隙滋阻变化一
次，而磁路中的磁通量也随之变化，套
在铁芯上的线圈就感应出一个交变电动
势的波形。

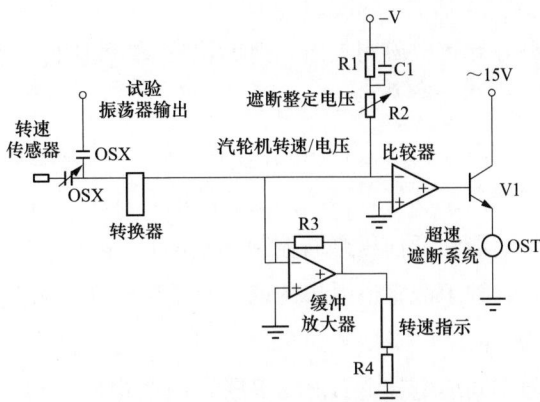

图 8-16　电超速遮断的原理图

设齿盘的齿数为 z，汽轮机转子的
转速为 $n(r/min)$，则输出信号的频率为

$$f = \frac{nz}{60} \tag{8-4}$$

由于 z 是固定的，f 与 n 成单值关系，因而很方便地用频率 f 表示转速 n 的信号，该
信号经过整形、滤波等处理后，便可得到一个模拟转速的电压信号。

2. 电气超速遮断控制继电器逻辑

电气超速遮断控制继电器逻辑图如图 8-17 所示。机组正常运行时，S1 和 S2 是闭合
的，OST 的触点断开，线圈 OS1 和 OS2 使 ETS 系统总逻辑回路上的触点闭合。当机组
达到遮断转速（110%n_0）时，OST 的线圈通电，其触点闭合，断开了 ETS 上相应的触点
OS1 和 OS2，切断 AST 电磁阀的电源并使之动作，卸去安全油，从而关闭所有的主汽阀、
调节汽阀和抽汽阀，实现紧急停机，以确保机组的安全。

（二）轴向位移遮断（TB）

当汽轮机转子的推力过大时，会产生超过允许值的位移，转动部分与静止部分产生严
重摩擦，酿成叶片断裂等重大事故，因此，必须设置轴向位移遮断保护，以确保机组安
全。轴向位移遮断控制继电器逻辑如图 8-18 所示。

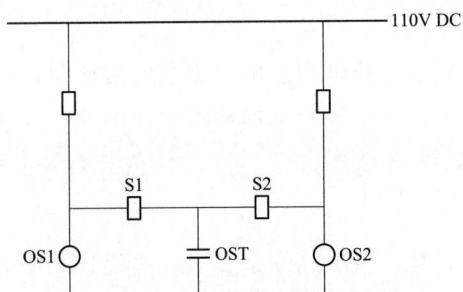

图 8-17　电气超速遮断控制继电器逻辑图

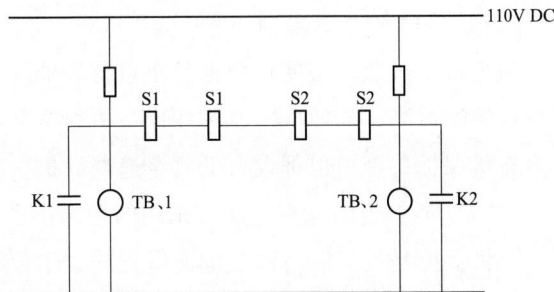

图 8-18　轴向位移遮断控制继电器逻辑图

当机组的轴向位移达到遮断值时，交叠器送出的电气信号使汽轮机监控装置中的触点

K1 和 K2 闭合，短接了 TB1 和 TB2，使 ETS 遮断总逻辑回路中对应的触点 TB1 和 TB2 断开，导致电磁阀失电，遮断汽轮发电机组。

（三）润滑油低压遮断（LBO）

润滑油压过低，引起供油量不足，容易造成轴颈与轴瓦间的干摩擦、烧坏轴瓦，引起机组强烈振动等，因此，危急遮断系统中部设有润滑油低油压的遮断保护。

润滑油低油压遮断控制继电器逻辑图如图 8-19 所示。它是一个双通道低油压保护回路，自轴承油管道引出的取压管上装有四个触点式压力计，分两路接入逻辑回路，其中一路为（63-1）/LBO 和（63-3）/LBO；另一路为（63-2）/LBO 和（63-4）/LBO，它们分别与同号中间继电器 X/LBO 串联，四个中间继电器的触点 1X/LBO、3X/LBO 和 2X/LBO、4X/LBO 又分别与遮断控制继电器 LBO1 和 LBO2 串联，S1 和 S2 为选择开关。轴承油压正常时，以第一通道为例，压力开关（63-1）/LBO 和（63-3）/LBO 的接点是闭合的，与遮断控制继电器 LBO1 串联的中间继电器接点 1X/LBO 和 3X/LBO 都是闭合的。当轴承油压低到预定值时，压力开关断开，串联的中间继电器、遮断控制继电器 LBO1 失电，使 ETS 遮断总逻辑回路中的该继电器接点 LBO1 断开，同时引起 20/AST 电磁阀释放，将自动停机遮断母管的油泄去，汽轮机紧急停机。

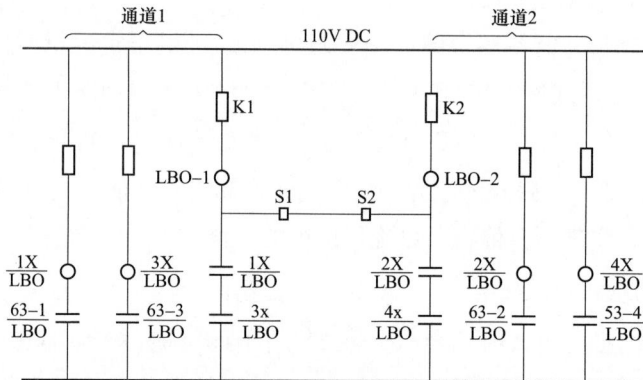

图 8-19　润滑油低油压遮断控制继电器逻辑图

（四）机组低真空遮断（LV）

机组真空过低，主要是由循环水系统和抽气系统发生故障引起的。当真空过低时，引起排汽温度过高，会使低压汽缸变形，机组振动过大，严重的也会酿成事故，因此，一般的汽轮机保护系统中也都设有低真空遮断保护。

1000MW 机组的低真空保护采用两级保护系统。

一级保护是类似润滑油低油压保护的逻辑控制回路，所不同的是真空开关代替了压力开关。二级保护是机械保护，它是基于电气保护系统失灵，而汽轮机的排汽压力过高的情况下采用的。

第九章 辅助设备控制系统

第一节 水网控制系统

一、概述

水在火力发电厂的生产过程中，既担负着传递能量的重要作用，同时又担负着冷却介质的作用，因此，在发电过程中，化学水系统是一个比较重要的辅助系统。尤其是大型火电厂化学水处理量大，工艺复杂，水质要求高，其运营的好坏直接关系到电厂的经济，安全运行和可靠性。同时电厂化学水处理装置多而分散，不利于有效的监控。因此，有必要采用先进的监控系统，对各水处理装置进行监控，既减少了操作人员的工作量，又提高了电厂的自动化水平。这使得电厂的水处理系统采用计算机集中控制成为必然趋势。

二、水处理系统的组成和流程

（一）补给水处理

1. 补给水处理原理

补给水处理和凝结水处理广泛采用离子交换法，也就是利用离子交换树脂将水溶解盐的离子吸收。有两种不同的离子树脂，阳离子交换树脂可以吸收水中的阳离子，使它们转换成 H^+ 离子；阴离子交换树脂可以吸收水中的阴离子，使它们转换成 OH^- 离子。将装有阳离子交换树脂阳离子交换器和装有阴离子交换树脂的阴离子交换器串联使用，H^+ 离子与 OH^- 离子生成电离度很小的水，即含盐量很低（纯度很高）的纯水，从而除去水中的全部溶解盐。但是，离子交换树脂吸收离子的能力有限，当它失效时就应停止工作对其进行逆流冲洗，经过还原（或称再生）才能重新使用。为了保证不间断地供水，电厂的化学水处理车间设有多组离子交换器，轮流进行还原。

火电厂中应用的水处理设备主要有固定床、移动床和浮动床等类型。一级除盐系统通常由阳离子交换器（阳床）、除碳器、除碳风机、中间水箱、水泵和阴离子交换器（阴床）等组成。二级除盐系统通常为混合离子交换器（混床），装在一级除盐系统的后面，进行水的深化处理，以满足亚临界、临界以及超临界参数锅炉对更高质量补给水的要求。混床是在一台离子交换床内混装阳、阴交换离子。当一级除盐水通过混合床时，就把残留的盐分除掉。当运行一段时间后，出口水电导率上升，混床失效，要通入还原液进行还原。水处理过程基本都是按时间顺序进行，因此，化学水处理顺序控制系统比较容易实现。

2. 补给水处理工艺流程

补给水处理工艺流程大体如图 9-1 所示，具体不同电厂的处理流程会有所改变，但总体流程基本相同。

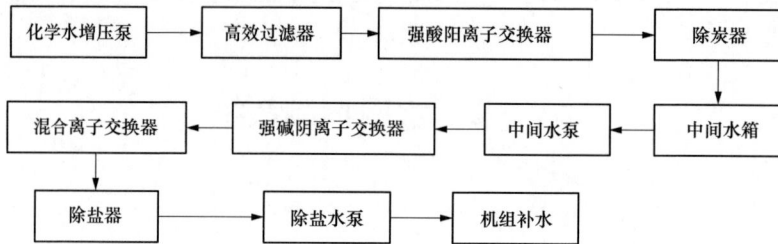

图 9-1　补给水处理工艺流程

其处理过程为：由水源地取水，至净水预处理后无阀滤池出口的初级澄清水经化水增压泵进入高效过滤器进一步除去悬浮物等杂质，再经过阳床（阳离子交换器）除去 Ca^{2+}、Mg^{2+}，Na^+ 等阳离子，后经除碳风机和中间水箱除去 CO_2，然后经过阴床（阴离子交换器）除去 Cr^-、SO_4^{2-}、HCO_3^- 及 $HSiO_3^-$ 等阴离子，这是一级除盐；然后再通过混床（混合离子交换器）进行二级精除盐，即所谓为一级除盐加混床的除盐系统。一级除盐采用固定床逆流再生阳、阴离子交换器，系统为单元制连接，正常情况下，一列运行、一列备用。混床采用体内再生，系统为母管制。正常情况下一台运行、一台备用。从而得到高品质的除盐水。

（二）凝结水处理

凝结水占给水组成的 90% 以上，大机组对凝汽器渗漏造成的轻微污染是不能容忍的，必须进行凝结水除盐处理。目前国内发电机组，凝结水采用中压处理方式的还不多，而且多为国外引进的设备。凝结水处理前置过滤装置有多种形式，其中以高梯度磁力过滤器对去除凝结水中以腐蚀产物为主的浊度效果最好。如果在混合树脂上部覆盖一层阳树脂，可以充当前置过滤器，用于截留铁腐蚀产物，对提高出水水质意义显著。球形结构的中压凝结水精处理系统运行可靠性高，不用前置过滤器，使系统结构简单化。另外，高速混床的树脂采用均粒树脂，可使运行流速提高到 120m/h，并可以解决分层不容易的问题。

不同的水处理设备制造公司都有自己的专利技术，主要区别表现在再生方式上，如氯化法、中间抽出法、浓碱法、钙法、锥体分离法和综合法等。其他设备基本相同，凝结水处理工艺流程大致如图 9-2 所示。

该凝结水处理流程采用体外再生、空气擦洗高速混床，低压运行系统，不设前置过滤器。高速混床按单元制配置。每台机配三台高速混床，凝结水百分之百处理，不设备用床。当高速混床失效，就停止其运行，部分凝结水走旁路。待失效树脂全部输出，再生好的树脂输入后，又继续投入运行。两台机共用一套体外再生设备。

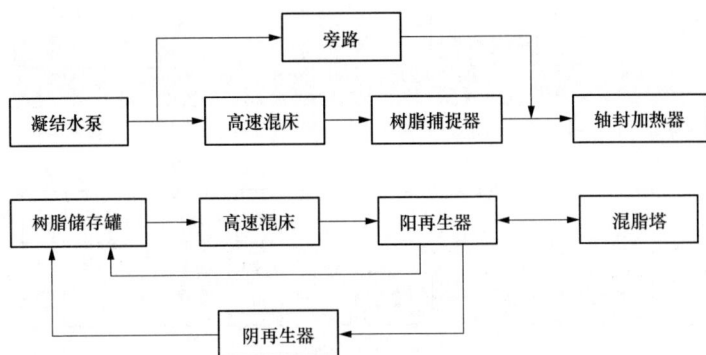

图 9-2 凝结水处理工艺流程图

（三）化学废水处理

工业废水分为经常性排水和非经常性排水。经常性排水包括锅炉补给水处理排污水，凝结水精处理排污水，锅炉连续排污水，定期排污水，主厂房地面冲洗废水化学实验室排水以及各种经常性冷却水、排水等。这些废水几乎每天都有一定的排放量，全年排放量较大，它们主要是 pH 不合格，悬浮物含量有时超标。非经常性排水包括锅炉化学清洗废水、机组启动排水、停炉保养排水、空气预热器碱冲洗废水、除尘器冲洗废水等。这些废水不是连续、定期排放的，与经常性废水相比，全年排放量较小，但它们的水质成分更复杂，往往 pH、悬浮物，COD 几项控制指标均不合格，而且含有重金属离子。

化学废水处理流程图大致如图 9-3 所示。采取集中处理的方式，设有远操和就地手操，设备正常投运后，其废水排放、回收标准能达到二级处理的排放标准。处理合格后的废水经沉淀后至冲灰系统或输煤系统进行再利用，泥浆送往灰浆前池。

（四）净水站

净水站水处理系统包括：工业、消防水处理；锅炉补给水预处理；生活水处理；工业、消防水处理。净水站主要目的是降低原水的悬浮浓度，减少悬浮物对机械设备的损害，提高设备使用寿命，满足电厂生活用水。

净水站的工艺流程大致如图 9-4 所示。高浊度水通过一次升压泵到达机械反应池，同时加入聚合氯化铝，药和水充分混合后产生水解产物，形成絮状结构，悬浮物则被絮状物截留，附在上面，由于重力因素，絮状物与悬浮物在不断流动过程中逐渐沉淀到沉淀池中，清水则从上面流到无阀滤池，无阀滤池中装有无烟煤和石英砂，起过滤作用，清水通过无阀池后，水中的微小物被堵截在滤料上，清水被进一步过滤，直到出水达到设计要求。在处理过程中，主要技术在于水的流量控制和加药的控制。

（五）生活污水处理

生活污水处理系统汇集厂区的生活污水，经污水泵送到调节池，进入生物接触氧化室，经过曝气、生物氧化、沉淀和消毒，处理过的水质可达到国家排放标准，最后通过排

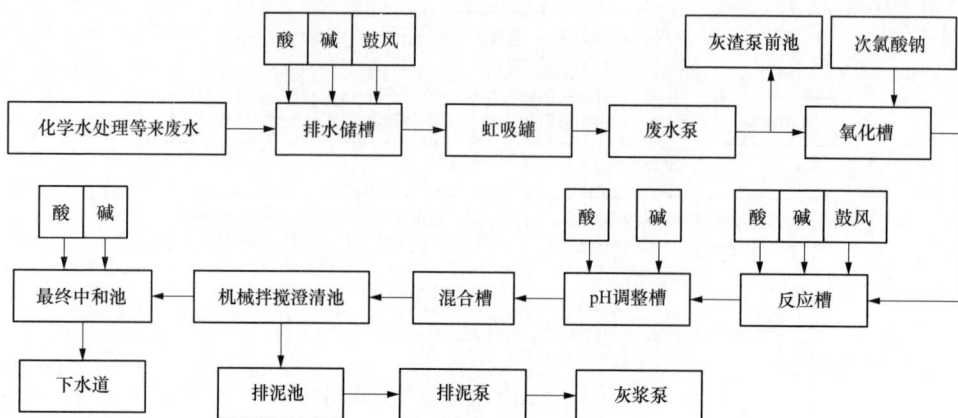

图 9-3　化学废水处理流程图

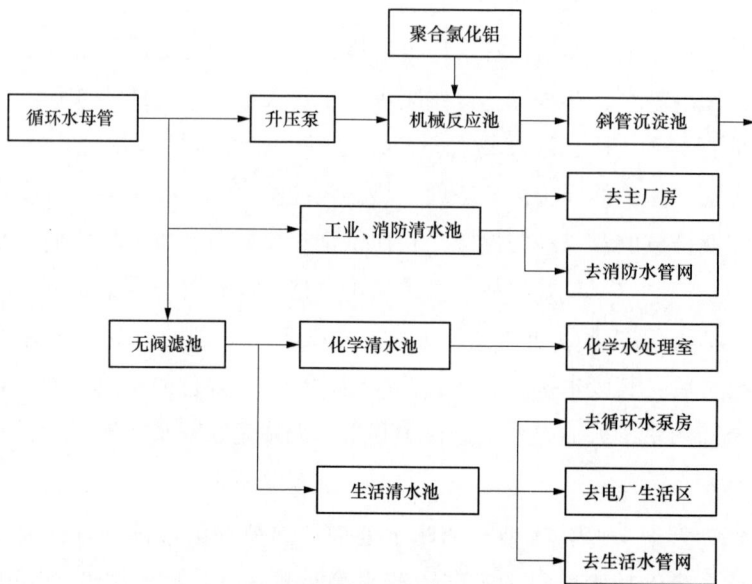

图 9-4　净水站流程图

水管自流排入下水道。生活污水处理流程如图 9-5 所示。处理过程后的排放标准要求与化学废水相同。处理过程后的排放标准要求与化学废水相同。

（六）加药取样系统

加药取样系统主要用于电厂给水、炉水、凝结水、闭式冷却水及废水的水质调节，是通过投加化学药品（氨、联氨、磷酸盐等）到相应的管道中，通过一系列的化学反应，控制电厂用水的酸碱度、离子浓度等参数，达到控制水质，保护运行系统中的管道和设备的目的。在电厂中典型的加药工艺流程如图 9-6 所示。

加药控制系统接收来自取样系统的水质分析信号，并送进加药系统的控制 PLC 系统，经过 PLC 进行数据整定，输出信号调节计量泵的冲程或转速达到调节加药量的目的，药

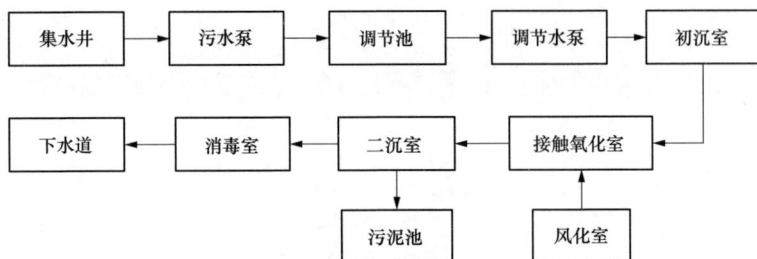

图 9-5　生活污水处理工艺图

图 9-6　加药取样系统流程图

品加到补水母管中，经过一系列的化学反应达到调节水质的目的。水处理系统加药后一定距离设取样点，通过取样装置分析仪表进行水质分析，输出取样信号反馈到加药控制系统，形成一个闭环控制系统。

三、水网控制配置实例

（一）水网控制概况

水系统网络采用上位机网络系统和可编程控制器（PLC）相结合的方式构成，系统网络覆盖锅炉补给水、凝结水精处理、化学加药、净化站、废水污水、汽水取样、制氢站等化学水、供水辅助公共控制子系统，负责并完成以上各车间的监测、远方操作和运行管理。上述各个子系统的控制采用独立的 PLC 系统实现，PLC 机柜放置于各车间控制室内，水系统控制操作员站、系统机柜放置于锅炉补给水控制室内。水系统网络集中监控点布置在化学水处理车间控制室。在水系统集中控制室，通过水网控制系统操作员站对化学水处理系统、净化站、综合泵房、凝结水精处理、化学取样和加药、循环水加药、废水处理、污水处理等系统进行集中监视和控制，考虑到各控制点比较分散，在主厂房内凝结水精处理控制室及厂外污水处理控制室及净化站设就地辅助控制点，凝结水精处理控制室设两台操作员站，污水处理控制室及净化站设一台操作员站，制氢站一台操作员站。在主厂房双机集中控制室布置 1 台水系统网络操作员站。如图 9-7 所示。

水系统网络设置三台操作员站，其中两台操作员放置在锅炉补给水控制室内，一台布置在集中控制室内，一台工程师站及水系统网络服务器，水系统控制网络中锅炉补给水系统净化站系统及凝结水精处理系统采用双机热备控制系统。

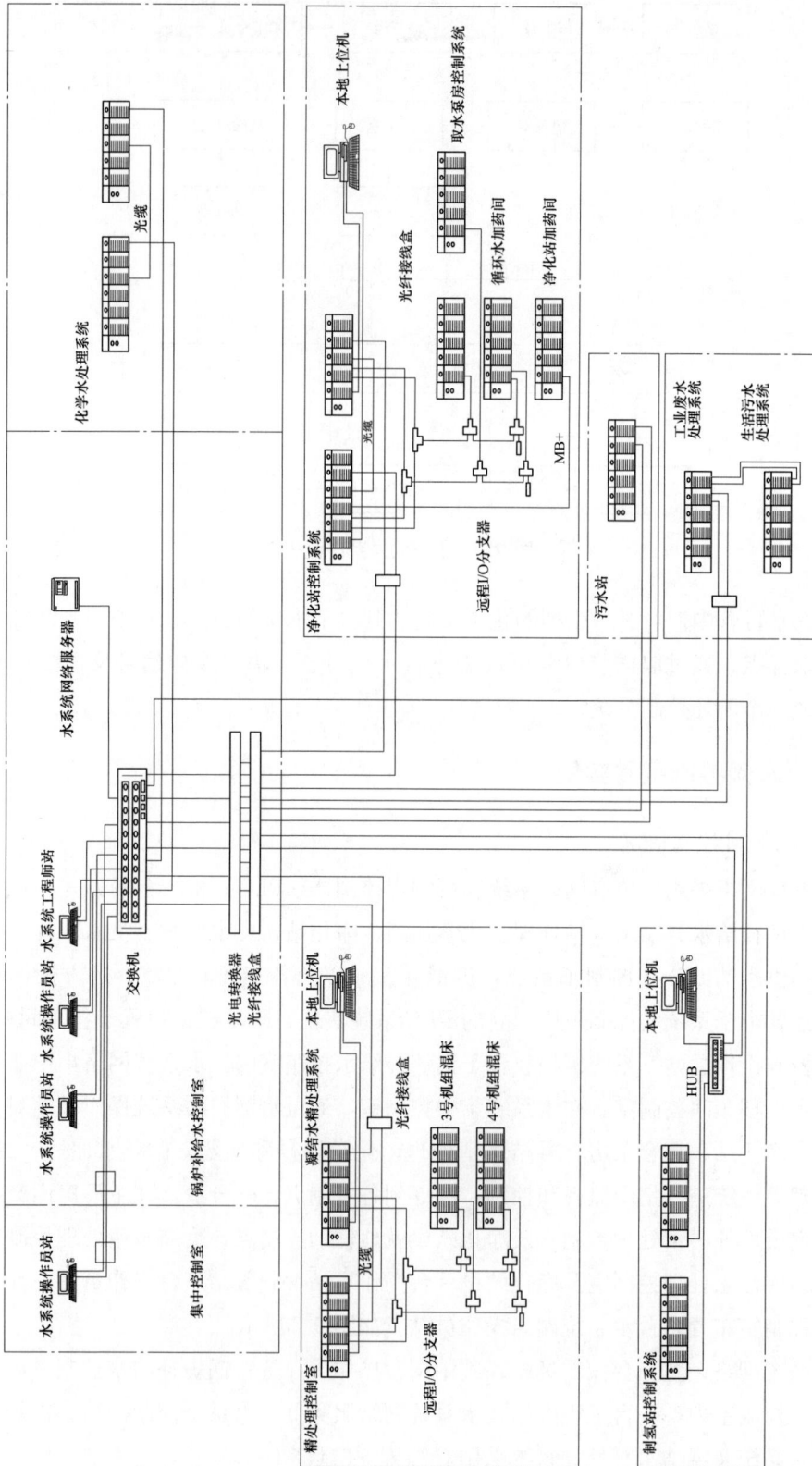

图 9-7　水网控制配置图

在锅炉补给水控制室，通过水系统网络的操作员站对锅炉补给水、凝结水精处理、化学加药、净化站、废水污水、汽水取样、制氢站、循环水次氯酸钠等系统进行集中监视控制，即通过液晶显示屏画面和键盘对上述几个系统进行监视和控制，实现对水系统网络各车间内的泵、阀门、工艺参数等设备的监测、报警、控制和打印。水系统网络控制机柜放置于锅炉补给水系统控制室内。

对于就地辅助控制点因为现在为有人值班，值班人员可直接操作本站设备。

水系统辅助车间网采用1000M工业以太网（光纤），网络通信介质冗余配置；水系统通信接口的设计能满足通过水系统辅助车间监控网络的上位机实现对水系统网络内各系统进行远方监视和控制、参数和报警显示、报表打印、程序在线修改和下载等功能。

水系统内各PLC控制程序的组态和修改可在水系统网络系统的工程师站上进行，并通过通信网络在线下载到各子系统的PLC中。

水系统网络由操作员站、工程师站、服务器、网络交换机、数据通信系统等人机接口及PLC控制系统、PLC网络接口组成。水系统中各子系统连接集中监控主干网络为冗余100M以太光纤网络，室外采用铠装光缆；网络结构采用星形拓扑，便于工程实施和故障隔离，减小网络故障造成的影响，另外，水系统网络通过数据库服务器预留有与SIS系统的联网接口。

（二）软件

1. 软件平台基本特点

（1）软件部分主要由监控软件、编程软件以及实时数据库组成，它们分别实现PLC网络上位机人机接口的监视和控制、PLC逻辑控制功能以及系统内部、外部的数据接口。

（2）系统采用iFix分布式数据库软件实现水集中控制网络实时数据库的共享，服务器安装1套iFIX SCADA盲节点软件，用于采集水系统各车间实时数据，同时水网、补给水及凝结水操作员站配置iFIX3.0软件，不仅具有画面监控功能，同时能产生水系统的全部实时数据库，而且水网上的三台操作员站的数据库互为备用。

（3）编程软件基于Windows 8及以上版本环境下运行，能对各系统PLC进行控制算法和逻辑组态的软件。PLC编程软件设计提供梯形图、指令列表、功能块图、顺序列表、结构化文本等编程语言；完成离线仿真，程序开发、调试、诊断等功能。

（4）对系统组态的修改在工程师工作站上进行。系统能在线对系统的组态进行修改。系统内增加或变换一个测点，不必重新编译整个系统的程序。

2. 软件基本功能

（1）软件功能。主要指监控软件的要求，它是基于多任务、多平台、实时性好、开放性好的集成软件包。条件许可时，标准画面和用户组态画面均汉化，汉字符合国家标准。

操作员站的基本功能如下：实时监视系统内每一个模拟量和数字量、显示并确认报警、显示操作指导、建立趋势画面并获得趋势信息、打印报表、自动和手动控制方式的选择、调整过程设定值和偏置等。

工程师站的基本功能如下：程序开发、系统诊断、控制系统组态、数据库管理和维护、画面的编辑及修改。

（2）显示功能。具有多窗口的 PID 图、报警画面、趋势图、指导画面、控制画面、参数修改画面、故障诊断画面、动态画面等各种监视画面。调用任一画面的击键次数不大于 3 次，任何液晶显示屏画面均能在 2s 的时间内完全显示出来。任何操作指令均可在 1s 或更短的时间内被完全执行。

（3）安全功能。分别设定操作员和系统员的进入口令。在运行环境下，屏蔽 NT 所有热键，从而锁定系统自由进出。上位机启动后，监控系统可以自动恢复运行状态。

（4）历史数据管理。在数据服务器上可对所有采集数据设定存取间隔。

（5）打印报表。可按用户定义的报表格式进行定时、报警和随机打印。

（6）事件记录。事件和内部时钟可按时间顺序区分和管理，并可及时显示和打印。系统记录运行人员在集控室进行的所有操作项目及每次操作的精确时间。

（7）控制系统的组态和修改。在工程师站上生成的任何显示画面和趋势图等，均能通过网络加载到操作员站。各程控系统 PLC 控制程序的组态和修改可在水系统 PLC 网络控制系统的工程师站上进行，并通过网络下载到程序控制系统的 PLC 中。通过网络，工程师站能调出系统内任一 PLC 站的系统组态信息和有关数据，还可以使工作人员将组态的数据从工程师站下载到各 PLC 站和操作员站。此外，当重新组态的数据被确认后，系统能自动地刷新其内存。

（三）控制操作功能

（1）可按组态通过鼠标指定画面上的对象进行开关或增减操作。

（2）控制系统采用程控、远控、就地控制相结合的方式。

（3）对于程序控制系统具有自动、半自动、步操及就地手操四种操作方式。

（4）在手动方式下操作员启停电动机、开关阀门及其他设备时，屏幕画面提供操作指导。

（5）现场设备故障，影响程控前进时，在满足相关约束下，运行人员干预可进行跳步操作。

（6）设备处于就地操作方式时，上位机操作无效。

第二节　输煤控制系统

火电厂的输煤系统主要完成卸煤、储存、分配、筛选、破碎、运送等工作，还要进行燃料计量，取样分析和去除杂物等。主要被控制设备有：斗轮堆取料机、皮带、碎煤机、除铁器、取样装置、犁煤器、滚轴筛、电子皮带秤等。

输煤系统控制设备多，工艺流程复杂，现场环境恶劣（粉尘、潮湿、振动、噪声、电磁干扰严重），系统设备分散，分布面宽，距离远，一般在煤控室设模拟屏，同时采用工业电视监视现场情况，而且要求与电厂管理信息系统链接。

一、输煤系统的组成

燃煤火力发电厂的输煤系统一般由卸煤系统、上煤系统、配（混）煤系统、储煤系统及辅助部分等五部分组成。这五部分的有机结合完成燃煤发电厂的燃料输送任务，保证发电厂的燃料供给能满足锅炉的运行要求。

（一）卸煤部分

卸煤部分是输煤系统的首端，其主要作用是接收、卸载外来煤。根据原煤运抵电厂的方式不同，卸煤方式和卸煤机械也不相同。

煤运抵电厂的方式主要有如下几种：

（1）铁路运输。这是我国煤炭运输的主要采用方式。

（2）船舶运输。用船舶通过江河将煤运往发电厂的港口，再通过皮带运输将煤运往发电厂。

（3）汽车运输。用自卸汽车将煤运到发电厂。这只适合于小型电站或作辅助补充。

卸煤部分的受卸装置一般有：缝式煤斗、翻车机、螺旋卸车机、装卸桥、自卸式底开车等。

（二）上煤部分

上煤部分是输煤系统的中间环节，其主要作用是完成煤从储煤场到锅炉房的输送任务。该部分在电厂中占地较多，线路较长，输煤系统的所有主、辅助设备及控制用传感器等基本上都是沿着煤运输线布置的。

上煤部分的主要提升运输机械有：带式输送机、板式输送机、刮板式输送机、螺旋式输送机（又称绞龙）、斗式提升机等。上煤机械一般有叶轮给煤机、桥式抓斗起重机、斗轮堆取料机等。

（三）配（混）煤部分

配煤部分是输煤系统的末端，其主要作用是把煤按运行要求配入锅炉的原煤斗中。对于燃用两种不同煤质的混煤电厂还应有混煤设施——混煤筒仓。甲、乙两种煤在混煤筒仓中完成设计规定的混煤配比。配煤机械一般有犁煤机、带式输煤车、可逆配仓皮带机等。

（四）储煤部分

储煤部分是输煤系统的缓冲环节。其主要作用是调节煤的供需关系，以防来煤不连续和设备短时故障影响锅炉的燃烧。

当来煤量大于锅炉燃烧所需燃煤量时，多余的煤卸到储煤场；当一段时间内无来煤入厂时，输煤系统从储煤场取煤送往锅炉房，以满足发电所需；当输煤系统设备短时故障时，原煤斗中的储煤可满足锅炉一定时间的燃烧所需，以备设备抢修。

储煤部分一般包括储煤场、原煤斗（筒仓）及储煤机械等。

储煤场有露天煤场和干燥棚煤场，在电厂中占地面积较大，其容量大小取决于来煤情况及天气条件。

储煤机械一般有斗轮堆取料机、装卸桥、推煤机、运载桥等。

（五）辅助部分

为了满足某些方面的要求，在输煤系统中还设置一些辅助设备和装置，用以保证系统的正常运行和对原煤进行一系列必要的加工处理。

（1）给煤机械。用于向系统定量均匀供煤，如向系统带式输送机给煤，向锅炉煤仓配煤、煤场地下煤斗底部向外给煤、翻车机受料煤斗下部向外给煤等。

（2）筛分机械与碎煤机械。原煤过筛将不同粒度的煤区分开来，称为筛分。筛出的大粒度煤，送往碎煤机进行破碎加工。经过筛分和破碎后，煤的粒度不超过 25～30mm，以保证锅炉制粉设备安全经济的运行。

（3）除铁装置。原煤自开采经途中运输常常混有铁块、木块和石块等所谓"三块"杂物，它们可能造成碎煤机和制粉机早期磨损，造成煤仓和落煤堵塞和输送胶带纵向撕裂。

（4）称量装置。为了考核电厂的经济指标，应对进厂煤和锅炉实耗煤进行计量。铁路来煤采用电子轨道衡，输入锅炉煤仓的煤采用电子皮带秤称量。

（5）取样装置。为了加强燃料管理和对入炉煤进行质量监督，以及节能工作的需要，输煤系统设有取样装置。每天乃至每班，在锅炉煤仓之前的带式输送机上，截取一个煤流的横断面，然后经破碎，缩分制成煤样，供作燃料分析。

（6）除尘装置。输煤系统多处产生大量煤尘，污染生产现场，有害身体健康，应在不同的地点采用不同的除尘措施。

二、输煤流程

输煤的路径有很多种组合，如某电厂输煤流程有如图 9-8 所示的集中运行方式。

三、输煤系统控制要求

输煤设备的控制要求要达到微机程序控制，首先应有稳定的生产工艺流程和较高的设备健康水平，同时控制系统应具有一定的灵活性、适应性和可靠性。

（1）输煤系统开机顺序为逆煤流方向，正常停机顺序为按顺煤流方向延时停运，某胶带输送机延时停机时间长短应满足该胶带机上的煤全部卸完。在程序启动过程中，当任何一台设备启动不成功时，均应按顺煤流联锁跳闸的原则，中断输煤系统的运行并发出报警信号。在正常运行过程中，当任何一台设备发生故障停机时，也应按顺煤流联锁跳闸的原则中断有关设备的运行。

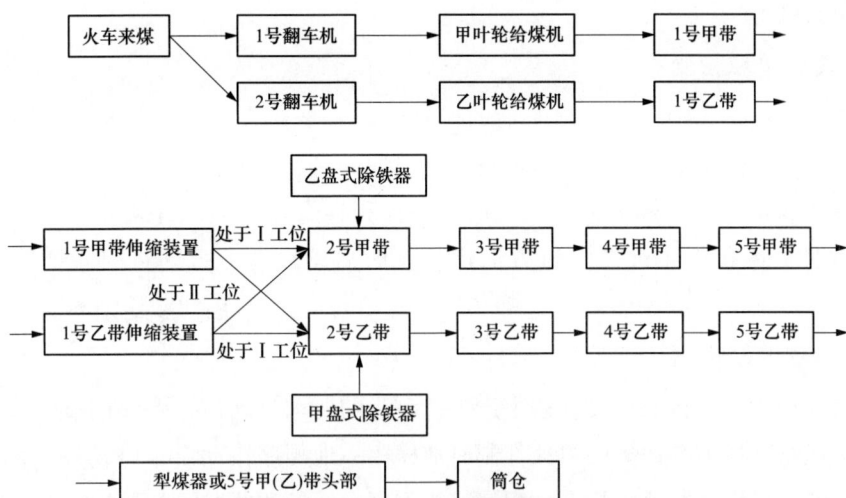

图 9-8　煤场到筒仓输煤流程图

（2）设备启动后，在集控室的监视画面上有明显的显示。

（3）要有一整套动作可靠的外围信号设备，将现场设备的运行状况准确地传送到集中控制室，供值班人员掌握现场设备的运行工况。

（4）主厂房原煤斗的配煤采取按原煤仓位置顺序配煤的方式，但已出现低煤位信号的原煤斗仓可优先配煤。一侧煤斗不允许同时出现三个低煤位信号，停运的原煤仓应假定为满煤，重新启用前则取消假设。

（5）纳入程序控制的设备及其相关设备均实行程序联锁和安全联锁，程序联锁根据设备运行方式确定，安全联锁由设备的安全监测元器件发出的信号控制。

（6）在自动配煤时，犁煤器的抬落位置信号及每个原煤仓的煤位测控反馈信号均应准确、可靠。

（7）应配备一定数量的保护装置。

四、输煤系统控制方式

目前，在我国火力发电厂输煤程控系统有就地控制、集中单独控制、集中自动控制三种运行方式。

（一）就地控制

就地控制就是在每台设备就地控制箱上启、停相应的设备。就地控制箱上设有"程控—就地"转换开关。通过此开关，运行值班人员可根据设备情况灵活选择控制方式。这种方式一般只用于设备检修后的单机试运转。采用就地控制方式时，在就地控制箱上控制设备，此时仅有拉绳和电气保护。由于控制系统及输煤系统通信设备技术水平的提高，为了简化控制系统，现在有的火电厂输煤系统去掉了过去所设的就地控制箱，从运行效果来看，也是可行的。

（二）集中单独控制

集中单独控制是集中自动控制的辅助控制手段，是在集控室上位机"一对一"的控制。在集控室的上位机上分别对每台设备进行单独的启、停操作。集中单独控制时，各设备之间的事故联锁关系必须按整个系统的工艺流程逆煤流方向顺序设置。进行启动操作时，必须按照上述联锁要求逆煤流方向逐一延时启动设备，否则将因联锁作用启动不起来。

（三）集中自动控制

集中自动控制，是将所有设备按生产工艺流程的要求自动启、停和调节。采用集中自动控制时，运行人员不必像集中单独控制时那样逐一地顺序按动启、停设备。只需选择好运行方式，然后发启动或停止指令，程序将检测每个设备的状况，如果设备位置或者状态不正确，则发出命令动作设备。检测完毕后，在没有任何异常情况下，警铃响，警告完毕后，各有关设备即按事先选好地顺序自动启动或停止。

为使集中自动控制与集中单独控制互不干扰，在控制系统中应设有专门的闭锁装置，以防设备误动作或引起程控系统的紊乱。采用集中控制方式（手动或自动）时，若出现人身或设备异常情况，可以手按"紧急停止"按钮，系统所有设备将会停止，但碎煤机会延时30s才停。取样装置，除铁器及除尘器，皮带机加湿器与皮带机联锁停机。只有当所有保护装置复位后，才能重新启动系统设备。

五、煤网控制配置实例

以下给出某火电机组煤网PLC控制配置。

（一）煤网控制概述

本系统设上位监控机两台，上位机均可实现本系统要求的各种监控、系统管理及安全管理功能。维护工程师可以通过密码登录，将任意一台上位机登录成工程师站。输煤控制系统配制图如图9-9所示。

本系统在各控制对象的就地控制柜（箱）上设程控和就地操作切换开关。系统的正常运行以上位机的屏幕显示，键盘、鼠标操作为主，各对象就地手动启停按钮操作只作为试验及事故状态下使用。程控系统PLC主机按双主机冷备用配置，冷备一块主机CPU模块。本工程输煤系统与SIS系统的接口采用100M工业以太网（光纤），网络通信介质按冗余配置，要求在输煤程控室PLC主机架上设两块100M工业以太网接口模块，此模块与SIS系统的交换机通信；输煤程控系统主站与各远程站之间的通信采用MB+（MODBUS PLUS）网络，网络通信介质按冗余配置。输煤程控系统设输煤程控室1个，位于输煤综合楼程控室内，其内布置控制台和上位机系统；就地设I/O远程站12个，详见输煤程控系统组态图，程控系统与全厂辅助厂房公用网络一致并具备进行接口的能力。PLC和上位

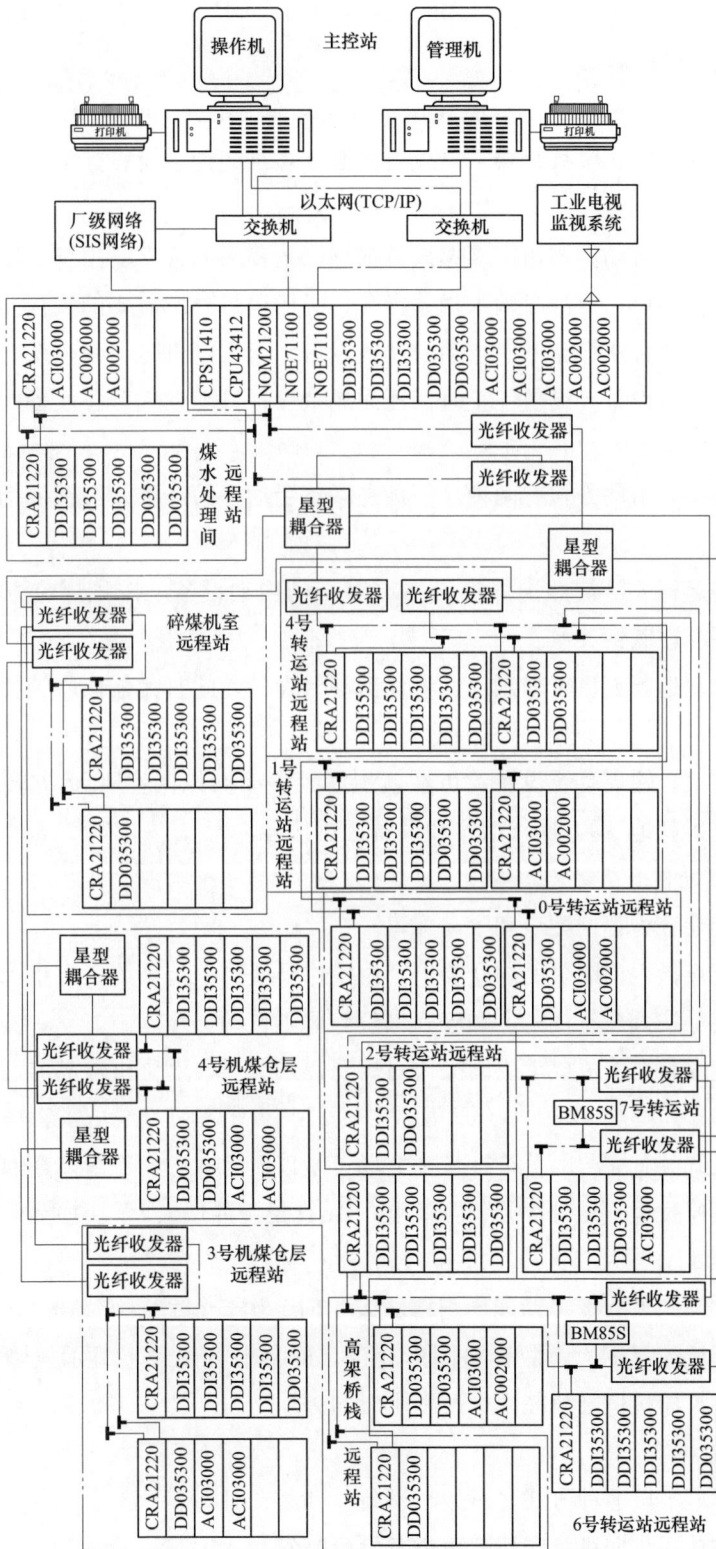

图 9-9 输煤控制系统 PLC 配置图

机上的接口通信模块按100M冗余以太网接口，采用TCP/IP协议，监控软件为iFIX 3.0。

（二）输煤程控控制功能

输煤程控控制功能包括上煤程控（卸煤系统、堆煤系统、取煤系统）、配煤程控等操作功能和系统监测管理、事故报警、事故自诊断、煤量统计、报表打印等管理功能。

1. 上煤控制功能

（1）自动方式。自动方式指由操作人员根据工艺要求通过工业控制工作站（上位操作机）调出预选流程菜单，由键盘输入相关指令，组成运行时所需要的流程并确认后，由程控系统根据按所选流程逆煤流依次自动启动各设备。流程停机时，程控系统按流程顺煤流依次自动延迟停止各设备，设备停止时保证无剩余煤。自动方式有各设备的联锁及流程选择错误的闭锁。

（2）手动方式。手动方式有两种，一种是联锁手动，另一种是解锁手动。两种方式都在上位机上操作。

联锁手动是运行人员按照逆煤流方向一对一的启动设备，按顺煤流方向一对一地停机，流程内设备存在联锁关系。

解锁手动时，运行人员可随意启、停任何一台设备，此时无任何联锁关系，绝不可带负载运行。

（3）就地方式。输煤系统设备均可在就地解锁手动操作，就地/远方转换开关设在就地，向程控室送出就地/远方操作信号和设备运行信号。

2. 配煤控制功能

配煤控制功能分为程控配煤和手动配煤。

（1）程控配煤指根据锅炉的加仓要求，由操作员通过上位系统发出指令，由程控系统根据现场煤位信号按低煤位优先、顺序高煤位等原则自动加仓。

（2）手动配煤是在上位机上手动操作对煤仓逐一配煤，上位机液晶屏有煤仓煤位实时显示画面。

（3）配煤系统具有完善的分炉计量及分场计量以便为电厂的平衡计算创造条件。

分炉计量是通过电子皮带秤等装置输出0.1t计量脉冲送入PLC进行统计管理。

3. 监视报警功能

系统具有完善的事故报警功能。当事故发生时，语音报警系统发出语音信号。同时，屏幕显示故障区域流程图，事故设备图形变色，屏幕上方用汉字显示故障性质及发生时间，并自动启动打印机记录故障内容及发生时间。

4. 事故报警功能

（1）可在屏幕上以各种方式显示故障设备、性质、时间等。

（2）可按需启动打印机打印故障内容及发生时间。

（3）有语音报警系统发出语音报警。

（4）可进行历史数据记录与查询。

5. 煤仓煤位测量显示

可在上位机屏幕上直观地显示各仓的储煤高度，并对高低越限煤位显示与报警。

6. 管理监测和记录功能

整个输煤系统具有计算机管理功能，能自动采集运行工况及有关数据，能实现实时流量编制、修改及状态显示，能按规定时间或召唤打印各种报表和记录，其中包括（但不限于此）交接班记录、日报、月报、年报打印、运行人员的操作记录、报警记录打印等。并能在屏幕上查询和调用有关数据。所有记录能至少保存2周以上。

7. 事故追忆功能

所有重要报警信号、联锁保护信号、设备故障跳闸信号等均随时按发生顺序进行记录和存储，并能够随意调看和打印。

8. 上煤、配煤方式选择功能

系统逻辑中根据工艺系统的特点，预先设置多种上煤、配煤方式。运行人员可以根据输煤系统设备状况选择不同的上煤、配煤方式。

（三）硬件配置

1. PLC 配置要求

系统硬件是制造厂的标准产品或标准选择件。PLC选型统一采用MODICON最新系列产品。

（1）PLC主机按单机双电源，冷备1块已装载程序的CPU方式配置。

（2）机柜内的模件能带电插拔而不损坏，且不影响其他模件正常工作。

（3）PLC采用统一的高速背板总线，背板总线的速率为80M。

（4）模件的种类和尺寸规格尽量少，以减少备件的范围和费用。

（5）处理器模件及所有I/O模件带有LED自诊断显示。

（6）处理器模件使用随机存储器（RAM），配置电池作为数据存储的后备电源，电池的更换不影响模件的工作。

（7）CPU的用户逻辑不小于2M，逻辑解算时间不大于0.5ms/K。控制器为32位。

（8）每个数字量的I/O通道板都有单独的熔断器或其他保护措施。

2. I/O 类型

（1）在控制室盘内安装的I/O模件是低电压（24V DC）。要求模板具有故障状态预置功能。

（2）模拟量的输入：4～20mA，最大输入阻抗为250Ω。

（3）模拟量的输出：4～20mA，具有驱动回路阻抗大于600Ω负载能力。

（4）开关量输入：无源干接点，程控I/O柜内220V继电器隔离（除特别指出外）。

（5）开关量输出：继电器隔离输出，接点容量：220V AC 5A。

（6）隔离继电器采用端子式继电器。

3. 上位工业控制管理机

两套上位机组态相同，可互为备用。

4. 煤网控制系统的主要配置

煤网控制系统依据各工作站的功能选配。

第三节　除灰除渣控制系统

除灰除渣是火力发电厂的重要组成部分，其任务就是把电厂生产过程中产生的灰渣及时安全地输送至灰渣场或综合利用场所，确保电厂的安全稳定运行。随着电厂容量和参数的不断提高，灰渣量在逐年增加，目前一座百万级千瓦容量级的电厂，年排出灰渣总量已达到 70 万～80 万 t。因此，除灰除渣控制系统也是大型火力发电厂辅控系统的重要组成部分。由于环境保护对大型火电厂的飞灰、排渣、脱硫、除尘、噪声、废水排放等提出的高要求，使得辅控系统受到越来越多的重视，促使其自动化水平得到很大的提高。除灰除渣系统的选型，除灰除渣系统的控制管理，对发电厂安全、经济运行，以及环境保护均有直接的影响。

除灰除渣系统主要有电除尘器、除灰系统、除渣系统及一些辅助设备组成，这些系统也被统称为灰网。它的控制系统都是由 PLC 组成的顺序控制系统。

一、除尘器

（一）概述

电除尘器是一种比较理想的消烟除尘的生产设备和保护大气环境的环保设备，在发电企业是必不可少的设备，是现在大多数电厂采用的除尘方式。

粉尘具有磨损性、荷电性、浸润性、粘附性及爆炸性等重要性质，根据其性质和所受的外力及作用机理，目前使用的除尘器有许多种，除尘器主要可分为机械除尘器（主要包括重力沉降室、惯性除尘器和旋风除尘器）、电除尘器、袋式除尘器和湿式除尘器四大类型。各种除尘器的除尘功率不同，但组成都包括四大部分，即含尘气体引入的除尘器进口、气尘分离的除尘空间（或称除尘室）、排放捕集粉尘的排尘口和弃尘后排放相对洁净气体的出口。除尘器除尘过程如下：

（1）进气过程，不同的气尘分离技术对进气过程要求不同。有的除尘技术要求进气流速缓慢、均匀，有的除尘技术要求进气流速快速、旋转。

（2）分离捕集过程，这一过程又可分为推移分离阶段和捕集阶段。

1）推移分离阶段：粉尘进入除尘器的除尘空间后，在经受外力作用后，将粉尘推移到分离界面。随着粉尘向分离界面推移，浓度随之也越来越大，所以该阶段实际上就是粉尘浓缩的阶段。

2）捕集阶段：高浓度的尘流到达分离界面以后，一方面，随着粉尘的浓缩，气体介质运载能力达到极限，悬浮的粉尘不断沉淀，这样粉尘颗粒从气体介质中分离出来。另一方面，高浓度粉流不断扩散和凝聚，而凝聚为主要作用，从而粉尘颗粒彼此凝聚在一起。又可能与实质界面凝聚而吸附在其上面。由于这两种原因，最后粉尘从气体介质中被捕集下来。

（3）排尘过程，该过程主要是粉尘经分离界面后，把被捕集下来的粉尘排出排尘口。不同的除尘器的排尘用力不同。有些除尘器无需再加额外动力就能利用原分离捕集的外力把粉尘排离除尘器，如机械除尘器及湿式除尘器。而有些除尘器则需要额外的动力才能把已捕集的粉尘排出，如电除尘器、袋式除尘器的振打清灰装置。

（4）排气过程：排气过程即将已弃尘后的相对净化气体从排气口排出的过程。

（二）电除尘原理

电除尘器是在两个曲率半径相差很大的金属阳极和阴极上通高压直流电，维持一个不均匀的电场致使烟气中的气体分子电离，产生大量电子和离子，这些电子和离子吸附在粉尘上形成荷电粉尘。荷电粉尘在电场力作用下向集尘极运动并在收尘极上沉积，从而达到粉尘和气体分离的目的。当收尘极上的粉尘达到一定厚度时，通过振打装置使粉尘落入灰斗中。落入灰斗中，经气力除灰送到灰库，净化后的气体经引风机由烟囱排出，扩散到大气中。如图 9-10 所示。图中的圆筒为收尘极，圆筒中间靠重锤张紧的细金属线为电晕极或放电极。电晕极的一端用绝缘子悬挂在接地的金属圆筒的轴心上，使电晕极和收尘绝缘。在电晕极上施加负性高压电，当电压达到一定值时，在其表面上就出现青蓝色的光点。电除尘的气体分离方法中的悬浮尘粒主要包括以下五个复杂而又相关的物理过程：

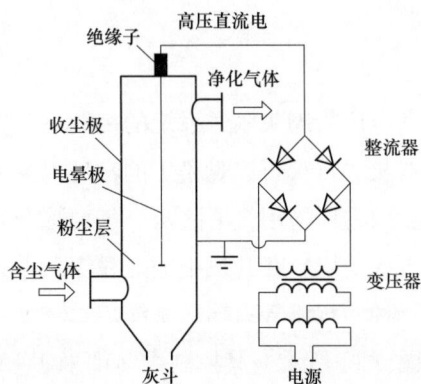

图 9-10　电除尘工作流程图

（1）施加高电压产生强电场使气体电离，即产生电晕放电；

（2）悬浮尘粒的荷电；

（3）荷电尘粒在电场力作用下向电极运动；

（4）荷电尘粒在电场中被捕集；

（5）振打清灰。

（三）电除尘控制系统

电除尘器自动控制系统是一个以工业控制计算机为核心的自动化系统。它以 485 工业总线将电除尘器的高压供电电源、低压配套设备的控制处理、粉尘浓度在线测试仪等设备连接成一个分布式网络控制系统，并对其实施远程监控，实现了电除尘器的遥控、遥测、遥信和集中管理。同时基于粉尘物理量的自动闭环控制、网络功能、标准互联接口、故障辅助诊断等特性大大提升了系统的整体性能，满足网络时代无人值守的运行管理要求。

1. 系统构成

（1）硬件组成。工业控制计算机及外设、以太网卡、模拟量采集模块、电源及控制装置 1～40 台。

（2）软件结构。系统软件采用服务器/客户端模式，服务器程序运行在配置了总线通信、以太网通信功能的工控机上，实现数据采集、通信、接口等核心服务功能。

2. 系统基本原理

（1）通过通信方式与电除尘器高、低压控制设备的微机控制器通信，采集、控制和管理电除尘器高压硅整流设备、低压振打设备、卸输灰设备等的运行。以模拟图、运行表、直方图、数据曲线和文本等方式，可直观地记录、显示和打印各的运行参数和状态等。

（2）通过数字输入/输出（I/O）和模拟输入/输出（A/D）等采集有关传感器参数，借助粉尘浊度仪的反馈信号电除尘器的闭环控制，实现优化节能运行。

（3）通过网卡或 MODEM，运用网络技术，上传各设备的运行参数和状态，实现数据资源共享和远程遥测、遥控功能。

二、除灰系统

除灰控制系统是指燃煤发电厂粉煤灰输送系统的控制。其输送对象有炉底渣、省煤器灰、空气预热器灰、电除尘器灰、石灰石；煤粉炉的输送对象主要有电除尘器灰、省煤器灰、空气预热器灰；目前大多数电厂采用气力除灰。气力除灰是一种以空气为载体，借助某种压力设备（正压、低正压或负压）在管道中输送粉煤灰的方法。物料通过发送设备和输送管道被输送到料库，是一种两相流气力输送系统。

气力除灰系统流程图如图 9-11 所示。其控制大多都采用 PLC 自动程序控制。

烟气中的飞灰在电除尘器中被分离出来后，落入各电场下灰斗，进入气力输灰系统的仓泵（压力输送器）。运行时根据仓泵料位信号（或时间），自动程序运行；每台炉根据粗、细灰分排的原则，粗、细灰管分别设置，分别输至细灰库，也可输至粗灰库；另设分选系统，可将原灰库的灰进行粗细分离送往粗灰库或细灰库，实现综合利用，而不能被综合利用的粗灰经设置在灰库底部的水力混合器进入水力除灰系统。

（一）气力除灰系统概况

气力除灰是一种以空气为载体，借助于某种压力设备（正压、低正压或负压）在管道中输送粉煤灰的方法。物料通过发送设备和输送管道被输送到料库，是一种两相流气力输送系统。按照不同有的分类原则，有不同的分类方法。

按输送方式分类或分为间断式气力输送系统和连续式气力输送系统，前者在输送过程中受开泵压力和关泵压力控制，发送设备内物料必须被输送到料库后才能输送下一套发送设备内的物料。而连续式气力输送系统的发送设备一个接着一个地向输送管道内给料进行连续输送，在输送过程中不受开泵压力和关泵压力的影响。

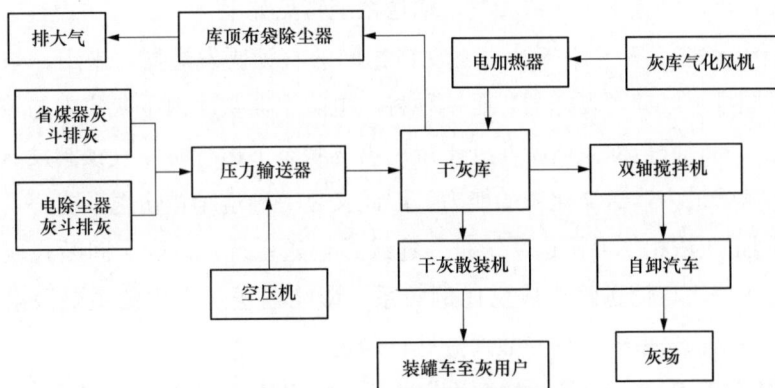

图 9-11　气力除灰系统流程图

按输送压力不同可分为负压气力输送系统和正压气力输送系统。

负压气力输送系统一般为稀相输送，如按受灰设备还可分为立式受灰器、CF 型受灰器、E 型受灰器，按真空设备分类可分为蒸汽、水力抽气器负压气力输送系统，水环式真空泵负压气力输送系统和负压风机（罗茨风机）负压气力输送系统。

正压气力输送系统有稀相输送和浓相输送，正压稀相输送其发送设备有仓式泵（上引式、中引式、下引式）、气力提升泵、喷射泵、螺旋输送泵、旋转喂料机等；正压浓相气力输送按输送机理还有柱塞流气力输送系统、低速栓状流气力输送系统、团状流（球状流）气力输送系统和绳状流气力输送系统。

按输送压力种类，火力发电厂除灰方式可分为动压输送和静压输送两大类。悬浮流输送属于动压输送，气流使物料在输送管内保持悬浮状态，颗粒依靠气流动压向前运动。粉料在输送管内保持高密度聚集状态，且被所谓的"气刀"切割成一段段的料栓，料栓在其前后气流静压差的推动下向前运行，如脉冲气刀式、内重管（或外重管式）栓塞流气力输送技术。小仓泵正压气力输送系统和双套管紊流正压气力除灰系统既借助动压输送，又有静压输送。

（二）气锁阀正压浓相气力输送系统

气锁阀正压浓相气力输送系统与常规正压浓相气力输送系统的最大区别在于输送过程

中不受开泵压力和关泵压力的影响，属于连续式气力输送系统，所以该系统具有输送能力大、输送单位能耗低、输送灰气比高的特点。

1. 输送基本原理

（1）气锁阀发送设备组成。气锁阀发送设备是气锁阀正压浓相气力输送系统的主要设备。

（2）输送原理。该系统是利用气锁阀发送器内流化装置将干灰经过流化后，由单个或多个气锁阀发送器同时向输送管道内输送流化灰，与从输送管道起始端输入的输送压缩空气混合后被输送到灰库。

（3）系统特点。气锁阀正压浓相气力输送系统特点如下：

1）在每个电除尘器灰斗下安装一套规格相同的气锁阀发送器，采用一条输送管道串联同电场（或同排）气锁阀发送器，是一种将静电除尘器灰斗内干灰集中与输送为一体的气力输送系统。同时静电除尘器灰斗处于定期出灰状态下运行时，气锁阀发送器具备一套接一套地向输送管道内输送流化灰的能力，因此又是一种连续式输送系统。

2）气锁阀正压浓相气力输送系统是一连续式输送系统，改变了间断式输送系统在输送过程中输送灰气比与输送距离成反比例关系。影响输送灰气比的主要因素不是输送距离，而是需要根据输送系统各项参数通过计算确定。

3）由于输送压缩空气不通过气锁发送器，因此与仓泵型发送器相比，可以节省 $0.05\sim0.15\text{MPa}$ 仓泵本体压力损失。

4）当静电器灰斗采用定期出灰方式运行时，其输送系统功率可以按需要进行设计。

5）由于气锁阀发送器装灰时间与输送时间之和一般不大于 1min，因此，干灰在发送设备内不容易被冷却，能保持干灰在良好的流动状态下被输送。

正压浓相气力输灰系统与稀相悬浮气力输灰系统最本质的差别是在输灰管道中输送的气固两相流的流型不同，气固两相流的流动结构（流型）很复杂，不仅受气固两相的物性质量流量比率、流速压力变化以及管道形状和布置方式的影响，而且还受到固体颗粒尺寸的影响。水平管中的气固两相流主要用于以水平管道气力输送固体颗粒的场合，在垂直上升管道中，只要上升气流对固体颗粒的作用力等于固体颗粒的重量时，固体颗粒就能处于悬浮状态。而在水平管道中的气固两相流，由于重力方向是和气流流动方向垂直，因此，只有当水平气流对固体颗粒产生的上举力等作用力克服固体颗粒重力后才能使固体颗粒处于悬浮状态。这些上举力等作用力十分复杂，包括由于速度梯度的影响，气流在近壁流动的不对称性而引起的径向力；作用于旋转颗粒上的力；由湍流旋涡变化引起的径向力；由于颗粒碰撞管壁，使颗粒的部分轴向功能转化为径向动能等，因而一般只有在固体颗粒较细固体颗粒浓度较低，才能得到水平管中的悬浮流动。稀相悬浮气力输灰管道中的气固两相流就处于这种流型。由此可见，正压浓相输送技术与稀相悬浮气力输灰系统不同，它将经仓泵加压流化后浓度较高的飞灰/空气混合物输入灰管，并在旁路压缩空气的静压动压作用下，使管道中的飞灰呈典型的密相栓流，此时管子底部出现沿管流动的不对称灰粒丘，上部仍为飞灰/空气的弥散状流动。

2. 工作过程

正压浓相气力除灰系统是由小仓泵采用间歇式并多台小仓泵同时工作的输送方式工作的，小仓泵每进、出一次物料为一个工作循环，其工作过程可分为进料、增压、输送和清扫4个阶段。

（1）进料阶段。回风阀打开后，进料阀打开，此时，进气阀和出料阀在关闭状态，仓泵内部与流化槽连通，灰从流化槽出灰口进入仓泵，当仓泵内灰位高至与料位计探头接触，则料位计产生一料满信号，并通过现场控制单元进入程序控制器，在程序控制器的控制下，系统自动关闭进料阀和回风阀，进料状态结束。此时无空气消耗。

（2）增压阶段。进料阀和回风阀关闭，进气阀开启，压缩空气进入泵内，当压力高至设定值时，则输出信号至控制系统，仓泵自动打开出料阀，加压流化阶段结束，进入输送阶段。

（3）输送阶段。出料阀打开，仓泵内气灰混合物通过出料阀进入输灰管道，此时仓泵内压力保持稳定，当仓泵内飞灰输送完后，管路阻力下降，仓泵内压力降低，当降低至下限压力值时，输送阶段结束，进入吹扫阶段，但此时进气阀和出料阀仍然保持开启状态。

（4）清扫阶段。进气和出料阀仍开启，压缩空气吹扫仓泵和输灰管道，此时仓泵内无飞灰，管道内飞灰逐步减少，最后几乎呈空气流动状态。系统阻力下降，仓泵内压力也下降至一稳定值。定时一段时间后，吹扫结束，关闭进气阀、出料阀，然后打开进料阀，仓泵恢复进料状态。至此，包括四个阶段的一个输送循环结束，重新开始下一个输送循环。

（三）气力除灰系统实例介绍

针对目前发电厂的除灰系统大多采用正压浓相气力输送系统，对系统中所遇到的问题简要介绍如下。

1. 系统调试

一般除灰系统包括锅炉气力除灰系统（包括输灰管道）及控制系统、输灰用气和仪用控制用气管道系统和灰斗气化风系统，各子系统单体调试合格后，进行整个系统调试和带负荷试运。

（1）调试前的准备。调试前应对各子系统设备的安装情况认真检查，确保符合设计要求；打开仓泵人孔门清理泵体内的杂物；清理灰库内部存留杂物；电气、控制部分查线完毕，具备送电条件；压缩空气管道安装后防腐和内部杂物清理工作完毕，输灰用气、控制用气系统满足系统设计和运行要求；调试配合人员带齐必要的调试工具和相关设计要求。

（2）调试内容。

1）压缩空气系统调试。

2）气力除灰系统单机调试。单机调试是指对一台炉气力除灰系统各可单独运行的设备进行调试。调试前提是应分别对系统各设备通电、通气后进行检查；对设备分别进行就地操作和电控柜盘面操作。

3) 气力除灰系统联动调试。联动调试需结合电控调试进行，主要是检测模拟料位计信号的反馈和观察各设备所必需的联锁效果是否符合设计要求。

4) 气化风系统调试。气化风系统运行是否正常是系统带负荷调试的前提条件之一，必须认真进行检查调试。

5) 气力除灰系统带荷调试。在进行载荷调试之前需先将灰库及气化风系统调试完毕，方可进行载荷调试。

载荷调试主要对各设备的实际能力和性能进行核实。对一些需进行调整的设备，在整个过程中应密切关注，尽可能将其调整到最佳状态。尤其对仓泵进料时间、出料压力进行调整，使仓泵达到最佳的输送效果。

2. 气力除灰系统输灰程序运行过程

(1) 程序运行步骤。

1) 仓泵单元执行吹扫过程（按出料程序进行）。

2) 进料程序。

3) 出料程序。

4) 最小循环时间。从进料开始到出料结束为一个循环，如果这个循环的时间大于设置的最小循环时间，则仓泵直接进入下一个循环；否则只有计时到最小循环时间，仓泵才进入下一个循环。

5) 省煤器和三、四电场仓泵的透气阀在正常运行过程中是常闭的。

6) 在任何状态下只要仓泵压力达到 400kPa，程序自动打开仓泵透气阀，用于保护进料阀。

7) 退出自动运行。

(2) 欲堵管程序。出料过程中仓泵压力等于开防堵阀压力，开防堵阀；仓泵压力小于关防堵阀压力，关防堵阀；仓泵压力大于等于关进气阀压力，关进气阀；当压力返回到关防堵阀压力时，再次开进气阀；返回出料过程。

(3) 堵管程序。仓泵压力等于堵管压力，关进气阀，关输送阀，关防堵阀，开排堵阀；执行一次以下排堵过程。

当管道压力小于 80kPa 时开防堵阀，15s 后关排堵阀，关出料阀。在此后任意一个 100s 内管道压力一直保持低于下限压力；则表示管道已吹通；如果压力上升到 370kPa，则关防堵阀，开排堵阀，再次执行排堵过程直至吹通。

吹通标志为排堵过程中在开防堵阀，关排堵阀时期；100s 内管道压力一直保持低于 80kPa。

三、除渣系统

每台锅炉设一个冷渣斗，渣斗下设一组关断门，配备一台刮板捞渣机，刮板捞渣机的正常运行采用连续排渣方式。

锅炉炉膛内排除的渣，落入冷渣斗内冷却、粒化后，采用刮板捞渣机连续排至渣仓内缓冲储存，将渣进一步滤干。滤干后的渣，定期用自卸汽车运至综合利用用户使用工卸至渣场储存，每组移动渣斗总有效容量为锅炉燃用校核煤种时 10h 的正常排渣量。刮板捞渣机和各种轴封水采用工业水，冷渣斗密封槽的密封冷却水、冲洗水及捞渣机补充水，采用复用水。刮板捞渣机的溢流水中，含有一定数量的细粒渣。采用渣水泵送到高效浓缩机澄清，高效浓缩机的溢流水返回系统重新利用。经高效浓缩机浓缩后的渣浆，用排浆泵排入捞渣机，系统的水重复利用。

（一）设计方案

目前，在大容量电厂的除渣系统设计中，首先在确保系统安全运行的前提下，通常有湿式除渣和干除渣两种方案供选择。系统的设计力求系统精简、适用，同时节约用水，降低工程造价。以下介绍湿式除渣。

锅炉排渣采用水浸式大倾角刮板捞渣机连续排渣方式。每台锅炉炉膛下配置一个冷渣斗、两组关断门、一台大倾角刮板捞渣机、一台双向皮带机、两个渣仓。锅炉排渣经冷渣斗、关断门落入刮板捞渣机冷却水槽内冷却粒化，然后经倾斜段提升脱水后（使排渣的含水率不大于30％）直接排入渣仓，再由汽车外运至综合利用用户或周转渣场。捞渣机的溢流水经沉淀、净化及冷却处理后供除灰渣系统循环使用。湿式除渣流程图如图 9-12 所示。

除渣系统的渣仓布置在捞渣机头部位置、溢流水池布置在锅炉房内捞渣机的炉前侧，进入溢流水池中的渣水由渣水循环泵输送至高效浓缩机，经高效浓缩机澄清后进入缓冲水池，再经冷却处理后又进入捞渣机作为渣的冷却水。每台炉设置一台高效浓缩机。高效浓缩机及缓冲水池（两台炉共一个）布置在烟囱后，缓冲水池内积渣由排浆泵输送至高效浓缩机，高效浓缩机的积渣由排浆泵输送至捞渣机。

水浸式刮板捞渣机是连续排渣的高效除渣机械，它与关断门组合成一个独立的密封系统。由于密封条件的改善，相应提高了锅炉的热效率，同时采取了机械除渣，也改善了运行人员的工作条件。并具有节约用水、运行工况稳定可靠等优点。

刮板式捞渣机主要由调节轮、前后两个下压轮、水封导轮、壳体（水槽）、链条刮板、滚轮和驱动装置等组成。

调节轮的轴承镶座在可以滑动的支座上，用以调整环形链条的松紧。刮板装在两根环形链条之间，是刮灰部件。

壳体由上底板分隔成上、下两仓。上仓为水仓（即水槽），炉渣掉入水槽内急剧粒化，变成多孔性沙状颗粒，通过链条刮板沿上底板及其斜坡刮走。下仓为干仓，供链条刮板回

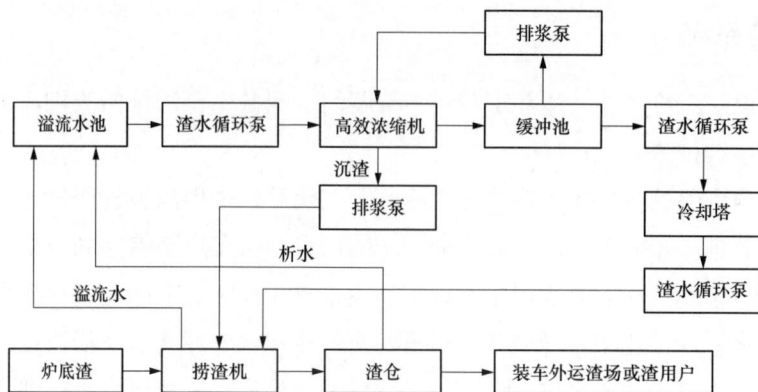

图 9-12   湿式除渣流程图

程用。壳体两侧有溢水口。采用连续进水和溢溢形式，使水位恒定，作为水封，以防冷风漏入炉内。

水封导轮与下压轮是链条的导向机构，也是链条的限位机构。由于水封导轮要与水接触，故在导轮的轴中开有小孔通入低压水形成轴封，以防脏水进入轴承。

驱动装置主要由电动机、齿轮箱和滚子链传动机构所组成。电动机驱动齿轮箱（减速）和滚子轮，带动主辅轴，再主轴上的链轮牵引链条刮板。链条刮板的移动速度可以根据渣量进行调节。

刮板捞渣机溢流水经渣沟，排进渣浆池内，用渣浆泵将渣水输送到高效浓缩池内。

高效浓缩机为含渣水的浓缩、澄清设备。它将浓缩池含渣水进行浓缩、澄清，澄清水经冷却溢流至冲洗泵房前集水池内重复使用。高效浓缩机下安装一根排浆管，用于灰浆的排放。排放的灰浆通过百浆泵送入刮板捞渣再次随灰渣一起进入渣仓，用汽车运往灰场堆放。

渣仓。每台炉设置钢结构渣仓，渣仓内安装有析水元件，渣仓顶部安装有双向皮带给料机。布置于捞渣机排渣口下。总容量可满足 MCR 工况约 40h 排渣量。

省煤器、电除尘器灰斗为单斗口，每个斗口下接 1 个输灰器，其排灰经气力输送至灰库。

三座灰库布置于烟囱后，两座粗灰库，一座细灰库，可储存锅炉最大连续蒸发量时两台炉 48h 排灰量。

除灰空压机房布置于两炉电除尘器之间，机房内布置有 6 台 40Nm³/min，0.75MPa，电动机功率 250kW 的螺杆空气压缩机，每台炉运行 2 台，备用 1 台。

供水系统。两台炉共设置有两台浓缩机、1 台缓冲水池和两台冷却塔，用以处理渣仓及捞渣机的溢流水，布置于烟囱后灰库侧，供水系统设备集中布置在缓冲水池下，共设有 3 台渣水循环泵，其中两台运行，1 台备用；两台冲洗水泵，其中 1 台运行，1 台备用；6 台排浆泵，用来排除浓缩机、缓冲水池里的渣浆，每台浓缩机下两台，1 台运行，1 台备用，缓冲水池下两台，1台运行，1台备用。每炉冷却塔后设置有3台渣水循环泵，每炉捞渣机溢流水池旁设置有2台渣水循环泵，1台运行，1台备用。两炉共设置调湿水泵2台，1台运行，1台备用。

目前国内制造厂对于1000MW机组所配的大型大倾角捞渣机中均引进了国外技术和选用了进口部件，也有直接全部进口的，如山东华能德州电厂三期2×660MW机组，采用了德国巴高科公司制造的刮板捞渣机，倾斜角40°，倾斜提升段长32.2m，2000年9月第一台机组投产发电，运行情况良好。

（二）除渣系统的运行维护

1. 除渣系统投运前的检查

除渣系统检修结束，在工作票全部终结的情况下需进行相关检查。

2. 除渣系统的投入

系统检查结束后按规程投入运行。

3. 除渣系统正常运行与维护

（1）检查捞渣机水封良好，水位、水温正常；

（2）检查各运行中泵体无振动，轴承无异声，轴承温度正常，检查泵轴端不冒水；

（3）检查捞渣机运行平稳无抖动，内部无刮卡、碰磨声；捞渣机刮板无掉落，链条无跑偏和断裂，链条清洗喷头工作正常，捞渣机链条清洗水运行正常；检查捞渣机链条张紧度正常；

（4）检查液压动力箱压力正常，各油管道无泄漏，油位正常；

（5）检查冷灰斗和捞渣机内不堵渣，溢流水量正常；

（6）根据锅炉排渣选择合适的链速，在能排渣的情况下，应尽量减少对链条、刮板链轮的磨损；

（7）捞渣机故障停运8h以内时，可不减负荷将渣斗关断门关闭后进行就地抢修；若停运时间较长应适当降低机组负荷运行，关闭关断门，放尽捞渣机内灰水，捞渣机抢修期间，应做好安全措施；

（8）捞渣机关断门关闭时，应分组关闭：先关两端门，再关四扇内侧门，最后关闭四扇外侧门；

（9）捞渣机恢复运行时，关断门只能一组一组地开，不能一次全部打开放渣；

（10）定期检查各渣水管道、捞渣机本体、渣仓无漏渣、漏水现象；

（11）渣仓每次放渣后应立即彻底反冲洗一次，渣仓排空后迅速加入少量冲洗水，要求漫过析水元件；

（12）按照规定对所辖设备巡检，发现缺陷及时汇报并联系检修处理，做好记录；

（13）对刮板捞渣机各转动部分定期补加润滑油；

（14）检查渣仓渣位无报警，捞渣机及渣水系统各水泵运行正常，溢流水箱水位在1～

1.5m，工业水压力在0.25MPa。

4. 除渣系统的停运

（1）除渣系统停止要在锅炉停止运行，炉膛通风结束并且炉膛无灰渣落下后进行；

（2）捞渣机内渣走尽后，停止捞渣机运行，根据需要决定是否关闭炉底关断门；

（3）联系出渣人员将渣仓内的渣出净，开启渣仓冲洗水门将渣仓清洗干净；

（4）解除密封冷却水泵联锁，停止密封冷却水泵运行，关闭密封冷却水泵密封水门；

（5）解除冲洗水泵联锁，停止冲洗水泵，关闭冲洗水泵密封水门；

（6）溢流水箱水位降至最低，检查渣水循环泵停止运行；

（7）如灰浆泵系统未投运，关闭灰水处理反应池补水门。

（三）除灰除渣控制配置实例

以下给出某机组除灰除渣控制配置。

1. 概述

灰系统集中监控点布置在除灰综合楼除灰控制室，灰系统网络采用上位机网络系统和可编程控制器（PLC）相结合的方式构成，灰系统网络覆盖燃油泵房、除渣、机组排水槽、气力除灰等辅助公共控制子系统，负责并完成以上各车间联网、监测、远方操作和运行管理。上述各个子系统的控制采用各自的PLC系统实现，PLC机柜放置于各车间控制室内，灰系统控制操作员站、系统机柜放置于除灰综合楼控制室内。

在除灰综合楼控制室，通过灰系统网络的操作员站对燃油泵房、除渣、机组排水槽、气力除灰等系统进行集中监视控制，即通过屏幕画面和键盘对上述几个系统进行监视和控制，实现对灰系统网络各车间内的泵、阀门、仪表等设备的监测、报警、控制。灰系统网络控制机柜放置于除灰综合楼控制室内。

考虑系统的复杂性，在油泵房设就地辅助控制点，设置一台操作员站（燃油泵房距离除灰控制室较远）。除灰除渣控制系统配置图如图9-13所示。

2. 除灰除渣控制网络结构

灰系统网络设置两台操作员站兼做工程师站，操作员站放置在除灰综合楼控制室内及灰系统网络服务器。

灰系统网络为冗余光纤以太网，通信介质为光纤，通信速率100Mbit/s，通信协议TCP/IP，以太网交换机采用工业级交换机。系统配置的交换机的接口数量保证有20%备用量。传输介质为光纤；就地的操作员站采用MB+网络，网络通信介质冗余配置。

通信接口设计满足通过灰系统辅助车间监控网络的上位机实现对灰系统网络内各系统进行远方监视和控制、参数和报警显示、报表打印、程序在线修改和下载等功能。

设计有效的手段以防止网络故障时各车间控制系统运行数据的丢失，当网络故障时，这些数据应能被暂时存储，待网络通信恢复正常后，这些数据应能自动被送往上层网络。

灰网内各PLC控制程序的组态和修改应可在灰系统网络系统的工程师站上进行，并

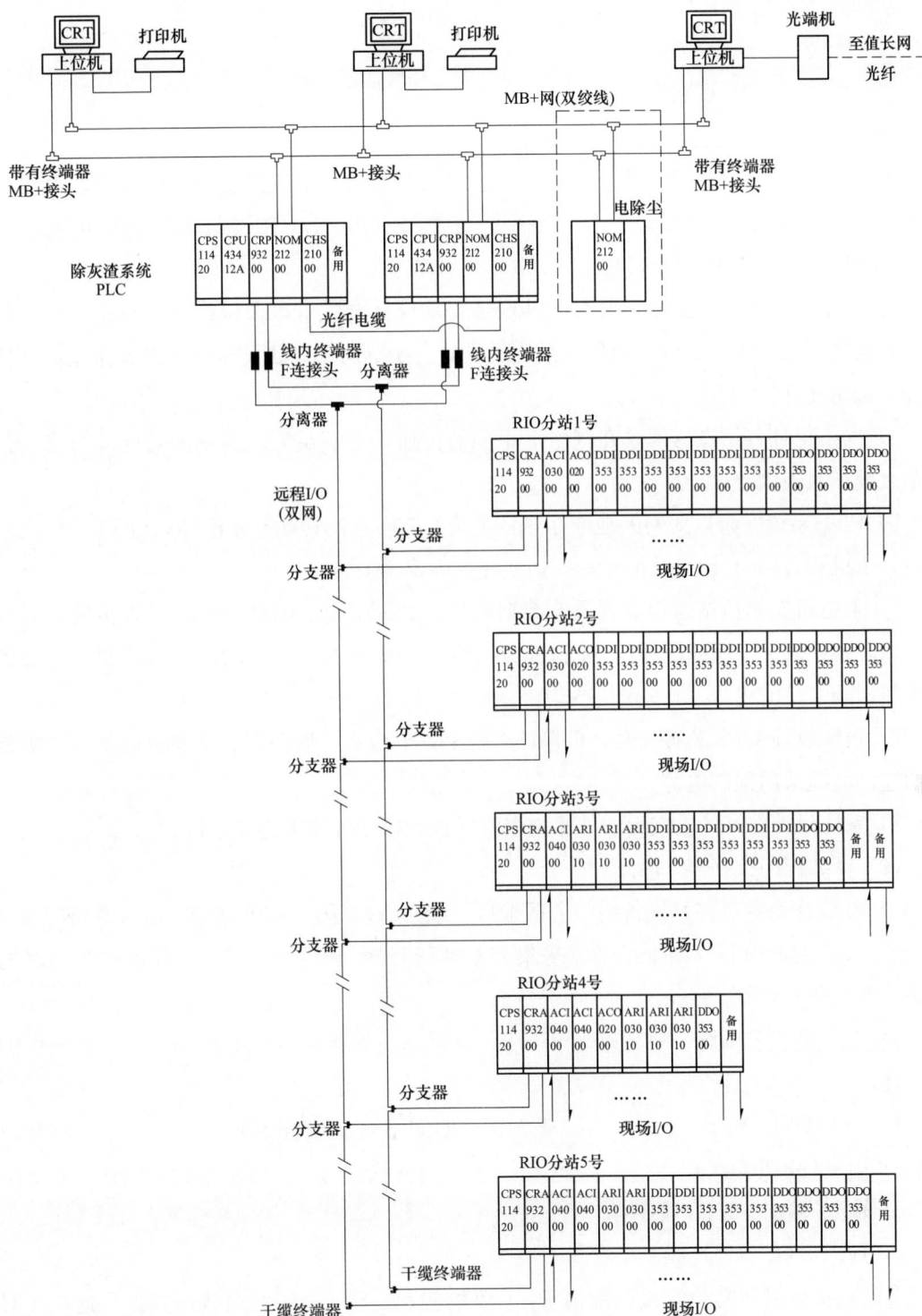

图 9-13　除灰除渣控制系统配置图

通过通信网络在线下载到各子系统的 PLC 中。

灰网除渣系统采用单机系统，除灰系统、燃油泵房采用双机热备系统。

3. 硬件配置

（1）操作员站及网络部分。

1）所有硬件是制造厂的标准产品或标准配置。

2）网络配置2台操作员站并配置一台系统服务器及至SIS系统的接口。在燃油泵房控制室内提供就地操作员站1台。燃油泵房控制室内PLC装置与车间上位机网采用MODBUS PLUS（MB+）网络。

3）网络采用100M工业以太网，PLC装置均应冗余配置以太网模板，与交换机之间采用冗余的通信介质（光纤）通信。系统配置的交换机的接口数量预留有20％备用量。传输介质选用光纤。

4）网络保证各站点的信息在网络上正确的传递，并满足实时控制的需要。网络通信负荷最繁忙时不大于20％。

5）PLC系统冗余以太网的地址在热备系统中能够自动转换，无论哪一台PLC切换成主机，主机和备用IP地址总能够相互切换使之固定不变。

6）上位机操作员站运行监视具有数据采集、画面显示、参数处理、越限报警、制表打印以及各系统PLC参数设置、控制逻辑的修改、系统的调试等功能。对控制系统的组态不能影响系统的正常运行。

7）系统设计UPS装置一套，以保证系统柜、上位机、服务器、交换机的供电。机柜间的连接电缆采用预制电缆。

8）系统设计在高的电气噪声，无线电波干扰和振动环境下连续运行。

（2）可编程序控制器（PLC）。

1）PLC作为主要控制设备要与全厂选型一致，PLC采用MODICON最新系列产品。

2）PLC的远程I/O网上的数据采集与CPU扫描时间同步、可控。保证控制回路的快速、准确和实时性。

3）PLC装置采用统一的高速背板总线，背板总线的速率不低于80M，确保系统性能的一致。

4）CPU的用户逻辑不小于2M，逻辑解算时间不大于0.5ms/K。

5）中央处理单元CPU。

6）输入/输出（I/O）模件。

7）远程I/O。

各站点扩展机架必须配置适配模板，CPU与远程I/O之间双向传递数据。远程I/O模块的防护等级应达到IP64，工作环境温度应满足−20～60℃，PLC的远程I/O网上的数据采集与CPU扫描时间同步。

（3）除渣控制系统依据各工作站的功能选配。

第四节　脱硫脱硝系统

一、脱硫脱硝控制概述

目前由于人类环保意识的增强及人类生存发展的需要，国内外都在积极注重环境保护技术的发展及环保工程的实施，新建大型燃煤机组都设计有脱硫及脱硝系统。以前的老机组都没有脱硫（SO_2、SO_3）及脱硝（NO、NO_2 等）装置，以及未来的 CO_2 的减排控制等，根据国家对环保的要求必须对现有的发电机组进行污染物的排放控制，达到国家环保要求。火电厂锅炉在增加脱硫及脱硝装置进行改造时，其控制系统要根据具体电厂及具体机组的特殊情况进行设计。现在随着控制技术的不断发展，在控制领域出现了几大主要控制系统，如 PLC 可编程逻辑控制系统、DCS 分散控制系统、FCS 现场总线控制系统等。脱硫脱硝系统究竟应该采用什么样的控制系统是工艺实施应该考虑的关键问题。既要保证系统的安全稳定，又要考虑客观实际，还要节约资金。

控制系统可以有不同的设计原则及不同的控制实现方式。第一种情况设计可以选用与主系统一致的 DCS 系统设备，使之与其实现方便的通信连接。如考虑价格及其他因素亦可设计采用 PLC 及 FCS 总线技术，通过其他通信方式与主系统实现连接。在该方案设计时必须考虑主系统的兼容性，调研原系统的设计冗余及备用空间情况。更重要的是原主系统与新设计系统的通信协议是否兼容等。第二种情况控制系统的设计比第一种情况要灵活得多，可选的控制系统与原主控制系统没有联系，是一个独立的控制系统。该独立的控制系统可以根据用户的要求设计为 DCS、PLC、FCS 任意一种形式，也可以设计成三个系统技术的综合控制系统。选型主要根据以下几种情况而定：该系统的运行方式；控制系统的资金投入；现场与控制室的距离；系统中模拟控制回路的数量；系统中开关量的数量；现场一次仪表智能化的程度等。三个控制系统各具有优缺点，如条件许可也可以设计成综合的控制系统。它们都在许多电厂中得到了广泛的应用。

二、石灰石—石膏湿法烟气脱硫系统

近年来，我国电力工业部门在烟气脱硫技术引进工作方面加大了力度。对目前世界上电厂锅炉较广泛采用的脱硫工艺建造了示范工程，这些脱硫工艺主要有：石灰石—石膏湿法烟气脱硫工艺（FGD）、简易石灰石—石膏湿法烟气脱硫工艺、旋转喷雾半干法烟气脱硫工艺（LSD 法）、炉内喷钙加尾部增湿活化工艺（LIFAC 法）、电子束烟气脱硫工艺（EBA）和循环流化床锅炉脱硫工艺（锅炉 CFB）。其中石灰石—石膏湿法应用最广泛。

（一）FGD 法原理

石灰石（石灰）—石膏湿法烟气脱硫工艺（FGD）主要是采用廉价易得的石灰石或石灰作为脱硫吸收剂，石灰石经破碎磨细成粉状与水混合搅拌制成吸收浆液。当采用石灰作为吸收剂时，石灰粉经消化处理后加水搅拌制成吸收浆液。在吸收塔内，吸收浆液与烟气接触混合，烟气中的二氧化硫与浆液中的碳酸钙以及鼓入的氧化空气进行化学反应被吸收脱除，最终产物为石膏。脱硫后的烟气依次经过除雾器除去雾滴，经烟囱排入大气。脱硫石膏浆液经脱水装置脱水后回收利用。由于吸收浆液可以循环使用，脱硫吸收剂的利用率很高。

（二）FGD 法工艺流程

石灰石（石灰）——石膏湿法烟气脱硫系统主要由吸收塔系统、烟气系统、石灰石制备系统、石膏脱水系统、石灰石—石膏湿法脱硫工艺原理图如图 9-14 所示。

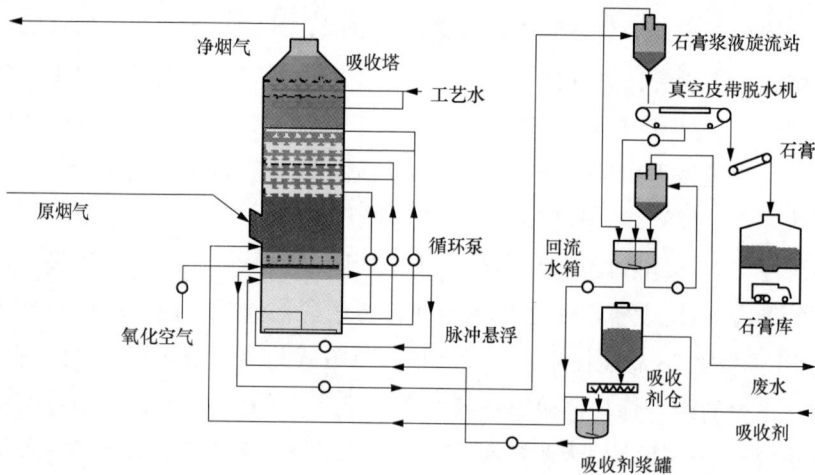

图 9-14　石灰石—石膏湿法脱硫工艺

1. 吸收塔系统工艺

吸收塔主要用来洗脱 SO_2、SO_3、HF、HCl 和飞尘。

新鲜的石灰石不断的加入吸收塔，副产品和水一直在吸收塔内从浆液池至喷淋层不断地循环。浆液在喷嘴处雾化为非常细小直径的小液滴。在小液滴滴落回循环池的过程中，去除了烟气中的酸性成分象 SO_2、SO_3、HF、HCl 和飞尘等。

烟气从下部进入吸收塔，上升到吸收塔上部；在吸收塔喷淋层向下喷出雾化后的浆液，洗涤过程是一个逆流的过程实现的。

化学物质 SO_2 洗涤后在一个氧化环境中和石灰石反应成石膏晶体。吸收的 SO_2 在石灰石浆液中反应成亚硫酸根 HSO_3，它可以被氧化风在循环池中氧化为 SO_4。之后石膏在超饱和的溶液中形成石膏晶体。

氧化风通过氧化管网送入吸收塔浆液池中。

在吸收塔的洗涤 SO_2 时，烟气水分达到饱和并冷却至绝热饱和温度。损失的水分由工艺水补充。为优化吸收塔的运行，吸收塔工艺水是由吸收塔顶部的除雾器冲洗水作为补充水的。

在循环池中停留适当的时间有助于形成高质量的石膏晶体。吸收塔内的一部分浆液用泵输送至石膏水力旋流器，形成浓缩的石膏浆液（50%）后，浆液被送入真空皮带脱水机，在那里石膏被脱水至湿度小于10%的石膏，石膏储存在石膏堆场中。

石膏水力旋流器的溢流中含有1%～3%的固体，其中主要为细小的石膏和石灰石晶体。溢流的液体部分通过重力作用自流到回收水箱，并通过回收水泵返回到吸收塔，石灰石继续溶解，细小的石膏在那里形成石膏晶体。部分溢流液直接排到灰渣前池冲渣。

净烟气离开吸收塔的洗脱层后通过除雾器去除烟气中含有的水滴，去除的水落回吸收塔内。含有饱和水汽的净烟气通过烟囱排放。

2. 烟气系统工艺

每套FGD系统处理电厂一台锅炉的烟气。烟气系统主要设备包括增压风机、原烟气挡板、净烟气挡板、旁路挡板、挡板密封风机和吸收塔排气电动阀。

烟气通过增压风机增压后进入吸收塔，吸收塔出口烟气经净烟道进入烟囱，整个FGD系统设旁路烟道。在增压风机上游的原烟气烟道、吸收塔出口的净烟气烟道和旁路烟道上分别设有双百叶窗式烟气挡板。

处于运行状态的烟气切换至FGD系统运行前，石灰石浆液供应及吸收塔功能组必须投入运行，以确保FGD系统可投入运行且可接入烟气。

在挡板切换至FGD运行后，烟气通过增压风机进入吸收塔，烟气在吸收塔内冷却至饱和温度。

增压风机入口的压力测量和温度测量分别都以三取二的型式对烟道运行状态进行监控。如果未处理的烟气温度和压力超过规定值，将发出故障信号并使烟道进入安全状态（旁路运行）。

一旦每一机组的原烟气挡板、净烟气挡板或旁路挡板处于关闭时，各挡板叶片之间的空间应立即充满密封气。挡板密封气系统的开启和关闭通过与挡板的联锁或操作员来控制。

功能组的建立基于如下的规则：在下一步初始化之前，要等待上一步的一个反馈信号。如果监视时间或相应的时间超出而没有对应的动作时，将返回一个错误信息。烟气系统功能组仅应用于挡板门、增压风机、吸收塔排气电动阀的启停操作。

3. 石膏脱水系统工艺

石膏脱水系统是将石膏浆液分离成成品石膏和滤液。吸收塔内生成的石膏浆液是在石膏水力旋流器进行脱水，旋流器底流浆液为50%水分的固体石膏，流入石膏浆液分配箱。溢流的滤液流入旋流器溢流箱，滤液中含有2%～3%的固体。

石膏浆液从浆液分配箱靠重力流到带式过滤机上。带式过滤机将预脱水的石膏浆液进一步脱水至湿度小于10%的石膏。共有两台真空皮带脱水机。

脱水后的石膏输送到石膏堆场中，分离出来的滤液储存在回收水箱中，由回收水泵打回到吸收塔。

石膏水力旋流器溢流自流到旋流器溢流箱，一部分通过废水旋流泵打到第二级水力旋流器即废水旋流器。石膏旋流器溢流箱大部分溢流和废水旋流器底流自流至滤液回收水箱。废水旋流器溢流含有1％重量固体自流到废水处理系统进行净化处理，达标后排放。

4. 石灰石制备系统工艺

预先粉碎的石灰石用合适的卡车运送并卸入进料漏斗。为了防止金属进入磨机，在卸料皮带机卸料区之上安装一个电磁分离器。

卸料皮带机下游设斗式提升机，垂直运输并通过皮带输送机水平继续输送以后，石灰石即到达筒仓。

筒仓依靠重力下料，由称重皮带给料机将石灰石送到球磨机，加水磨制成约70％浓度的石灰石浆液，进入磨机再循环浆液箱。在磨机再循环浆液箱中加水配制成约50％左右浓度的浆液，由磨机再循环浆液泵泵入石灰石旋流器进行分离。溢流成品约30％浓度的石灰石浆液进入石灰石浆液箱，底流进入球磨机入口继续研磨。

石灰石浆箱用来收集和储存球磨机产生的石灰石浆。在向FGD吸收塔输送浆液的石灰石浆液泵出口母管设置大循环回路，将根据吸收塔的石灰石补充闭环控制将一部分浆液送至吸收塔，其余部分或全部石灰石浆液送回到浆液箱内。

（三）FGD脱硫控制实例

系统由吸收塔系统、烟气系统、石灰石制备系统、石膏脱水系统、工艺水系统以及其他系统组成。控制系统与机组相同均采用FOXBORO公司的I/A Series分散控制系统，涵盖了脱硫系统所有设备及电气控制系统，总计约5500点。

脱硫分散控制系统按照两机一控的方案进行控制，主要分为两个控制单元，分别为1号脱硫控制单元、2号脱硫控制单元，在废水楼和制浆楼分别设置了远程控制柜，实现对废水系统和制浆系统的控制，这两个远程柜通过光纤与公用控制系统进行1∶1冗余通信，两个电控楼之间也通过光纤进行1∶1的冗余通信，实现了在任意电控楼对整个脱硫系统的监视和控制。

共采用了11对容错型控制处理站CP1001、CP1002、CP2001、CP2002、CP3001、CP3002、CP4001、CP4002、CP0001、CP0002、CP0003，用于实现1~2号机组及公用系统的数据采集及控制。

现场级由18个装有现场总线组件FBM的现场机柜组成，采用冗余的现场总线FCM10E连接方式。实现机组控制系统相关输入、输出信号的采集、A/D，D/A转换、故障处理及光电隔离。现场级还包括12个继电器柜，实现机组I/A数字量输出信号的隔离。

控制系统配电由3个配电柜（PC1001、PC0001、PC2001）实现。FGD脱硫控制网络拓扑图如图9-15所示。

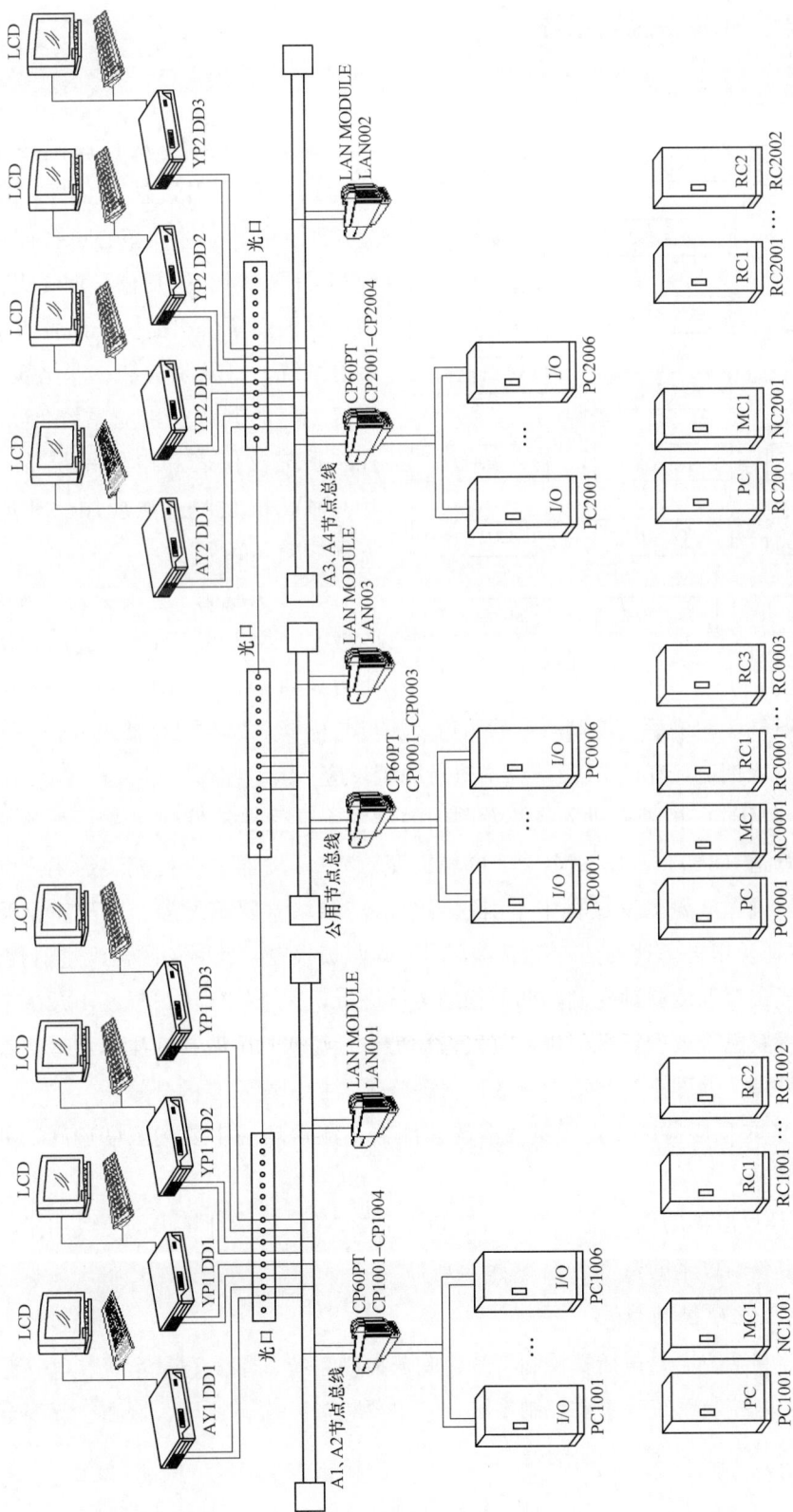

图 9-15　FGD 脱硫控制网络拓扑图

三、典型 SCR 法脱硝系统

（一）SCR 法脱硝工艺流程

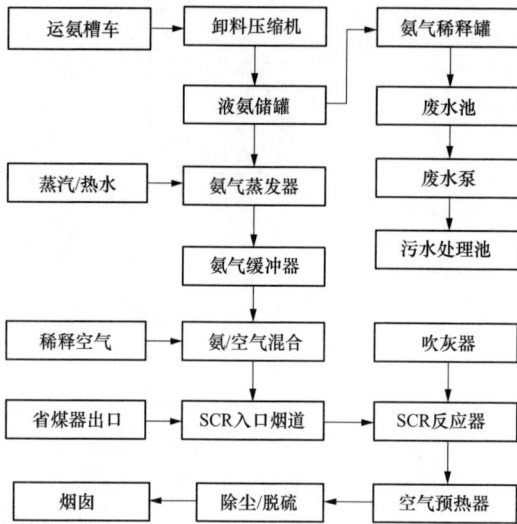

```
运氨槽车 → 卸料压缩机 → 氨气稀释罐
              ↓              ↓
           液氨储罐        废水池
                             ↓
蒸汽/热水 → 氨气蒸发器       废水泵
              ↓              ↓
           氨气缓冲器      污水处理池

稀释空气 → 氨/空气混合      吹灰器
              ↓              ↓
省煤器出口 → SCR入口烟道 → SCR反应器
                             ↓
  烟囱  ←  除尘/脱硫  ←  空气预热器
```

图 9-16　SCR 法脱硝流程图

脱硝系统采用 SCR 脱硝技术，以液氨为还原剂，引进法国的 FLOWTECH 公司工艺技术，主要核心设备催化剂由奥地利 CERAM 公司提供，烟气成套分析仪由德国西门子公司提供。该脱硝系统包括烟道系统、SCR 反应器、催化剂、氨喷射系统、氨的制备及供应系统、吹灰系统、控制系统及仪表和电气系统等，在国内 1000MW 机组中首次应用。SCR 法脱硝流程如图 9-16 所示。

SCR 法脱硝工艺流程是，液氨储罐中的液氨（约 1.6MPa）通过压力调节阀将压力减到 0.2～0.6MPa G 进入到氨蒸发器蒸发，经氨气缓冲槽后，控制一定的压力及流量与稀释空气在混合器中混合均匀，最后经喷氨格栅喷入烟道，在 SCR 反应器内进行脱硝反应。

0.2～0.6MPa G 的液氨进入氨蒸发器内的蒸发管道受热蒸发到 40℃，加热源为蒸发器内的蒸汽管道（350℃、1.29MPa G 的辅助蒸汽），蒸发器的壳程充装约 140kg 的纯甲醇，这样可以确保液氨蒸发过程中不引起凝结水冻结堵塞氨蒸发器。甲醇正常操作压力 0.1MPa G，避免甲醇急速受热，给定 0.8MPa G 联锁报警，此时关闭蒸汽进口控制阀门，该阀门与氨气出口温度联锁控制，调节辅助蒸汽进量，保证氨气出口温度 40℃左右。

氨气系统紧急排放的氨气，排入氨气稀释槽中，经水的吸收排入废水池，再经由废水泵送至废水处理厂处理。废水池设有液位报警联锁，控制废水泵的开停。

氨站和 SCR 反应器区均设置氨气泄漏监测器，测得环境中氨气浓度过高，则报警并采取相应的措施。

根据 SCR 反应器的烟气流量和进出口烟气中的 NO_x 含量计算出的氨气用量，由流量调节阀控制由氨站过来的氨气进入 SCR 反应器。

（二）典型脱硝控制系统

该脱硝控制系统主要包括氨控制系统、吹灰控制系统、烟气测量系统、电气测量控制系统等。其中氨控制系统为主要控制系统，它主要包括液氨、氨气、氨和空气混合系统的控制，其控制逻辑图如图 9-17 所示。

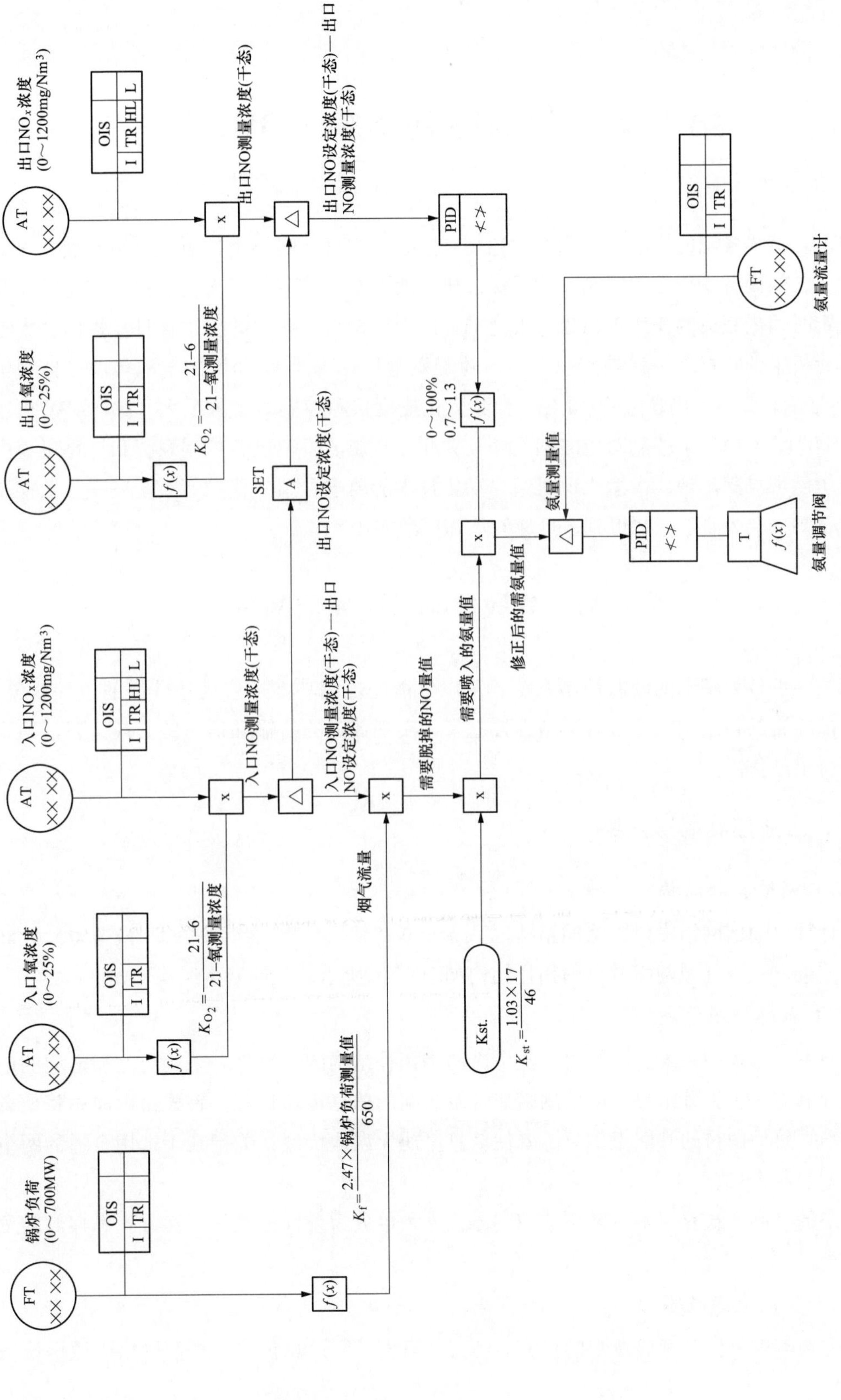
FT
××××
锅炉负荷
(0～700MW)
OIS
I TR
f(x)
$K_f=\frac{2.47\times 锅炉负荷测量值}{650}$
AT
××××
入口氧浓度
(0～25%)
OIS
I TR
f(x)
$K_{O_2}=\frac{21-6}{21-氧测量浓度}$
AT
××××
入口NOx浓度
(0～1200mg/Nm³)
OIS
I TR HL L
x
入口NO测量浓度(干态)
△
入口NO测量浓度(干态)—出口NO设定浓度(干态)
x
烟气流量
需要脱掉的NO量值
x
Kst.
$K_{st.}=\frac{1.03\times 17}{46}$
需要喷入的氨量值
修正后的需氨量值
AT
××××
出口氧浓度
(0～25%)
OIS
I TR
f(x)
$K_{O_2}=\frac{21-6}{21-氧测量浓度}$
SET
A
出口NO设定浓度(干态)
0～100%
0.7～1.3
f(x)
x
氨量测量值
△
PID
AT
××××
出口NOx浓度
(0～1200mg/Nm³)
OIS
I TR HL L
x
出口NO测量浓度(干态)
△
出口NO设定浓度(干态)—出口NO测量浓度(干态)
PID
FT
××××
氨量流量计
OIS
I TR
T
f(x)
氨量调节阀

图 9-17　氨控制逻辑图

第十章 分散控制系统（DCS）

目前，世界各国的发电设备都在向超高参数、大容量、高效率的单元机组发展，热力系统和主、辅设备变得更加复杂。为了保证机组的安全经济运行，需要监视、控制的参数和在规定时间内完成的操作项目也大大增加，因而对机组自动化的要求也日益提高。大型火电单元机组的特点之一就是监视点多，随着发电机-变压器组和厂用电源等部分监视纳入 DCS 之后，I/O 点已超过 7000 个，参数变化速度快和控制对象数量大（1000MW 机组超过 1500 个），而各个控制对象之间又相互关联，常规的模拟仪表控制系统和计算机集中控制系统已很难满足现代大型火电机组自动化技术的要求，新一代控制系统——分散控制系统（DCS）应运而生，并得到了迅速发展和广泛应用。

第一节 分散控制系统通信网络

以微处理器为基础的分散控制系统，是以分散的控制功能适应现场分散的过程对象，要使分散控制的各个功能部分有机地连接起来，实现数据的传输和信息的交换，通信网络起到了桥梁的作用。

一、工业控制局域网络

（一）网络拓扑结构

在计算机通信网络中，网络的拓扑（Topology）结构是指网络中各站（或节点）之间的相互连接方式。局域网络常见的拓扑结构如图 10-1 所示的几种基本结构形式。

（二）网络控制方式

在研究分散控制系统的网络时，除考虑网络拓扑结构的选择外，采用与之相适应的信息送取控制方式也十分重要。通信网络上各站之间的信息传递过程，首先是由原站将信息送上网络，然后由目的站取走信息。要使信息迅速无误地传递，关键在于选用合适的网络信息送取控制方式。

网络的控制方式有很多，常用的控制方式大致可分为查询方式、广播方式和存储转发方式三类。

（三）信息交换技术

研究通信网络信息交换技术的目的，是为了有效控制信息传输，提高网络中通信设备

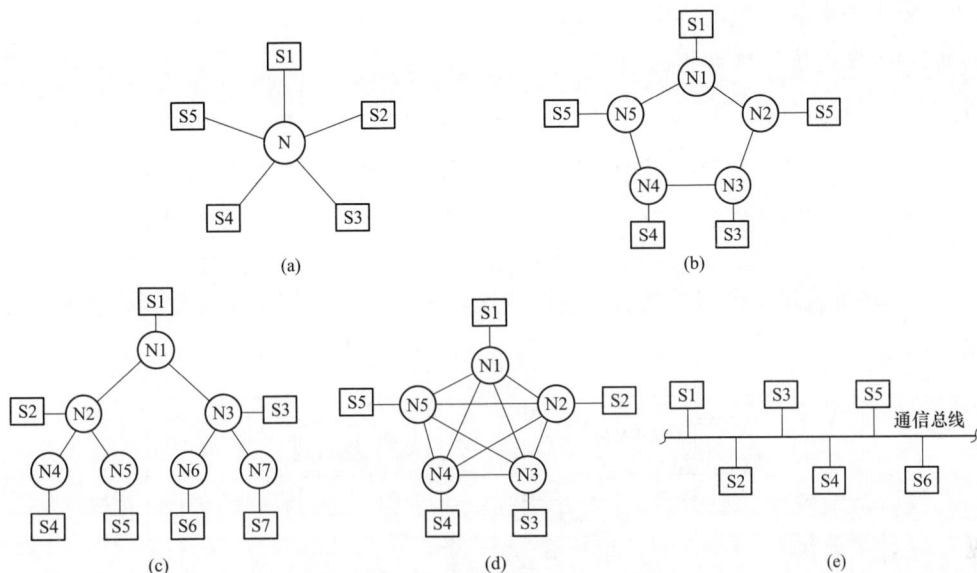

图 10-1　局域网络的基本拓扑结构

（a）星状结构；（b）环状结构；（c）树状结构；（d）网状结构；（e）总线型结构

和线路的利用率。通常使用的信息交换技术有分组方式、帧方式、信元方式三种。

二、通信网络

（一）DCS 通信网络的特点

（1）构成系统规模灵活。

（2）环形网络通信响应快，利用率高。

（3）能有效地控制在通信网络中传输的信息量。

（4）在通信网络中采用冗余技术，提高系统的可靠性。

（5）系统容易扩展。

（二）DCS 通信网络的通信协议

通信协议是为进行网络中的数据交换而建立的规则、标准或约定。它规定了通信中数据与控制信息的结构或格式，需要发出的控制信息和完成的动作，应作出的应答，以及通信相关事件实现顺序的详细说明。通信协议以软件的形式固化在系统节点的网络接口模件中。

一般 DCS 中常用的通信协议有广播式通信协议和存储转发式通信协议两种。广播式通信协议又分为令牌协议和自由竞争式协议等；存储转发式通信协议又分为询问式和存储器插入式。

（三）DCS 通信网络采用的技术

为了防止通信通道的堵塞，保证通信传输的通畅，提高网络的通信效率，最有效地利用信息传输中的每一个字节，在 DCS 通信系统中，使用了三种有效的通信技术：例外报告技术、数据压缩技术和确认重发技术。

（四）DCS通信网络数据传输路径

在 DCS 系统的通信网络中，信息传输都是数字化的。但每一层网络的信息类型是不一样的。图 10-2 说明了来自现场的模拟量输入信号经过各层网络的传输过程。

（1）某一标准的模拟量输入信号 AI 从端子单元的输入端子输入，此时，模拟信号保持原样。

（2）AI 经电缆送至模拟量输入子模件的输入通道，再经子模件的模数转换器 A/D 转换成数字量。

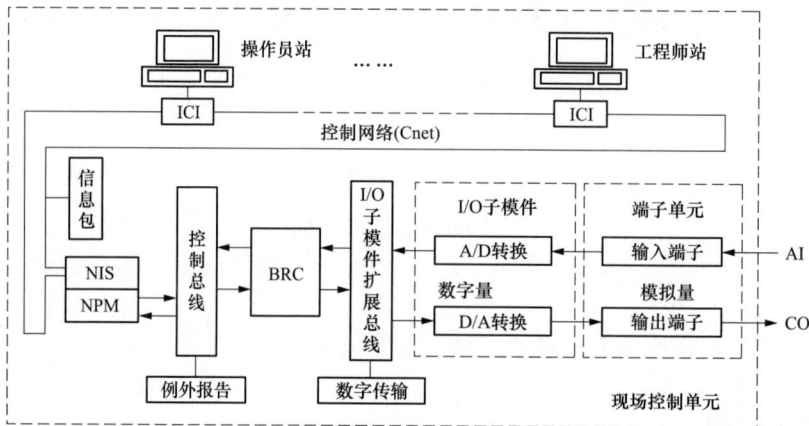

图 10-2 AI 信号传输示意图

（3）该数字信号经现场控制单元中的 I/O 扩展总线进入智能控制器模件。控制器模件对这一信号进行必要的运算和处理后，结果分成两路：一路仍为数字信号，经 I/O 扩展总线送至模拟量输出子模件，经数模转换器 D/A 转换成模拟量，再经端子单元的输出端子送至现场控制执行机构；另一路在智能控制器中形成例外报告，经控制总线送至通信模件对的网络处理模件（NPM），此时的信号为例外报告，准备形成信息包中的数据帧。

（4）例外报告在通信模件对的网络接口子模件（NIS）中，与其他的例外报告一起打包，并通过网络介质传送到其他的节点。

在控制器模件形成的控制信息的传递中，用于本节点的检测信号和控制输出信号均不形成例外报告。只有送往其他节点的信息才形成例外报告，进而形成信息包在网络上进行传输。信号的这种传输过程，既保证了控制信号的快速形成及传递，又控制了网络中的信息数量。

第二节 分散控制系统人机接口

人机接口设备是人与系统互相通信息、交互作用设备。在生产过程高度自动化的今天，仍需要运行（操作）人员对生产过程、设备状态进行监视、判断、分析、决策和某些干预，特别是生产过程发生故障时更是如此。运行人员的判断决策依赖于生产过程的大量信息，干预控制信息要作用于生产过程，这种信息的相互传递要靠人机接口设备来完成。

人机接口设备包括输入设备和输出设备。输入设备用来接受运行人员的各种操作控制命令，输出设备用来向运行、管理人员提供生产过程和设备状态的有关信息。分散控制系统的人机接口设备一般有两种形式：一种是以液晶显示屏为基础的显示操作站，从它的功能上看又可划分为操作员接口站（operator interface station，OIS）工程师工作站（engineering working station，EWS）等；另一种是具有显示操作的功能仪表。

一、系统的基本组成

DCS 系统的人机接口主要由工程师站（ENG）、操作员站（OPR）、分布式过程处理站（DPU）、历史数据记录站（HSR）、制表站（LOG）、性能计算站（CAC）、多功能接口工作站（GATEWAY）七种站组成。

（一）操作员站（OPR）

操作员通过操作站多视窗的模拟流程图画面、趋势画面、参数列表显示画面、工艺报警显示画面、历史趋势画面及控制调节画面等，通过键盘和鼠标实现对被控工艺设备的计算机化监控操作。标准操作员站配备完全一致的软硬件系统，互为备用。

操作站可以通过同时加入多个控制域而具有全局特征，可以同时监视操作多个域上的被控工艺设备。

（二）工程师工作站（ENG）

工程师站主要用于控制系统组态和系统维护。负责规划系统规模，完成建域、建站，生成系统数据库，生成监视操作图形、生成控制算法、生成报警功能，生成报表功能等。同时具有对过程控制站控制应用软件的下载和上装等功能。

一台工程师站可以同时对多个域上的分散控制子系统进行组态和维护管理。

（三）分布式过程处理站（DPU）

分布式过程处理站（DPU）主要完成对监控对象生产过程的数据处理和过程控制。控制站主要由机柜、冗余电源、冗余控制器、智能 I/O 模件、过程级现场总线通信模件等组成。其中控制器和 I/O 之间采用冗余的高速 I/O 总线通信，控制器和 I/O 允许分散布置，在配置专用光纤扩展模块的情况下，在远及 40km 的范围内不降低性能。

分布式过程控制站用于对现场过程信号进行数据采集和处理，并按照组态的控制策略进行控制运算，输出调节信号至执行机构，实现对被监控对象的过程控制。过程控制站由冗余主备控制器、智能 I/O 模件、电源、现场 I/O 总线和控制机柜等部分组成。过程控制站固化有实时多任务按优先级方式调度的操作系统平台和相应支撑软件。

（四）历史数据记录站（HSR）

历史数据记录站采用例外报告和二进制压缩格式对系统数据进行实时收集和存储管理，包括报警、日志、SOE、事故追记等事件的捕捉和记录，模拟量参数和二次参数历史趋势收集等。历史数据记录站可以响应多用户的并发查询。通过"卷"管理功能，借助外部存储介质，可以长期保存历史数据以备快速查询。

（五）制表站（LOG）

完成班报、日报、月报和小指标竞赛等定时制表，事故追忆报表收集整理、时间或事件引起的制表和随机请求制表等功能。这些各类报表可以定时打印，也可以在操作员请求后打印输出。表头内容及格式通过工程师站组态定义。

（六）性能计算站（CAC）

性能计算站（CAC）主要提供两项功能。为大型专用计算软件提供编程运行环境；为用户工程师提供一个专用软件开发运行平台。性能计算站提供 DCS 实时数据库接口和软件开发工具包。有经验的用户工程师可以自行编制专用的控制和计算软件，并使其与 DCS 无缝连接，按自己要求进一步补充 EDPF-NT 的功能。

（七）多功能接口工作站（GATEWAY）

与第三方计算机系统连接的大型数据双向通信接口。支持各种国际标准通信规约。为保证数据传输的安全性，多功能接口工作站可以配备软硬件网络防火墙或单向隔离网关。

各功能站的数量可根据系统规模灵活配置。大规模分散控制系统的应用可以使用数百个工作站，重要的功能站可以进行冗余设置。小规模应用场合，甚至可以将多个工作站功能合并在一个站上实现。

二、操作员站（OPR）

OPR 是一个集中的操作员工作台，它设置在机组的集控室内，是运行操作人员与生产过程之间的一个交互窗口。在 1000MW 单元机组生产过程中，需要监视和收集的信息量很大，要求控制的对象众多。为了能使运行操作人员方便地了解机组在各种工况下的运行参数，及时掌握设备操作信息和系统故障信息，准确无误地作出操作决策，提供一种现代化的监控工具是十分必要的。为此，分散控制系统普遍设立了操作员接口站，它把系统的绝大多数显示和操作内容集中在不同画面和操作键盘上，从而使运行操作人员的控制台盘体积和人工监视面大大减少，对系统的操作也更为方便。

（一）OPR 的基本功能与基本结构

OPR 是运行操作人员用来监视和干预分散控制系统的有关设备，在火力发电机组的自动化过程中主要用来完成各种设备的启动、停止（或开、闭）操作，物质或能量的增、减操作以及生产过程的监视等任务。

（二）微处理器系统

操作员接口站是分散控制系统中最为复杂的一个子系统，要求具有很强的数据处理能力、很快的运算速度、很大的数据存储量。这就对微处理器系统提出了很高的要求。一般采用 32 位或 64 位 CPU 以及 64MB 以上的内存。

（三）外部存储设备

通常情况下，控制系统的大量数据信息需要记录和保存，仅靠内存储器来实现是不可能的，这不仅受其容量限制，而且断电会丢失所有信息。外部存储器是对存储器系统的必要补充。

（四）输出设备

输出设备主要有显示处理设备、打印机、拷贝机等。

（五）输入设备

操作员接口站常用的输入设备有键盘、鼠标或轨迹球、触摸屏等，其中键盘是最主要的输入设备。

（六）通信接口

操作员接口与其外界网络的联系，是利用专用的电子模件——通信接口实现的。通信接口是操作员接口站的必备硬件，尽管不同的分散控制系统有着不同结构的通信接口，但它们最基本的作用是一致的，即沟通操作员接口站与现场控制单元之间的信息和与外界网络上的其他工作单元之间的信息，从而获取系统控制过程和设备状态的实时数据，并对生产过程进行必要的控制操作。

（七）操作台

分散控制系统操作台用于安装操作站计算机、显示器、专用键盘和鼠标等标准设备，为操作员营造良好的监视操作环境。

操作台要考虑设计保留安装后备手操设备（按钮、开关和手操器）的空间。操作台内部还设有端子排、走线槽和金属支架等附属结构。

三、工程师工作站（ENG）

ENG 是一个硬件和软件一体化的设备，是分散控制系统中的一个重要人机接口，是专用于系统设计、开发、组态、调试、维护和监视的工具，是系统工程师的中心工作站。

（一）ENG 的基本功能

1. 系统组态功能
该功能用来确定硬件组态和连接关系，以及控制逻辑和控制算法等。

2.OPR 组态功能
除对分散控制系统的控制功能进行组态外，工程师还要对操作员接口进行组态，ENG

的 OPR 组态功能正是为此而设立的。

3. 在线监控功能

ENG 一般具有 OPR 的全部功能。在线工作时，作为一个独立的网络节点，能够与网络互换信息。

4. 文件编制功能

工业过程控制系统的硬件组态图、功能逻辑图的编制，是一项艰巨、复杂、费力费时、耗资巨大的工作，在常规控制系统中，这些工作几乎全部由人工完成，但在分散控制系统中，EWS 的设立大大改善了这种局面。

工程师通过利用 ENG 的文件处理系统、输入和存储的大量组态信息以及硬拷贝设备，可方便地实现系统众多文件的自动编制和必要的修改功能。

5. 故障诊断功能

在分散控制系统中，ENG 是系统调试、查错和故障诊断的重要设备之一。分散控制系统中的大多数装置都是以微处理器为基础的，利用这些装置的"智能化"特点，可以实现：

（1）自动识别系统中包括电源、模件、传感器、通信设备在内的任何一个设备的故障。

（2）确定某设备的局部故障，以及故障的类型和故障的严重性。

（3）在系统处于启动前检查或在线运行时，能快速处理查错信息。

分散控制系统的故障诊断功能为及时发现系统故障、准确确定故障位置和类型、寻找最好的解决方法迅速排除系统故障提供了有力的工具。应该指出，此处讨论的故障诊断是指控制系统的故障诊断，并非是过程设备的故障诊断。过程设备的故障诊断现已成为一项相对独立的重要工作，它在很大程度上取决于对过程设备的构造、特性和运动规律等的了解，而不取决于分散控制系统本身。

（二）ENG 的基本组成

不同的分散控制系统中，对于工程师工作站的配置各具特点，所包含的功能范围也有一些差别，结构上也有所不同。一般说来，ENG 有两种基本形式：

（1）ENG 与 OPR 合为一个整体的结构型式。

（2）ENG 相对独立。如 Symphony 系统采用的是这种结构型式。这种 ENG 一般是在个人计算机基础上形成的专用工具性设备，因此，它具有普及面宽、便于掌握、使用灵活等许多个人计算机的优点。

概括地说，无论何种系统、何种型式的 ENG，其硬件配置项目大同小异。硬件系统一定的 ENG，如果所采用的操作系统、软件工具、专用软件包等不同，它将有不同的面貌、不同的特点。不同的功能和不同的系统设计（组态）方式。因此，除依赖硬件系统外，ENG 的功能建立与发挥在很大程度上取决于所配置的软件系统。

四、操作员/工程师站的软件

分散控制系统提供的系统软件由实时多任务操作系统、编程语言、应用服务（组态工具）软件等几个主要部分组成。

（一）实时多任务操作系统

1. 操作系统

操作系统是计算机的裸机与用户之间的界面，是扩充裸机功能的一层高级软件，它能使计算机自己管理自己，提高计算机运行过程中处理各种操作、管理和解决各种问题的能力。可以说，操作系统是用于计算机系统自身控制和管理的一组程序和数据的集合。

操作系统可以提高计算机的工作效率、扩大计算机的功能、方便用户的操作使用。

2. 实时操作系统

随着计算机应用范围的迅速扩大，用户对计算机的实时响应要求更高，特别是在火力发电厂生产过程的实时控制中，对各种变化迅速的参量和随机出现的现象，要求计算机在秒级、毫秒级甚至更短的时间内及时进行处理，并作出正确的响应。满足实际生产过程高速响应要求的计算机操作系统称为"实时操作系统"。

实时操作系统是分散控制系统的重要组成部分，它与一般的通用操作系统相比，能够在线及时接收来自现场的数据，及时加以分析处理，及时作出相应的反应。

3. 任务

"任务"是操作系统的任务管理功能中最基本的概念。一个计算机控制系统中具有一系列完成各种控制功能的应用程序，为了便于计算机处理，通常把用户应用程序分成若干个逻辑上相互独立。运行中又相互联系、彼此约束、具有某特定功能、可独立运行的程序段。所谓"任务"简称"进程"或"活动"，就是这些具有独立处理功能的程序段与它所处理的数据在计算机中的一次执行过程。

4. 实时多任务操作系统

操作系统可以把用户程序当作一个任务来处理，也可以当作多个任务来处理。

事实上，对于火力发电厂分散控制系统来说，只有采用多任务操作系统才能实时地完成控制任务。实时多任务操作系统已在1000MW发电机组分散控制系统中普遍应用，它一般由分散控制系统厂商配套提供，并不需要用户去开发或者了解其中的细节，但用户应学会如何使用。

（二）DCS系统软件结构

DCS系统软件结构为服务器与DPU结构。

所谓服务器与DPU结构是指从组态信息的流动方向上看，存在一个中间存储环节，所有组态信息不但DPU中存有，而且还有这样一个中间存储环节存有，正因为如此，在DCS整个网络系统没有构建起来前，只要有一台配置为服务器的计算机，就可以进行组态工作，即离线组态模式。一般情况下，工程服务器与工程师站安装在同一台计算机上。工程服务器中的信息可以下载到 DPU 和工程师站及操作员站中，DPU 中的信息也可以上载到工程服务器中。这种系统软件结构是目前国际上主流架构。

（三）操作员站软件介绍

操作员站是 DCS 系统的重要组成部分，是 MMI 站的一种。

实时运行状态下，操作员通过操作员站实现对生产过程的实时监控。一个系统中可以有多台操作员站，各站之间相互独立，互不干扰。

操作员站能够以过程画面、曲线、表格等方式为操作人员提供生产过程的实时数据，借助人机对话功能，操作人员可以对生产过程进行实时干预。

1. 系统运行环境

分散控制系统操作员站软件运行环境（最低配置）为以 32 为高档微型计算机（或工作站）为主体配置相关外设的微机系统。

2. 软件简介

操作员站软件根据其特点，可分为人机界面程序和服务程序。

人机界面程序的主要功能是以各种方式为用户提供各种信息和人机交互手段，接受用户的操作。这些软件可根据需要随时运行或关闭。

服务程序的功能则是为其他程序提供各方面的支持，如数据收集、通信管理、文件传输等，这些软件必须时刻处于运行中。

各 DCS 厂家的产品都配置相应的应用软件包，具体应用参考使用手册。

3. 控制组态工具

控制组态工具是系统工程师站进行控制逻辑及 IO 卡件组态的工具。

4. SAMA 图组态流程

SAMA 图可分为逻辑图和卡件图，逻辑图由控制算法组成，而卡件图由卡件算法组成。二者的组态流程稍有不同。

逻辑图组态流程如图 10-3 所示。卡件图组态流程如图 10-4 所示。

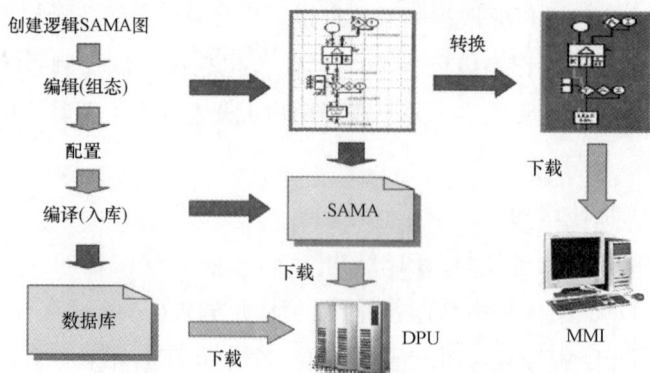

图 10-3　逻辑图组态流程

SAMA 图经过配置、编译（入库）后产生的文件为目标文件，扩展名为 SAMA，为二进制数据文件，需下载到 DPU 站。

SAMA 图经过转换后产生的文件为过程画面文件，扩展名为 GOC，需下载到 MMI 站。

在配置、编译 SAMA 图的过程中，根据算法之间的连接关系，编译工具还会在工程的系统数据库中创建自动中间点。

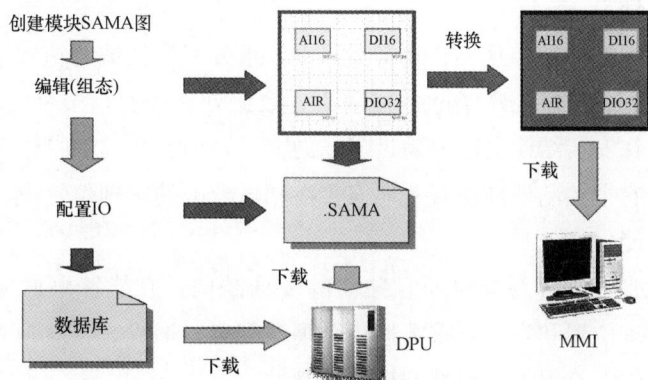

图 10-4　卡件图组态流程

第三节　分散控制系统分布式处理单元

一、分布式处理单元硬件系统

现场控制单元是分散控制系统中的主要工作站点之一。不同分散控制系统的现场控制单元在组成上和能力上有着较大的差异。

现场控制单元的机柜一般是用金属材料制成的立式柜。柜内装有多层机架，供安装电源和各种模件之用，电源通常放在最上层（WDDF 系统）或最下层（如 TXP 系统），柜内的其他层可用来横向排列所配置的各种模件。随系统而异，柜内纵向一般分 6～8 层，横向可插 4～12 个模件。为保证柜内电子设备良好的电磁屏蔽，柜与柜门之间采用电气连接，而且机柜接地。接地电阻小于 4Ω，以保证设备的正常工作和人身安全。

现场控制单元的供电来自 220V 或 110V 交流电源，这个交流电源一般是由分散控制系统的总电源装置分配提供的。交流电源经现场控制单元内的配电盘、断路器给直流稳压电源及系统供电。

每一个现场控制单元均采用两路单相交流电源供电，两路互为冗余，即一路工作时另一路处于热备用状态。机柜内配置的冗余电源切换装置负责自动切换。此外，采用交流电子调压器，防止网上电压波动，保证提供的交流电源有稳定的电压。在控制过程连续性要求较高的应用场合，采用不间断电源 UPS，使现场控制单元的两路供电电源中的一路经过 UPS 后再与现场控制单元相接。现场控制单元内部各模件的供电，均采用直流电源，但对直流电源的等级要求不一，常见的有＋5、±12、±15、＋24V，也有更高直流电压要求的情况。因此，现场控制单元内必须具备直流稳压电源，将送来的交流电源转换为适应内部各种模件需要的直流电源。通常情况下，＋5、±12V 供给 HCU 计算机和 I/O 卡件使用；＋24V 供给端子板（测量仪表电源）和手操器使用。直流电源采用冗余配置，互为备用，以提高可靠性。

现场控制单元通过各种相互关联的安装部件，组成一个就地的箱式结构。通过相应的各种控制部件共向完成对过程现场的数据采集、数据处理和执行多种类型的控制策略等。现场控制单元不仅在安装结构上能够满足现场的要求，而且在控制特性上有着控制功能的分散性和安全性。它把控制处理器有效地安置在相对分散的物理位置上，使其能够分区和分段地执行控制功能。

现场控制单元是一个容易配置而且独立的现场结构。它能够根据现场过程控制的需要、功能分区、物理位置和安全要求等进行合理地配置，形成既相对独立，又通过通信网络连接成一个整体的、有很强针对性的现场控制站。

在整个 DCS 系统中可以配置多个现场控制单元，为系统连接过程输入和输出，处理大量现场数据打下牢固的技术基础。

DCS 系统硬件由操作员站、工程师站、历史站、输出设备、分布式处理单元（DPU）及 IO 模块、电源、机柜等组成。通过高速网络构成的局域网将这些设备连接，实现数据在设备中的传递、交换和共享。

（一）分布式处理单元（DPU）的组成原理

分布式处理单元（DPU）是系统的最基本控制单元。其中主控制器采用嵌入式无风扇设计的低功率高性能计算机，内置实时多任务软件操作系统和嵌入式组态控制软件，将网络通信、数据处理、连续控制、离散控制、顺序控制和批量处理等有机地结合起来，形成稳定、可靠的控制系统。软件系统实现数据的快速扫描，用于实现各种实时任务，包括任务调度、I/O 管理、算法运算。软件同时拥有开发的结构，可以方便的与其他控制软件实现连接和数据交换。

分布式处理单元（DPU）通过高速工业现场总线，可直接同时连接最多 32 个 I/O 模块，通过扩展最多可连接 64 个 I/O 模块。分布式处理单元（DPU）可对自身连接的 I/O 模块信号进行组态控制，所以每一分布式处理单元（DPU）就是一个小型控制系统。实现真正的分布式控制。

为了提高系统的可靠性，分散控制系统在重要设备、对全系统有影响的公共设备上采用冗余结构。常用的冗余方式如下：

1. 同步运转方式

对于可靠性要求极高的应用场合，采用两个或两个以上的设备以相同的方式同步运转，输入相同信号，进行相同处理，然后对输出进行比较，如果输出保持一致，则系统是正常运行的。两台以同步运转方式运转的系统称为双重（DUAL）系统。

2. 待机运转方式

对于 N 台同类设备，采用一台后备设备作为冗余设备的冗余方式称为待机运转方式。正常运行时，后备设备处于准备状态，一旦 N 台设备中某一台设备发生故障，就能自动启动后备设备运转。当一台设备工作，用一台同样的设备作为后备设备的系统称为双工（Duplex）系统，或 $1:1$ 备用系统。N 台设备工作，一台设备作为后备设备的系统称为 $N:1$ 备用系统。由于备用设备处于待机运转状态，因此，这种冗余系统又称为热后备系统。

3. 后退运转方式

正常工况下，N 台设备各自按各自的功能运行，一旦某一台设备发生故障时，其余设备放弃部分不重要的功能，以此来完成故障设备的功能，这种运转方式称为后退运转方式。最常见的后退运转方式是显示屏和操作管理站的冗余。例如，采用 2 台或 3 台操作管理站，正常工况下，通过分工，第一台操作站用于过程的监视，第二台操作站用于过程的操作，第三台操作站用于系统报警。当某一台操作站发生故障时，监视和操作可在正常运行的操作站完成。当系统开、停车或紧急事故时，这些操作站都能用于过程的监视和操作报警。

4. 多级操作方式

多级操作方式是纵向的冗余方式。正常操作是从最高一层进行的。如该层发生故障，则下一层操作，这样逐步向下形成对最终原件执行器的操作称为多级操作方式。

（二）过程控制柜组成

过程控制柜由分布式处理单元（DPU）、I/O 模块、电源、机柜组成。

过程控制柜采用双冗余设计，采用双冗余分布式处理单元（DPU）和双冗余电源。内部具有硬件构成的冗余切换电路和故障自检电路，可实现自动或手动冗余设备切换。

所有的分布式处理单元（DPU）、I/O 模块都支持带点拔插功能。允许用户在系统运行时进行模块的更换，方便系统的维护。

通过路由器或交换即可实现多个分布式控制系统的连接。

机柜为现场控制单元的通信、控制、连接和电源等主要设备结构提供必要的保护和可靠方便的安装条件。机柜分为模件柜和端子柜。

1. 模件、端子混装柜

模件、端子混装柜一般包括电源系统、插在符合 $48.26\text{cm}(19\text{in})$ 标准安装单元的模件，以及相应模件配套的端子单元等设备。它们的安装排列分别是：机柜上部安装电源系统。机柜中部安装由安装单元支持的所需系统模件。它是该单元的中心；机柜的下部留有足够空间，用于安装如环路通信使用的端子单元等设备。系统模件将直接插入模件安装单元内。模件的通信、使用的电源、接地线等电气结构的获得与分配，全部由安装单元上的印刷电路提供，不需要另外布线。模件本身可以带电插拔，这使得模件的更换与连接变得非常容易。机柜专门设计了空气过滤与通风，以及超温报警等装置，为模件的正常运行提供了安全可靠的环境。

2. 端子柜

端子柜除不安装模件安装单元及所支持的系统模件，相应的电源系统外，其他的结构与模件柜或混装柜是一样的。现场电缆进入机柜的方式可以根据用户要求采用顶部或底部进入。端子的安排方式采用"端子单元"的形式，每个端子单元对应一个模件，使系统具有很大的灵活性，适应各类工业过程的需要。柜子的上部下部均留有空间，用于布置电缆，端子单元明显的标识，在由强电引入的地方有明显的安全标志。

从端子单元到模件的电缆采用阻燃型，在机柜内部全部采用预制电缆连接，大大减少了现场电缆装配工作量。

二、DPU 控制器

（一）技术特点

1. 体积小，性能高

在 DPU 模块内集成了主 CPU、I/O 通信控制器、双网卡和 GPS 模块，DPU 控制器与 I/O 模块具有同样的大小。

采用 PENTIUM 级高性能、低功耗 CPU，性能卓越，可满足各种工程需要。

2. 多重冗余，安全可靠

采用双机、双网、双电源，大大提高了系统的可靠性。

3. 模块式结构维护方便

采用模块化设计，由 DPU 单元和底板组成，DPU 模块带有标准欧式插座，主副站可独立插拔，安装、更换十分方便、安全。

4. 可靠的直流冗余宽范围供电

接受两路宽范围 DC 18～72V 电源输入，内部实现冗余切换，保证了电源的可靠性。

5. 全隔离高抗干扰设计确保运行可靠

内部采用 DC/DC 与电源以及 I/O 通信网络进行隔离，硬件和软件都具有多重抗干扰和容错纠错能力。

6. 安全可靠的数据存储

采用 CF 卡保存组态数据，无需电池，确保数据的长期保存。

7. 方便的 I/O 模块联结方式

模块底座除了提供端子式 I/O 出线外，还提供两个 DB25 I/O 标准接口，可直接与模块底座拼接，方便组屏安装。

（二）技术参数

包括电源、配置、I/O 通信网络等（参见相关系统说明书）。

（三）工作环境条件

环境温度：0～+50℃（加风扇）或 0～40℃（不加风扇）；相对湿度：5%～90%。

三、现场控制单元软件系统

1000MW 单元机组 DCS，多采用以 32 位微处理器为基础的功能强大的现场控制单元，它可实现对几百（甚至上千）个现场测点（模拟量、开关量、脉冲量等测点）的数据采集和处理，以及几十或上百个控制回路（模拟控制回路、顺序控制回路）的计算和控制输出，甚至可实现一些诸如自适应控制、专家系统等高级控制功能。所有这些功能的实现必须依靠一套完整的、与之适应的软件系统来支持。

（一）现场控制单元的软件结构

多数现场控制单元的软件采用模块化结构设计，如图 10-5 所示。

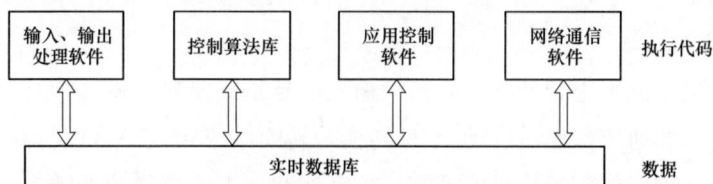

图 10-5　现场控制单元软件结构

现场控制单元的软件一般不采用磁盘操作系统，其软件系统一般是由执行代码部分和数据部分组成。

1. 执行代码部分

执行代码部分包括输入、输出处理软件、控制算法库、应用控制软件和网络通信软件等模块，它们一般固化在 EPROM 中。执行代码可分为周期执行代码和随机执行代码。

2. 数据部分

现场控制单元软件系统的数据部分是指实时数据库，它通常保留在 RAM 存储器之中。系统复位或开机时，这些数据的初始值从网络上装入；运行时，由实时数据刷新。

（二）实时数据库

数据结构与相关数据信息的集合，称为数据库。所谓数据结构，是指为了便于数据的查找和修改，计算机必须按照一定规则来组织数据使之彼此相关，这种数据彼此之间存在逻辑关系。若数据库中的数据信息为实时数据信息，则该数据库称为实时数据库。

（三）输入、输出处理软件

通用的现场控制单元中，一般固化有开关量输入（DIN）、开关量输出（DOUT）、模拟量输入处理（AIN）、模拟量输出处理（AOUT）、脉冲量输入处理（PIN）、脉宽调制输出处理（PWM）和中断处理等数据处理模块。此处主要讨论在火电机组控制应用中使用率最高的开关量、模拟量的输入和输出处理模块。

1. 开关量的输入

开关量只有两种状态，即"开"和"关"。因此，一个开关量可以用数据（机器码）的某一位予以描述，该位为"0"表示"关"，为"1"表示"开"，按数据结构所设定的周期，由硬件时钟定时激活。现场控制单元开关量的输入一般是分组进行的，即一次输入操作可以获得8个或16个开关量的状态，然后将各开关量的状态分别写入到实时数据库所对应的数据位上。多数开关量输入须进行报警检测，其方法也很简单，只要判别当前值与系统所设的报警值是否一致，若一致，则置报警位。

2. 开关量的输出

开关量输出比较简单，经运算、处理所得的开关输出量存放在实时数据库内，输出软件直接从实时数据库相应位置取出待输出的开关量值，并与其他各输出位一道通过现场控制单元的接口输出。

3. 模拟量输入处理

模拟量输入信号的采集和处理与开关量输入信号相比要复杂得多。其过程为：送出通道地址选中所输入的通道，然后启动A/D转换，转换结束读入A/D转换的结果，最后进行一系列的数据处理（如尖峰信号的抑制、数字滤波、工程单位值的转换、报警检查、仪表测量报警检测、写回数据库等）。

4. 模拟量的输出处理

目前，工业控制输出信号等级一般为4～20mA的电流信号或1～5V的电压信号。现场控制单元采用的模拟量输出处理模块多为线性模块，即输出信号的值与计算机发送的值是呈线性关系的。

模拟量输出处理过程实际上是输入线性转换的逆运算过程。先利用输出和电压之间的转换系数求出输出电压值，然后利用电压值求出二进制的编码，最后把编码送到模拟量输出通道即可。对于一个12位的D/A转换器和1～5V的输出电压范围，一个二进制码对应于$(5-1)/4096=0.000977(V)$的电压值。

（四）过程控制软件

1. 过程控制软件的组成

现场控制单元是对生产过程实现直接数字控制的设备。因此，它一般装有一套功能较为完善的控制算法库，其中的各种控制算法以模块形式提供给用户。在有些分散控制系统（如Symnhoy）中，将控制模块按某一顺序编码，这种编码称为功能码。在应用中，可用不同的功能码代表不同的控制模块。与以往的计算机控制系统不同，分散控制系统的控制功能一般是由相应的组态工具软件生成，即用户根据生产过程控制的要求，利用控制算法库所提供的控制模块，在工程师工作站用组态软件生成自己所需的控制规律（对若干控制模块进行有机结合），然后将所生成的控制规律下装到现场控制单元作为过程控制的应用软件，从而实现某一特定的控制功能。

对于不同的分散控制系统，其控制算法模块除在模块数目、算法表达式等方面有所差异外，加、减、乘、除、开方、PID 调节等模块大致相同。

2. 基本控制算法

火电机组的控制系统是一个相当复杂的系统，所涉及的控制算法很多。但在生产过程中，最基本、最方便。最常用的控制算法仍然是由模拟 PID 调解发展而来的数字 PID 控制算法，如位置式和增量式 PID 控制算法，以及由其演变而成的其他数字 PID 控制算法，如改进的 PID 算法中的微分先行的 PID 算法。积分分离的 PID 算法。带死区的 PID 算法等，用于对生产过程的被控参数与结定值的偏差进行控制运算，产生相应的控制量。在设计控制算法模块时，为了保证应用的通用性和灵活性，设计成组态方便、算法单一的各种功能性模块，通过这些模块的有机组合来实现现场所需的复杂控制功能，这些复杂控制功能包括非线性、多变量、自适应和最优化。

四、I/O 模件

I/O 模件是为分散控制系统的各种输入/输出信号提供信息通道的专用模件，是分散控制系统中种类最多、使用数量最大的一类模件。它的基本作用是对生产现场的模拟量信号、开关量信号、脉冲量信号进行采样、转换，处理成微处理器能接收的标准数字信号，或将微处理器的运算输出结果（二进制码）转换、还原成模拟量或开关量信号，去控制现场执行机构。实际生产过程中需要监视和控制的物理量、化学量非常多，如温度、压力、流量、液位、压差、应力、转速、加速度、位移、振动、状态、浓度、pH 值、成分、电压、电流等。所有这些量，从信号转换的角度基本上可分为模拟量、开关量和脉冲量三类。开关量和脉冲量通常称为数字量。这就决定了分散控制系统的模件可归纳为模拟量输入（AI）模件、模拟量输出（AO）模件、开关量输入（DI）模件、开关量输出（DO）模件、脉冲量输入（PI）模件等几类主要模件。

第四节　分散控制系统电源及接地系统

在实际工作中，合格的供电和接地系统是保证 DCS 稳定运行的前提条件。供电和接地系统的故障多半具有偶然性和不确定性，很容易和硬件本身的故障混淆，不易查找真实原因，而且一旦发生机组非正常停机的事故，将会对现代电网造成巨大的损失。因此在设计和施工过程中，必须给予供电和接地系统足够的重视。

一、DCS 供电系统

DCS 的供电系统包括电源、开关、供电线路和接地导体等，这些决定了系统的基本电气环境。构建供电系统必须遵循安全性和可靠性两条原则。

安全性是任何供电系统都必须满足的最基本条件，首先要求在前期的设计中，选择电源和开关的型号时，充分考虑其所带所有设备的最大工作电流，并留出足够的余量，方便日后设备的增加。其次在选择供电线路时，不仅要求根据电流容量选择合适的线径，还要求有足够的机械强度，具有防腐蚀性，并且能够阻燃。另外，供电电缆的敷设应选择最短路径，以此来减少串入线路中的干扰，减少压降。最后，一定要重视电源中地线的设计，它为故障电流提供了泄流通道。

供电系统的可靠性是 DCS 稳定运行的前提，该电源除给 DCS 供电外，不应再接其他系统和设备。如果无法实现独立电源，那么可以通过加装电源隔离装置的方法来实现。目前常用的隔离装置有隔离变压器和 UPS 不间断电源两种。在实际应用中，UPS 不间断电源作为分散控制系统的供电电源已经得到了广泛的应用。

需要注意的是，在电源输出端要将零线与接地点进行可靠的连接，以保证零线的零位，再将火线、零线与地线分别引至 DCS 的电源柜。如果 UPS 的输出端不允许零线和地线短接，则需在 UPS 电源的输出端再增加一个隔离变压器，并在隔离变压器的次级将零线和地线可靠短接。

供电系统最好采用双路 UPS 冗余方式供电，如条件不允许，也可以采用一路厂用电、一路 UPS 的冗余方式。供给 DCS 的两路电源接至 DCS 的电源分配柜，由电源分配柜将电源分配给各机柜和设备。DCS 机柜的供电方式采用模件柜带端子柜的形式。模件柜直接接受两路输入电源，通过自身的电源转换和切换，输出直流弱电，驱动模件工作。端子柜的工作电源由模件柜供给。电源分配柜还配有快速电源切换装置，将两路输入电源切换为一路后，供给操作员站和工程师站等设备使用，保证 DCS 系统内的任何设备在一路失电的情况下仍能正常工作。电源分配柜还为每个机柜和重要设备单独设置过流保护装置，以保障某一个机柜或设备的故障造成的跳闸不会对其他设备造成影响。

对于两台单元机组的公用系统，其输入电源由两台单元机组供给，原则是必须保证任意一台机组的供电电源失去不会影响公用系统的正常运行。

二、UPS 系统设计方案

（一）UPS 系统的工作原理

UPS 系统主要由整流装置、逆变装置、静态开关、旁路装置等元器件组成，如图 10-6 所示。

UPS 系统的工作原理：将供电质量较差的厂用电源首先经整流装置变换成直流电源，

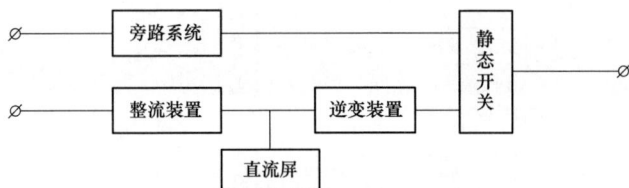

图 10-6 UPS 系统的组成框图

然后再采用高频脉宽调制（SPWM）法在逆变装置内重新将直流电源变成纯正的高质量的正弦波电源。当交流工作电源消失或整流装置等元器件故障时，由直流系统或自带蓄电池组经闭锁二极管向逆变装置供电。当逆变装置故障输出电压异常或过载时，则由静态开关切换至旁路。在 UPS 系统设计时，由于考虑到 UPS 本身的蓄电池的保养维护不方便，因此采用由电厂的直流屏为其提供直流电源后备。

（二）冗余设计

单机 UPS 系统虽然有 2 个后备应急措施，但还无法做到安全可靠地运行。比如，出现逆变装置故障时，UPS 系统就需要将负荷转移到旁路，而要想实现成功的转移，需要 4 个步骤：①运行单元必须先识别转移的要求；②运行单元必须确认转移的可行，即旁路带电且同步、电压和频率相同；③执行机构闭合静态开关，且隔离开关必须处于闭合状态；④备用单元要接受负荷，并维持电压变化在允许范围内。这 4 个步骤缺一不可。由此可见，要想真正实现不间断供电，就要在系统设计上做到 UPS 装置的冗余配置。装置冗余配置主要有两种接线方式（以 2 台 UPS 装置为例）：一种为热备份冗余方式（即俗称的串机），其接线图如图 10-7 所示；另一种为并联冗余方式，其接线图如图 10-8 所示。

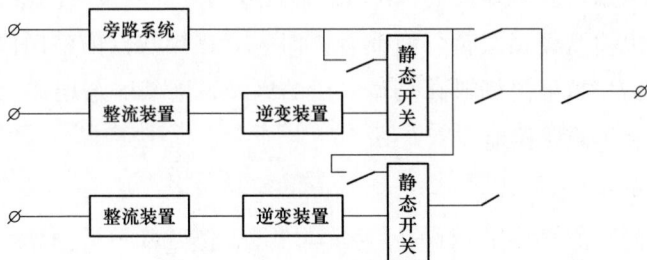

图 10-7 热备份冗余方式

热备份冗余方式的 UPS 系统相当于 1 台 UPS 向负载供电，另 1 台处于空载运行状态，当 1 台 UPS 故障时，另 1 台 UPS 立即无间断继续供电。这种双机系统虽然比单机系统大大地提高了运行可靠性，但还是存在一个问题，就是当 1 台 UPS 出现过负荷故障或由于过载而将在线 UPS 烧毁时，控制软件会将负载自动切换到另 1 台上。然而，由于 2 台 UPS 的容量相等，第 2 台 UPS 也出现同样的问题，最终导致系统停电事故。而并联冗余方式的抗过载能力比热备份冗余方式高得多，而且在合理的设计选型时，每台 UPS 正

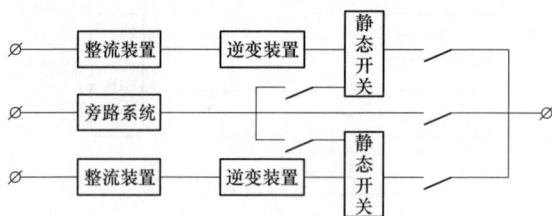

图 10-8   并联冗余方式

常运行时的功率一般在额定容量的 50% 以下，因此，并联冗余方式能够在具有防止故障特性的模式下不间断地向负荷提供电能。

三、DCS 的接地系统

DCS 合理、可靠的接地，是保障系统正常运行的另一个重要条件。为了保证分散控制系统的监测控制的精度和安全可靠的运行，必须对系统的接地方式、接地线截面积、接地极布置和信号电缆屏蔽等方面进行正确设计。

（一）屏蔽接地

屏蔽接地是为避免电磁场对仪表和信号的干扰而采取的接地。它可以有效消除信号电缆带入的高频噪声、电磁干扰和无线电波引起的电磁扰动，降低线路短路引起的干扰。

现场仪表的信号通过电缆送到控制室的 DCS，信号从现场到控制室的过程中会受到许多电磁干扰。电磁干扰可分为静电感应产生的干扰和电磁感应产生的干扰。

DCS 信号电缆的屏蔽层不得浮空，必须接地，当信号源就地浮空时，屏蔽层应在 DCS 侧接地；当信号源已在就地接地时，屏蔽层应在信号源侧接地；热电偶信号一般在就地侧接地；当屏蔽电缆途经接线盒分断或合并时，应在接线盒内将两段电缆的屏蔽层连接；如果信号电缆需穿越强磁场或高交流电压的区域，则其屏蔽层需两端接地即在 DCS 侧和现场接线侧均将屏蔽层接地。

（二）系统接地

系统接地的目的是使 DCS 信号建立一个基准点，该基准点接地是为了使基准点保持较稳定的电位，以保证信号传输的可靠性和准确性。若基准点有干扰或噪声，可因其接地使之影响减少。通常 24V 电源的负极也接在这个基准点上。系统接地网络应尽可能地缩短其距离，以减少回路阻抗。

系统地上不能有其他无关设备连接。在机柜间距离较近的情况下，系统地采用星形单点接地方式将一个模件柜的直流地作为整个 DCS 系统地的集中接地点，直接接至接地网或接地极；各个模件柜将所带端子柜的直流地汇集起来，再全部接至直流地的集中接地点。如果 DCS 中某个子系统距离直流地集中接地点很远，如远程 IO 子系统，要将该子系统的直流地接至直流地集中接地点，并保证其直流地接地质量，比较难做到。这种情况下，可以选择将该子系统的直流地接至最近的接地网，以保证该子系统直流地的接地质量。

应使用带绝缘层的铜导线连接 DCS 系统地与接地网或接地极，其线径应不小于最粗的供电线芯接地导线与接地网或接地极之间不应使用螺栓连接，而应使用焊接的连接方式，这样可以避免震动氧化腐蚀和金属热胀冷缩等原因造成的接地不良 DCS 一般不需要单独的接地极。如果准备为 DCS 设计专用接地极，则这个接地极距离避雷针的接地极要大于 10m，在半径 5m 以内不能有其他接地极接地极应至少一年检测一次，以保证地极的可靠性有效的接地极需满足以下条件：接地电阻小于 4Ω、可靠的永久连接、有足够的电流通过能力以应对一定的非正常电流。

（三）本安接地

本安接地是给配有本安齐纳安全栅的回路中的齐纳安全栅专设的接地，齐纳安全栅的接地直接关系到本安回路的本质安全功能的实现。齐纳式安全栅的接地原理图图 10-9 所示，从图中可以看到 SG 和 AG 两个接地点；B 点与 C 点电位相同，D 点是变送器外壳在现场接地。

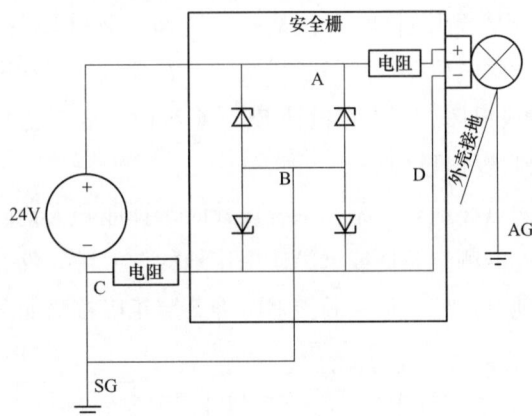

图 10-9　齐纳安全栅接线原理图

若现场与控制室有地电位差存在，则 D 点与 B 点电位就不同，若以 B 点为参考零电位，当 D 点出现 -10V 的电位，A、B 间仍为 24V，则 A、D 间就有 34V 电位差，在这种情况下，齐纳管不会反向导通，不起保护作用，但如果不小心，现场信号线碰到变送器外壳，产生的电火花可能点燃爆炸气体。反之，若 D 点出现 +10V 的电位，则可以影响变送器的信号，给 DCS 造成干扰。

四、DCS 接地系统设计应注意的问题

根据现场运行中 DCS 接地系统存在的问题和生产的经验，设计过程中容易忽略的问题有以下几个方面。

（一）信号回路的接地

在生产过程中，根据被控对象的控制参数不同而与 DCS 接口的信号种类形式多样。在输入 DCS 的信号中，有的因测量原件的特性使信号回路的信号源存在接地点，通常测量金属壁温的热电偶和开关量信号中的电接点水位的电极等就属此类。而通常传输信号的电缆屏蔽层要求单点接地，这样就有可能因屏蔽层与信号源的两点接地造成接地环路电流，使屏蔽层非但起不到对电磁干扰的屏蔽作用，反而因接地混乱产生的地点位环流信号导致对有效信号的干扰。这种混乱接地对有效信号产生的影响如图 10-10 所示。

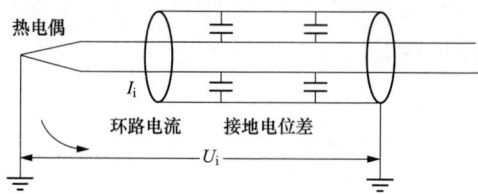

图 10-10 信号源接地对测量的影响

由于现场信号与 DCS 的接口设备相距位置通常较远，所以两个接地点的电位差较高（有的地方可高达几十伏至几百伏），在某些特定情况下（如在电气设备上进行施焊、电气设备故障等）其较大的电位差通过较长导线的分布参数，将在屏蔽层干扰电流而影响有效信号或 DCS 设备造成损坏。所以在设计 DCS 系统时，要对信号的种类进行分类，对有接地的信号源要做特别的处理。

要防止信号回路的两点接地，一是在系统设计时选择能与大地隔离的测量元件；二是对于因测量需要必须接地的测量元件或已经使用接地的信号源元件，应将屏蔽层接地点改在信号侧接地，以减少地电位差。信号源接地时屏蔽层正确接法如图 10-11 所示。

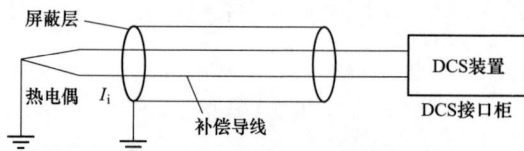

图 10-11 信号源接地时屏蔽层的正确接法

（二）UPS 电源选择及其接地点

在 DCS 计算机装置与其接口设备组成的控制系统中，干扰信号除了通过信号输入（输出）通道的连线对 DCS 产生影响外，还可以通过供电电源的连接线进入对 DCS 产生共模干扰。因此，在电源系统的设计选择中，不但要考虑电源系统的可靠性，还应满足电源系统与 DCS 电源的接口相匹配。防止电源波动及静电干扰对计算机系统的影响。

通常控制室内 DCS 系统的工作电源由容量相符的单相 UPS 供电。在接地方面，要将 UPS 的接地与 DCS 的接地统一考虑。在选用浮置接地（模拟地、数据地与外界隔离）的

DCS 系统时，其供电电源也尽可能选择中性点浮置的 UPS。为了防止静电，在选用没有浮地的 DCS 系统时，应按 DCS 设计要求将计算机的直流地（即数据地、模拟地）、保护地（外壳屏蔽地）和交流地（交流电源地）与 UPS 地统一考虑单独接地。浮置和接地是两种相反的抗干扰技术，浮置是阻断干扰信号通路，接地是为干扰信号提供泄放通道，在系统设计是这两种防护措施应予合理选择。为防止地电位干扰，通常一个测量系统的各接地点应统一汇于一点接地，以减少多个接地点间的共模干扰电流。采用的单相中性点允许接地的 UPS 系统，其抗干扰性较强。对非浮地的 DCS 接地简图如图 10-12 所示。

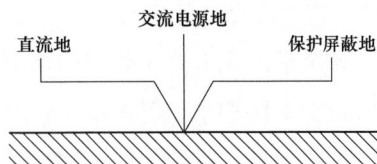

图 10-12 对非浮地的 DCS 接地简图

（三）对全系统的接地应统一设计

在组成一个测量（控制）系统中，与计算机接口的检测（变送）设备和执行机构是必不可少的，在组成系统时应注意各环节的相互联系，以免产生同一信号的多点接地。以下几点在设计中应予注意：

（1）变送器和执行器应尽可能与 DCS 主机采用同一电源供电。对于采用配电器供电的变送器，要求能够选用分布参数小、隔离性能好的配电器，以减少共模干扰。

（2）为便于与 DCS 系统通信，智能变送器和执行器被广泛应用，再与 DCS 组成系统时，应将智能变送器和执行器的接地与 DCS 接地统一考虑，避免发生同一信号回路的两点接地。在选用 DC 24V 供电的两线制变送器时，应将 DC 24V 电源的接地与 DCS 接地系统一并考虑。如为保证信号回路统一的参考电位有的 DC 24V 电源箱负端要求接地时应与 DCS 接地系统统一接地。

第五节 分散控制系统可靠性分析

随着机组增多、容量增加和老机组自动化改造的完成，分散控制系统（DCS）以其系统和网络结构的先进性、控制软件功能的灵活性、人机接口的直观性、工程设计和维护的方便性、通信系统的开放性等特点，在电力生产过程中得到了广泛应用，其在 DAS、MCS、BMS、SCS、DEH 系统成功应用的基础上，扩展到 MEH、BPC、ETS 和 ECS 系统。与此同时，DCS 系统对机组安全、稳定运行的影响在逐渐增加。因此，如何提高 DCS 系统的可靠性和故障后迅速判断原因的能力，对机组的安全经济运行至关重要。

一、系统的可靠性分析

一个控制系统投入运行，一直正常工作，不发生任何故障，则它的可靠性就是100％。从客观方面来讲，由于目前的设计技术、加工工艺、元器件质量、使用操作经验等方面的因素，系统总要出现这样那样的故障，不可能达到完全可靠。因此，在规定的时间内，控制系统运行不发生故障的概率就是该系统的可靠性。控制系统的可靠性也可以说成是系统安全可能性。

从某种意义上说，可靠性实际上是可用性，即可用性取决于可靠性。可用性可以用实时方式表示。控制系统应用的时间，有两个重要参数：一个是平均无故障工作时间（MTBF），它是可靠性的函数；另一个是平均修复时间（MTTR）。

系统平均无故障工作时间（MTBF）是指分散控制系统在考核期间内两次故障间隔时间内正常工作的平均时间。

当考虑到系统中不同部分故障产生影响的差异时，$MTBF$ 可用式（10-1）表示，即

$$MTBF = \frac{\sum_{i=1}^{n} T_i}{\sum_{i=1}^{n} W_i D_i} \tag{10-1}$$

式中　i——$1 \sim n$ 部分的故障序号；

　　　n——在考核期间系统部件的故障总次数；

　　T_i——分散控制系统中 i 部分故障时间间隔，h；

　　W_i——分散控制系统中 i 部分的加权系数；

　　D_i——分散控制系统中 i 部分的故障次数。

式（11-1）中，主机的故障只允许一次。

控制系统的可用性 A 一般可用式（10-2）表示，即

$$A = \frac{MTBF}{MTBF + MTTR} \times 100\% \tag{10-2}$$

一般把 $MTBF + MTTR$ 叫做平均故障间隔时间。平均无故障工作时间一般是很长的，如基本控制器的 $MTBF > 1.01 \times 10^4 \text{h}$、通信指挥器的 $MTBF > 1.84 \times 10^4 \text{h}$、端子板的 $MTBF > 3.5 \times 10^5$、电源的 $MTBF > 3.82 \times 10^5 \text{h}$。由此可见，分散控制系统的可用性是很高的。

应该指出，用定量方法来表示系统的可靠性是困难的，这是因为可靠性与元器件及产品的质量、操作运行人员的管理水平、维修人员的熟练程度、周围环境影响等各种因素有关。因此，一定要考虑每一个元件、功能站、通信系统、外围设备等对整个控制系统的影响。在系统运行中，应能及时预报和检测故障，并有消除故障和安全保护的措施，才能使控制系统的可靠性进一步提高。

二、提高系统可靠性的措施

提高分散控制系统的可靠性应从以下三个方面考虑：

（1）尽量使系统不发生故障。通过对元器件进行严格老化筛选，元件和部件进行冗余化设计，采取对故障的自动检查和恢复技术，并采取上述的各种抗干扰措施，以尽量使系

统不发生故障。

（2）尽量使系统的故障迅速排除。故障的存在是客观现实，因此，必须考虑排除故障的措施。它依靠外加硬件、外加信息、外加时间和外加技术的冗余化设计来达到掩蔽故障的影响，尽量使系统的故障迅速排除，达到尽快恢复系统或达到安全停机的目的。

（3）即使发生故障但系统不受影响。当控制系统发生故障时，所希望采取的动作是由被控生产过程的要求所决定的。一种极端情况是不采取任何动作，而另一种极端的情况是转由备用设备对生产过程进行控制，不停止生产。在这两种极端情况中间还会有许多可选择的方法。在各种情况下，要保持生产过程的正常运行。为了实现这一目的，应作技术可行性的最终成本的综合分析。对于以上两种极端情况的前一种，应使故障对系统的影响最小，称为"故障局部化"，或将系统的原来功能降低，称为"体面降价使用"；对于后一种情况，应采用各种冗余技术，使系统在故障时仍能正常运行。

具体措施如下：

1. 冗余是提高 DCS 可靠性的有效手段

DCS 主要由现场控制站、操作站、通信网络等单元组成。在实际应用中，除了采用高可靠性并通过实际考验的元器件来构成系统外，在工程设计中，还要从 DCS 的配置方面考虑 DCS 的可靠性问题。采用冗余配置的冗余设备具有在线自诊断、故障报警、无差错切换等功能，从而提高了 DCS 应用的可靠性。

（1）现场控制站的冗余配置。在图 10-13 中，HPM 为控制站，现场过程信号的采集、运算、控制均由 HPM 实现。1 号 HPM 及 2 号 HPM 为柜间冗余设置，其中除了处理器、通信模块、电源模块为冗余设置外，用于控制的输入、输出模块也全部为这冗余设置。

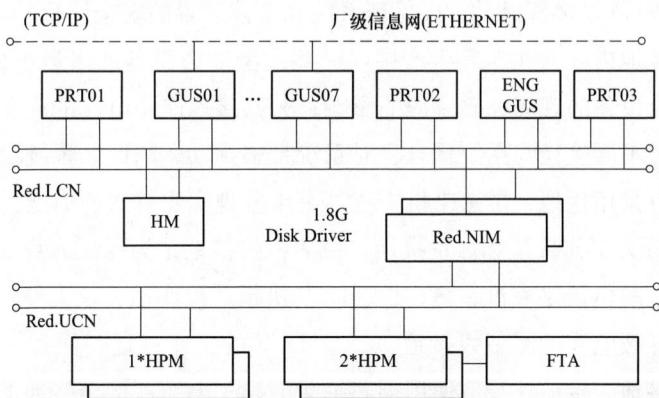

图 10-13 DCS 配置总貌图

（2）操作站的补偿机能。操作站是 DCS 的人—机接口部分，工艺过程的监视、操作均通过它来实现。它向工艺操作人员提供各种过程信息，操作人员又通过它发出各种操作指令，实施工艺操作。由于同一条 LCN 总线上可以设置数台操作站，因此，在进行操作站配置时，至少要配置两台操作站，进一步提高系统运行的可靠性。这些操作站可以分别独立进行操作，又具有均衡补偿功能，每一个操作站都可以对整个系统状况进行监视、操作。

（3）通信总线的冗余设计。局域控制网 LCN 及万能控制网 UCN 均为冗余配置，通过网络接口模块进行通信。通信采用 ISO/IEEE 802.4 令牌通信方式，整个网络具有点对点通信功能，使得网上各节点可以共享网络数据。

2. 从外部环境条件上保证 DCS 运行的高可靠性

为了使 DCS 运行安全可靠，除了系统的可靠性设计措施外，用户还必须提供良好的外部环境条件，如机房温湿度控制；良好的供电系统、接地系统以及防灰、防震、防腐蚀等。另外，较好的日常维护人员，提高维护水平，加强对系统的保养也是提高系统可靠性的重要因素。

（1）DCS 控制室的设计。DCS 控制室宜接近现场和方便操作，但又不处于危险的场合中，远离振动源、强噪声源以及强电磁场的干扰；DCS 中央控制室除应设置操作室、机柜室、工程师站室外，还应设置必要的辅助房间，如维修室、备件室、UPS 电源室等。操作室内主要设备有操作台，事故、报表打印机等。一般操作台后要有 1.5～2.5m 的空间，而操作台前要有 3.5～5m 的空间，以便于操作和维修。机柜室一般有控制单元、输入/输出单元、辅助仪表柜等。机柜室布置时需考虑机柜散热以及维护和接线的方便。另外，还应考虑进线的内、外部密封及消防措施。

（2）电源设计。电源设计是保证系统安全可靠运行的关键环节之一。尽管 DCS 已考虑到断电时的备用电源或 RAM 存储器的数据保留问题，但是不成功的电源设计仍然常常威胁着系统的正常运行，供电的连续性对系统的正常、安全运行极为重要，为保证其可靠性必须配置不间断电源 UPS。同时，UPS 运行的有关参数及运行状态信号应输入到 DCS 中，当 UPS 故障时可以报警提示，以保证系统和工艺装置的安全运行。

（3）防干扰接地措施。在实际生产中，一些大型动力设备的启运过程；大型变压器、大功率晶闸管整流设备的现场电磁感应的影响；公共接地回路电流的存在等多种多样的干扰信号，均会通过不同途径与系统耦合，对系统带来扰动。因此，系统设计必须考虑抗干扰措施，在工程上采用接地、屏蔽来抗干扰，是十分现实而有效的措施。

DCS 的接地分为工作接地和保护接地。仪表保护接地是为保证人身安全和电气设备的安全而设置的，一般包括仪表盘、箱、柜、DCS 机柜、操作站、仪表外壳、电缆护管、汇线槽等的接地。屏蔽电缆的屏蔽线接地应属于 DCS 的工作接地，而且屏蔽接地在一个回路中只能在一点接地。接地连线应使用铜芯绝缘电线、电缆，接至接地汇流板。对于工作接地的各接地线、接地汇流条，除正常的连接点外都应是绝缘的，最终与接地体或接地网的连接是从接地汇流板单独接线的。

总之，DCS 接地问题在 DCS 设计、安装、调试当中比较重要，在系统调试前应经过接地电阻测试，达不到要求不能调试，更不能进行生产的联动试车，否则会给系统带来难以判断的故障。

第十一章 现场总线控制系统（FCS）

第一节 概 述

现场总线控制系统（fieldbus control system，FCS）是继基地式气动仪表控制系统、电动单元组合式模拟仪表控制系统、集中式数字控制系统、集散控制系统（DCS）后的新一代控制系统。由于它适应了工业控制系统向数字化、分散化、网络化、智能化发展的方向，给自动化系统的最终用户带来更大实惠和更多方便，并促使目前生产的自动化仪表、集散控制系统、可编程控制器（PLC）产品面临体系结构、功能等方面的重大变革，导致工业自动化产品的又一次更新换代，因而现场总线技术被誉为跨世纪的自控新技术。

现场总线是应用在生产现场、在微机化测量控制设备之间实现双向串行多节点数字通信的系统，也被称为开放式、数字化、多点通信的底层控制网络。

现场总线技术将专用微处理器置入传统的测量控制仪表，使它们各自都具有数字计算和数字通信能力，采用双绞线等作为总线，把多个测量控制仪表连接成的网络系统，并按公开、规范的通信协议，在位于现场的多个微机化测量控制设备之间以及现场仪表与远程监控计算机之间，实现数据传输与信息交换，形成各种适应实际需要的自动控制系统。简而言之，它把单个分散的测量控制设备变成网络节点，以现场总线为纽带，把它们连接成可以相互沟通信息、共同完成自控任务的网络系统与控制系统。它给自动化领域带来的变化，正如众多分散的计算机被网络连接在一起，使计算机的功能、作用发生的变化。现场总线则使自控系统与设备具有通信能力，把它们连接成网络系统，加入信息网络的行列。因此，把现场总线技术说成是一个控制技术新时代的开端并不过分。

现场总线是 20 世纪 80 年代中期在国际上发展起来的。随着微处理器与计算机功能的不断增强和价格的急剧降低，计算机与计算机网络系统得到迅速发展，而处于生产过程底层的测控自动化系统，采用一对一连线，用电压、电流的模拟信号进行测量控制，或采用自封闭式的集散系统，难以实现设备之间以及系统与外界之间的信息交换，使自动化系统成为"自动化孤岛"。要实现整个企业的信息集成，要实施综合自动化，就必须设计出一种能在工业现场环境运行的、性能可靠、造价低廉的通信系统，形成工厂底层网络，完成现场自动化设备之间的多点数字通信，实现底层现场设备之间以及生产现场与外界的信息交换。

由于现场总线适应了工业控制系统向分散化、网络化、智能化发展的方向，它一经产生便成为全球工业自动化技术的热点，受到全世界的普遍关注。现场总线的出现，导致目前生产的自动化仪表、集散控制系统、可编程控制器在产品的体系结构、功能结构方面的较大变革，自动化设备的制造厂家被迫面临产品更新换代的又一次挑战。传统的模拟仪表将逐步让位于智能化数字仪表，并具备数字通信功能。出现了一批集检测、运算、控制功能于一体的变送控制器；出现了可集检测温度、压力、流量于一身的多变量变送器；出现了带控制模块和具有故障信息的执行器；并由此大大改变了现有的设备维护管理方法。

基金会现场总线（foundation fieldbus，FF）是在过程自动化领域得到广泛支持和具有良好发展前景的技术。其前身是以美国 Fisher-Rosemount 公司为首，联合 Foxboro、横河、ABB、西门子等 80 家公司制订的 ISP 协议和以 Honeywell 公司为首，联合欧洲等地的 150 家公司制订的 world FIP 协议。这两大集团于 1994 年 9 月合并，成立了现场总线基金会，致力于开发出国际上统一的现场总线协议。它以 ISO/OSI 开放系统互连模型为基础，取其物理层、数据链路层、应用层为 FF 通信模型的相应层次，并在应用层上增加了用户层。用户层主要针对自动化测控应用的需要，定义了信息存取的统一规则，采用设备描述语言规定了通用的功能块集。由于这些公司是该领域自控设备的主要供应商，对工业底层网络的功能需求了解透彻，也具备足以左右该领域现场自控设备发展方向的能力，因而由它们组成的基金会所颁布的现场总线规范具有一定的权威性。

基金会现场总线分低速 H1 和高速 H2 两种通信速率。H1 的传输速率为 31.25kbit/s，通信距离可达 1900m（可加中继器延长），可支持总线供电，支持本质安全防爆环境，H2 的传输速率可为 1Mbit/s 和 2.5Mbit/s 两种，其通信距离分别为 750m 和 500m。物理传输介质可支持双绞线、光缆和无线发射，协议符合 IEC 1158-2 标准。其物理媒介的传输信号采用曼彻斯特编码。

基金会现场总线系统是为适应自动化系统，特别是过程自动化系统在功能、环境与技术上的需要而专门设计的。它可以工作在工厂生产的现场环境下，能适应本质安全防爆的要求，还可通过传输数据的总线为现场设备提供工作电源。

这种现场总线标准是由现场总线基金会（fieldbus foundation）组织开发的。它得到了世界上主要自控设备供应商的广泛支持，在北美、亚太、欧洲等地区具有较强的影响力。现场总线基金会的目标是致力于开发出统一标准的现场总线，并已于 1996 年一季度颁布了低速总线 H1 的标准，安装了示范系统，将不同厂商的符合 FF 规范的仪表互连为控制系统和通信网络。使 H1 低速总线步入实用阶段。

基金会现场总线作为工厂的底层网络，相对一般广域网、局域网而言，它是低速网段，其传输速率的典型值为 31.25kbit/s，1Mbit/s 和 2.5Mbit/s。它可以由单一总线段或多总线段构成，也可以由网桥把不同传输速率、不同传输介质的总线段互连而构成。网桥在不同总线段之间透明地转换传送信息。还可以通过网关或计算机接口板，将其与工厂管理层的网段挂接，彻底打破了多年来未曾解决的自动化信息孤岛的格局，形成了完整的工厂信息网络。

第二节　FCS 的硬件组成

和传统的 DCS 控制系统不同，FCS 是总线网络，所有现场表都是一个网络节点，并挂接在总线上，每一个节点都是一个智能设备，因此 FCS 中已经不存在现场控制站，只需要工业 PC 即可。在现场总线控制系统中，以微处理器为基础的现场仪表已不再是传统意义上的变送或执行单元，而是同时起着数据采集、控制、计算、报警、诊断、执行和通信的作用。每台仪表均有自己的地址与同一通道上的其他仪表进行区分。所有现场表均可采用总线供电方式，即电源线和信号线共用一对双绞线。

Smar 公司是生产 FCS 最早的生产厂家，下面以此为例介绍 FCS 的硬件组成。

一、接口设备

接口设备主要指各种计算机和计算机与现场总线之间的接口卡件。

1. PC 机

一般的工业 PC，带有大屏幕显示器、打印机、工业键盘和鼠标。另配有净化电源、UPS 电源、操作台、操作椅等，置于操作室内。

2. 过程控制接口卡（PCI）

PCI（process control interface）是一种高性能接口卡，把先进的过程控制与多通道通信、管理融为一体。该接口卡插在 PC 底板上，一台 PC 最多可插 8 卡。

PCI 有一整套软件，以适应各硬件的运行。

3. 串行接口（BC1）

BC1 是 Smar 入口级的现场总线网络与 PC 机之间的智能接口，具有一个 Master 的特点，它直接把 PC 机的串行口（RS232）接口到现场总线 H1 通道，由 PC 为其供电。用作便携式现场总线组态器及小工厂监控。软件为 Windows 平台。

二、现场总线仪表

Smar 公司共有五种现场总线仪表，三种输入仪表：双通道温度变送器 TT3022、差压变送器 LD302 和三通道输入电流变换器 IF302；两种输出仪表：三通道输出电流变换器 FI302；输出气压信号变换器 FP302，下面逐一介绍。

（一）双通道温度变送器 TT302

它将两路的温度信号引入现场总线，在现场完成两路的温度信号到现场总线的转换。具有冷端温度补偿，TC 及 RTD 线性化，对特殊传感器有常规线性化模拟输入，如图 11-1 所示。

其输入信号有四种类型，七种连接方式：

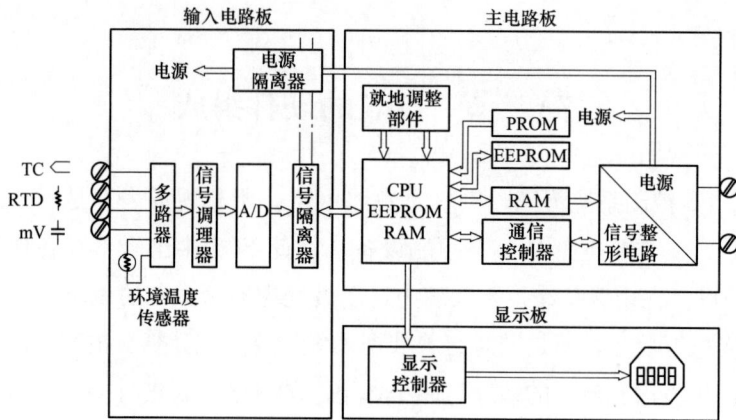

图 11-1　TT302 框图

（1）热电阻（RTD）：二线制、三线制、四线制、温差。

（2）热电偶（TC）：单偶、双偶、温差。

（3）Ω 信号：0～100Ω；0～400Ω；0～2000Ω。

（4）mV 信号：−6～−2mV；−2～22mV；−10～100mV；−50～500mV。

硬件组成有：输入板、主板、显示板和液晶显示器。

TT302 有以下功能块：

（1）一个物理模块：监视设备工作，设备系列号及出厂信息；

（2）一个显示传感器模块：相应显示及就地调整；

（3）两个输入传感器模块：实现冷端温度补偿、引线补偿及微调各种感测信号，信号类型和连接的调整，其输出一定是接到 AI 功能块的输入端（内部已接好）；

（4）两个模拟输入 AI 功能块：实现温度测量，阻尼时间，工程单位转换等；

（5）一个比例积分微分 PID 功能块：提供现场 PID 控制功能；

（6）一个输入信号选择 ISS 功能块：完成三入选一的选择功能；

（7）一个信号特征化 CHAR 功能块：用于 X-Y 坐标转换，使输出特性改变；

（8）一个通用算术运算 ARTH 功能块：提供一个标量值的输出，实现五入四出的函数运算功能。

（二）差压变送器 LD302

它将一路的压力或差压信号引入现场总线，在现场完成压力信号到现场总线的转换。用于测量液体、气体或蒸汽的表压（M1-M6）、差压（D1-D4）或绝压 A2-A5），或用于流量（孔板）、液位（L2-L4）的测量，其测量部分利用的是电容式差压变送器原理，如图 11-2 所示。

硬件组成有：输入板、主板、显示板和液晶显示器。其输入板稍有不同，主板上的 PROM 中的操作程序不同，其他部分结构与 TT302 相同。

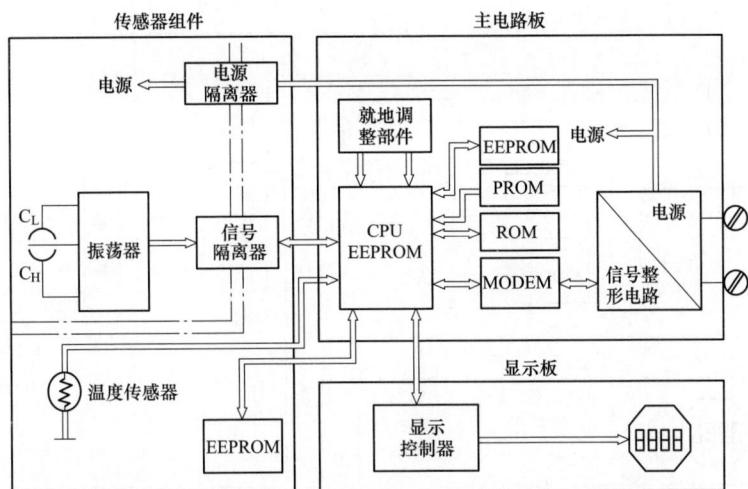

图 11-2　LD302 框图

从现场总线的角度看，现场总线仪表只是网络节点，只与其功能块交换信息。

LD302 有以下功能块：

(1) 一个物理模块；

(2) 一个显示传感器模块；

(3) 一个输入传感器模块：完成零点微调、量程偏移、温度补偿等功能；

(4) 一个模拟输入 AI 功能块：完成定标、滤波、线性化、平方根等处理；

(5) 一个比例积分微分 PID 功能块；

(6) 一个输入信号选择 ISS 功能块；

(7) 一个信号特征化 CHAR 功能块；

(8) 一个通用算术运算 ARTH 功能块；

(9) 一个累加 INTG 功能块：完成积分或累加功能。

(三) 三通道输入电流变换器 IF302

它将三路的电流（4～20mA 或 0～20mA）信号引入现场总线，用于将某些电Ⅲ型仪表的信号或其他标准信号引入现场总线网络，如图 11-3 所示。

硬件组成有：输入板、主板、显示板和液晶显示器。

从现场总线的角度看，现场总线仪表只是网络节点，只与其功能块交换信息。

IF302 注意要外接电源，配线简图如图 11-4 所示。

IF302 有以下功能块：

(1) 一个物理模块；

(2) 一个显示传感器模块；

(3) 三个输入传感器模块；

(4) 三个模拟输入 AI 功能块；

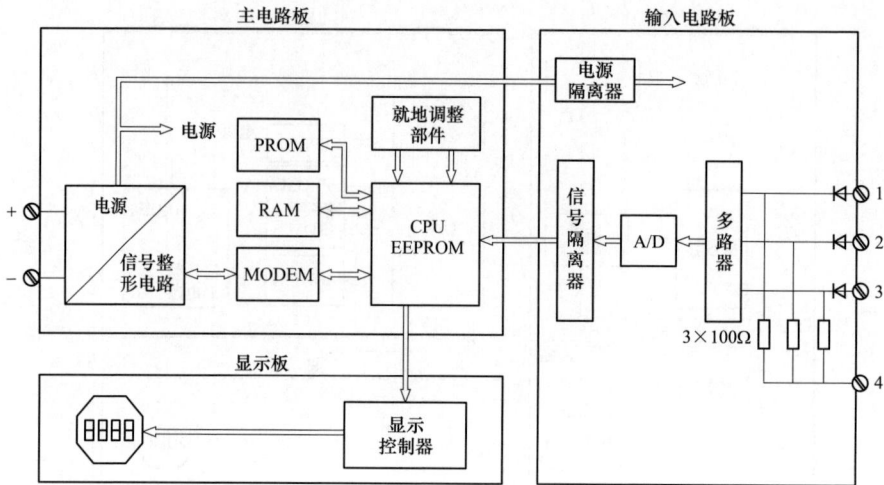

图 11-3 IF302 框图

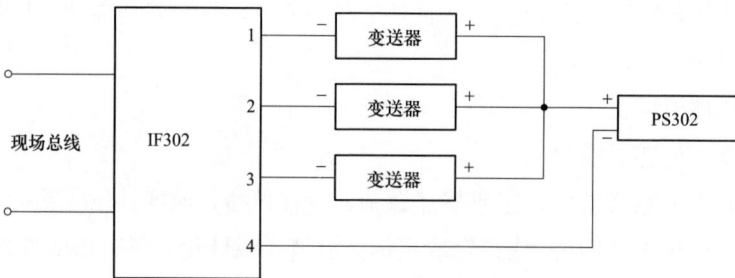

图 11-4 IF302 外部配线图

（5）一个比例积分微分 PID 功能块；

（6）一个输入信号选择 ISS 功能块；

（7）一个信号特征化 CHAR 功能块；

（8）一个通用算术运算 ARTH 功能块；

（9）一个累加 INTG 功能块。

（四）三通道输出电流变换器 FI302

它将现场总线的数字信号转换成三路的电流（4～20mA）信号，用于现场总线系统对电动调节阀、电气转换器或其他执行器（如变频调速器）的控制，如图 11-5 所示。注意要外接电源，连接方式与图 11-4 类似。

硬件组成有：主板、输出板、显示板和液晶显示器。其中输出板完成信号转换、信号隔离、数模转换（D/A），最后输出三路标准的 4～20mA 信号。

从现场总线的角度看，现场总线仪表只是网络节点，只与其功能块交换信息。

FI302 有以下功能块：

（1）一个物理模块；

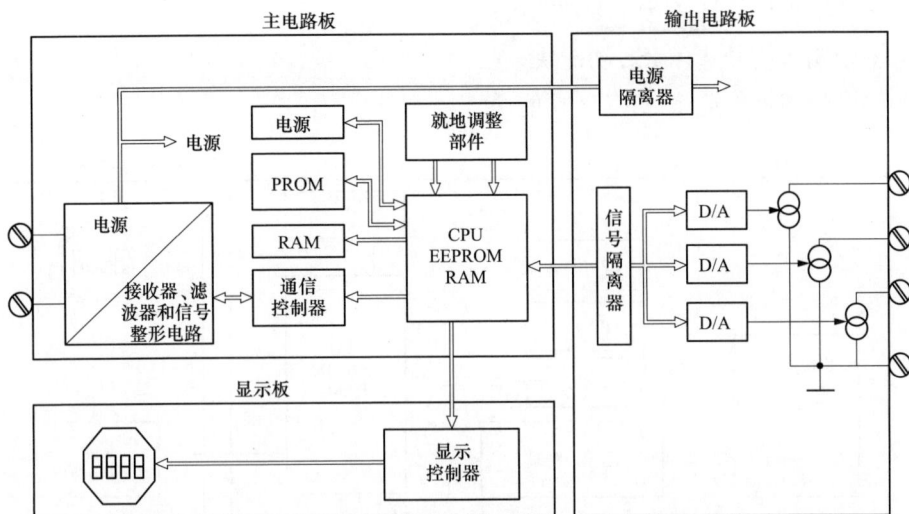

图 11-5 FI302 框图

（2）一个显示传感器模块；

（3）三个输出传感器模块；

（4）三个模拟输出 AO 功能块；

（5）一个比例积分微分 PID 功能块；

（6）一个输出信号选择 SPLT 功能块；

（7）一个输入信号选择 ISS 功能块；

（8）一个通用算术运算 ARTH 功能块。

（五）输出气压信号变换器 FP302

它将现场总线的数字信号转换成一路标准气压信号（0.02～0.1MPa），用于现场总线系统对气动调节阀或气动执行器的控制。注意要外接 0.14MPa(20PSI) 的气源，如图 11-6 所示。

硬件组成有：主板、输出板、显示板和液晶显示器。其中输出板完成信号转换、信号隔离、数模转换（D/A）成模拟电量，通过喷嘴挡板机构转换成气压信号，经功率放大后，一路通过动传感器形成负反馈，另一路输出标准气压信号 0.02～0.1MPa(3～15PSI) 到气动执行器。

从现场总线的角度看，现场总线仪表只是网络节点，只与其功能块交换信息。

FP302 有以下功能块：

（1）一个物理模块；

（2）一个显示传感器模块；

（3）一个输出传感器模块；

（4）一个模拟输出 AO 功能块；

（5）一个比例积分微分 PID 功能块；

（6）一个输出信号选择 SPLT 功能块；

（7）一个输入信号选择 ISS 功能块；

（8）一个通用算术运算 ARTH 功能块。

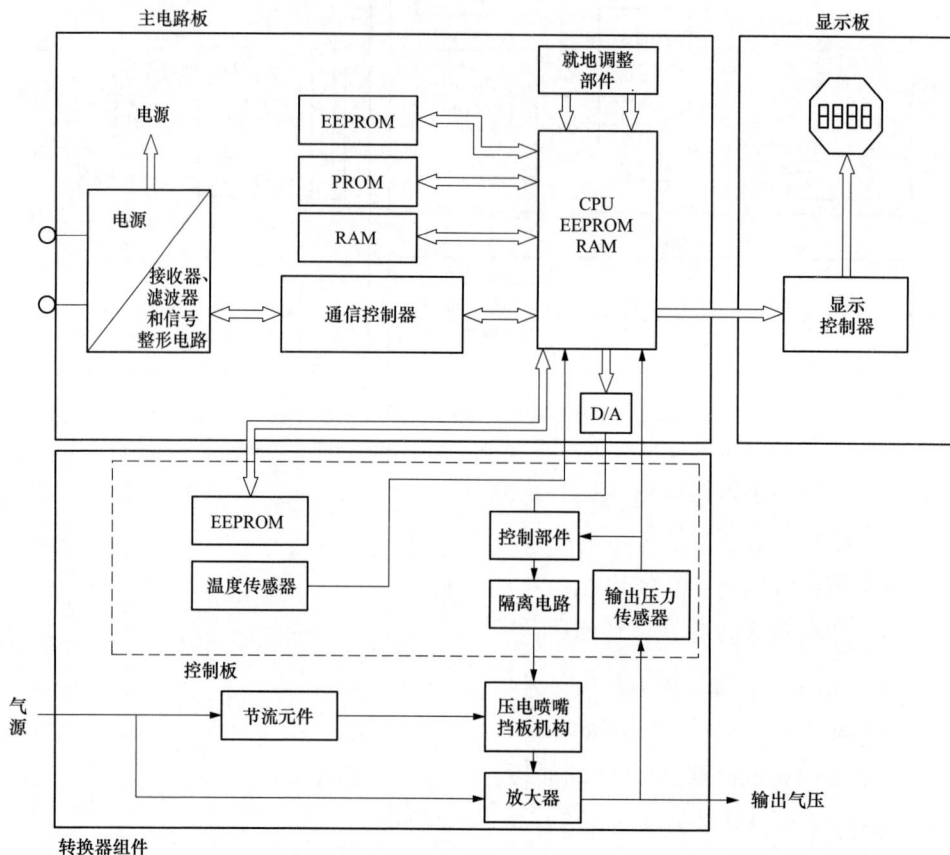

图 11-6　FP302 框图

三、外围设备

如果要构成一个现场总线控制系统，除了接口设备和现场总线仪表之外，还需要有一些辅助部件，如电缆、电源、阻抗匹配器、端子、接线盒、安全栅及重发器等。

（一）专用电源 PS302

PS302 是一种开关电源，非本安型，具有短路及过电流保护，可冗余配置。

输入电压：90～260V AC，47～440Hz 或 127～367V DC。

输出。电压：+24V±1%，20mVp-p；电流：0～1.5A。

（二）电源阻抗匹配器 PSI302

PSI302 为非隔离的有源阻抗匹配器，在 31.25kHz 附近使阻抗呈阻性，防止信号失真。

（三）端子 BT302

BT302 为总线信号阻抗匹配器，主要抑制反射效应引起的失真，它由一个 100Ω 的电阻和 1μF 的电容串联而成。端子必须成对出现。

（四）本质安全栅及重发器 SB302

危险场合使用现场总线必须使用安全栅 SB302，它与常规的模拟仪表安全栅不同，既要起隔离作用，又要完成通信，同时要提供电源，它是网络的一部分。主要参数如下：

（1）保险丝：安全区 250mA，危险区 100mA。

（2）隔离：安全区 250V，安全区与危险区之间 1500V。

（3）输入电压：24～35V DC，$I_{max}=120$mA。

（4）输出：在最大电流条件下，栅末端可利用电压 11V DC，$I_m=60$mA。

第三节　FCS 的软件组成

现场总线系统最具特色的是它的通信部分的硬软件。但当现场信号传入计算机后，还要进行一系列的处理。它作为一个完整的控制系统，仍然需要控制软件、人机接口软件。当然，现场总线控制系统软件有继承 DCS 等控制软件的部分，也有在它们的基础上前进发展和具有自己特色的部分。现场总线控制系统软件是现场总线控制系统集成、运行的重要组成部分。

FCS 的软件体系主要有组态软件、监控软件、设备管理软件组成。

一、现场总线组态软件 SYSCON

组态软件包括通信组态与控制系统组态。生成各种控制回路，通信关系。明确系统要完成的控制功能，各控制回路的组成结构，各回路采取的控制方式与策略；明确节点与节点间的通信关系。以便实现各现场仪表之间、现场仪表与监控计算机之间以及计算机与计算机之间的数据通信。

Smar 公司的现场总线组态软件 SYSCON 是一个强有力的对用户非常友好的软件工具，安装在控制站的工控机中，支持 Windows 95/98，通过一台 PC 可以对基于 FieldBus 的系统及现场总线仪表进行组态、维护和操作。既可以在线组态，也可以离线组态。

组态步骤：首先进行系统组态、分配地址和指定位号；然后进行现场总线仪表中的功能块组态、连接和参数设置；最后通过安装在工控机中的 PCI 卡，按照预先设定的地址，下装到挂接在每个通道上的现场总线仪表中。下装完成的同时，现场总线仪表便可在 Master 的调度下实现网络通信并进行控制。

二、常用功能块

在 PCI 卡和每台现场总线仪表中均内置有许多功能模块，每个功能块根据专门的算法及内部设置的控制参数处理输入，产生的输出便于其他功能块应用。这些模块包括 AI（模拟输入）、AO（模拟输出）、PID（PID 运算）、ISS（输入选择）、ARTH（算术）、INTG（累积）、CHAR（特征化）和 SPLT（输出选择）功能块等 17 种。用户可以通过策略组态软件 SYSCON 对这些功能模块进行灵活连接来实现自己的控制策略。

（一）模拟输入（AI）功能块（见图 11-7）

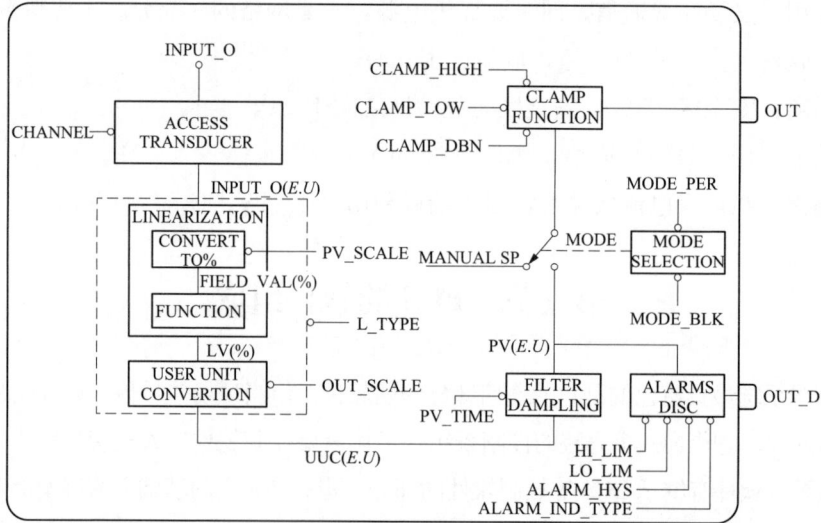

图 11-7　AI 功能块

AI 功能块接收传感器模块的数据，可以完成工艺参数定标、线性化处理、输入信号滤波、报警、工作方式选择等工作，经处理的信号转换成其他模块可以接收的输出。

（二）比例积分微分（PID）功能块（见图 11-8）

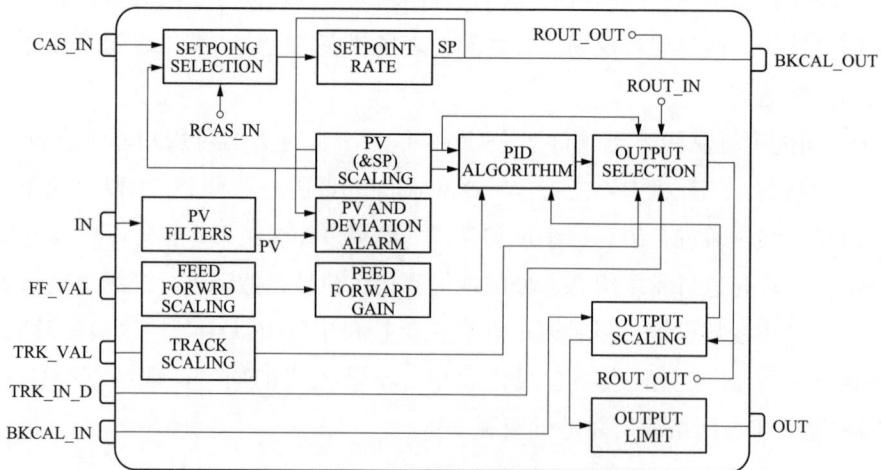

图 11-8　PID 功能块

PID功能块是控制模块，能完成 P、PI、PID、前馈和跟踪等功能，既可以完成常规调节，又可以完成串级调节。可以进行工作方式选择、手/自动切换、滤波时间、报警限、速率限制和无扰切换设置。其给定值和正、反作用是根据工程要求设置的，其增益、积分时间、微分时间是根据综合应用经验设置的。

（三）模拟输出（AO）功能块(见图 11-9)

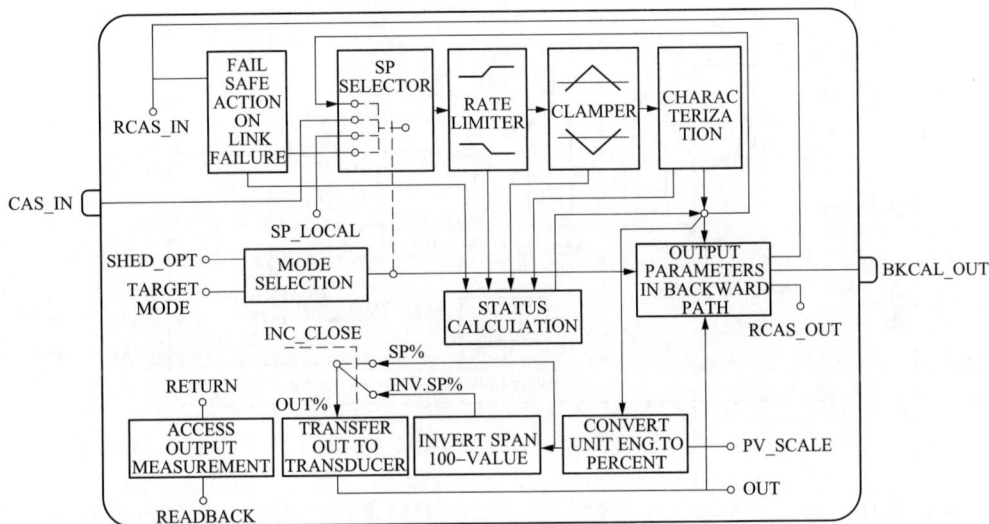

图 11-9　AO 功能块

AO 功能块从其他功能块接收信号，可以实现工作方式选择、速率限制、高/低限报警、风开/风关选择和阀位保持等功能。在控制回路中用作输出单元，其输出一定接到输出传感器模块，并同硬件兼容。

（四）通用算术运算（ARTH）功能块(见图 11-10)

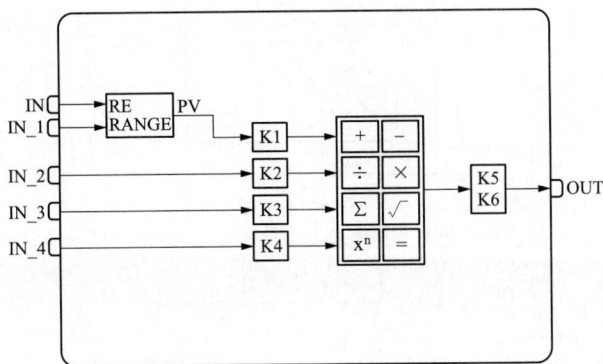

图 11-10　ARTH 功能块

ARTH 功能块有 IN、IN-1、IN-2、IN-3、IN-4 共 5 个输入端，主要完成加、减、乘、除、求和、开方、乘方、超前、滞后等运算。它可以完成 8 种运算公式的一种运算，每个公式有 K1、K2、K3、K4、K5、K6 共 6 个系数。通过选择公式和设置系数，可以完成不同的计算任务。

（五）输入信号选择（ISS）功能块（见图 11-11）

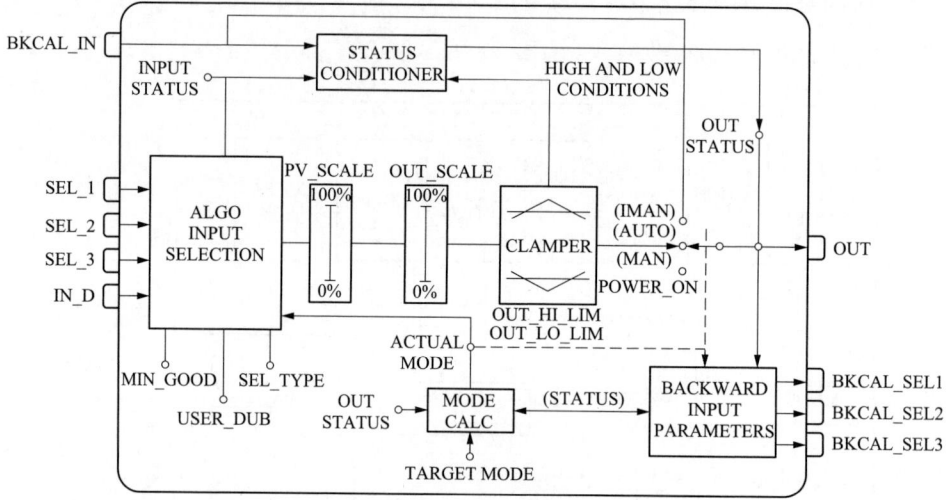

图 11-11　ISS 功能块

ISS 功能块从多达三个输入中进行选择，并根据组态作用产生一个输出，如高选、低选、选中间值。若需要从两个输入中选择一个输出是通过 IN-D 的状态是"0"还是"1"来控制的，它还可以把可疑值作为好值处理。

（六）信号特征化（CHAR）功能块（见图 11-12）

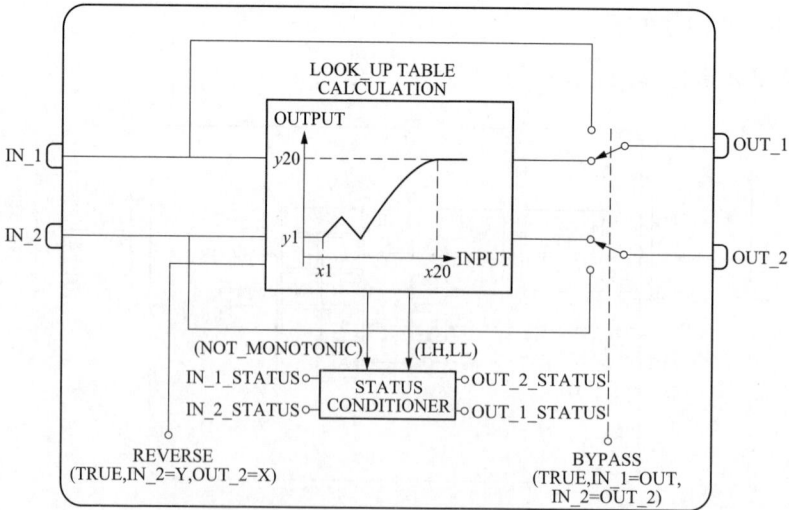

图 11-12　CHAR 功能块

CHAR 功能块具有两个输入和两个输出，输出是输入的非线形函数，由二十个点的

X-Y 坐标查找表确定函数关系。IN-1 对应 OUT-1；IN-2 对应 OUT-2。X 对应输入，Y 对应输出。当 BYPASS＝1 时，IN-1＝OUT-1；IN-2＝OUT-2。当 REVERSE＝1 时，IN-2＝Y；OUT-2＝X。

（七）累加（INTG）功能块（见图 11-13）

INTG 功能块按时间函数对输入变量进行积分或对输入脉冲计数进行累加。常常用作流量累积得到一定时间内的总质量流量或总体积流量，也可以累加能量得到总能量。记数可以是正向，也可以是反向。可以使用坏值。可以设定记数值，时间到通过 OUT-TRIP 进行控制。

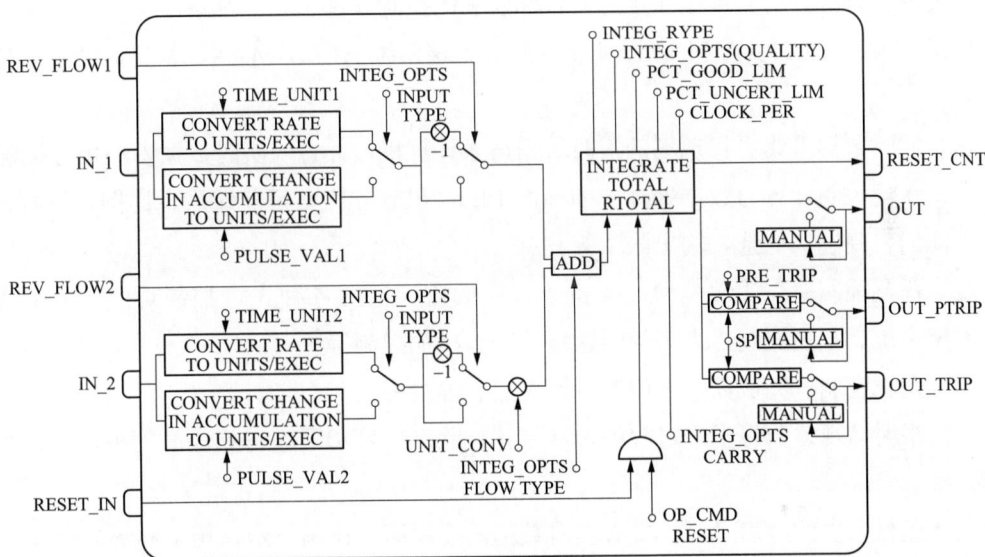

图 11-13　INTG 功能块

（八）输出信号选择（SPLT）功能块（见图 11-14）

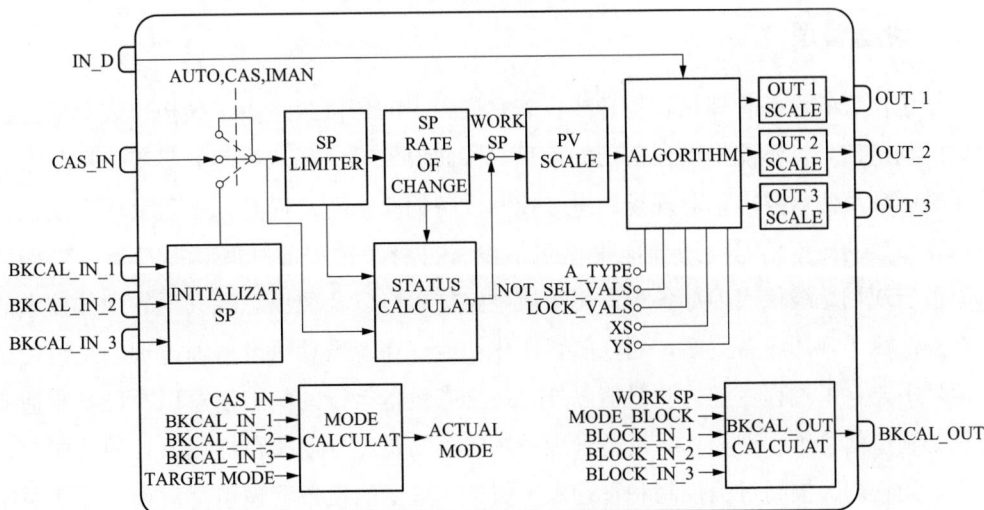

图 11-14　SPLT 功能块

SPLT 功能块是控制模块，用作分程控制、顺序控制和输出选择器。当 A-TYPE＝1 时，SPLT 作为输出选择器使用，若 IN-D＝0，OUT-1 输出；若 IN-D＝1，OUT-2 输出；当 A-TYPE＝2 或 3 时，SPLT 作为分程器使用，只是功能不同。

其他九个功能块是 AALM、CIAD、CIDD、COAD、CODD、SPG、ABR、DBR、DENS，若要详细了解，可参照相关参考资料。

三、监控软件

监控软件是必备的直接用于生产操作和监视的控制软件包，其功能十分丰富，流行的有：FIX、INTOUCH、AIMAX、VISCON 等。该系统选用 AIMAX，要完成的主要任务如下：

（1）实时数据采集。将现场的实时数据送入计算机，并置入实时数据库的相应位置。

（2）常规控制计算与数据处理。如标准 PID，积分分离，超前滞后，比例，一阶、二阶惯性滤波，高选、低选，输出限位等。

（3）优化控制。在数学模型的支持下，完成监控层的各种先进控制功能，如卡边控制、专家系统、预测控制、人工神经网络控制、模糊控制等。

（4）逻辑控制。完成如开、停车等顺序启、停过程。

（5）报警监视。监视生产过程的参数变化，并对信号越限进行相应的处理，如声光报警等。

（6）运行参数的画面显示。带有实时数据的流程图、棒图显示，历史趋势显示等。

（7）报表输出。完成生产报表的打印输出。

（8）操作与参数修改。实现操作人员对生产过程的人工干预，修改给定值、控制参数和报警限等。

四、设备管理

自动化仪表的设备管理是现场总线仪表发展引出的新概念。由于模拟仪表只能提供过程参数的测量信号，不能提供任何别的信息，因而设备管理无从谈起。随着工厂越来越严格的质量标准及法规要求，对现场测量和控制设备的要求随之提高，不仅要求现场设备能提供过程参数的测量信息，还要能提供包括设备自身及过程的某些诊断信息、管理信息等。而由于现场总线仪表内部各种专用集成电路技术，以及现场总线其他软硬件技术的发展，有条件赋予现场设备更多，更强的智能化功能。在现场总线设备通过现场总线传送的数字信号中，除了过程变量的测量值以外，还含有设备运行的状态信息以及设备制造商提供的设备制造信息等。现场总线设备管理系统的目的是充分发挥智能设备各种功能与信息的作用，让它们为提高过程控制和管理水平服务。这里的设备管理包括对现场总线系统中的现场智能仪表的管理、操作和维护。充分运用现场总线仪表所赋予的丰富的管理信息，直观、全面地反映现场设备状态，以便把传统经验型的，被动的维护管理模式，改变成可预测性的设备管理与维护模式。如 Fisher-Rosemount 公司推出的设备管理系统（AMS）。

第四节 火电厂现场总线控制系统的应用

一、引言

未来电厂自动化技术的发展方向应是"建设数字化电厂，深化信息化技术应用"，信息化的基础应是数字化。随着计算机技术和通信技术的飞速发展，数字化已普遍应用于工业生产过程的决策层、管理层和监控层，但现场的数字化还处于起步阶段。现场总线控制系统和设备作为一种全数字化、网络化、双向通信的新型控制系统和设备的产生和应用，为建设信息化电厂奠定了基础。随着技术的发展和认识的提高，现场总线技术在电厂过程控制领域的应用已从辅助系统和局部逐步走向主厂房机组的控制，并引起了各大发电集团公司和设计院的关注。

二、现场总线控制系统应用现状

随着现场总线技术的发展及国外电厂的成功应用，现场总线技术和设备也正逐步应用于国内一些电厂，并在局部取得了成功的经验。如山东莱城电厂、国华宁海电厂、江阴夏港电厂等在 400V 及以下电动机上采用了支持 PROFIBUS 接口的 SIMOCODE 马达控制器。华能玉环电厂锅炉补给水控制系统等采用了现场总线技术和仪表设备、PROFIBUS-DP 和 PA 通信网络，取得了 FCS 在电厂成功应用的尝试。国外应用现场总线技术的电厂当以德国尼德豪森电厂为代表。该厂 K 机组属热电联产超超临界机组，该项目全范围采用了 PROFIBUS 和 HART-BUS2 两种现场总线。整个机组由于采用现场总线技术，实现了现场设备智能化，设备状态和信息通过总线传输到 DCS 中，是目前国外智能化程度最高、采用总线技术最全面的机组。现场总线技术在国内其他行业应用的事例很多，如中海壳牌南海石化项目，除安全保护系统外，其余的变送器及执行器均采用 FF 现场总线，总线应用范围覆盖整个石化联合项目，是目前在建的世界上最大的现场总线应用项目。

三、现场总线技术在机组控制系统中的应用分析

（一）现场总线标准的确定

通过对设备状况和工程应用的分析及近年来现场总线技术在不同行业中的不断深入应用，专业人员逐渐认识了各种总线标准适宜的应用场合，一致认为 PROFIBUS 和 FF 总线比较适合过程控制。两种总线标准相比，FF 较适用于连续量控制，而 PROFIBUS 不仅适用于离散量控制，同样也适用于连续量控制。因此，PROFIBUS 和 FF 现场总线标准应是在火电厂过程控制中应用的首选。

（二）现场总线控制系统结构的选择

电厂控制系统的设计首先要保证安全可靠，因此，拥有成熟技术的 DCS 和 PLC 仍是当前电力工业自动化系统应用及选型的主流，把现场总线技术集成在主控制系统中应是目前阶段较适宜的设计方案，对于重要的保护及控制回路仍采用传统硬接线连接。在实际应用中大多采用将总线技术集成到现有 DCS 中，现场总线设备的应用主要在现场设备层。而火电厂机组过程控制具有协同、多任务、复杂的特点，很多不同控制回路之间相互关联。如果将机组控制任务分散到现场智能设备中，将会有大量控制系统分段网络之间的通信，从而增大通信系统负荷，影响信号传输的实时性；更重要的是当分段网络出现故障时，不同网段上设备之间的联锁功能将无法实现，严重情况下将影响工艺系统及设备的安全运行。因此，笔者认为，在工程应用中控制系统依然采用拥有成熟技术的主流产品 DCS，而只在现场设备层全面采用现场总线技术应是首选方案。负责多任务的调节回路控制策略和设备控制逻辑依然按工艺系统划分在不同的 DCS 控制器中集中处理。因此，目前阶段现场总线控制系统的结构建议采用将总线技术集成到现有的 DCS 中，将局部使用的现场总线仪表设备连接到 DCS 上，利用 DCS 丰富而成熟的控制功能和软、硬件产品带动现场总线的推广应用。

（三）应用方案探讨

1. 应用方案设想

现场总线技术应用方案的确定应遵循的原则：直接影响机组安全可靠性的系统和设备宜采用常规方案控制；不纯粹为了追求采用现场总线而采用现场总线。具体方案如下：

现场总线技术应用方案的确定应遵循的原则如下：

（1）整个机组可按照工艺过程划分为多个子系统，工艺系统中的单回路调节可放在现场执行机构中实现（也可仍在 DCS 控制器中控制）。

（2）鉴于炉膛安全监控系统（FSSS）、汽轮机数字电液控制系统（DEH）、汽轮机紧急跳闸系统（ETS）对机组安全运行至关重要，回路处理速度要求高，建议 FSSS、DEH 和 ETS 还是采用成熟的常规控制系统。对个别影响机组安全的阀门及仪表采用硬接线方式。

（3）为保证事件顺序记录（SOE）具有 1ms 的分辨率，建议 SOE 信号仍采用常规 DI 卡或专用 SOE 卡。

（4）变送器均采用现场总线型智能变送器接入 DCS。

（5）电动执行机构均考虑采用具有现场总线接口的设备，气动调节阀执行机构采用带现场总线接口的智能定位器。由于主厂房内电磁阀控制的二位式气动阀门布置较分散，不太适合采用带总线接口的阀岛进行控制，建议还是采用常规 I/O 方式接入 DCS。国产现场总线电动执行机构可根据成熟度和造价考虑是否采用现场总线型设备，目前建议仍采用常规 I/O 方式接入 DCS。

(6) 现场分散的温度测点可考虑采用现场总线型的智能温度变送器接入 DCS。对现场相对集中的温度测点，如锅炉壁温、发电机本体温度等测点，一方面，考虑到对于温度类信号需要判断的内容和信息并不多，采用现场总线方式接入增加的信息内容并不明显；另一方面，目前阶段带总线接口的智能温度变送器价格还比较高，如在工程中对全部温度检测信号采用总线方式接入将在较大程度上增加投资，所以这些温度信号建议仍采用常规的远程 I/O 方式接入 DCS。

(7) 机组厂用电动机和厂用电控制采用现场总线，该系统通过机组 DCS 的通信接口与 DCS 相互传输信号。从机组安全考虑，所有电动机及主厂房内重要电源开关的分/合指令信号、状态反馈信号依然通过硬接线方式进入 DCS，其他信号通过通信接口与机组 DCS 相联。

2. 应用总线系统的技术可行性

总线控制系统应用的技术可行性主要体现在实时性、可靠性及可用性方面，这是保证机组安全可靠运行的主要因素。

(1) 实时性：实时性是衡量控制系统是否可用的一个重要指标，因此，总线的实时性是总线控制技术能否在火电厂机组控制中应用的重要判据。对于常规 DCS，通常要求现场信号的采集周期为所有模拟量输入每秒至少扫描和更新 4 次，所有数字量输入每秒至少扫描和更新 10 次；为满足某些需要快速处理的控制回路要求，其模拟量输入信号应达到每秒扫描 8 次，数字量输入信号应达到每秒扫描 20 次。

下面以两种常用总线为例分析总线的响应时间。PROFIBUS-DP 总线，采用光纤时传输速率可达 12Mbit/s，当采用屏蔽双绞线时其通信速率与通信距离有关，通常在 200m 范围内 DP 总线的传输速率为 1.5Mbit/s，该总线的响应时间约为 8.6ms，考虑到非周期性延时通常为 20～30ms，对于离散量，PROFIBUS-DP 总线的响应小于 10 次/s 的刷新时间。

总线的响应时间不仅受限于传输速率，而且与从站的数量有关，若系统配置有 PA 从站，当节点数为 16 个时，PA 总线的响应时间约为 166ms，这时整个 PROFIBUS-DP 系统的响应时间约为 220ms，满足 4 次/s 的更新周期。

FF-H1 总线，通信速率为 31.25kbit/s，在一个网段上的执行时间不仅与挂接的设备数量有关且与宏循环周期有关。通常负荷循环周期不应超过宏循环周期的 50%，因此，要保证 250ms 的负荷周期，宏循环周期时间应为 500ms。

由此可见，PROFIBUS 总线和 FF 总线完全能满足机组控制对一般输入、输出信号处理的实时性要求。鉴于目前 FF 总线宏周期一般为 100ms～1s，还是无法满足电厂机组控制中快速处理回路的时间要求（50ms 左右），因此，系统中为安全或快速响应而设置的开关量信号，还应采用常规 DCS 的 I/O 模件来处理。

(2) 可靠性：分散性是 FCS 的优点之一，也是提高系统可靠性的重要措施，主要通过网络分散和控制分散来提高系统可靠性。除将一般控制功能下放到现场，设计中通过上层网络的区域划分和下层网络的管理等，做到单一回路的故障不扩大。机组主要控制策略采用常规 DCS 方式实现，按工艺系统分散在不同的控制器内，以做到功能分散。由于现场总线控制系统的设计与现场仪表、控制设备的布置位置密切相关，控制网络分段不仅要考虑现场设备的物理分布，而且要考虑现场设备之间的工艺相关性，确保当不同检测、控制设备处在不同网络分段时相互之间联锁、信号交换的实时可靠，确保分段总线故障情况下工艺系统的安全运行，保证局部故障不影响机组的安全性。

冗余是提高系统可靠性的又一重要措施，现场总线系统的冗余通过主站网络冗余（主要包括介质、网络）、总线电源冗余、链路设备冗余、控制器冗余、变送器冗余等实现，其中链路设备、电源、主站网络冗余是现场总线系统常用的冗余措施。对所有具有冗余总线接口的电动执行机构、驱动控制装置等设备均考虑采用冗余总线连接；控制系统中所有总线电源也可冗余配置。目前 FF 的 H1 和 PROFIBUS-DP 已实现了网段介质冗余。为提高系统的可靠性，整个现场范围内的通信光缆应有冗余。

提高系统可靠性的措施之三是独立性，它可通过总线控制系统在结构上体现工艺设备的冗余配置，根据工艺流程合理配置总线数量和挂接的现场设备，确保任何一条总线故障时，只发生工艺系统的局部故障，不会导致机组处于危急状态，造成整个工艺系统停运，并将这一影响降到最小。冗余设置的现场仪表应接入不同网段；工艺上并列运行或冗余配置的设备，其相关驱动装置应连接在不同的网段上。

（3）可用性：通过后台管理软件提高系统的可用性是总线系统的又一大优点。以智能化现场仪表为基础的现场总线系统，可提供丰富的自动诊断、状态信息等管理功能，并通过数字通信方式将诊断维护信息送往 DCS，使管理人员通过 DCS 的管理系统查询所有仪表设备的运行情况，诊断维护信息，寻查故障，以便早期分析故障原因并快速排除。仪表设备状况始终处于维护人员的远程监控之中，从而提高系统的可利用率。

3. 设计中应考虑的其他问题

（1）现场总线控制系统的网络设计至关重要，不仅要考虑系统 I/O 点规模、设备数量，而且要根据设备的地理分布、功能的相关性等因素设计各层网络的覆盖范围、支路的数量、支路及分支的长度、各分支挂接设备数量等，这些对系统的性能、硬件配置等都有重要影响。因此，各工艺子系统将根据工艺相关性和现场布置情况进行网络分段设计。

（2）所设计的现场总线网段中挂接的现场总线设备总数、分支电缆上挂接的现场总线设备数量、主干电缆和分支电缆长度及类型、电源供电容量和电压压降等应在现场总线规定的范围内。考虑到这些限制因素，建议每条网段上挂接设备的数量应充分考虑余量。

（3）为减少通信量，同一个控制系统中的检测仪表、控制器、控制阀等现场总线设备建议设计在同一现场总线网段中。

（4）现场总线设备的功能选择在设计时应重点考虑。选择功能块时应综合考虑减少通信量和降低成本。

（5）现场总线网络主要有总线结构、树型结构、菊花链 3 种拓扑结构。为防止因总线网段损坏造成网络瘫痪，通常采用树状或总线型拓扑结构连接现场总线设备。

（6）为提高其可靠性，重要回路应设置独立的网段，其他总线设备尽量不挂接在该网段上。

（四）工程组织中应注意的问题和应对措施

以智能化现场仪表为基础的现场总线系统与传统系统相比，其优点不仅在于减小电缆量及安装、调试等工程量，而且在于维护简单，具有自动诊断、校正等管理功能方面。建议工程中合理采用后台管理软件，充分发挥现场总线系统信息管理、降低运行维护成本的优势。

从前期调研、方案规划入手克服仪表与控制设备随工艺设备成套供货带来的协调难的问题。工程前期做好对生产过程控制对象和现场总线标准及相应的智能现场设备的研究，根据工程特点和需要，合理规划现场总线的应用范围，并取得投资方的认同和支持；对各种现场总线系统的技术性能、市场占有率、产品配套程度、售后服务、价格和兼容性及与其他系统接口的难易程度等进行综合比较，从而选择和确定现场总线系统所采用的标准。在主辅机规范书和现场设备采购规范书中按前期规划约定所提供的现场总线仪表设备应遵循的总线标准。

参 考 文 献

[1] 文群英，潘汪杰，雷鸣雳．热工自动控制系统［M］．北京：中国电力出版社，2019.

[2] 广东电网公司电力科学研究院．热工自动化［M］．北京：中国电力出版社，2011.

[3] 中国大唐集团公司，长沙理工大学．600MW 火电机组系列培训教材　热工控制及设备［M］．北京：中国电力出版社，2009.

[4] 周尚周．大型火电机组运行维护培训教材　热控分册［M］．北京：中国电力出版社，2010.

[5] 王慧峰．现场总线控制系统原理及应用［M］．北京：化学化工出版社，2007.

[6] 韦根原．大型火电机组顺序控制与热工保护［M］．北京：中国电力出版社，2008.

[7] 吴勤勤．控制仪表及控制［M］．北京：化学化工出版社，2008.

[8] 江苏方天电力技术有限公司．1000MW 超超临界机组调试技术丛书　热工［M］．北京：中国电力出版社，2016.

[9] 郝思鹏．1000MW 超超临界火电机组电气设备及运行［M］．南京：东南大学出版社，2014.

[10] 张雨飞．超超临界火电机组热工控制技术［M］．北京：中国电力出版社，2013.

[11] 吴少伟．超超临界火电机组运行［M］．北京：中国电力出版社，2012.

[12] 朱军．火力发电厂超（超）临界机组设计［M］．北京：中国电力出版社，2014.

[13] 张忠，武文江．火电厂脱硫与脱硝实用技术手册［M］．北京：中国水利水电出版社，2017.

[14] 潘维加．热工过程控制仪表［M］．北京：中国电力出版社，2013.

[15] 张磊．单元机组集控运行［M］．北京：中国电力出版社，2013.

[16] 杨献勇．热工过程自动控制 2 版．北京：清华大学出版社，2008.

[17] 赵志丹，党黎军，刘超，等．超（超）临界机组启动运行与控制［M］．北京：中国电力出版社，2011.

[18] 张朝阳，等．汽轮机 TSI 系统的测量与调试［J］．华北电力技术，No4，2008.

[19] 王慧峰．现场总线控制系统原理及应用［M］．北京：化学工业出版社，2007.